物理层无线安全通信

刘若珩　[美] 韦德·特拉佩(Wade Trappe)　著
金梁　黄开枝　钟州　楼洋明　许晓明　译

U0378113

清华大学出版社
北京

内容简介

本书是物理层无线安全通信的入门读物。全书系统全面地论述了当前物理层无线安全通信研究方向中具有普遍性和代表性的基础理论、基本问题及其应用前景。全书内容包括保密传输、安全密钥、身份认证、协作安全，以及调制与编码识别。其中，保密传输包含保密容量、人工噪声技术、安全编码；安全密钥包含密钥容量、提取方案、实际测试；身份认证包含认证容量、认证策略。本书语言生动、论述严谨、内容丰富，并以详细的讲解和翔实的图表及实测数据来阐明重点内容。

本书适合作为通信工程、电子工程和信息安全等专业高年级本科生和研究生的教材或参考书，对于具有一定通信理论和信息论基础的工程技术人员也有很高的参考价值。

图书在版编目(CIP)数据

物理层无线安全通信/刘若珩，(美) 韦德·特拉佩(Wade Trappe)著；金梁等译. —北京：清华大学出版社，2018 (2024.1 重印)

书名原文：Securing Wireless Communications at the Physical Layer

ISBN 978-7-302-49891-9

Ⅰ. ①物… Ⅱ. ①刘… ②韦… ③金… Ⅲ. ①无线电通信－安全技术 Ⅳ. ①TN92

中国版本图书馆 CIP 数据核字(2018)第 207040 号

责任编辑：袁金敏　张爱华
封面设计：刘新新
责任校对：焦丽丽
责任印制：杨　艳

出版发行：清华大学出版社
网　　址：https://www.tup.com.cn，https://www.wqxuetang.com
地　　址：北京清华大学学研大厦 A 座　　**邮　　编**：100084
社 总 机：010-83470000　　**邮　　购**：010-62786544
投稿与读者服务：010-62776969，c-service@tup. tsinghua. edu. cn
质量反馈：010-62772015，zhiliang@tup. tsinghua. edu. cn
课件下载：https://www.tup.com.cn，010-83470236
印 装 者：三河市龙大印装有限公司
经　　销：全国新华书店
开　　本：185mm×260mm　　**印　张**：20.5　　**字　　数**：481 千字
版　　次：2018 年 9 月第 1 版　　**印　　次**：2024 年1月第7次印刷
定　　价：99.00 元

产品编号：053869-01

译者序

通信是一种泛在的社会现象，涉及人们生活的方方面面。通信中的安全问题关乎国家安全、金融安全、个人隐私等，历来备受关注。1949年，Shannon指出在密钥熵不小于信息熵时能够实现一次一密的完美保密，保密通信理论由此诞生。1975年，Wyner在搭线窃听模型中指出通过编码可以实现完美保密传输，并提出保密容量以衡量安全性能。1978年，Csiszar进一步研究了广播信道和高斯信道条件下的保密传输问题。1993年，Csiszar和Maurer则对物理层安全密钥生成的基本模型和密钥容量问题展开研究。上述开创性的成果为物理层保密传输和安全密钥生成奠定了理论基础。

通信中的安全问题种类繁多，本书关注无线通信中由于无线信道的开放性所衍生的安全问题。无线通信与有线通信最大的区别在于信道。电磁波的传播表现为直射、反射、衍射、散射和折射等各种效应的组合，其机理决定了无线信道具有随机性和时变性，是自然界中一种天然的随机源。同时无线信道还具有唯一性和多样性，即不同位置对应的无线信道所表现的特征属性不同。无线信道的复杂性使得用户的信道对于攻击者是不可测量、不可复制的。这一科学规律反映出无线信道具有内生的安全属性。物理层安全技术巧妙利用无线信道特征，从信号层面入手设计安全机制，为解决无线通信的开放性问题提供了全新视角。但是国内尚无系统全面、理论联系实际的通识教材，而该领域的从业人员(包括教学科研人员、科技工作者和管理人员)都希望有一本系统的涵盖理论、技术和应用的参考资料，本书基于上述需求应运而生。

本书以论文集的形式展开论述，各章节由该领域的领军人物编写，因此本书可以说是物理层安全领域集大成的权威著作。本书取材广泛，内容涵盖理论分析、方案设计、实地测量，理论与实际联系紧密、案例翔实，符合认知规律，更易为读者接受。相比于多数侧重信息论的物理层安全专著，本书内容大而全，通俗易懂。另外，本书可以满足不同读者的多元化需求，无论是想从事理论研究、算法设计或是工程开发，都可以以本书为启蒙读物，进而根据需要进行深入研究。更可贵的是，本书也可作为密码学等信息安全工作者进行思维碰撞的参考资料，因此我们从卷帙浩繁的专著中遴选该书进行翻译。

本书的翻译团队从2009年开始着手物理层安全研究，先后主持或参与多项国家自然科学基金和国家高技术研究发展计划项目，在通用软件无线电平台、专用处理器件、商用物联网节点以及无人机等平台上从事物理层保密传输和安全密钥生成工程实践，具备深厚的理论功底和工程开发经验，对物理层安全有着深刻理解和独到见解。尽管如此，决定翻译本书时，仍然面临巨大挑战。由于本书包含物理层安全领域的所有主流分支且各章自成一体，导致相同问题在不同章节中的论述不尽相同。这就要求翻译者不仅要准确理解所述内容，而且要将不同章节中相同的问题进行一致化处理，以免引发歧义，因此该工作是一项"消化-吸收-再创造"的系统工程。

在翻译过程中我们发现原书各个章节之间符号体系不统一，这对长期从事物理层安全研究工作的同仁影响不大，但是对初次接触该领域的人士可能带来理解障碍和疑惑。因此，我们根据理解对书中符号体系进行了统一。同时，考虑文化差异，在翻译工作中我们尽力将理解后的思想用形象的汉语进行表述。另外，为了前后呼应，我们对本书中的专有名词进行统一，如失真度和疑义度的翻译等。因此，本书既可整体把握，又可摘选部分章节学习，方便读者学习理解。可以说，为了能够在流畅、轻松的氛围中准确传达原著的思想，我们做了大量工作，相信经过反复推敲、玩味，定会大有裨益。

为了便于进一步理解，在此对保密传输中保密容量和保密速率的关系，以及安全密钥生成中的度量单位"比特每信道使用"(一次信道使用指的是通信双方进行一次互发导频操作后获取信道信息的过程)进行说明。保密容量是保密传输技术所能达到的保密传输性能的理论上界，是由客观的无线信道环境决定的，因此保密容量不可改变；而保密速率是在某一给定的环境中采用某一保密传输技术（如人工噪声等）所能实现的保密传输速率，通过调整参数设置能够提高保密速率，但是保密速率不能超过保密容量。类似地，可以理解密钥容量和密钥速率。至于比特每信道使用，初次接触或许会觉得莫名其妙。实际上，在安全密钥提取过程中，通信双方将共享的无线信道作为共享随机源，该过程的基本操作是通信双方量化一次互发导频操作后获取的信道信息，经过信息调和与保密增强操作获取一致的密钥。通过对单位时间内信道使用数量的累积，可以将比特每信道使用转化为比特每秒。因此，两种度量单位本质上是相通的。但是比特每信道使用能够更好地表征无线信道的随机性，所以本书采用该指标衡量安全密钥的生成速率。

在知识总量不断激增的今天，科技发展日新月异，专业知识可能很快成为明日黄花。因此在本书的翻译过程中，我们除了介绍物理层安全研究的内涵和外延，更加注重思维方式的培养，力图阐明物理层安全是一套不断完善的科学体系。在可以预见的未来，物理层安全技术一定会在保护通信安全、构建信息安全长城中发挥重要作用。希望更多有识之士投身到这一大有可为、前景光明的事业中。

本书由金梁、黄开枝、钟州、楼洋明、许晓明翻译，为本书翻译提供帮助的还有马克明、夏路、肖帅芳、白慧卿、张胜军、杨静、朱宸、林钰达、江文宇等。同时，于大鹏以及西安交通大学的王慧明、王文杰、穆鹏程和殷勤业为本书翻译提供了专业而细致的指导，大幅提升了本书的专业性和可读性，在此表示感谢。全书最后由王旭统稿，并由金梁审稿。清华大学出版社的编辑为本书的顺利翻译和出版做了大量精细的工作，其严谨的态度和敬业精神令人敬佩。此外，本书的出版得到国家自然科学基金(61379006、61471396、61401510、61501516、61521003、61601514、61701538)的资助。

需要特别说明的是，北京邮电大学的陶小峰、徐瑨、李娜，清华大学的周世东，北京理工大学的何遵文、张焱，北京大学的程翔，中国科学院计算技术研究所的周一青，工业和信息化部电信传输研究所的李侠宇、崔媛媛，中国普天信息产业股份有限公司的张文传，国防科技大学的魏急波、马东堂、熊俊、李为，电子科技大学的文红，陆军工程大学的蔡跃明为本书的内容提供了许多有价值的意见与建议，在此一并表示感谢。

在本书的翻译过程中，我们尽了最大努力忠于原文，尽力使用朴素平实的语言准确阐述其中思想，但由于精力和能力有限，书中难免存在疏漏之处，欢迎各位读者不吝指正。

译　者

2018 年 3 月

前言

确保通信的安全是一项充满挑战的工作，最常见的方式是通过密码学原理和加密算法对信息进行加密，使敌方无法破解。然而，这并不能彻底保证整个信息交换过程的安全。仔细斟酌就会发现，安全难就难在如何建立一套完整的系统解决方案。例如，必须要确保所有涉及的通信对象都要有合适的、经过认证的加密手段；必须验证对方的身份；必须通晓通信的整个流程是如何进行的，以确保通信过程本身不会产生漏洞。

然而，构建安全手段时上述最后一个问题往往不受重视，使之成为众多现代安全研究的短板。信息安全类的文献充斥着大量基于密码学方法的文章（尽管密码学本身仍然存在很多理论上的障碍有待克服，但是其中的大部分都是学术上的，不太影响实际使用），目前有众多的密码学教材可以为如何应用密码学原理提供基础性的介绍；除此之外，信息安全文献的另一大类是有关如何构建安全协议方面的，例如有大量计算机安全方面的教材能够为此提供指导。然而遗憾的是，对“通信是如何进行的”这一基本安全问题的研究成果相对稀缺。再具体点说，信息在不同介质上传播造成的安全问题不同（如无线通信安全就不同于有线通信安全），人们对这一现象缺乏足够的重视。

事实上，尽管分层的通信系统设计方法（对应于一般的开放系统互连（OSI）参考模型）是网络安全协议设计中经常参考的方法，但是，据此产生的安全协议在不同层上往往是割裂的，更忽视了将信息进行编码和调制时所需的最基本的通信层——物理层。这的确令人扼腕，因为这意味着保障现代通信系统安全的手段实际上是不完备的。正如在安全领域经常提到的那样——系统的健壮性取决于其最薄弱的环节，因此必须给予足够的关注。

针对这一突出问题，编者整理了在物理层上研究安全问题的最新成果汇编成书。需要特别指出的是，书中所有文章的作者一致认为，无线通信的物理层是个性鲜明、明显不同于其他通信系统的物理层，因此，要应对物理层的安全威胁必须考虑无线传播媒质的特殊属性。因此本书的一个基调会在书中频频浮现：在具有丰富多径的典型无线场景中，与传播路径对应的信道响应是频率选择性的（或者在时域上称为衰落），而且是由空间位置决定的（即只要传播路径的间隔是波长量级的，那么这些路径对应的信道的相关性会随间隔的增大而迅速减小）。无线物理层这些特有的空间、时间和频率特性为在物理层上建立新的安全服务提供了强大的基础支撑。

本书的章节广泛取材于各个物理层无线安全通信研究团队的研究成果。在选择题材方面,尽可能涵盖物理层安全研究的谱系(从私密性到认证,再到可信度等),并且兼顾到理论和实际两方面。基于这些考虑,章节按不同主题松散编排。本书首先从研究物理层安全的保密性入手。经典意义下的保密通常关注加密算法,以保证只有合法双方才能解密信息,而在物理层安全的背景下,我们更加关心使用无线媒质来保证信息秘密传递的机制。但是,一般情况下该机制会造成通信速率比传统的非保密通信要低很多,因此物理层保密应该定位为传统保密的支撑手段。例如,可以在传统密码中用物理层保密机制完成密钥交换或密钥生成。

物理层的保密手段可以进一步细分为利用无线媒质的特点进行信息保密传输,以及从无线媒质中提取密钥。书中第1~8章安排了信息保密传输的内容,其中大部分内容探讨相关的基础理论并提出了一些基本观点。首先,典型无线通信场景中历经的衰落过程奇特而有趣,衰落越复杂越有利于增强通信的保密性;其次,无线的广播特性使得我们可以在传输时引入干扰来降低敌方的窃听能力,同时增强合法双方安全通信的能力。对于各种无线通信场合,获取信道状态信息对传输十分关键。同样,了解在信道信息不完全或者不准确条件下的保密通信性能也至关重要。除了保密传输的信息论基础之外,还有第5章和第8章研究一些特定编码方案的设计,这是保密传输由理论转化为实用的第一步。

第9~12章探讨了如何利用无线信道的空间、时间和频率特征的唯一性作为收发双方之间共享的私密信息源。如果能从无线信道中充分挖掘出这个可共享的私密信息,那么就能够以它为基础来产生保密通信的密钥。密钥提取技术就是利用物理层来提升安全性的一个非常有潜力的研究方向,因为支撑密钥提取的基本步骤(即获得信道估计值所需的无线信道探测)也是常规通信的一个基础步骤。也就是说,信道估计在大多数无线系统物理层中本来就是要完成的。研究密钥提取技术的章节中既包含大量的理论成果,同时也在物理层安全技术的实际应用方面提供了一些具体的支撑实例。许多章节都包含实验验证,而且还会有一个物理层安全机制实时实现的案例。

第13、14章转向研究有关安全认证方面的问题。认证一般要确保通信双方所声明的身份是真实的,或者消息确实来自于它们所声明的出处。而对于物理层来说,身份的概念有所不同,我们不太关心具体某个人是谁,而是更关心如何区分不同的发送者。在一般的无线认证问题中,我们关心的是有无攻击者主动在通信链路中注入信号,并谎称其发送的信息来自于一个合法的无线设备。有意思的是,在很多场合密码技术并不易于完成身份认证,因此通信方很希望能有办法甄别出信号是来自合法用户还是非法用户。物理层认证方法和密钥提取技术是天生一对,因为这两种方法都把无线信道特征作为安全的基础构件。不同的是,对于密钥提取来说,信道估计作为共享私密信息用于构建密钥;而对物理层认证而言,信道估计充当区分发送者和接收者的认证工具。物理层认证所面临的一个有趣挑战是当环境在变化、通信各方到处移动时如何保持认证的有效性。本书在物理层认证的两章中讨论了认证性能的理论界,并提供了对物理层认证的全面综述,尤其关注无线信道时变性影响方面的研究。

最后,第15、16章介绍了与安全和物理层通信相关的另外两方面内容:协作通信和调制识别。协作通信是一种提升无线通信系统信道容量的新兴技术,其中多个实体通过彼此中继转发消息副本以协助信息的传输和译码。遗憾的是，传统的协作通信方案均假设所有的通信方是可信的且严格遵循通信协议，因此对存在恶意协作方的场景特别脆弱。我们用一章的内容研究协作通信中产生的安全问题，并提出了一种改进的设计方案来增强协作通信的安全性，该方案将信任的概念加入到协作通信协议中。我们在最后一章对调制识别进行讨论，其中包括如何在没有发送者先验知识的条件下识别其调制方式。一方面，对于新兴的无线通信系统（如认知无线电）这一点非常重要，因为发送者和接收者之间的任何先验关联信息可能会缺失，有必要在通信开始前先识别所采用的通信方式。另一方面，其中的安全分析对如何面向物理层展开攻击也同样重要，因为攻击者一旦掌握了通信的调制方式，不论是采用假冒实体的方法还是采用干扰实体的方法都便于找到最佳的攻击策略。

本书想要提醒读者注意的是，无线通信系统的物理层为提升安全性提供了令人耳目一新的手段，而且这些手段在传统密码学中是没有的。传统的高层安全方法肯定依然会在通信安全中扮演重要角色，这些已有的加密算法和安全协议在实际中得到了很好的验证，物理层安全技术并不能完全取而代之。但是，无线媒质的传播特性是一个强大的、包含特定物理域信息的源泉，可以作为已有传统安全机制的必要补充和增强，为追求无线系统安全的工程师提供新的工具和手段。本书中描述的方法可作为消除未来无线系统设计中潜在薄弱环节的基础，随着无线系统的日益普及，我们期待物理层安全方法能够在应对传统网络安全机制无法解决的安全问题方面发挥更重要的作用。

目录

第 1 章　独立并行信道的保密容量　/1

1.1　引言 …… 1
1.2　背景 …… 2
1.3　主要结论 …… 4
1.4　数值仿真 …… 9
1.5　小结 …… 13
参考文献 …… 13

第 2 章　人为增加不确定性带来的安全　/15

2.1　引言 …… 15
2.2　保密容量概述 …… 16
2.2.1　假设条件 …… 16
2.2.2　搭线窃听模型 …… 17
2.2.3　广播模型 …… 18
2.2.4　举例 …… 18
2.3　系统描述 …… 20
2.3.1　场景 …… 20
2.3.2　假设条件 …… 21
2.4　多天线的人为不确定性 …… 21
2.4.1　使用多个发射天线产生人工噪声 …… 22
2.4.2　例子 …… 24
2.4.3　MIMO 场景下的人工噪声生成 …… 24
2.5　相关工作 …… 26
2.6　小结 …… 27
参考文献 …… 27

第 3 章　高斯干扰搭线窃听信道中的分布式秘密分享　/29

3.1　引言 …… 29
3.2　系统模型 …… 30
3.3　保密容量域结论 …… 31

3.3.1 广义外部区域 …… 31
3.3.2 等信噪比内部区域 …… 32
3.3.3 外部区域的诠释 …… 33
3.3.4 内部区域的数值举例 …… 34
3.3.5 Z 信道的内部区域 …… 34
3.4 慢衰落和平坦瑞利衰落 …… 36
3.5 保密容量域结果的推导 …… 39
3.5.1 证明定理 3.1：外部区域 …… 39
3.5.2 证明定理 3.2：内部区域 …… 40
3.6 随机衰落结果的推导 …… 45
3.7 小结 …… 47
参考文献 …… 47

第 4 章 协作干扰：以干扰获得安全的故事 /49

4.1 引言 …… 49
4.2 基于噪声的协作干扰 …… 50
4.3 基于随机码本的协作干扰 …… 51
4.4 基于结构码本的协作干扰 …… 53
4.5 高斯双向中继信道下的协作干扰 …… 56
4.6 高斯多址接入窃听信道下的协作干扰 …… 60
4.7 高斯衰落多址接入窃听信道下的协作干扰 …… 62
4.8 小结 …… 66
参考文献 …… 66

第 5 章 用于可靠及安全无线通信的混合 ARQ 方案 /68

5.1 引言 …… 68
5.1.1 研究现状 …… 69
5.1.2 问题的提出 …… 70
5.1.3 本章结构 …… 70
5.2 系统模型和预备知识 …… 70
5.2.1 系统模型 …… 70
5.2.2 Wyner“好”码 …… 71
5.2.3 非安全 HARQ 方案 …… 72
5.2.4 安全 HARQ 方案 …… 73
5.3 安全信道集合与中断事件 …… 74
5.4 HARQ 方案下的 Wyner“好”码 …… 75
5.4.1 增量冗余 …… 76

5.4.2 重复时间分集 …… 77
5.5 HARQ 方案的保密吞吐量 …… 77
5.5.1 满足保密约束时的吞吐量 …… 78
5.5.2 同时满足安全性与可靠性要求时的吞吐量 …… 79
5.6 渐近性分析 …… 79
5.7 数值结果 …… 81
5.8 小结 …… 84
参考文献 …… 84

第 6 章 信道不确定条件下的保密通信 /87

6.1 引言 …… 87
6.2 搭线窃听信道模型 …… 88
6.2.1 离散无记忆搭线窃听信道 …… 88
6.2.2 高斯和多入多出搭线窃听信道 …… 90
6.2.3 并行搭线窃听信道 …… 91
6.3 衰落搭线窃听信道 …… 92
6.3.1 已知全部 CSI 时的各态历经性能 …… 93
6.3.2 已知部分 CSI 时的各态历经性能 …… 94
6.3.3 中断性能 …… 94
6.4 复合搭线窃听信道 …… 96
6.4.1 离散无记忆复合搭线窃听信道 …… 97
6.4.2 并行高斯复合搭线窃听信道 …… 98
6.4.3 MIMO 复合搭线窃听信道 …… 100
6.5 带边信息的窃听信道 …… 101
6.6 小结 …… 103
参考文献 …… 104

第 7 章 无线通信中的协作安全 /109

7.1 引言 …… 109
7.2 协作 …… 110
7.3 信息论安全 …… 112
7.4 用于保密的盲协作 …… 114
7.4.1 隐形协作与噪声转发 …… 115
7.4.2 协作干扰与人工噪声 …… 119
7.5 用于保密的主动协作 …… 121
7.6 不可信的协作节点 …… 123
7.6.1 存在安全约束的中继信道模型 …… 123

7.6.2 存在秘密消息的 MAC-GF 模型 …… 125
7.6.3 存在秘密消息的 CRBC 模型 …… 127
7.7 小结 …… 130
参考文献 …… 130

第 8 章 安全约束下的信源编码 /132

8.1 引言 …… 132
8.2 预备知识 …… 133
8.3 安全的分布式无损压缩 …… 135
8.3.1 两个发送节点的分布式安全压缩 …… 136
8.3.2 Bob 端的未编码边信息 …… 137
8.3.3 Alice 端的边信息 …… 139
8.3.4 多合法接收者/窃听者 …… 140
8.4 安全约束下的有损压缩 …… 142
8.5 联合信源-信道的安全通信 …… 144
8.6 小结 …… 145
8.7 附录 …… 145
参考文献 …… 150

第 9 章 非认证无线信道的 Level-Crossing 密钥提取算法 /153

9.1 引言 …… 153
9.2 系统模型和设计问题 …… 155
9.2.1 信道模型 …… 156
9.2.2 信道到比特的转换 …… 157
9.2.3 设计目标 …… 158
9.3 Level-Crossing 算法 …… 159
9.4 性能估计 …… 163
9.4.1 比特错误概率 …… 163
9.4.2 密钥速率 …… 165
9.4.3 生成比特的随机性 …… 166
9.5 使用 IEEE 802.11a 进行验证 …… 167
9.5.1 使用 IEEE 802.11a 实现 CIR 方法 …… 168
9.5.2 使用 RSSI 进行粗略测量 …… 171
9.6 讨论 …… 174
9.7 相关工作 …… 175
9.8 小结 …… 176
参考文献 …… 177

第 10 章 多终端密钥生成及其在无线系统中的应用 /179

10.1 引言 …… 179
10.2 多终端密钥生成的一般结论 …… 183
10.2.1 多终端源型模型的密钥生成 …… 183
10.2.2 多终端信道型模型的密钥生成 …… 187
10.3 成对独立模型 …… 188
10.4 三个终端间的多密钥生成 …… 190
10.4.1 2-PKs 容量域 …… 191
10.4.2 (SK,PK)容量域 …… 193
10.5 网络中的搭线窃听信道模型 …… 193
10.5.1 传输保密信息的广播信道 …… 194
10.5.2 无线信道的保密广播 …… 196
10.6 小结 …… 197
参考文献 …… 197

第 11 章 基于多径传播特性的密钥一致性协商技术 /202

11.1 引言 …… 202
11.2 基于无线电传播特性的密钥一致性协商原理 …… 203
11.2.1 应用电控无源阵列天线的密钥生成 …… 205
11.2.2 使用时变宽带 OFDM 信号频率特性的密钥协商方案 …… 209
11.2.3 采用天线切换时的密钥协商方案 …… 210
11.2.4 基于 UWB-IR 冲激响应的密钥一致性协商方案 …… 211
11.3 应用 ESPAR 天线的密钥协商方案的原型系统 …… 214
11.4 小结 …… 216
参考文献 …… 216

第 12 章 衰落信道下的保密通信 /218

12.1 引言 …… 218
12.2 背景 …… 219
12.2.1 多径衰落信道 …… 220
12.2.2 信道的频率选择性 …… 220
12.2.3 互易性原理 …… 222
12.2.4 现有成果 …… 225
12.3 对随机源进行采样 …… 226
12.3.1 阈值设置 …… 227
12.3.2 深衰落转化为比特向量 …… 228
12.3.3 随机源特性 …… 228

12.4 密钥生成 …… 229
12.4.1 基本概念 …… 229
12.4.2 密钥交换协议 …… 230
12.4.3 安全模糊信息调和器 …… 231
12.4.4 无线包络分布下的 SFIR 构建 …… 232
12.5 仿真结果 …… 235
12.5.1 无线信道仿真 …… 236
12.5.2 生成比特流 …… 236
12.6 小结 …… 237
参考文献 …… 238

第 13 章 以太指纹：基于信道的认证 /241

13.1 引言 …… 241
13.2 静态信道的指纹 …… 242
13.2.1 攻击模型 …… 242
13.2.2 信道估计模型 …… 242
13.2.3 欺骗攻击检测 …… 243
13.3 环境变化时的指纹 …… 245
13.3.1 时变信道的测量模型 …… 245
13.3.2 增强型欺骗攻击检测方案 …… 246
13.3.3 信道时变的影响 …… 248
13.4 终端移动性下的指纹 …… 249
13.4.1 系统模型 …… 249
13.4.2 增强型欺骗检测 …… 251
13.5 MIMO 下的指纹 …… 255
13.6 相关工作 …… 256
13.7 小结 …… 257
参考文献 …… 258

第 14 章 消息认证：信息论界 /260

14.1 引言 …… 260
14.2 现有方法：无噪模型 …… 261
14.2.1 单消息认证 …… 261
14.2.2 多消息认证 …… 263
14.2.3 拓展研究 …… 264
14.3 系统模型 …… 265
14.4 单消息认证 …… 266
14.4.1 窃听信道 …… 266

14.4.2 认证方案 …… 266
14.4.3 界 …… 269
14.5 多消息认证 …… 271
14.6 小结 …… 272
参考文献 …… 273

第 15 章 可信协作传输：化安全短板为安全强项 /275

15.1 引言 …… 275
15.2 协作传输及其缺陷 …… 276
15.2.1 协作传输基础 …… 276
15.2.2 协作传输的安全脆弱性 …… 278
15.2.3 防护需求 …… 279
15.3 信任辅助的协作传输 …… 280
15.3.1 信任建立基础 …… 280
15.3.2 基于信任的链路质量表示方法 …… 281
15.3.3 接收者的信号合并 …… 282
15.3.4 谎言攻击的防护 …… 285
15.3.5 信任辅助的协作传输方案设计 …… 286
15.3.6 性能分析 …… 287
15.4 通过空间分集增强对干扰攻击的健壮性 …… 289
15.5 小结 …… 291
参考文献 …… 291

第 16 章 频率选择性衰落信道中无线数字通信的调制取证 /294

16.1 引言 …… 294
16.2 问题描述及系统模型 …… 295
16.2.1 假设条件 …… 295
16.2.2 接收信号模型 …… 296
16.2.3 待选的空时编码 …… 296
16.2.4 待选的调制类型 …… 297
16.3 取证侦测器 …… 297
16.3.1 SISO 调制识别 …… 297
16.3.2 空时编码识别 …… 302
16.3.3 取证侦测器总体方案 …… 303
16.4 仿真结果 …… 304
16.5 小结 …… 306
参考文献 …… 306

第 1 章

独立并行信道的保密容量*

Zang Li, Roy Yates, Wade Trappe

1.1 引　　言

通信的私密性是确保网络安全的基础，对于无线通信系统尤为重要，因为无线传输的广播特性使得无线信号极易被窃听。传统方法是通过密码算法确保只有合法用户才能正确解密、第三方无法还原信息，而不是通过物理方法保障通信链路的私密性。

到底多少信息泄露给敌对窃听者才是不安全的？这是现代密码学研究的核心问题，由此衍生出两大学派：基于信息论的安全和基于计算复杂度的安全。香农于 1949 年在参考文献[1]中首次阐述基于信息论的加密方法，其中假定窃听者拥有无限的计算资源，并且加密的目标是确保绝对没有任何信息泄露给窃听者。因此，在窃听者观测到加密消息（密文）时，除了随机猜测原始消息（明文）以外别无他法。相反，基于计算复杂度的加密则不考虑窃听者拥有无限计算能力的情况，而是假定窃听者的计算能力有限，从而利用庞大的计算量使得窃听者难以推断相应的明文。

这两类方法的共同点是都必须要求合法用户之间存在某种形式的共享信息，即通常所说的密钥。作为实现加密的重要参数，密钥必须要保持私密性。因此传统的做法是通过第三方（如证书颁发机构或密钥分发机构）来生成和管理密钥。遗憾的是，在许多无线场景下很难保证有第三方存在，因此这种依赖外部条件的密钥管理机制不可行。实际上，理想的情况应该是通信双方能够自主利用物理资源完成密钥共享，而不依赖于可信第三方，这是本章的指导思想，也贯穿于本书的大部分内容。信息论安全与传统的基于复杂度的安全相比，提供了一种更适合于在无线应用中发挥优势的保密通信手段。特别是由于无线传播环境的复杂性，不同位置的用户会收到污染程度不同的信号副本，而正是这种差异使得用户之间信息（包括密钥）的保密传输成为可能。

信息理论安全起初是 Wyner（见参考文献[2]）用来研究传统搭线窃听信道的，他发现提高合法信道（主信道）的传输速率与增加窃听者接收信息的疑义度之间存在矛盾，

Zang Li(✉)

无线信息网络实验室，罗格斯大学，北布伦瑞克，新泽西州 08902，美国

电子邮件：zang@winlab.rutgers.edu

* 本章部分内容来自于：Secrecy Capacity of Independent Parallel Channels, Proceedings of the Forty-Fourth Annual Allerton Conference, 2006.

并进一步推导出这两个参数限定的容量区域，指出即使有被动窃听者存在也能达到正的保密速率，从而实现完美的保密通信。随后在 1978 年，Csiszar 和 Korner（见参考文献[3]）将 Wyner 的研究拓展到一般广播通信的场景，证明了只要信道满足一定条件就能实现广播场景下的保密通信。上述两篇文献都推导出了完美保密通信下的最大传输速率。

本章将现有的研究成果拓展到由多个独立并行信道组成的系统，指出这类组合信道的保密容量恰恰是所有单个信道的保密容量之和；然后，进一步推导出在系统总功率约束条件下并行 AWGN 信道的最佳功率分配策略，该策略可以推广到加性高斯噪声随机衰落信道；最后，以正交频分复用(OFDM)系统为例，对不同信道条件下的保密容量和最佳功率分配策略进行了数值仿真。本章其余部分安排如下：1.2 节介绍重要的理论背景；1.3 节提出主要结论；1.4 节给出典型 OFDM 系统的数值评估；1.5 节为小结。

1.2 背 景

在一个基于信息论的安全通信系统模型中，发送者(Alice)希望在窃听者(Eve)存在的情况下，依然可以安全地发送私密信息 S 给合法用户(Bob)。S 为 $\{1,2,\cdots,2^{nR}\}$ 中的随机整数，由 n 个信道发送。在此模型下，保密信息熵为 $H(S)=nR$ 比特，保密传输速率为 $R=H(S)/n$ 比特每信道使用。Alice 发送编码信号 $X^n=X_1,\cdots,X_n$；Bob 接收信道输出信号 $Y^n=Y_1,\cdots,Y_n$，并以错误概率 $P_e=\Pr[S\neq\hat{S}]$ 译码信号 $\hat{S}$。Eve 窃听的输出信号为 $Z^n=Z_1,\cdots,Z_n$，其关于保密消息 S 的剩余不确定性由条件熵 $H(S/Z^n)$ 给出，此条件熵一般由归一化的疑义度 $\Delta=H(S|Z_n)/H(S)$ 来表示。为了兼顾通信的安全性和可靠性指标，采用通信速率 R 和疑义度 Δ 表征系统性能。特别地，如果对任意 $\varepsilon>0$ 都存在通信速率 R、疑义度为 Δ 的编码器和译码器，使得

$$P_e\leqslant\varepsilon,\quad R\geqslant R_0-\varepsilon,\quad \Delta\geqslant\Delta_0-\varepsilon \tag{1.1}$$

则称速率元组(R_0,Δ_0)是可实现的。

本章关注 $\Delta_0=1$ 的情形，即 Eve 从观测到的信息 Z^n 中获得的保密信息 S 由下式给出

$$\begin{aligned}I(S;Z^n)&=H(S)-H(S\mid Z^n)\\&=(1-\Delta)H(S)\leqslant\varepsilon H(S)\end{aligned} \tag{1.2}$$

可以看出，Eve 可获得的关于 S 的信息微乎其微。

这类信息论保密通信模型始于 Wyner 分析的离散无记忆窃听信道(见参考文献[2])。在 Wyner 的系统中，Eve 窃听到的是 Bob 接收信号的退化版本，信道被假定为一个马尔可夫链 $X\rightarrow Y\rightarrow Z$。Csiszar 和 Korner(见参考文献[3])将其进行了推广，即 Alice 以速率 R 发送保密信息给 Bob，以速率 R_0 同时给 Bob 和 Eve 发送公共信息。当公共信息传输速率 $R_0=0$ 时，参考文献[3]中定义使得元组$(R,\Delta=1)$中可达速率 R 的最大值为保密容量 $\mathcal{C}$，由下式表示

$$\mathcal{C}=\max_{V\rightarrow X\rightarrow YZ} I(V;Y)-I(V;Z) \tag{1.3}$$

在这种情形下，给定离散无记忆信道(DMC)$P_{YZ|X}$，可以通过遍历所有联合分布 $P_{V,X}(v,x)$ 进行最大值搜索来获得保密容量①，其中 $P_{V,X}(v,x)$ 需满足使马尔可夫链 $V\to X\to YZ$ 成立的约束。在随后的研究中 Maurer 和 Wolf(见参考文献[4])证明，通过一种所谓的隐私放大技术可以在不降低保密容量$\mathcal{C}$的前提下，使得 Wyner 以及 Csiszar、Korner 定义的保密性能式(1.2)大大增强。本章采用传统信息论关于安全的定义，重点关注保密容量$\mathcal{C}$的优化，同时提醒读者实际系统中也可能采用隐私放大技术(见参考文献[5])。

理论上式(1.3)是保密容量$\mathcal{C}$的一个完备刻画，但是许多问题仍然有待回答。例如，没有给出关于辅助输入 V 以及 $P_{X|V}$ 信道的系统优化方法，而辅助输入往往很关键，所以一般情形下最佳辅助输入的求解问题依然悬而未决。然而，对于固定信道，当 Bob 和 Eve 的信道满足某些特定的条件时，是能够得出一些结论的。在参考文献[6]中，若对所有的输入 X，$I(X;Y)-I(X;Z)\geqslant 0$，则称离散无记忆信道 $P_{Y|X}$ 的信息传输能力优于信道 $P_{Z|X}$；类似地，若对所有的输入 U 和离散无记忆信道 $P_{X|U}$，$I(U;Y)-I(U;Z)\geqslant 0$，则称离散无记忆信道 $P_{Y|X}$ 的噪声低于信道 $P_{Z|X}$。众所周知，低噪声即意味着能传输更多的信息。在参考文献[3]中，如果 Bob 的信道优于 Eve 的信道，则保密速率$\mathcal{C}$能够在 $V=X$ 时达到。因此，当 Bob 具有优势信道时，保密容易

$$\mathcal{C}=\max_{X} I(X;Y)-I(X;Z) \tag{1.4}$$

即便如此，能够达到$\mathcal{C}$的最佳输入 X 还没有找到。主要难点是对于输入分布 P_X，$I(X;Y)$和 $I(X;Z)$均为凹函数，因此它们的差 $I(X;Y)-I(X;Z)$对于分布 P_X 一般来说既不是凹函数也不是凸函数，很可能在局部有多个极大值。对于这种情况，凸优化方法无法保证找到最佳的输入分布(见参考文献[7])。必须要指出的是，Bob 的信道比 Eve 的信道噪声低的情形是个例外，因为 Van Dijk(见参考文献[8])证明了当且仅当 $I(X;Y)-I(X;Z)$是 P_X 的凹函数时，信道 $P_{Y|X}$的噪声低于 $P_{Z|X}$信道。

无记忆的离散时间加性高斯白噪声信道是一个重要的例子，这时保密容量是可知的。在时刻 t，Alice 的发送信号为 X_t，Bob 和 Eve 接收到的信号分别是

$$Y_t=\sqrt{b}X_t+W_{1,t},\quad Z_t=\sqrt{g}X_t+W_{2,t} \tag{1.5}$$

假设加性噪声 $W_{i,t}$相互独立且为单位方差，b 和 g 分别代表 Bob 和 Eve 使用加性噪声功率谱归一化的信道链路增益。当 $b<g$ 时，可以通过一个等效系统来说明，该系统中 Y_t 和 Z_t 有相同的条件边缘分布，但 Bob 的信号 Y_t 是 Z_t 的退化形式，对于所有的输入 X 都有 $I(X;Y)-I(X;Z)\leqslant 0$，这时对于任意输入 X 保密容量均为零。当 $b>g$ 时，Bob 的信道优于 Eve 的信道，保密容量由式(1.4)给出，这时麻烦的是在平均功率约束条件下，当高斯输入 X 使得 $I(X;Y)$达到最大时同样也使 $I(X;Z)$达到了最大。不过 Leung-Yan-Cheong 和 Hellman(见参考文献[9])证明了高斯输入 X 是可以最大化保密容量$\mathcal{C}$的，这时 $I(X;Y)$和 $I(X;Z)$由加性高斯白噪声香农容量给出，即对于输入 X，平均功率 P 的保密容量为

$$\mathcal{C}_{\mathrm{AWGN}}(b,g,P)=\frac{1}{2}(\log(1+bP)-\log(1+gP))^{+} \tag{1.6}$$

其中，$(x)^{+}=\max(x,0)$。根据式(1.6)可以得出一些不利的结论：首先，$b\leqslant g$ 时，保密容

---

① 其中 X 是随机变量，$\max_X$ 为 X 的最大值，X 服从 PMF $P_X(x)$(当 X 离散时)或 PDF $f_X(x)$(当 X 连续时)。

量肯定为 0；其次，即使 Bob 信道有优势，保密容量依然是功率受限的，即当功率 P 无穷大时，该容量的上界$\frac{1}{2}\log\frac{b}{g}$可能是个相当小的值。

然而，上述悲观的假设并没有完全反映出现代通信系统设计的全部特点，尤其是没有充分利用无线系统中大量存在的自由度。例如，可以利用多个子载波来提供 OFDM 发射端需要的大量并行子信道，多径引起的频率选择性可以提供分集增益(见参考文献[10])。本章重点回答以下问题：由 M 个独立并行信道组成的系统其保密容量有多大？如果所有信道都是加性高斯白噪声信道，而系统又受到总功率约束，那么最佳功率分配策略是什么？主要结论在 1.3 节给出。

1.3 主要结论

考虑具有 M 个独立并行子信道的系统。Alice 的信道输入是 $X^M=X_1,\cdots,X_M$，Bob 和 Eve 分别接收 $Y^M=Y_1,\cdots,Y_M$ 和 $Z^M=Z_1,\cdots,Z_M$。信道由下式描述

$$P(Y^MZ^M \mid X^M)=\prod_{m=1}^{M}P(Y_mZ_m \mid X_m) \tag{1.7}$$

由式(1.3)可以得出保密容量为

$$\mathcal{C}_M=\max_{V\to X^M\to Y^MZ^M} I(V;Y^M)-I(V;Z^M) \tag{1.8}$$

需要注意的是，Bob 的信道 $P_{Y^M|X^M}$ 通常情况下并不优于 Eve 的信道 $P_{Z^M|X^M}$。当存在一个子信道$\hat{m}$对于某些输入 $X_{\hat{m}}$ 满足 $I(X_{\hat{m}};Y_{\hat{m}})<I(X_{\hat{m}};Z_{\hat{m}})$ 时，Bob 信道优于 Eve 信道的条件将不满足。随之而来的问题就是能否分解这个复合系统，下述定理将回答这一问题。

定理 1.1 由 M 个独立并行子信道系统的保密容量式(1.8)可推出

$$\mathcal{C}_M=\sum_{m=1}^{M}\max_{V_m\to X_m\to Y_mZ_m} I(V_m;Y_m)-I(V_m;Z_m) \tag{1.9}$$

其中，V_m 是为子信道 m 设计的辅助变量。

下面给出证明，证明方法本质上和参考文献[3]得到保密容量的单字符特征方法是一样的。

证明：这里使用参考文献[3]推导单字符特性方法来推导保密容量。令 $Y^m=Y_1,\cdots,Y_m$，$Z_m^M=Z_m,\cdots,Z_M$。根据链式法则(chain rule)可得

$$\begin{aligned}&I(V;Y^M)-I(V;Z^M)\\&=\sum_{m=1}^{M}I(V;Y_m \mid Y^{m-1})-\sum_{m=1}^{M}I(V;Z_m \mid Z_{m+1}^M)\end{aligned} \tag{1.10}$$

此外，可以得到

$$\begin{aligned}&I(V;Y_m \mid Y^{m-1})\\&=H(Y_m \mid Y^{m-1})-H(Y_m \mid VY^{m-1}) &(1.11)\\&=H(Y_m \mid Y^{m-1})-H(Y_m \mid VY^{m-1}Z_{m+1}^M)+\\&\quad H(Y_m \mid VY^{m-1}Z_{m+1}^M)-H(Y_m \mid VY^{m-1}) &(1.12)\\&=I(VZ_{m+1}^M;Y_m \mid Y^{m-1})-I(Z_{m+1}^M;Y_m \mid VY^{m-1}) &(1.13)\end{aligned}$$

$$= I(Z_{m+1}^M;Y_m \mid Y^{m-1}) + I(V;Y_m \mid Y^{m-1}Z_{m+1}^M) - I(Z_{m+1}^M;Y_m \mid VY^{m-1}) \tag{1.14}$$

$$= \sum_{j=m+1}^{M} I(Z_j;Y_m \mid Y^{m-1}Z_{j+1}^M) + I(V;Y_m \mid Y^{m-1}Z_{m+1}^M) - \sum_{j=m+1}^{M} I(Z_j;Y_m \mid VY^{m-1}Z_{j+1}^M) \tag{1.15}$$

类似地

$$I(V;Z_m \mid Z_{m+1}^M)$$

$$= H(Z_m \mid Z_{m+1}^M) - H(Z_m \mid VZ_{m+1}^M) \tag{1.16}$$

$$= H(Z_m \mid Z_{m+1}^M) - H(Z_m \mid VY^{m-1}Z_{m+1}^M) + H(Z_m \mid VY^{m-1}Z_{m+1}^M) - H(Z_m \mid VZ_{m+1}^M) \tag{1.17}$$

$$= I(VY^{m-1};Z_m \mid Z_{m+1}^M) - I(Y^{m-1};Z_m \mid VZ_{m+1}^M) \tag{1.18}$$

$$= I(Y^{m-1};Z_m \mid Z_{m+1}^M) + I(V;Z_m \mid Y^{m-1}Z_{m+1}^M) - I(Y^{m-1};Z_m \mid VZ_{m+1}^M) \tag{1.19}$$

$$= \sum_{j=1}^{m-1} I(Y_j;Z_m \mid Z_{m+1}^M Y^{j-1}) + I(V;Z_m \mid Y^{m-1}Z_{m+1}^M) - \sum_{j=1}^{m-1} I(Y_j;Z_m \mid VZ_{m+1}^M Y^{j-1}) \tag{1.20}$$

注意到

$$\sum_{m=1}^{M}\sum_{j=m+1}^{M} I(Z_j;Y_m \mid Y^{m-1}Z_{j+1}^M) = \sum_{m=1}^{M}\sum_{j=1}^{m-1} I(Y_j;Z_m \mid Z_{m+1}^M Y^{j-1}) \tag{1.21}$$

以及

$$\sum_{m=1}^{M}\sum_{j=m+1}^{M} I(Z_j;Y_m \mid VY^{m-1}Z_{j+1}^M) = \sum_{m=1}^{M}\sum_{j=1}^{m-1} I(Y_j;Z_m \mid VZ_{m+1}^M Y^{j-1}) \tag{1.22}$$

将式(1.10)代入式(1.22)，可得

$$I(V;Y^M) - I(V;Z^M)$$

$$= \sum_{m=1}^{M} I(V;Y_m \mid Y^{m-1}) - \sum_{m=1}^{M} I(V;Z_m \mid Z_{m+1}^M) \tag{1.23}$$

$$= \sum_{m=1}^{M} [I(V;Y_m \mid Y^{m-1}Z_{m+1}^M) - I(V;Z_m \mid Y^{m-1}Z_{m+1}^M)] \tag{1.24}$$

令

$$U_m = Y^{m-1}Z_{m+1}^M, \quad \hat{V}_m = VU_m$$

则

$$I(V;Y^M) - I(V;Z^M)$$

$$= \sum_{m=1}^{M} [I(V;Y_m \mid U_m) - I(V;Z_m \mid U_m)] \tag{1.25}$$

$$= \sum_{m=1}^{M} [I(VU_m;Y_m \mid U_m) - I(VU_m;Z_m \mid U_m)] \tag{1.26}$$

$$= \sum_{m=1}^{M} [I(\hat{V}_m;Y_m \mid U_m) - I(\hat{V}_m;Z_m \mid U_m)] \tag{1.27}$$

$$\leqslant \sum_{m=1}^{M} \max_{\hat{V}_m \to X_m \to Y_m Z_m} [I(\hat{V}_m;Y_m) - I(\hat{V}_m;Z_m)] \tag{1.28}$$

注意，总和中的各项正是每个并行独立信道的保密容量，因此是可达的，当且仅当每个信道达到各自保密容量时等式才成立。

该定理表明可为每个子信道独立选择最佳的 V_m。系统的保密容量正是各个子信道保密容量的总和。注意式(1.9)对 M 个独立并行子信道的任意集合均成立，且与每个子信道的模型无关。若所有子信道是式(1.5)的加性高斯白噪声信道，本章用矢量 $\boldsymbol{v}=[b_1,\cdots,b_M]^{\mathrm{T}}$ 和 $\boldsymbol{g}=[g_1,\cdots,g_m]^{\mathrm{T}}$ 分别表示 Alice 与 Bob 和 Alice 与 Eve 间子信道的归一化信道增益。对于加性高斯白噪声，$b_m \leqslant g_m$ 表明子信道 m 保密容量为零，而 $b_m > g_m$ 表明 Bob 的子信道优于 Eve 的子信道。因此，由 M 个正交的加性高斯白噪声信道组成的系统保密容量为

$$\mathcal{C}_M = \sum_{m=1}^{M} \max_{X_m \to Y_m Z_m} I(X_m;Y_m) - I(X_m;Z_m) \tag{1.29}$$

当 $b_m \leqslant g_m$，由式(1.29)内的最大值项可得出子信道 m 的保密容量为零。而且由于每个子信道均是加性高斯白噪声信道，所以每个子信道要通过高斯输入才能达到其容量。因此，发送功率为 P_m 的子信道 m 对保密容量的贡献为 $\mathcal{C}_{\mathrm{AWGN}}(b_m, g_m, P_m)$。

$$\mathcal{C}_M(\boldsymbol{v}, \boldsymbol{g}, \boldsymbol{P}) = \sum_{m=1}^{M} \mathcal{C}_{\mathrm{AWGN}}(b_m, g_m, P_m) \tag{1.30}$$

问题在于 $\mathcal{C}_M(\boldsymbol{v}, \boldsymbol{g}, \boldsymbol{P})$ 是如何依赖于功率 $\boldsymbol{P}$ 的分配，特别是当受到总功率约束 $\sum_{m=1}^{M} P_m \leqslant P_{\mathrm{tot}}$ 时。因此本章的第二个定理给出了该情形下最大化保密容量的最佳功率分配方案。

定理 1.2 在总功率约束条件 $\sum_{m=1}^{M} P_m \leqslant P_{\mathrm{tot}}$ 下，归一化链路增益 $\boldsymbol{v}$、$\boldsymbol{g}$，M 个正交加性高斯白噪声子信道组成的系统保密容量的表达式为

$$\mathcal{C}_M(\boldsymbol{v}, \boldsymbol{g}, P_{\mathrm{tot}}) = \sum_{m=1}^{M} \mathcal{C}_{\mathrm{AWGN}}(b_m, g_m, P_{\mathrm{AWGN}}(b_m, g_m, \lambda)) \tag{1.31}$$

如果对于每个子信道 m 都有 $b_m \leqslant g_m$，则不论功率如何分配保密容量均为零。否则，$P_{\mathrm{AWGN}}(b_m, g_m, \lambda)$ 为

$$P_{\mathrm{AWGN}}(b, g, \lambda) = \frac{1}{2}\left(f(b, g, \lambda) - \left(\frac{1}{b} + \frac{1}{g}\right)\right)^{+} \tag{1.32}$$

其中

$$f(b, g, \lambda) = \sqrt{\left(\frac{1}{b} + \frac{1}{g}\right)^2 + 4\left[\frac{1}{\lambda}\left(\frac{1}{g} - \frac{1}{b}\right) - \frac{1}{gb}\right]} \tag{1.33}$$

并且选择 $\lambda>0$ 以满足总功率约束

$$\sum_{m=1}^{M} P_{\mathrm{AWGN}}(b_m, g_m, \lambda) = P_{\mathrm{tot}} \tag{1.34}$$

定理1.2的证明运用了著名的拉格朗日方法，根据加性高斯白噪声信道保密容量的凸性推得。

证明：为证明定理1.2，针对加性高斯白噪声需要采用保密容量结果，如式(1.6)所述。注意到，如果 $b_m \leqslant g_m$，则信道 m 由于其保密容量为零将分配不到功率。因此，可以假设信道 $1,\cdots,\bar{M}$ 满足 $b_m>g_m$，并仅考虑将功率分配到这些信道上从而简化以下证明。这种情况下，容易证明 $b_m>g_m$ 意味着 $C_{\mathrm{AWGN}}(b_m, g_m, P_m)$ 对于 P_m 是凹的。在 $\boldsymbol{P}[P_1,\cdots,P_{\bar{M}}]^{\mathrm{T}}$ 项中，运用式(1.6)构成拉格朗日算子

$$\mathcal{L}(\lambda, \boldsymbol{P}) = \sum_{m=1}^{\bar{M}} [\log(1+b_m P_m) - \log(1+g_m P_m) - \lambda P_m] \tag{1.35}$$

其中 $\lambda>0$。拉格朗日算子的最大化要求满足：若 $P_m>0$，则 $\partial\mathcal{L}/\partial P_m=0$；或者若 $P_m=0$，则 $\partial\mathcal{L}/\partial P_m\leqslant 0$。这意味着非零 P_m 满足二次方程

$$\left(P_m+\frac{1}{g_m}\right)\left(P_m+\frac{1}{b_m}\right)-\frac{1}{\lambda}\left(\frac{1}{g_m}-\frac{1}{b_m}\right)=0 \tag{1.36}$$

然后针对 $P_m\geqslant 0$ 进行求解并把解的一般形式表示为 $P_m=P_{\mathrm{AWGN}}(b_m, g_m, \lambda)$，其中 $P_{\mathrm{AWGN}}(b_m, g_m, \lambda)$ 由式(1.32)给出。

接下来对非负 P_m 求解，并将通解表示为式(1.32)给出的 $P_m=P_{\mathrm{AWGN}}(b_m, g_m, \lambda)$ 的形式。可知当且仅当 $b_m-g_m>\lambda$ 时，$P_m>0$ 成立。选择拉格朗日乘子 λ 以满足功率约束。因为式(1.32)已表明当 $b\leqslant g$ 时 $P_{\mathrm{AWGN}}(b_m, g_m, \lambda)=0$，所以至此已证明了定理1.2适用于由$M$个独立并行加性高斯白噪声信道组成的系统。

注意到在最佳功率分配式(1.32)中，当且仅当 $b_m-g_m>\lambda$ 时 $P_m>0$ 成立。因为 λ 是正数，所以若 $b_m\leqslant g_m$，则子信道 m 将弃用。当 $b_m\leqslant g_m$，无论分配多少功率，$\mathcal{C}_{\mathrm{AWGN}}(b_m, g_m, P_m)=0$。对于 $b_m>g_m$，子信道根据 b_m-g_m 的差值大小来排列。对于非常小的 P_{tot}，只有最大差值的子信道可以使用。随着 P_{tot}的增加，λ 会减小，将根据 b_m-g_m 的大小排序来使用另一些子信道。这种解决方法在概念上类似于熟悉的达到信道容量的注水算法，即由信道参数确定功率 P_m、用拉格朗日乘子 λ 满足功率约束。不同之处在于，式(1.32)保密容量功率分配不是根据增益 b_m 对子信道排序，而是由增益差值 b_m-g_m 确定排序。

当信道为所有通信方已知时，上述结论能推广到衰落信道场景。考虑离散无记忆信道情形，Bob 和 Eve 在第 i 个时刻具有正态平稳和各态历经性的时变信道增益，分别是 $\sqrt{b_i}$ 和 $\sqrt{g_i}$。为方便起见，用 $\gamma_i=(b_i, g_i)$ 表示联合信道状态。噪声假设为单位功率谱密度的加性高斯白噪声。令 $S(\gamma)$ 表示发射信号功率，$\bar{S}$ 表示平均发射信号功率。假设 Bob 和 Eve 的接收信号带宽相同，用 W 表示。瞬时接收信噪比(SNR)分别为 $S(\gamma_i)b_i/W$ 和 $S(\gamma_i)g_i/W$。给定信道状态信息的条件下，衰落信道的时间序列仅仅是独立并行信道系统的特例。采用类似方法可以给出下面的定理。

定理1.3 当各方都已知信道边信息 $\gamma=(b,g)$ 时，单位加性高斯噪声的离散时间无记忆衰落信道在平均功率 $\bar{S}$ 约束下的保密容量为

$$\mathcal{C}=\max_{S(\gamma):E_\gamma[S(\gamma)]=\bar{S}} E_\gamma[\mathcal{C}(\gamma, S(\gamma))] \tag{1.37}$$

其中

$$\mathcal{C}(\gamma,S(\gamma))=W\left(\log\left(1+\frac{S(\gamma)b}{W}\right)-\log\left(1+\frac{S(\gamma)g}{W}\right)\right) \tag{1.38}$$

达到式(1.37)保密容量的最佳功率分配是

$$S^*(\gamma)=\frac{W}{2}\left(f(b,g,\lambda)-\left(\frac{1}{b}+\frac{1}{g}\right)\right)^+ \tag{1.39}$$

其中，$f(b,g,\lambda)$由式(1.33)给出，选择λ使得平均发射信号功率满足以下限制

$$E_\gamma[S^*(\gamma)]=\overline{S} \tag{1.40}$$

而且，采用式(1.39)动态功率调整的单路码本足以达到保密容量。

证明：首先证明定理的逆命题，而后证明可达性。

用$W\in\{1,\cdots,2^{nR}\}$表示保密信息索引。为了证明逆命题，注意到

$$nR=H(W\mid\gamma^n) \tag{1.41}$$

$$\leqslant H(W\mid Z^n,\gamma^n)+\varepsilon \tag{1.42}$$

$$=H(W\mid Y^n,\gamma^n)+I(W;Y^n\mid\gamma^n)-I(W;Z^n\mid\gamma^n)+\varepsilon \tag{1.43}$$

$$\leqslant I(W;Y^n\mid\gamma^n)-I(W;Z^n\mid\gamma^n)+\eta+\varepsilon \tag{1.44}$$

这里式(1.42)源于完美保密要求，式(1.44)源于容量要求。

运用定理1.1的证明方法，可以得到

$$I(W;Y^n\mid\gamma^n)-I(W;Z^n\mid\gamma^n) \tag{1.45}$$

$$=\sum_{i=1}^{n}(I(W;Y_i\mid U_i,\gamma^n)-I(W;Z_i\mid U_i,\gamma^n)) \tag{1.46}$$

$$=\sum_{i=1}^{n}(I(V_i;Y_i\mid U_i,\gamma^n)-I(V_i;Z_i\mid U_i,\gamma^n)) \tag{1.47}$$

$$\leqslant\sum_{i=1}^{n}\max_{V_i\to X_i\to Y_iZ_i}(I(V_i;Y_i\mid\gamma_i)-I(V_i;Z_i\mid\gamma_i)) \tag{1.48}$$

因为对于给定的γ_i，在i时刻的信道是加性高斯白噪声信道，可以得到

$$\max_{V_i\to X_i\to Y_iZ_i}I(V_i;Y_i\mid\gamma_i)-I(V_i;Z_i\mid\gamma_i)=\mathcal{C}(\gamma_i,S(\gamma_i)) \tag{1.49}$$

其中，$\mathcal{C}(\gamma,S(\gamma))$是增益为$\gamma$和功率为$S(\gamma)$信道的保密容量，并由式(1.38)给出。

假设信道状态是离散随机变量，可能来自连续信道状态的量化，从$\{\gamma_1,\cdots,\gamma_M\}$中取值。令$N_m$表示$n$次传输中$\gamma=\gamma_m$出现的次数，有

$$I(W;Y^n\mid\gamma^n)-I(W;Z^n\mid\gamma^n)$$

$$\leqslant\sum_{i=1}^{n}\mathcal{C}(\gamma_i,S(\gamma_i)) \tag{1.50}$$

$$=\sum_{i=1}^{n}\mathcal{C}(\gamma_m,S(\gamma_m))N_m \tag{1.51}$$

合并上面的式子，得到

$$R\leqslant\frac{1}{n}(I(W;Y^n\mid\gamma^n)-I(W;Z^n\mid\gamma^n)+\eta+\varepsilon) \tag{1.52}$$

$$\leqslant\sum_{m=1}^{M}\mathcal{C}(\gamma_m,S(\gamma_m))\frac{N_m}{n}+\frac{\eta}{n}+\frac{\varepsilon}{n} \tag{1.53}$$

随着 n 增长，N_m/n 接近 $p(\gamma_m)$，从而

$$R \leqslant E_\gamma[\mathcal{C}(\gamma, S(\gamma))] + \frac{\eta}{n} + \frac{\varepsilon}{n} \tag{1.54}$$

用定理 1.2 的证明方法，在平均功率约束条件下，通过改变 $S(\gamma)$ 最大化式(1.54)右边，可以得到最佳功率分配式(1.39)，完成定理 1.3 的逆命题证明。

至于可达性，本章指出采用与参考文献[11]类似的多路码本方案能达到保密速率 $E_\gamma[\mathcal{C}(\gamma, S(\gamma))]$。与式(1.54)合并，从而完成式(1.37)的证明。另一方面，采用与参考文献[12]中相似的方法，可以证明多路码本实际上并不是必需的，详述如下。

假设 Alice 选择 $X=\widetilde{S}(\gamma)V$，其中 $\widetilde{S}(\gamma)$ 表示适合信道状态 γ 的功率函数，V 表示单位功率的高斯随机变量，并且与 γ 无关。这种情况下，Bob 接收信号为

$$Y = \sqrt{b}\,\widetilde{S}(\gamma)V + W_1 \tag{1.55}$$

窃听者得到信号

$$Z = \sqrt{g}\,\widetilde{S}(\gamma)V + W_2 \tag{1.56}$$

由于所有通信方已知 γ 进而已知 $\widetilde{S}(\gamma)$，可以认为随机信道状态 Γ 是信道的输出。因此，按参考文献[3]中的编码步骤，单路码本可达到的保密速率为

$$I(V;Y\Gamma) - I(V;Z\Gamma) = I(V;Y \mid \Gamma) - I(V;Z \mid \Gamma) \tag{1.57}$$

$$= E_\gamma[\mathcal{C}(\gamma, \widetilde{S}(\gamma))] \tag{1.58}$$

当 $\widetilde{S}(\gamma)=S^*(\gamma)$，即满足最佳功率分配策略时，可达到式(1.37)的保密容量。

尽管采用类似参考文献[11]中提出的多路码本方案也能达到式(1.37)的保密容量，然而本章已证明那并不是必需的。正如最佳功率调整的单路码本已足以达到普通信道容量一样(见参考文献[12])，单路码本对于达到保密容量也已经足够。仅当 Bob 的信道增益比 Eve 的信道增益至少大 λ 时 Alice 才发射，发射功率随着信道增益的变化而调整。

1.4 数值仿真

上述结论可以很容易地应用到 OFDM 系统中，其子信道是独立的瑞利衰落加性高斯白噪声信道。首先，注意到式(1.31)的保密容量是由信道总数 M、Bob 和 Eve 的信道增益矢量 $\boldsymbol{v}$ 与 $\boldsymbol{g}$ 以及受限功率 P_{tot} 决定的。在固定频率间隔子信道的 OFDM 系统里，M 将与传输带宽成正比。对于瑞利衰落，Alice 和 Eve 的信道增益矢量 $\boldsymbol{v}$ 和 $\boldsymbol{g}$ 的元素 b 和 g 服从独立同分布(i.i.d)的指数分布(假设 Bob 和 Eve 的间距超过一个波长)，均值为 $E[b]$ 和 $E[g]$。我们感兴趣的是保密容量如何随 M、$E[b]$、$E[g]$ 和 P_{tot} 的变化而变化。本章将通过数值仿真来评估这些因素对保密容量的影响。

保密容量取决于确切的信道值。对于一个 $\{M, E[b], E[g], P_{\text{tot}}\}$ 组合，由于信道增益从它们各自的分布中随机取值，因此 $\mathcal{C}_M$ 是个随机变量。为了刻画 $\mathcal{C}_M$ 在每种组合下的分布，观察它的互补累积分布函数(CCDF)，即对于递增的 $\mathcal{C}$，通过数值计算估计概率 $\Pr[\mathcal{C}_M > \mathcal{C}]$。为简化，令所有组合中 $E[b]=1$。

首先观察保密容量如何随着 M 变化。直观分析，由于信道增益的随机性，M 越大，Bob 的子信道中优于 Eve 子信道的数目就越多，结果是保密容量随着 M 的增大而增大。图 1.1 在 $E[g]$ 的两个数值下证实了这一结论，从单信道到多信道的性能提升非常明显。曲线与纵轴的交点代表 Bob 至少有一个子信道优于 Eve 的概率，即

$$1-\Pr[b \leqslant g]^M = 1-(E[g]/(E[b]+E[g]))^M \tag{1.59}$$

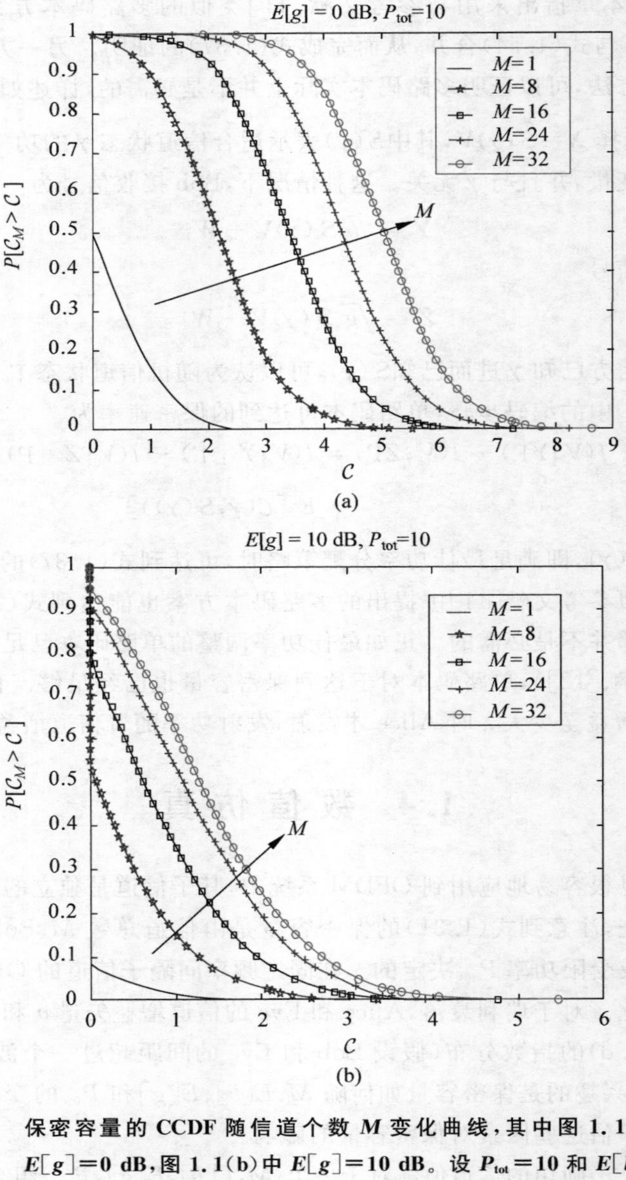

图 1.1 保密容量的 CCDF 随信道个数 M 变化曲线，其中图 1.1(a) 中 $E[g]=0$ dB，图 1.1(b) 中 $E[g]=10$ dB。设 $P_{tot}=10$ 和 $E[b]=1$

且其随 M 的增大而快速增大。当 M 进一步加大时性能提升的趋势变小，因为总功率是固定的。尽管随着 M 的增大可能有更多的可用信道，但是由于受功率约束，仅仅只有一些最好的信道能真正用得上。

保密容量随 Alice 和 Eve 平均信道增益的变化曲线如图 1.2(a)所示。随着 Eve 的平均信道变得越来越好,保密容量变得越来越小。为了便于比较,非保密通信意义下的信道容量也绘制在同一图中,显然这是保密容量的上界。需要注意的是,若 Eve 的信道比 Bob 差很多,由于保密造成的信道容量损失则很小。这和预想的一样,因为当 $E[g]\to 0$ 时保密容量逼近信道容量。更有甚者,即便当 Eve 信道在平均意义上比 Bob 好很多时,由于 Bob 还有多个独立随机信道可用,仍能得到正的保密容量。图 1.2(b)显示出保密容量随总功率的变化情况。因为无论功率有多大,每个子信道的保密容量不会超过其上界 $1/2\log(b_m/g_m)$,所以大功率可以提高保密容量,但容量不会无限制地增长。

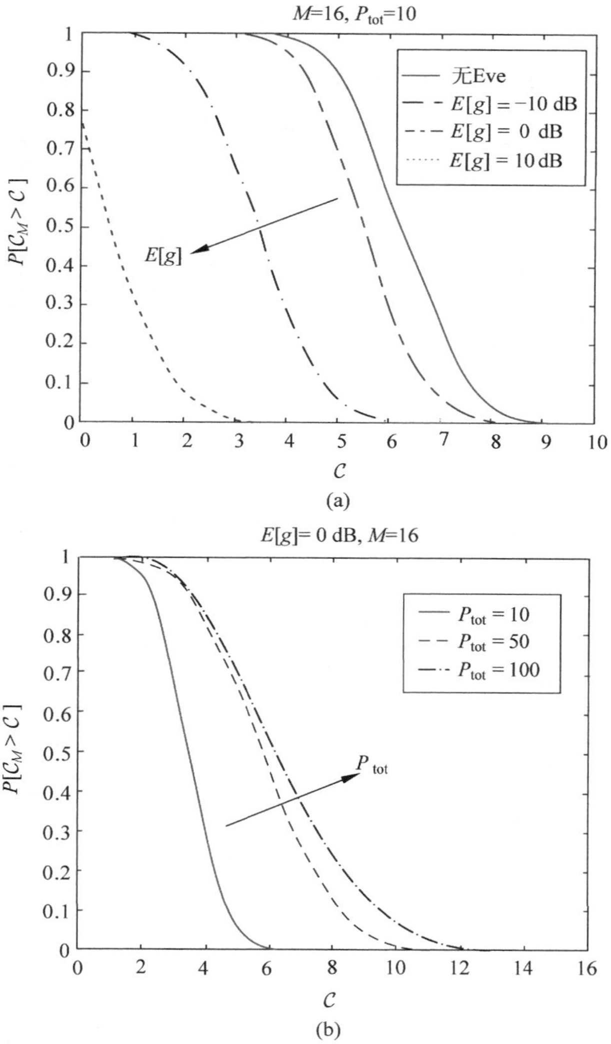

图 1.2 (a)保密容量的 CCDF 随 $E[g]$ 变化图,$P_{tot}=10$; 图 1.2(b)保密容量的 CCDF 随 P_{tot} 变化图,$E[g]=0$ dB。设 $M=16$ 和 $E[b]=1$

为了评价最佳功率分配的好处，下面与非自适应的均匀功率分配 $\boldsymbol{P}=\overline{\boldsymbol{P}}=(P_{\text{tot}}/M)[1,\cdots,1]$进行比较。均匀功率分配下保密速率为

$$\mathcal{C}_M(\boldsymbol{v},\boldsymbol{g},\overline{\boldsymbol{P}}) = \sum_{m=1}^{M} C_{\text{AWGN}}(b_m, g_m, P_{\text{tot}}/M) \tag{1.60}$$

当一个子信道恶化时，均匀功率分配将损失功率，但是还是能利用好的(在保密容量意义上)子信道。此外，均匀功率分配更容易分析，因为它是 M 个独立信道随机变量的总和。

对于一个很小的变量 x，通过 $\log(1+x)\approx x/\ln 2$ 取近似值，能从式(1.60)和式(1.6)得出

$$\lim_{M\to\infty} \mathcal{C}_M(\boldsymbol{v},\boldsymbol{g},\overline{\boldsymbol{P}}) = \frac{P_{\text{tot}}}{2\ln 2}E[(b-g)^+] \tag{1.61}$$

$$= \frac{P_{\text{tot}}}{2\ln 2}\frac{E[b]^2}{(E[b]+E[g])} \tag{1.62}$$

图 1.3 比较了最佳功率分配和非自适应均匀功率分配的保密容量。结果表明非最佳

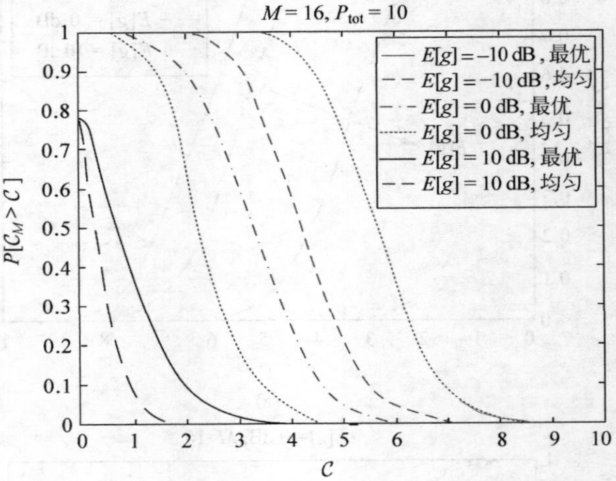

(a)

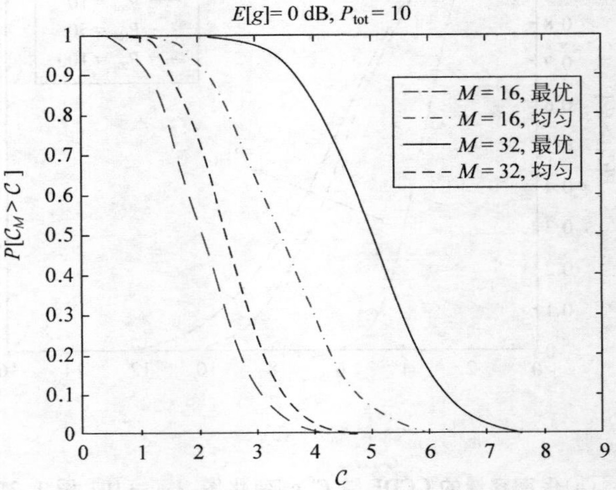

(b)

图 1.3　最优功率与均匀功率分配对比图，其中图 1.3(a)中变化 $E[g]$而固定 $M=16$，图 1.3(b)中变化 M 而固定 $E[g]=0$ dB。设 $P_{\text{tot}}=10$ 和 $E[b]=1$

功率分配会造成显著的容量损失，并且随着 M 的增大，损失越来越严重。因此，当功率预算紧缺时最佳功率分配非常关键，因为它充分利用了多路随机信道带来的好处。另外，简单功率分配的好处可能被夸大了。由于 Csiszar 和 Korner（见参考文献[3]）的编码方法必须已知信道状态信息，基于信道的码本带来的高复杂度很可能超过均匀功率分配简化的复杂度。而且，当每个子信道的平均功率 P_{tot}/M 趋于 0，OFDM 信道会变得越来越难以估计。对于传统数据通信，同样的问题描述可参见参考文献[13]～[16]。

1.5 小　结

现代无线通信系统正在充分开发多路无线并行子信道的优势。众所周知，随着这些无线系统在复杂信道环境中的应用日益广泛，多载波系统的益处愈发明显。然而，人们往往在传统通信和信息理论框架下考虑如何利用该优势，而实际上保密通信也同样可以享受这一红利，以确保窃听者（Eve）无法推断出通信方（Alice 和 Bob）的通信内容。

本章研究了由多路独立并行子信道组成的系统的保密容量。多载波系统在现代通信系统中已越来越普及，如 WiMax 与 WiFi 系统中的 OFDM 已被证实能够有效应对频率选择性衰落。本章证明了系统额外的维度能够促进安全通信、提升保密容量。特别是当每个子信道达到各自的保密容量时，整个系统的保密容量也就自然达到。由此带来的方便是，可以为每个子信道独立地选择各自的码本。

当子信道是加性高斯白噪声信道、系统服从总功率约束条件时，还可进一步得到最佳功率分配策略。该策略与著名的注水算法相似，不同之处在于子信道是根据信道增益的差值来排序的。在同样的总功率限制下，通过最佳功率分配策略能够更高效地利用多路随机信道，显著提升保密容量。

参考文献

[1] C. Shannon. Communication theory of secrecy systems. *Bell. Syst. Tech. J.*, 28:657–715, 1949.

[2] A. Wyner. The wire-tap channel. *Bell. Syst. Tech. J.*, 54(8):1355–1387, Jan. 1975.

[3] I. Csiszár and J. Körner. Broadcast channels with confidental messages. *IEEE Trans. Inf. Theory*, 24(3):339–348, May 1978.

[4] U. M. Maurer and S. Wolf. Information-theoretic key agreement: From weak to strong secrecy for free. *Adv. Cryptol. EUROCRYPT*, 351–368, 2000.

[5] C. Bennett, G. Brassard, C. Crepeau, and U. M. Maurer. Generalized privacy amplification. *IEEE Trans. Inf. Theory*, 41:1915–1923, 1995.

[6] J. Körner and K. Marton. Comparison of two noisy channels. In I. Csiszár and P. Elias, editors, *Topics In Information Theory*, 411–423. Colloquia Mathematica Societatis Janos Bolyai, Amsterdam, The Netherlands: North Holland, 1977.

[7] S. Boyd and L. Vandenberghe. *Convex Optimization*. Cambridge University Press, 2004.

[8] M. Van Dijk. On a special class of broadcast channels with confidential messages. *IEEE Trans. Inf. Theory*, 43(2):712–714, Mar. 1997.

[9] S. K. Leung-Yan-Cheong and M. Hellman. The gaussian wire-tap channel. *IEEE Trans. Inf. Theory*, 24(4):451–456, Jul. 1978.

[10] D. Tse and P. Viswanath. *Fundamentals of Wireless Communication*. Cambridge University Press, 2005.
[11] A. J. Goldsmith and P. P. Varaiya. Capacity of fading channels with channel side information. *IEEE Trans. Inf. Theory*, 43(6):1986–1992, Nov. 1997.
[12] G. Caire and S. Shamai. On the capacity of some channels with channel state information. *IEEE Trans. Inf. Theory*, 45(6):2007–2019, Sept. 1999.
[13] S. Verdú. Spectral efficiency in the wideband regime. *IEEE Trans. Inf. Theory*, 48(6):1319–1343, Jun. 2002.
[14] E. Telatar and D. N. C. Tse. Capacity and mutual information of wideband multipath fading channels. *IEEE Trans. Inf. Theory*, 46(4):1384–1400, Jul. 2000.
[15] M. Medard and R.G. Gallager. Bandwidth scaling for fading multipath channels. *IEEE Trans. Inf. Theory*, 48(6):840–852, Apr. 2002.
[16] S. Verdu. Recent results on the capacity of wideband channels in the low-power regime. *IEEE Wireless Commun.*, 40–45, Aug. 2002.

第2章

人为增加不确定性带来的安全*

Satashu Goel, Rohit Negi

2.1 引　言

无线通信应用的普及性源于它的广播特性，能够让用户不受地理位置的限制随时获取信息。然而也正是广播特性让窃听者窃取信息变得既容易又隐蔽，导致保证无线通信安全变得非常困难。另外，无线通信的挑战源于无线信道的时变性和不可靠性，然而如果能精心使用这些对常规通信不利的物理属性，反倒有可能给安全通信带来新的机遇。

在参考文献[1]中，香农奠定了安全通信理论的基础。他证明了只有密钥长度至少和信息长度相等时才能实现完美保密，其中完美保密是指接收者能够无误地还原加密信息而窃听者不能。其中潜在的假设条件是：

- 窃听者可以使用无限的计算能力和时间；
- 接收者和窃听者接收到的是一模一样的信号。

第一个假设给定关于窃听者资源方面的最坏条件，从而导出了可证明的安全；第二个假设仅在某些特定的条件下适用，例如发送者到接收者及窃听者的信道均为无噪。如果只关心网络的高层，这是一个合理的模型，这时的物理层可看作是一个理想的无差错比特流管道。但这个假设过于严格，导致香农得出了"密钥长度至少和信息长度相等时才能实现完美保密"的悲观结论。

在传统密码系统中，通常忽略物理层的作用，通过在高层的加密和解密保证安全，尤其是假定了接收者和窃听者接收的信号一模一样，且加密和解密算法均公开。只有接收者和发送者才知道密钥，窃听者必须从接收信号推断密钥，并由此获取私密信息。然而，根据香农的上述研究结果，密钥必须不能少于明文本身的长度。因此，如果使用一个比信息短很多的密钥，那么加密算法安全性的关键前提是窃听者的计算资源和计算时间有限，而且密码破译的复杂度通常基于已知的数学难题，如大数分解（见参考文献[2]）。

在很多实际系统中，窃听者信道往往比接收者的要差，例如窃听者在接收者信道上搭

Satashu Goel(✉)
卡内基梅隆大学，福布斯大道5000号，匹兹堡，宾夕法尼亚
电子邮件：satashu@cmu.edu

* 本章部分内容来自于：Guaranteeing Secrecy using Artificial Noise, IEEE Transactions on Wireless Communications, vol. 7, no. 6, June 2008 © IEEE 2008.

线窃听时，会面临来自用户信道和窃听者自身信道的噪声。参考文献[3]分析了该搭线窃听模型，证明了如果该信道是一个相对于用户信道的退化信道，则接收者能够以一个非零的信息速率实现完美保密。完美保密在搭线窃听信道中之所以可行是因为放宽了对窃听者接收信号的约束。这时系统可以用保密容量来刻画，它表示完美保密条件下的最大可达信息速率。与密码学不同，这里的分析均假设窃听者拥有无限的计算资源和时间，因此安全性是"可证明"的。其安全性结论是通过信息论工具得到的，因此这种形式的安全被称为信息论安全。这种情形下，安全性的保证与物理层模型密切相关，而不是像传统密码学那样忽略物理层的影响。

在广播媒质中，一般情况下窃听者和接收者会有各自不同的信道，这时退化的搭线窃听模型不再适用。参考文献[4]研究了在广播信道中的加密信息通信，证明了当窃听信道比用户接收信道差时，完美安全地能够以一个非零的信息速率实现。然而在无线环境中无法保证窃听信道一定会比接收信道差，例如当窃听者更接近发送者时可能比接收者有更好的信道增益，甚至窃听者可以使用定向天线进一步提高信道增益(见参考文献[5])。如果窃听信道比接收信道要好，则保密容量为零，可证明的安全此时无法得到保证。应该如何设计一种通信系统以对抗窃听者的信道优势？本章将证明即使在窃听者信道更好的条件下，也可以利用通信理论的思想来确保通信的保密性。特别地，本章将展示如何使用多个发射天线获得非零保密容量。本章的核心思想是，发送者可以使用多天线提供的自由度来增强保密通信的速率，而不是像传统方法那样用来提高信息速率。该方法本质上是引入了人为不确定性(intentional uncertainty)或人工噪声。

本章其余部分安排如下：2.2 节是与后续内容相关的完美保密重要结论的概述。2.3 节给出了在相关条件和假设下的系统描述。2.4 节提出了在信号发送者引入人为不确定性以获得安全性的方案，首先在 2.4.1 节中描述了一个简单的场景，2.4.2 节举例说明人工噪声技术在增强保密性方面的作用，然后在 2.4.3 节推广到多入多出(MIMO)的情形。2.5 节介绍了在无线信道中获取完美保密的相关成果。最后，2.6 节是小结。

2.2 保密容量概述

本节简要回顾与信息论安全相关的成果。参考文献[3]引入保密容量的概念，提出了搭线窃听模型，其中窃听者的信道是接收者信道的退化版本。参考文献[6]得到了高斯搭线窃听信道的保密容量。作为搭窃听信道的推广，参考文献[4]得到了广播信道的保密容量。下面给出搭线窃听模型与广播模型的假设条件和结论，定义序列 $h^k=(h_1,h_2,\cdots,h_k)$。

2.2.1 假设条件

首先给出信息论安全的各种模型中共同的假设条件，具体到模型的另外一些特别假设，将在描述该模型时再一起给出。与密码学不同，这里假定发送者和接收者不再需要共享密钥。因此，本章中采用信息论安全的方法无须事先交换密钥，尽管这样安全信息速率可能会低一些。信息论安全和密码学的优点是可以结合使用的，例如可以利用可证明的信息论安全方法产生一个共享密钥，再使用传统的对称密钥加密达到更高的信息速率。

此外，必要的身份认证也是假设之一，即发送者和接收者可以相互验证对方的身份。假定窃听者是被动的，只听不发。

假定通信双方和窃听者可以精确估计各自的信道；假定发送者通过（经过认证的）反馈知道接收者的信道，但不知道窃听者的信道，因为窃听者是被动的。此外，发送者可能不知道窃听者的位置，或窃听者是否存在。因此，本章研究的是在发送者不知道窃听者信道增益的假设条件下的保密通信。

2.2.2 搭线窃听模型

参考文献[3]介绍了搭线窃听模型。与香农假设接收者和窃听者接收同样的信号（见参考文献[1]）不同，该文中假定窃听者用搭线窃听方式对接收者的信道进行窃听，因此接收到的信号是接收者信号的退化版本。在这种情形下，实现无共享密钥保密通信的关键要素是窃听者的信道比接收者的信道差，而且搭线窃听模型只适用于有线系统。

发送者将一个包含 K 个符号的保密信息编码成 N 个编码符号。也就是说，保密消息 m^K 的被编码成符号 x^N，这是接收者的信道输入。接收者的信道输出是 $z^N=f(x^N)$，其中 $f(\cdot)$是一种随机映射。接收者基于 z^N 估计保密信息。z^N 又是搭线窃听信道的输入，$y^N=g(z^N)$是窃听者观察到的输出，其中 $g(\cdot)$是另一种随机映射。窃听者试图基于 y^N 对保密信息进行译码。

保密信息的速率由 $R=H(m^K)/N$ 给出，这是每个保密信息符号的熵。窃听者在观察到 y^N 后，关于保密信息的不确定性是通过每信源符号的疑义度度量的。为了简化符号，用每信源符号的信源熵来归一化疑义度，得到分数疑义度为 $\Delta=H(m^K|y^N)/H(m^K)$（见参考文献 [6]）。用(R,Δ)表示的可达速率区域在参考文献[3]中给出。$\Delta=1$ 时的特例具有特别的意义，因为 $\Delta=1$ 确保了窃听者在观察 y^N 后与观察 y^N 前相比没有差别，即窃听信道的输出不增加窃听者对保密消息的任何知识。因此，$\Delta=1$ 时完美保密是可实现的。若对于每个 $\varepsilon>0$，存在一个(k,n)编码，使得 $k/n>R-\varepsilon$，$\Delta>1-\varepsilon$，且接收者的 Pr{译码错误}$<\varepsilon$，则速率 R 在完美保密通信中是可以达到的。从本质上讲，完美安全是指接收者能够译码保密信息且误码概率小到可忽略，而窃听者无法译码保密信息。进而，保密容量C_s定义为完美安全（即 $\Delta=1$）条件下的最大可达速率 R。Wyner（见参考文献[3]）研究表明，只要满足窃听者信道是接收者信道的退化版本这一假设，对大多数信道而言非零的保密容量是可达的，即 $C_s>0$。

注意，保密条件 $\Delta=1$ 限制了窃听者获取保密信息的速率。一个更严格的保密条件可以用于离散无记忆信道，能够在不减少保密容量的前提下，限制窃听者获得的保密信息的总量（见参考文献[7]）。然而，类似的结论在本章讨论的高斯情形下能否适用仍是未知数。因此，仍将使用上面介绍的保密条件。

参考文献[6]中给出了高斯搭线窃听信道保密容量的显性表达式。假定接收者和窃听者的信道均为加性高斯白噪声（AWGN）信道，其信道输出为

$$z_k = x_k + n_k \tag{2.1}$$

$$y_k = z_k + e_k \tag{2.2}$$

其中，n_k 和 e_k 均为独立同分布 AWGN，且彼此独立，方差分别是 σ_n^2 和 σ_e^2。因此，发送者

与窃听者之间的信道可等效为噪声方差为 $\sigma_n^2+\sigma_e^2$ 的 AWGN 信道。平均输出功率约束 P_0(在长度为 N 的码字上)为

$$\frac{1}{N}\sum_{i=1}^{N}E[X_i^2]\leqslant P_0 \tag{2.3}$$

这种高斯搭线窃听信道模型的保密容量为

$$C_s=\frac{1}{2}\log(1+P_0/\sigma_n^2)-\frac{1}{2}\log(1+P_0/(\sigma_n^2+\sigma_e^2)) \tag{2.4}$$

这种情形下,保密容量为接收信道容量和窃听信道容量的差。此外,请注意只要 $\sigma_e>0$,即窃听信道是退化的,保密容量对任何功率 P_0 就都为正。问题的重点在于非零保密容量是否只在搭线窃听模型(它对于有线系统是一个很好的模型,但不适用于无线系统)中才存在。

2.2.3 广播模型

参考文献[4]提出了一个更一般的广播信道模型,这里的窃听信道不必是接收者信道的退化版本。其中,接收者和窃听者有各自的信道,x^N 是两个信道的输入,接收者和窃听者信道输出分别为 z^N 和 y^N。该模型更适合无线广播通信信道的场合。同样,用疑义度定义完美保密,保密容量 C_s 定义为完美保密时保密信息发送到接收者的最大速率。参考文献[4]中证明保密容量为

$$C_s=\max[I(U;Z)-I(U;Y)] \tag{2.5}$$

其中,最大值在随机变量 U,X 的联合分布中取到,U,X 满足马尔可夫链 $U\rightarrow X\rightarrow YZ$。这里我们考虑一种产生码字 x^N 的特定策略,而不是试图找到最佳的传输策略。因此得到式(2.5)的一个可达下界。注意,式(2.5)中需要最大化的项是发送-接收与发送-窃听之间互信息之差。这与信道保密容量式(2.4)中的差值类似,但适用于更普遍的信道。

因为本章重点是研究无线信道的保密通信,所以将沿用式(2.5)的结论。然而,窃听者可以利用无线介质的物理属性,极力使它的信道不逊于接收者的信道,从而迫使保密容量为零。例如,窃听者会比接收者更接近发送者,或者使用定向天线来提高信道增益。下面通过一个具体例子来说明这些方法是如何影响保密容量的。

2.2.4 举例

考虑一个简单的例子,其中包括发送者、接收者、窃听者在内的所有节点都只有单个天线。假设发送-接收和发送-窃听信道均为平坦衰落信道(见参考文献[8])。x_k 是时刻 k 的发送符号,而 z_k 和 y_k 分别是接收者和窃听者在时间 k 的信道输出。z_k、y_k 与 x_k 的关系如下

$$z_k=h_kx_k+n_k \tag{2.6}$$

$$y_k=g_kx_k+e_k \tag{2.7}$$

其中,h_k 和 g_k 分别是接收者和窃听者的时变信道增益。n_k 和 e_k 是方差分别为 σ_n^2 和 σ_e^2 的独立同分布加性复高斯噪声。假设一个块衰落模型,即 h_k 和 g_k 在多符号块的传输期间保持不变,不同块之间的 h_k 和 g_k 是相互独立的。假设 h_k 和 g_k 在一个多符号的块中是

常数，则可在每个块中套用信息论的结果式(2.5)。变量 h_k 和 g_k 在块与块间的变化可以用来刻画无线信道的时变性(假定是慢变的)。块间的 h_k 和 g_k 为复数，是独立同分布的高斯分布(假设瑞利衰落)，且相互独立。假设功率约束 P_0 类似于式(2.3)。接收者的平均信噪比 SNR 由 $\mathrm{SNR}_r=E[|h_k|^2]P_0/\sigma_n^2$ 给出。同样，窃听者的平均信噪比 SNR 是由 $\mathrm{SNR}_e=E[|g_k|^2]P_0/\sigma_e^2$ 给出。

发送者-接收者的信道容量为

$$C=\log(1+|h_k|^2P_0/\sigma_n^2) \tag{2.8}$$

保密容量为[4]

$$C_s=(\log(1+|h_k|^2P_0/\sigma_n^2)-\log(1+|g_k|^2P_0/\sigma_e^2))^+ \tag{2.9}$$

其中，$(x)^+=\max(0,x)$。需要注意的是容量 C 和保密容量 C_s 都是随机变量，因为它们依赖于随机变量 h_k 和 g_k。

这里用中断概率来评估系统安全性能。当容量(或保密容量)小于某个固定值(定义为中断容量)的时候，则称发生了中断，其概率称为中断概率。保密需求就可用对应于期望中断容量的某个中断概率来度量，例如 10^{-3}。若用容量来表示，则对应于某个中断容量 C_{outage} 的中断概率定义为 $\Pr\{C<C_{\mathrm{outage}}\}$。对应于保密容量的保密中断概率的定义与此类似。还有一种度量方式是期望容量，可以通过中断容量与中断概率的关系曲线计算得到。

为研究保密容量的规律，这里考虑一个特定的场景。假设 $\mathrm{SNR}_e=\mathrm{SNR}_r=20$ dB(Bob 和 Eve 到 Alice 的距离相等时会发生)。一旦 $|h_k|\leqslant|g_k|$(假设 $\sigma_n^2=\sigma_e^2$)，保密容量将是 0。由问题的对称性，很容易得出此事件的概率为 1/2，即，$C_s=0$ 的概率为 1/2。显然，SNR_e 较大时性能会更差。

容量 C 和保密容量 C_s 的中断概率随着 SNR_e 的变化如图 2.1 所示。容量通过奈特/符号来衡量，而不是比特/符号，这意味着使用 $\log_e(\cdot)$ 来计算熵。SNR_r 固定在 20 dB，而 SNR_e 从 10 dB 变化到 30 dB。较高的 SNR_e 意味着窃听者更接近发送者，这会导致更高的中断概率。对于容量，对应于 $C_{\mathrm{outage}}\sim 0.7$ 奈特/符号的中断概率可以达到 10^{-2}。然而对于保密容量，即使当窃听者信道比接收者信道差 10 dB 时，对应于中断容量为 0.1 奈特/符号的中断概率才勉强能达到 10^{-1}。在本章中，重点研究最差情况下的性能，即窃听者信噪比比接收者信噪比好很多的情形。然而，性能会随着 SNR_e 的增加而迅速下降。显然，从 $\mathrm{SNR}_e=30$ dB 的曲线图可以证实，当 SNR_e 较大时性能不会好。注意，随着 SNR_e 的增加性能下降非常迅速。本章期望的理想情况是对于一个不算低的中断容量，中断概率能够维持在低水平上，然而图 2.1 的结果表明这是非常困难的。

下面提出一种安全方案，一方面它利用多个发射天线提供的自由度将人工噪声添加到保密信息中，使窃听者无法对该信息译码。另一方面，由于产生的人工噪声不影响接收者的信道，接收者仍然可以准确对信息译码。2.3 节将介绍该系统模型。

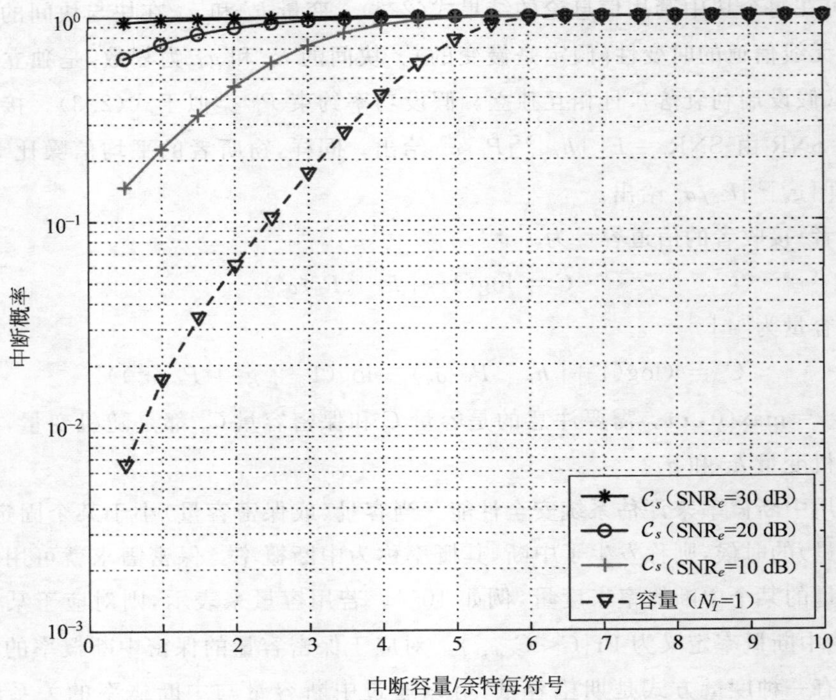

图 2.1 中断容量和中断概率

2.3 系统描述

本节正式提出系统模型和其表示方法。首先描述场景，然后讨论模型假设。本章用加粗字体标记向量和矩阵，用 † 表示 Hermitian 运算符。

2.3.1 场景

考虑如下场景，发送者希望将信息通过无线链路发送到接收者，而被动的窃听者不能对保密信息译码。如图 2.2 所示，发送信号通过无线介质传播后被接收者和窃听者所接收，接收信号经历了路径损耗和加性噪声。假定发送者、接收者和窃听者分别有 N_T、N_R 和 N_E 个天线，在时刻 k 的发送-接收信道由 $N_R \times N_T$ 矩阵 $\boldsymbol{H}_k$ 表示，矩阵 $\boldsymbol{H}_k$ 的第 j 行表示第 j 个接收天线与发送天线间的信道，$\boldsymbol{H}_k$ 元素 $h_{i,j}$ 表示发射天线 i 到接收天线 j 之间的信道增益。设 $\boldsymbol{x}_k$ 和 z_k 分别是时刻 k 的发送信号和接收信号，则接收信号为

$$z_k = \boldsymbol{H}_k \boldsymbol{x}_k + \boldsymbol{n}_k \tag{2.10}$$

其中，$\boldsymbol{n}_k$ 中各项是方差为 σ_n^2 的独立同分布加性循环对称复高斯白噪声。类似地，发送-窃听信道由 $N_E \times N_T$ 矩阵 $\boldsymbol{G}_k$ 表示，窃听者接收到的信号 $\boldsymbol{y}_k$ 为

$$\boldsymbol{y}_k = \boldsymbol{G}_k \boldsymbol{x}_k + \boldsymbol{e}_k \tag{2.11}$$

其中，$\boldsymbol{e}_k$ 中各项是方差为 σ_e^2 的独立同分布加性循环对称复高斯白噪声。

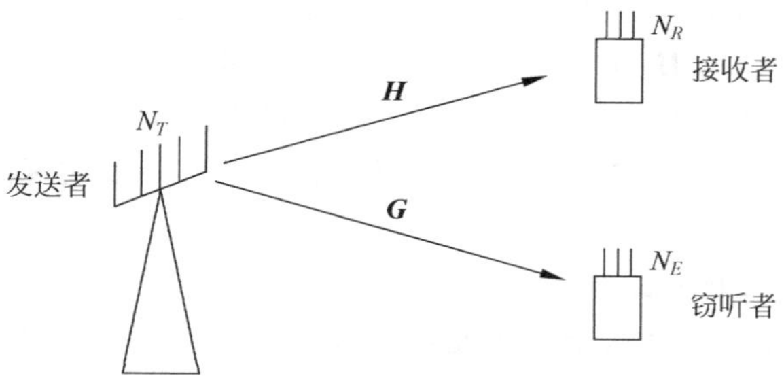

图 2.2　研究保密容量的系统架构

多天线的窃听者也可建模为多个单天线的窃听者，通过协同对保密信息进行译码，即一个具有多个天线的窃听者（等同于多个单天线的窃听者）可看作是所有窃听者将接收的信号汇总到一个中央节点集中处理的情形，因此可以代表最不利于保密的场景。

由分数疑义度 $\Delta = H(m^K | \boldsymbol{y}^N)/H(m^K)$ 来定义保密条件。当 $\Delta=1$ 时可实现完美安全。保密容量 C_s 定义为完美保密时保密信息发送到接收者的最大速率。

2.3.2　假设条件

假设接收者和窃听者可以精确估计自己的信道。假定发送者通过无线信道反馈（已认证过）已知接收者的信道 $\boldsymbol{H}_k$。但是由于窃听者是被动的，因此发送者不知道窃听信道 $\boldsymbol{G}_k$。

另外，假定窃听者已知接收者的信道（因为接收者广播它自己的信道 $\boldsymbol{H}_k$）以及自身的信道。对窃听者来说这是最有可能的场景。

假设接收者和窃听者的信道是慢变的，属于块衰落模型，即信道增益矩阵 $\boldsymbol{H}_k$ 和 $\boldsymbol{G}_k$ 在一个多符号的块中保持不变，且信道增益在块间是相互独立的。块衰落模型使信息论的理论结果可以分别适用于每个块中，其中各块的信道增益是固定的。每个块传输一个码字，该码字的长度就是块的长度。每个码字由编码器生成，编码器与特定的块相关，取决于该块当前的信道增益。

假定发送者有功率约束 P_0，即 $E[\boldsymbol{x}_k^\dagger \boldsymbol{x}_k] \leqslant P_0$。

2.4　多天线的人为不确定性

2.2.4 节指出当窃听者的信道比接收者的信道好时，保密容量接近于零的概率很高。在窃听者更接近发送者，或窃听者使用一个定向天线（使总增益更高）接收的情况，上述情景在广播无线介质中很容易发生。乍看之下，在无线环境中保证信息论安全似乎不太可能。本章期望的理想目标是，即使窃听信道比接收信道更好，也能设计一个安全方案来保证非零的保密容量。而且，还必须在合理条件下实现，即假设窃听者已知通信方的信道信息，而通信方并不知道窃听者的位置或其信道信息。本节将提出一个安全方案，该方案证明在上述条件下实现非零保密容量的确是有可能的。

如前节所示，保密容量的下界是两项之差，第一项是发送者和接收者之间的互信息

$I(X;Z)$，该项的上界是发送-接收的信道容量。第二项是发送者和窃听者之间的互信息 $I(X;Y)$，对于固定的信道 $\boldsymbol{H}_k$、$\boldsymbol{G}_k$ 以及给定的 $\boldsymbol{x}_k$ 统计量，互信息 $I(X;Y)$是固定的。本章期望的理想目标是最小化互信息项 $I(X;Y)$，同时最大化 $I(X;Z)$。当窃听者的信道 $\boldsymbol{G}_k$ 未知时（因为 $I(X;Z)$取决于 $\boldsymbol{G}_k$），如何才能做到这一点？一种实现方法是以某种方式降低窃听信道性能，例如可以在发射信号中引入一些人为的不确定性，但这种不确定性不能对接收者的信道造成影响；此外，无论窃听者在何处，不确定性必须能大幅降低窃听信道质量，尽管这看起来似乎不大可能。为此，本节提出一种通过引入人工噪声实现人为不确定性的方法来获得通信安全。为简单起见，首先研究接收者和窃听者只有一根天线而发送者具有多根天线的情况。

2.4.1 使用多个发射天线产生人工噪声

现在描述一种方法，可以有选择地只针对窃听信道进行恶化，这是通过信号与人工噪声叠加后一起发送来实现的。形式上，发送者的发送信号 $\boldsymbol{x}_k$ 是信息承载信号 $\boldsymbol{s}_k$ 和人工噪声信号 $\boldsymbol{w}_k$ 的总和

$$\boldsymbol{x}_k = \boldsymbol{s}_k + \boldsymbol{w}_k \tag{2.12}$$

人工噪声发送方式必须保证期望用户不受影响，这是通过在接收信道 $\boldsymbol{H}_k$ 的零空间中发送人工噪声即 $\boldsymbol{H}_k\boldsymbol{w}_k=\boldsymbol{0}$ 实现的。这时的接收信号为

$$z_k = \boldsymbol{H}_k\boldsymbol{s}_k + n_k \tag{2.13}$$

注意，这里人工噪声是如何被接收信道抵消的。由此，接收者只接收到经过 AWGN 的有用信号。由 $P_{\text{info}}=\boldsymbol{E}[\boldsymbol{s}_k^{\dagger}\boldsymbol{s}_k]$给出的用于发送信号的功率，要小于总发射功率 P_0，因为部分发射功率被用于人工噪声，这会限制保密信息的速率。一般情况下，窃听信道 $\boldsymbol{G}_k$ 和接收者的信道 $\boldsymbol{H}_k$ 不同，所以人工噪声对于窃听者不会是零。事实上，窃听者接收到的信号为

$$y_k = \boldsymbol{G}_k\boldsymbol{s}_k + \boldsymbol{G}_k\boldsymbol{w}_k + e_k \tag{2.14}$$

注意，上式中出现了人工噪声项，而式(2.13)中则没有，因为人工噪声 $\boldsymbol{w}_k$ 是生成于 $\boldsymbol{H}_k$ 零空间的复高斯随机向量。特别地，如果 $\boldsymbol{Z}_k$ 是零空间的标准正交基，即 $\boldsymbol{Z}_k^{\dagger}\boldsymbol{Z}_k=\boldsymbol{I}$，则 $\boldsymbol{w}_k=\boldsymbol{Z}_k\boldsymbol{v}_k$，其中 $\boldsymbol{v}_k$ 的元素是具有零均值和方差为 σ_v^2 的独立同分布复高斯随机变量。$\boldsymbol{w}_k$ 的元素也是高斯分布的，但并不彼此独立。

对于窃听者，e_k 和 $\boldsymbol{G}_k\boldsymbol{w}_k$ 都是作为噪声出现的。因此，窃听者的信道存在一个有效的噪声功率 $E|\boldsymbol{G}_k\boldsymbol{w}_k|^2+\sigma_e^2$。根据式(2.5)，这时保密容量下界为

$$C_s \geqslant C_{\text{sec}} = (I(Z;U) - I(Y;U))^+ \tag{2.15}$$

$$= \left(\log\left(1+\frac{|\boldsymbol{H}_k\boldsymbol{p}_k|^2\sigma_u^2}{\sigma_n^2}\right)-\log\left(1+\frac{|\boldsymbol{G}_k\boldsymbol{p}_k|^2\sigma_u^2}{E|\boldsymbol{G}_k\boldsymbol{w}_k|^2+\sigma_e^2}\right)\right)^+ \tag{2.16}$$

至此得到一个下界，但使用的是一个特定方案引入人工噪声，结果可能不是最优的。

由于窃听者是被动的，发送者不知道窃听信道 $\boldsymbol{G}_k$，因此只能通过选择发送的信号矢量 $\boldsymbol{s}_k$ 来最大化式(2.15)中的第一项。这是通过匹配信号向量 $\boldsymbol{s}_k$ 到它的信道 $\boldsymbol{H}_k$ 实现的，使得 $\boldsymbol{s}_k=\boldsymbol{p}_k u_k$，其中 $\boldsymbol{p}_k=\boldsymbol{H}_k^{\dagger}/\|\boldsymbol{H}_k\|$，$u_k$ 是承载信息的信号。这样保密信号就在 $\boldsymbol{H}_k$ 的空间范围内传输，而人工噪声在零空间内传输，即两类信号分别在正交子空间中传输。

直观地看,保密容量的中断概率会随着发射天线数的增加而大幅改善。保密信号总是在 $\boldsymbol{H}_k$ 空间范围内发送,是个一维空间;另外,人工噪声在所有余下的维度(N_T-1)上发送。随着 N_T 的增大,$\boldsymbol{G}_k$ 在 $\boldsymbol{H}_k$ 上投影出较大分量的概率迅速降低,因为 $\boldsymbol{H}_k$ 只张成 N_T 维中的一维空间。除此之外,$\boldsymbol{G}_k$ 在 $\boldsymbol{H}_k$ 零空间上投影出较大分量的概率迅速增加,因为零空间张成 N_T 维中的 N_T-1 维空间。因此,$\boldsymbol{G}_k\boldsymbol{p}_k$ 小而 $\boldsymbol{G}_k\boldsymbol{w}_k$ 大的概率很高,导致式(2.16)中的 $I(Y;U)$ 变小。

注意式(2.16)和式(2.9)之间的差异。在式(2.16)中,第一项涉及 σ_u^2 而不是 P_0,因为只有部分发送功率用于传输信息承载信号,其余的功率用来传输只影响窃听信道的人工噪声,如式(2.16)中的第二项。

式(2.16)中的保密容量下界 C_{sec} 是一个随机变量,因为它依赖于随机信道增益 $\boldsymbol{H}_k$ 和 $\boldsymbol{G}_k$。在这种情况下,可以通过平均保密容量和对应的中断概率来衡量安全性。尽管 $\boldsymbol{G}_k$ 对于发送者是未知的,但其统计数据可能是已知的。对随机信道增益 $\boldsymbol{H}_k$ 和 $\boldsymbol{G}_k$ 取平均得到

$$\overline{C_{\text{sec}}} \doteq \max_{f_1(\sigma_u^2,\sigma_v^2)\leqslant P_0} E_{H_k,\boldsymbol{G}_k}[C_{\text{sec}}] \tag{2.17}$$

一个给定中断容量 C_{outage} 的中断概率是保密容量下界小于中断容量的概率,即 $\Pr\{C_{\text{sec}}<C_{\text{outage}}\}$。

现在指出人工噪声与 AWGN 信道是不同的,尽管它们影响窃听者的方式相同。对于特定噪声功率 σ_n^2 和 σ_e^2,式(2.16)成立。在实际中,热噪声功率取决于温度和带宽,而信道增益取决于收发之间的距离。为方便起见,用一个因子 $\|\boldsymbol{G}_k\|$ 归一化式(2.16),以使得发送者和窃听者之间的距离不是由信道增益 $\|\boldsymbol{G}_k\|$ 刻画,而是通过噪声功率 σ_e^2 刻画。由此研究窃听者的位置对保密容量下界的影响。

可以注意到,2.2.4 节的关键问题是窃听者可能具有更好的信道,例如距离发送者比接收者更近,或者采用定向天线来接收,这意味着 σ_e^2 较小。在保密方面,如果 $\sigma_e^2\to 0$ 即窃听者的信道是无噪声的,那么会出现最坏的情况。在不管窃听者位置的情况下,这是能保证的最小的保密容量,称为最小可达保密容量,由下式给出(见参考文献[9])

$$C_{\text{sec,mg}} = \left(\log\left(1+\frac{\|\boldsymbol{H}_k\|^2\sigma_u^2}{\sigma_n^2}\right)-\log\left(1+\frac{|\boldsymbol{G}_k\boldsymbol{p}_k|^2\sigma_u^2}{(\boldsymbol{G}_k\boldsymbol{Z}_k\boldsymbol{Z}_k^{\dagger}\boldsymbol{G}_k^{\dagger})\sigma_v^2}\right)\right)^{+} \tag{2.18}$$

注意,在没有人工噪声($\sigma_v^2=0$)的情况下,式(2.18)中的第二项是无穷大,导致最小可达保密容量的下界为零,即 $C_{\text{sec,mg}}\doteq 0$。人工噪声的存在限制了式(2.18)中的第二项(发送者和窃听者之间的互信息),使得存在非零的最小可达保密容量。另外,不同于功率固定的热噪声 σ_v^2 的选择与发送者有关,它的功率可以增加到可用总功率 P_0,以确保通信的安全。

同样,式(2.18)中的 $C_{\text{sec,mg}}$ 是一个随机变量,因为它依赖于随机的信道增益 $\boldsymbol{H}_k$ 和 $\boldsymbol{G}_k$。基于 $\boldsymbol{H}_k$ 和 $\boldsymbol{G}_k$ 的统计量选取合适的 σ_u^2 和 σ_v^2 值。平均最小可达保密容量定义为选择最优 σ_u^2 和 σ_v^2 后 $C_{\text{sec,mg}}$ 关于 $\boldsymbol{H}_k$ 和 $\boldsymbol{G}_k$ 的数学期望,即

$$\overline{C_{\text{sec}}} \doteq \max_{f_1(\sigma_u^2,\sigma_v^2)\leqslant P_0} E_{\boldsymbol{H}_k,\boldsymbol{G}_k}[C_{\text{sec,mg}}] \tag{2.19}$$

一个给定中断容量 C_{outage} 的中断概率由 $\Pr\{C_{\text{sec,mg}}<C_{\text{outage}}\}$ 给出。

2.4.2 例子

本节举例说明人工噪声技术在增强保密性方面的作用。这里比较使用人工噪声和未使用人工噪声得到的中断概率。使用5个发射天线产生人工噪声，假定接收者和窃听者只有一个天线。70%的功率用来发送信息信号(即 $\sigma_u^2/P_0=0.7$)，而其余的功率用于发送人工噪声。

图2.3是在图2.1中的曲线上叠加人工噪声方法所得到的曲线($N_T=5$)。如图2.3所示，容量的中断曲线有所改善，从原来的0.7奈特/符号提升到现在以 10^{-2} 的中断概率达到5奈特/符号。而且，保密容量的中断曲线提高得更为明显。与在中断概率为 10^{-1} ($\mathrm{SNR}_e\geqslant 20$ dB)时不能够提供任何速率保证的情况相反，我们现在可以保证在最差情况下($\mathrm{SNR}_e\to\infty$)，保密速率能够以 10^{-2} 的中断概率达到3奈特/符号。

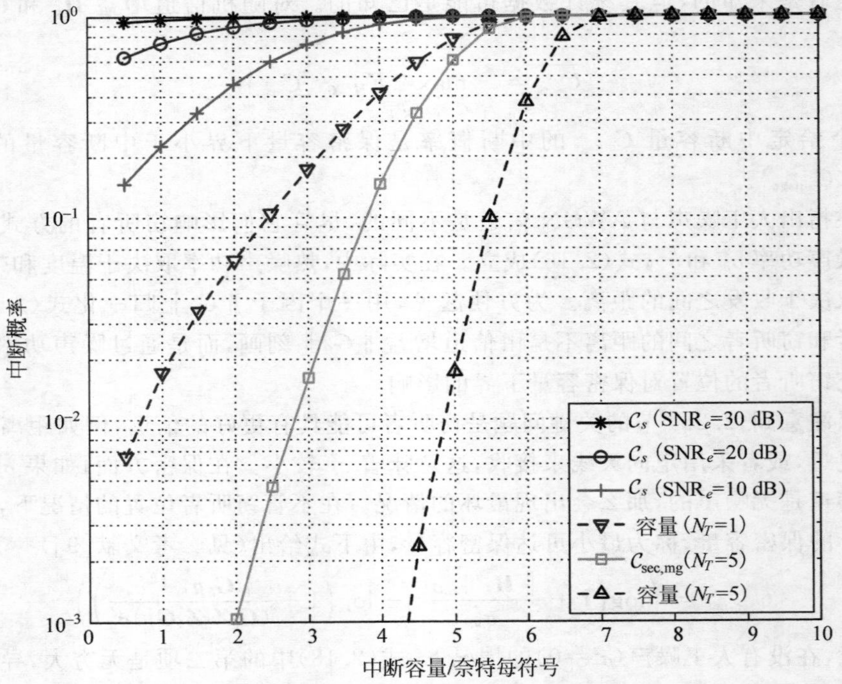

图2.3 使用人工噪声的中断概率和中断容量

2.4.3 MIMO场景下的人工噪声生成

2.4.1节说明了当接收者和窃听者只有单个天线时，如何使用人工噪声获得低的安全中断概率。该方案可以扩展到更一般的情况，即所有节点，包括发送者、接收者和窃听者，都具有多个天线，这需要更仔细地设计人工噪声参数。为保证最小可达保密容量非零，特别需要注意如何分配用于人工噪声的维数和用于信号的维数。

由于在式(2.13)中有一个矩阵信道，因此需要使用MIMO系统容量的有关结论。对于式(2.13)中的接收信道，容量由 $\log|\boldsymbol{I}+\boldsymbol{H}_k\boldsymbol{Q}_s\boldsymbol{H}_k^{\dagger}/\sigma_n^2|$ 给出(见参考文献[10])，其中 $\boldsymbol{Q}_s=$

$E[\boldsymbol{s}_k\boldsymbol{s}_k^\dagger]$是 $\boldsymbol{s}_k$ 的协方差矩阵，且 $\boldsymbol{s}_k$ 满足高斯分布。当 $N_R=1$ 时，这种容量的表达式简化为 $\log(1+|\boldsymbol{H}_k|^2\sigma_u^2/\sigma_n^2)$（见式(2.16)）。

窃听者也有一个矩阵信道，噪声 $\boldsymbol{G}_k\boldsymbol{w}_k+\boldsymbol{e}_k$ 用协方差矩阵描述（见参考文献[9]）

$$\boldsymbol{K}=(\boldsymbol{G}_k\boldsymbol{Z}_k\boldsymbol{Z}_k^\dagger\boldsymbol{G}_k^\dagger)\sigma_v^2+\boldsymbol{I}\sigma_e^2 \tag{2.20}$$

正如2.4.1节所讨论的，最坏的情形是窃听者信道无噪，即 $\sigma_e^2\to 0$。这样窃听者接收到的唯一噪声来自人工噪声，则噪声协方差矩阵为

$$\boldsymbol{K}'=(\boldsymbol{G}_k\boldsymbol{Z}_k\boldsymbol{Z}_k^\dagger\boldsymbol{G}_k^\dagger)\sigma_v^2 \tag{2.21}$$

窃听信道的容量是 $\log(|\boldsymbol{K}'+\boldsymbol{G}_k\boldsymbol{Q}_s\boldsymbol{G}_k^\dagger|/|\boldsymbol{K}'|)$（见参考文献 [10]），因此，这种情况下的最小可达保密容量为

$$C_{\text{sec,mg}}=\log|\boldsymbol{I}\sigma_n^2+\boldsymbol{H}_k\boldsymbol{Q}_s\boldsymbol{H}_k^\dagger|-\log(|\boldsymbol{K}'+\boldsymbol{G}_k\boldsymbol{Q}_s\boldsymbol{G}_k^\dagger|/|\boldsymbol{K}'|) \tag{2.22}$$

其中，$\boldsymbol{Q}_s=E[\boldsymbol{s}_k\boldsymbol{s}_k^\dagger]$和 $\boldsymbol{s}_k$ 是复高斯分布。此外，$\boldsymbol{K}'=(\boldsymbol{G}_k\boldsymbol{Z}_k\boldsymbol{Z}_k^\dagger\boldsymbol{G}_k^\dagger)\sigma_v^2$。显然，为了避免$|\boldsymbol{K}'|=0$的情况，$\boldsymbol{Z}_k$ 的秩（$\boldsymbol{H}_k$ 的零空间）必须至少是 N_E。因此，发送者必须使用至少 N_E 维来传输人工噪声，记维数为 N_{ND}。剩下的维数（N_T-N_{ND}）可以被用来传输承载信息的信号；另一方面，最多只能有 N_R 维可用于传输承载信息的信号，因为接收者只有 N_R 个天线。综合这两个条件，承载信息的信号用 $N_S=\min(N_T-N_{\text{ND}},N_R)$维传输。参考文献[9]详细描述了人工噪声的生成，文中发现的一个重要现象是最小可达 MIMO 保密容量和普通 MIMO 信道容量不一样，尤其是最小可达 MIMO 保密容量不随天线个数（即 min（发射天线数，接收天线数））的增加而单调增加，大量天线情形下的理论分析以及少量天线情形下的仿真结果都证实了这一点。

Goel 和 Negi（见参考文献[9]）证明了对于大规模天线体制是可以得到保密容量的解析解的。利用随机矩阵理论的结论（见参考文献[12]），本文得到一个平均最小保密容量 $\overline{C_{\text{sec,mg}}}$(LB)的下界。特别地，可以基于 Wishart 矩阵$\widetilde{\boldsymbol{G}}_2\widetilde{\boldsymbol{G}}_2^\dagger$ 特征值得到$\overline{C_{\text{sec,mg}}}$(LB)，其中 $\widetilde{\boldsymbol{G}}_2$ 表示人工噪声信号 $\boldsymbol{v}_k$ 到窃听者的等效信道（见参考文献[9]）。$\widetilde{\boldsymbol{G}}_2$ 的元素是独立同分布的复高斯随机变量。参考文献[11,12]中给出其特征值为

$$p(\lambda)=\begin{cases}\dfrac{1}{\pi}\sqrt{\dfrac{\beta}{\lambda}-\dfrac{1}{4}\left(1+\dfrac{\beta-1}{\lambda}\right)^2}, & \text{当}(\sqrt{\beta}-1)^2\leqslant\lambda\leqslant(\sqrt{\beta}+1)^2\\ 0, & \text{其他}\end{cases} \tag{2.23}$$

其中，β 取决于$\widetilde{\boldsymbol{G}}_2$ 的维数，即 $\beta=N_{\text{ND}}/N_E$。$\overline{C_{\text{sec,mg}}}$(LB)的下界可以通过下式获得（见参考文献[9]）

$$\begin{aligned}\overline{C_{\text{sec,mg}}}&\geqslant\overline{C_{\text{sec,mg}}}(\text{LB})\\&=\max_{\text{tr}(\boldsymbol{H}_k\boldsymbol{Q}_s\boldsymbol{H}_k^\dagger)+N_{\text{ND}}\sigma_v^2\leqslant P_0}E\left[\log|\boldsymbol{I}\sigma_n^2+\boldsymbol{H}_k\boldsymbol{Q}_s\boldsymbol{H}_k^\dagger|-\sum_i\log\left(\frac{P_{\text{info}}+\lambda_i\sigma_v^2}{\lambda_i\sigma_v^2}\right)\right]\end{aligned} \tag{2.24}$$

其中，$P_{\text{info}}=\text{tr}(\boldsymbol{H}_k\boldsymbol{Q}_s\boldsymbol{H}_k^\dagger)$是信号的发射功率。参考文献[9]针对不同 N_T，N_R 和 N_E 值对 $\overline{C_{\text{sec,mg}}}$(LB)分别进行了数值计算，并与平均容量进行了对比。结果表明，使用人工噪声技术可达到相当大的平均保密容量。

2.5 相关工作

在过去的十年里，一些学者研究了存在被动窃听者的情况下无线介质中的保密通信问题。

Koorapaty、Hassan 和 Chennakeshu(见参考文献[13])提出了一个方案，利用信道状态信息(channel state information，CSI)作为密钥实现保密。信道增益的相位被用作密钥，且假定仅发送者和接收者已知该相位。保密信息被编码到传输信号的相位中，发送者通过接收信道的相位补偿，使得期望用户能够对保密消息译码，而窃听信道的相位一般和接收信道相位不同，从而使窃听者无法译码。然而，文中并没有分析这一方案的保密容量。

Hero(见参考文献[14])提出了在 MIMO 场景中的一种更具一般性的方案，在假设窃听者不知道自己信道的情形下，可以实现完美保密。其中，训练序列被用作密钥，且假定只有发送者和接收者知道。结果表明，如果通过选择空时调制(space time modulation)使得传输矩阵的空域内积保持恒定，就可以让窃听者对保密信息一无所知。

需要指出，参考文献[13,14]是使用信道状态信息或训练序列作为密钥实现保密通信的，而本章中介绍的保密通信并不需要假设发送者和接收者之间共享密钥。

Li、Chen 和 Ratazzi(见参考文献[15])研究了 $N_R=1$ 而窃听者天线数量可任意的 MIMO 场景，提出了一个使用多个发射天线引入人工模糊度的方案，即波束形成方向是随机的，但沿接收信道的分量是恒定的。假设窃听者不知道该接收信道，因此不能从模糊信号中提取出有用信号部分。文中没有分析该方案的保密容量。

参考文献[16]利用参考文献[4]中的结果研究了慢衰落无线信道的保密容量。该文并不是通过在传输信号中引入不确定性来恶化窃听信道的，因此只有当窃听信道比接收信道差时，才可能得到一个非零的保密容量。

参考文献[17]研究了一种快速衰落信道模型，其中假设发送者已知窃听信道。

最近，一些学者研究了 MIMO 广播信道的保密通信问题。在窃听信道未知时，计算 MIMO 保密容量仍然是一个悬而未决的问题。通过一些特定的可实现的但不一定是最佳的方法，研究 MIMO 场景下的保密通信问题会容易些。为简化问题，可以假设不引入人为不确定性，或假设通过一个特定的编码方案引入不确定性。在没有人为不确定性(如人工噪声)的情况下，当窃听信道无噪时保密容量为零。参考文献[9]利用一种随机编码器[4]把人工噪声添加到发送信号。参考文献[18-21]研究了发送者已知窃听信道假设下的 MIMO 方案。参考文献[18]给出了 $N_R=N_E=1$ 的 MIMO 场景下保密容量的解析解。Shafiee、Liu 和 Ulukus [20]研究了 $N_T=N_R=2$ 和 $N_E=1$ 的 MIMO 场景，证明波束成型在这种情况下是最优的传输策略。参考文献[19,21]计算了任意 N_T、N_R、N_E 时的 MIMO 保密容量。Shafiee 和 Ulukus[22]研究了仅有窃听者知道自己信道时的 MIMO 场景，其中 $N_R=N_E=1$，结果表明，在接收信道方向上的波束成型可以使平均保密容量最大化。

Khisti 和 Wornell(见参考文献[23])研究了 $N_R=1$ 的 MIMO 场景，其中假设发送者不知道窃听信道。该文的目的并不是寻找最佳传输方式，而是分析了参考文献[9,25]中的人工噪声技术，得出了大规模天线系统中保密容量的上界和下界，以及快衰落场景下保密容量的上界和下界，并证明了在大信噪比条件下上界和下界都是紧的。但文中对信号和人工噪声采用的是次优的(固定)功率分配策略。参考文献[24]分析了 $N_R=N_E=1$ 的 MIMO 场景，使得发送者通过完美保密向两个用户发送独立的私密信息，并给出了容量区域的内界和外界。

2.6 小　　结

无线网络对被动窃听的脆弱性为信息安全提出了巨大挑战。本章回顾了信息论安全的成果，并通过例子证明，传统方法在提供安全保证方面是不够的。接下来提出了一种在发射信号中引入人为不确定性(人工噪声)的方法，使得窃听信道选择性恶化，从而可利用以前的研究成果实现可证明的保密通信。本章还提出了一个在发射信号中引入人工噪声的具体方案，尽管可能是次优的，但由于可以调整人工噪声功率和信号功率的比例，即使窃听者是无噪信道，仍可保证非零的保密容量，这正是人工噪声方法的重要价值所在。衰落信道的仿真结果表明，在不太低的保密速率下可以达到相当不错的中断概率。最后指出 MIMO 场景下完美保密的最佳传输策略仍然是一个开放的问题。

参考文献

[1] C. E. Shannon, "Communication theory of secrecy systems," *Bell Syst. Tech. J.*, vol. 28, pp. 656–715, 1949.

[2] R. L. Rivest, A. Shamir, L. Adleman, "A method for obtaining digital signatures and public-key cryptosystems," *Commun. ACM*, vol. 21, no. 2, pp. 120–126, Feb. 1978.

[3] A. D. Wyner, "The wire-tap channel," *Bell Syst. Tech. J.*, vol. 54, no. 8, pp. 1355–1387, 1975.

[4] I. Csiszar, J. Korner, "Broadcast channels with confidential messages," *IEEE Trans. Inf. Theory*, pp. 339–348, May 1978.

[5] D. Welch, S. Lathrop, "Wireless security threat taxonomy," *Proc. IEEE Inf. Assurance Workshop 2003*, pp. 76–83, Nov. 2006.

[6] S. Leung-Yan-Cheong, M. Hellman, "The Gaussian wire-tap channel," *IEEE Trans. Inf. Theory*, vol. 24, no. 4, pp. 451–456, Jul. 1978.

[7] U. Maurer, S. Wolf, "Information-theoretic key agreement: From weak to strong secrecy for free," *LNCS*, Springer-Verlag, vol. 1807, pp. 352–368, 2000.

[8] J. Proakis, "Digital Communications," McGraw-Hill, 1989.

[9] S. Goel, R. Negi, "Guaranteeing secrecy using artificial noise," *IEEE Trans. Wireless Commun.*, vol. 7, no. 6, pp. 2180–2189, Jun. 2008.

[10] E. Telatar, "Capacity of multi-antenna Gaussian channels," *Eur. Trans. Telecomm. ETT*, vol. 10, no. 6, pp. 585–596, Nov. 1999.

[11] B. M. Hochwald, T. L. Marzetta, V. Tarokh, "Multiple-antenna channel hardening and its implications for rate feedback and scheduling," *IEEE Trans. Inf. Theory*, vol. 50, no. 9, pp. 1893–1909, Sep. 2004.

[12] J. W. Silverstein, Z. D. Bai, "On the empirical distribution of eigenvalues of a class of large dimensional random matrices," *J. Mult. Anal.*, vol. 54, pp. 175–192, 1995.

[13] H. Koorapaty, A. A. Hassan, S. Chennakeshu, "Secure information transmission for mobile radio," *IEEE Trans. Wireless Commun.*, pp. 52–55, Jul. 2003.

[14] A. E. Hero, "Secure space-time communication," *IEEE Trans. Inf. Theory*, pp. 3235–3249, Dec. 2003.

[15] X. Li, M. Chen, E. P. Ratazzi, "Space-time transmissions for wireless secret-key agreement with information-theoretic secrecy," *Proc. IEEE SPAWC 2005*, pp. 811–815, Jun. 2005.

[16] J. Barros, M. R. D. Rodrigues, "Secrecy capacity of wireless channels," *in Proceedings of the IEEE International Symposium on Information Theory (ISIT) 2006*, Jul. 2006.

[17] Y. Liang, H. V. Poor, S. Shamai, "Secure communication over fading channels," *IEEE Trans. Inf. Theory*, vol. 54, no. 6, pp. 2470–2492, Jun. 2008.

[18] Z. Li, W. Trappe, R. Yates, "Secret communication via multi-antenna transmission," *Proc. CISS '07*, Baltimore, MD, pp. 905–910, Mar. 2007.

[19] F. Oggier, B. Hassibi, "The secrecy capacity of the MIMO wiretap channel," *Preprint*, available at http://arxiv.org/PS_cache/arxiv/pdf/0710/0710.1920v1.pdf

[20] S. Shafiee, N. Liu, S. Ulukus, "Towards the secrecy capacity of the Gaussian MIMO wire-tap channel: The 2-2-1 channel," *IEEE Trans. Inf. Theory*, vol. 55, no. 9, pp. 4033–4039, Sept. 2009.

[21] A. Khisti, G. W. Wornell, "The MIMOME Channel," *Preprint*, available at http://arxiv.org/PS_cache/arxiv/pdf/0710/0710.1325v1.pdf

[22] S. Shafiee, S. Ulukus, "Achievable rates in Gaussian MISO channels with Secrecy constraints," *in Proceedings of the IEEE International Symposium on Information Theory (ISIT) 2007*, Jun. 2007.

[23] A. Khisti, G. W. Wornell, "Secure transmission with multiple antennas: The MISOME wiretap channel," *Preprint*, available at http://arxiv.org/PS_cache/arxiv/pdf/0708/ 0708.4219v1.pdf.

[24] R. Liu, H. V. Poor, "Secrecy capacity region of a multi-antenna Gaussian broadcast channel with confidential messages," *IEEE Trans. Inf. Theory*, vol. 55, no. 3, pp. 1235–1249, Mar. 2009.

[25] S. Goel, R. Negi, "Secret communication in presence of colluding eavesdroppers," *Proc. MILCOM*, vol. 3, pp. 1501–1506, Nov. 2005.

[26] U. M. Maurer, "Secret key agreement by public discussion from common information," *IEEE Trans. Inf. Theory*, vol. 39, no. 3, pp. 733–742, May 1993.

[27] R. Negi, S. Goel, "Secret communication using artificial noise," *Proc. VTC Fall 2005*, vol. 3, pp. 1906–1910, Sep. 2005.

[28] G. J. Foschini, M. J. Gans, "On limits of wireless communications in a fading environment when using multiple antennas," *Wireless Pers. Commun.* Kluwer Academic Press, no. 6, pp. 311–335, 1998.

[29] U. M. Maurer, S. Wolf, "Unconditionally secure key agreement and the intrinsic conditional information," *IEEE Trans. Inf. Theory*, vol. 45, no. 2, pp. 499–514, Mar. 1999.

[30] D. Chizhik, J. Ling, P. W. Wolniansky, R. A. Valenzuela, N. E. Costa, K. Huber, "Multiple-input-multiple-output measurements and modeling in Manhattan," *IEEE J. Select. Areas Commun.*, vol. 21, no. 3, pp. 321–331, Apr. 2003.

[31] G. J. Foschini, D. Chizhik, M. J. Gans, C. Papadias, R. A. Valenzuela, "Analysis and performance of some basic spacetime architectures," *IEEE J. Select. Areas Commun., Special Issue on MIMO Systems*, pt. I, vol. 21, pp. 303–320, Apr. 2003.

[32] J. N. Laneman, D. N. C. Tse, G. W. Wornell, "Cooperative diversity in wireless networks: Efficient protocols and outage behavior," *IEEE Trans. Inf. Theory*, vol. 50, no. 12, pp. 3062–3080, Dec. 2004.

第3章

高斯干扰搭线窃听信道中的分布式秘密分享

William Luhm, Deepa Kundur

3.1 引　言

秘密分享(secret sharing)的处理过程,是将单一秘密(secret)编码为多个所谓分享物(shares)的实体的过程。这些分享物具有特殊的性质,即它们之间包含的原始秘密信息只有在获得足够多的分享物时才能译码(见参考文献[1])。将秘密分享应用于移动自组织(ad hoc)网络(见参考文献[2])是近年来的一大趋势,因为这种编码和译码过程不需要使用密钥与管理密钥。此外,秘密分享对于一定程度的内部攻击具有内生的健壮性,因为这时攻击者只能获得分享物的部分知识。然而,在许多其他网络中秘密分享不太适用,原因主要有以下两点:首先,每个用户都需要创建若干分享物,导致在网络上产生过多的开销和不必要的带宽消耗;其次,这些分享物至目的地的路由必须尽可能"分离",以减少落入窃听者手中的分享物数量,使其无法对原始信息译码。利用网络中间节点的移动性,能够为不同分享物的传送提供非重叠的路由,从而对有限空间内分布的窃听者具有一定的防护作用(见参考文献[2])。

本章将秘密分享推广到另一个网络框架中。假设存在拥有独立的秘密消息的多个用户,必须独立、安全地发送消息给多个合作基站,这些基站对秘密消息进行联合译码,例如蜂窝中的上行链路和软切换模型(见参考文献[3])。然而,部分基站可能会在联合译码前由于来自一个或多个关键网络实体上的内部攻击而遭到窃听。这与带安全约束的分布式存储问题类似。此处的威胁模型与传统的秘密分享模型有相似之处,为此本章提出"网络友好"的秘密分享解决方案,用于替代依靠用户和基站之间建立和更新密钥的传统密码技术。该方案具有一个有趣的特点,即每个基站接收到的消息中还包含来自所有用户的干扰,正是巧妙利用这些干扰使得安全性的增强变得非常方便。

为此,这里用带加性高斯噪声的干扰信道进行建模,其中相关的广播链路具有不同的增益,一个合法的联合译码器可以从所有的基站获取所要接收的信号并成功对所有的秘密消息译码。攻击被建模为一个搭线窃听者从基站集合的一个子集中获得接收信号,而

William Luh (✉)
电气与计算机工程系,得克萨斯农工大学学院站分校,得克萨斯州 77843,美国
电子邮件:luh@ece.tamu.edu

且该攻击的一个显著特征是：用户并不知道窃听者从哪个基站子集获得信息，因此必须对所有可能的基站子集组合进行防护。对于这个问题，本章的目标是找出达到无条件安全的所有通信速率集合（即无论窃听者有多少时间和资源，窃听者从分享物的子集中得到的信息量可忽略不计），即保密容量域。由于保密容量域很难直接描述，本章转而分析内部区域和外部区域，以描述保密容量域的一个子集和一个超集。

3.2 节给出上述问题的模型。随后 3.3 节将列出主要结论，即计算得到的内部和外部区域值，并给出分析和解释。具体来说，就是给出一个数值实例，突出内部区域的结构，作为内部区域证明的一个重要部分。由于内部区域不具有一般性（即仅适合所有的信道具有相同的 SNR 的情况），本章还推导出一个类似的内部区域问题，该模型中只有一个基站受到干扰，即所谓的 Z 信道。3.4 节扩展系统模型至链路经历慢变及平坦的瑞利衰落。最后，3.5 节给出了 3.3 节结论的证明，3.6 节给出了 3.4 节衰落结果的证明。

3.2 系统模型

为简单起见，先讨论两个节点的情形。如图 3.1 所示，系统中包含两个用户、两个协作基站和一个被动窃听者，其中用户和基站之间的无线信道受到高斯噪声干扰。噪声向量 $\boldsymbol{Z}_1^n$ 与 $\boldsymbol{Z}_2^n$ 相互独立，且噪声向量中的元素是独立同分布的高斯随机变量，即，$\boldsymbol{Z}_i^n=(\boldsymbol{Z}_{i,1},\boldsymbol{Z}_{i,2},\cdots,\boldsymbol{Z}_{i,n})$ 中的每一 $\boldsymbol{Z}_{i,j}\sim\mathcal{N}(0,\sigma_i^2)$，其中 $i=1,2$。两个基站处的信道输出分别由式(3.1)和式(3.2)给出。

$$\boldsymbol{Y}_1^n=h_1\boldsymbol{X}_1^n+h_{21}\boldsymbol{X}_2^n+\boldsymbol{Z}_1^n \tag{3.1}$$

$$\boldsymbol{Y}_2^n=h_{12}\boldsymbol{X}_1^n+h_2\boldsymbol{X}_2^n+\boldsymbol{Z}_2^n \tag{3.2}$$

其中，h_1、h_2、h_{12}、h_{21} 表示信道增益，信道模型中 h_{12}、h_{21} 对应干扰项，也称交叉链路。3.3 节研究信道增益是常数的情况，3.4 节研究信道增益随机变化的情况。因此，信道转移概率可分解为 $p(y_1,y_2|x_1,x_2)=p(y_1|x_1,x_2)p(y_2|x_1,x_2)$。此外，限制发送者发送功率满足式(3.3)。

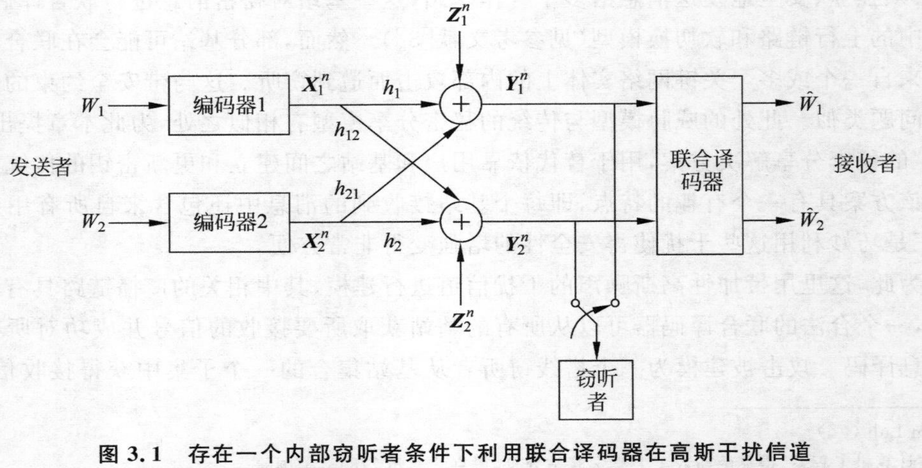

图 3.1 存在一个内部窃听者条件下利用联合译码器在高斯干扰信道中实现分布式秘密分享

$$\frac{1}{n}E \parallel \boldsymbol{X}_i^n \parallel \leqslant p_i^{\max} \tag{3.3}$$

其中，$i=1,2$，即对每个发送者都有最大功率 $p_1^{\max}$ 与 $p_2^{\max}$ 限制。

值得注意的是，与参考文献[4,5]不同的是该总体设置中没有固定的窃听信道，即窃听者可以选择窃听 $\boldsymbol{Y}_1^n$ 或 $\boldsymbol{Y}_2^n$（但不能同时窃听 $\boldsymbol{Y}_1^n$ 和 $\boldsymbol{Y}_2^n$），其中 $\boldsymbol{Y}_1^n$ 或 $\boldsymbol{Y}_2^n$ 也被用于合法的联合译码器。

定义 3.1　如图 3.1 所示，无线分布式秘密分享网络中一种编码$(2^{nR_1},2^{nR_2},n)$包括两个消息集$\mathcal{W}_i=\{1,\cdots,2^{nR_i}\}$，$i=1,2$，且元素 W_i 均匀地选自集合$\mathcal{W}_i$，两个（随机）编码函数 $f_i:\mathcal{W}_i\rightarrow\mathcal{X}_i^n$，$i=1,2$，一个译码函数 $g:\mathcal{Y}_1^n\times\mathcal{Y}_2^n\rightarrow\mathcal{W}_1\times\mathcal{W}_2$。因此，编码分布可以分解为 $p(x_1,x_2|w_1,w_2)=p(x_1|w_1)p(x_2|w_2)$。

记$(2^{nR_1},2^{nR_2},n)$的平均差错概率为

$$P_e^{(n)}=\frac{1}{2^{n(R_1+R_2)}}\cdot\sum_{(w_1,w_2)\in w_1\times w_2}\Pr\{(\hat{W}_1,\hat{W}_2\neq(w_1,w_2))\} \tag{3.4}$$

使用互信息来衡量保密性能，即利用 $I(W_1,W_2;\boldsymbol{Y}_i^n)$衡量窃听者通过 $\boldsymbol{Y}_i^n$ 获得秘密信息的信息量，其中 $i=1$ 或 $i=2$ 取决于窃听者的对于 $\boldsymbol{Y}_i^n$ 的选择。注意，窃听者只能选择两个信道中的一个输出。

定义 3.2　如果存在一串$(2^{nR_1},2^{nR_2},n)$码，满足当 n 足够大时，对于所有 $\varepsilon>0$ 满足式(3.5)和式(3.6)，则(R_1,R_2)是无线分布式秘密分享网络的可达绝对保密速率对。

$$P_e^{(n)}<\varepsilon \tag{3.5}$$

$$\frac{1}{n}I(W_1,W_2;\boldsymbol{Y}_i^n)<\varepsilon$$

$$\frac{1}{n}I(W_1;\boldsymbol{Y}_i^n)<\varepsilon$$

$$\frac{1}{n}I(W_2;\boldsymbol{Y}_i^n)<\varepsilon \tag{3.6}$$

其中，$i=1,2$。

保密容量域（记作$\mathcal{C}$）定义为实现无条件保密的所有可达速率对(R_1,R_2)的闭集。下面将分别推导保密容量域的外部区域（$\mathcal{C}^{\text{outer}}$）和内部区域（$\mathcal{C}^{\text{inter}}$），且$\mathcal{C}^{\text{outer}}$和$\mathcal{C}^{\text{inter}}$满足

$$\mathcal{C}^{\text{inter}}\subseteq\mathcal{C}\subseteq\mathcal{C}^{\text{outer}}$$

从本质上讲，这意味着存在一个编码方案，可以取到$\mathcal{C}^{\text{inter}}$中任何速率对。另一方面，对于不在$\mathcal{C}^{\text{outer}}$中的速率对，满足条件的编码策略不存在。

3.3　保密容量域结论

本节首先列出主要结论，即保密容量域的外部和内部区域。然后，对结论进行讨论分析。本节最后探讨该问题的一种重要场景，即 Z 信道的场景，该场景中只有一个基站遭受干扰。

3.3.1　广义外部区域

首先定义广义外部区域，令 $C(x)=\dfrac{1}{2}\log_2(1+x)$。

定理 3.1(外部区域) 令$\mathcal{C}^{\text{outer}}(P_1, P_2)$是速率对$(R_1, R_2)$的集合,满足

$$R_1 + R_2 \leqslant \frac{1}{2}\log_2\left[\frac{K_{12}}{s_1^2 s_2^2}\right] - \max\{C(\text{SNR}_1), C(\text{SNR}_2)\} \tag{3.7}$$

其中

$$K_{12} = \det\left(\begin{bmatrix} h_1^2 P_1 + h_{21}^2 P_2 + s_1^2 & h_1 h_{12} P_1 + h_2 h_{21} P_2 \\ h_1 h_{12} P_1 + h_2 h_{21} P_2 & h_{12}^2 P_1 + h_2^2 P_2 + s_2^2 \end{bmatrix}\right) \tag{3.8}$$

$$\text{SNR}_1 = \frac{h_1^2 P_1 + h_{21}^2 P_2}{s_1^2} \tag{3.9}$$

$$\text{SNR}_2 = \frac{h_{12}^2 P_1 + h_2^2 P_2}{s_2^2} \tag{3.10}$$

则称

$$\mathcal{C}^{\text{outer}} = \mathcal{C}^{\text{outer}}(P_1^{\max}, P_2^{\max})$$

是一个外部区域。

3.3.2 等信噪比内部区域

这里基于高斯码本和等效信噪比特性

$$\text{SNR}_1 = \text{SNR}_2 \triangleq \text{SNR}_{\text{Eq}} \tag{3.11}$$

来阐述内部区域。由于式(3.11)中 SNR_1,SNR_2 由式(3.9)和式(3.10)确定,因此这个内部区域并不是最一般化的区域。进一步分析表明,内部区域将用户功率限制到由信道参数确定的线段(图 3.2 的粗斜线段)上,即

$$\alpha = \frac{h_2^2\sigma_1^2 - h_{21}^2\sigma_2^2}{h_1^2\sigma_2^2 - h_{12}^2\sigma_1^2} \tag{3.12}$$

$$\gamma_1 = \begin{cases} \dfrac{\sigma_1^2 h_{21}^2}{h_1^2 h_2^2} - \dfrac{\sigma_1^2}{h_1^2} & \dfrac{h_{21}^2}{h_2^2} > \dfrac{\sigma_1^2}{\sigma_2^2} \text{ 且 } \dfrac{h_{12}^2}{h_1^2} > \dfrac{\sigma_2^2}{\sigma_1^2} \\ \dfrac{\sigma_1^2 h_2^2}{h_{12}^2 h_{21}^2} - \dfrac{\sigma_2^2}{h_{12}^2} & \dfrac{h_{21}^2}{h_2^2} < \dfrac{\sigma_1^2}{\sigma_2^2} \text{ 且 } \dfrac{h_{12}^2}{h_1^2} < \dfrac{\sigma_2^2}{\sigma_1^2} \\ \infty & \text{其他} \end{cases} \tag{3.13}$$

$$\gamma_2 = \begin{cases} \dfrac{\sigma_1^2 h_{12}^2}{h_1^2 h_2^2} - \dfrac{\sigma_2^2}{h_2^2} & \dfrac{h_{21}^2}{h_2^2} > \dfrac{\sigma_1^2}{\sigma_2^2} \text{ 且 } \dfrac{h_{12}^2}{h_1^2} > \dfrac{\sigma_2^2}{\sigma_1^2} \\ \dfrac{\sigma_2^2 h_1^2}{h_{12}^2 h_{21}^2} - \dfrac{\sigma_1^2}{h_{21}^2} & \dfrac{h_{21}^2}{h_2^2} < \dfrac{\sigma_1^2}{\sigma_2^2} \text{ 且 } \dfrac{h_{12}^2}{h_1^2} < \dfrac{\sigma_2^2}{\sigma_1^2} \\ \infty & \text{其他} \end{cases} \tag{3.14}$$

$$\mathcal{A} = \{(P_1, P_2): \gamma_1 \leqslant P_1 \leqslant P_1^{\max}, \gamma_2 \leqslant P_2 \leqslant P_2^{\max}, P_1 = \alpha P_2, \alpha > 0\} \tag{3.15}$$

其中,$\mathcal{A}$是接收者功率的集合,记$\mathcal{A}$中最大的功率对为(P_1^*, P_2^*),若$\mathcal{A} \neq \varnothing$,则$(P_1^*, P_2^*)$是在图 3.2 所示的加粗线段的右端点。

令$|x|^+ = \max\{x, 0\}$,则 $x \overset{\circ}{=} a$ 表示对于任意 $\varepsilon > 0$,$a - \varepsilon \leqslant x \leqslant a$。本文只考虑相同信噪比(即 $\text{SNR}_1 = \text{SNR}_2$)条件下在高斯码本中构造可实现的编码,则内部区域的定义由定理 3.2 给出。

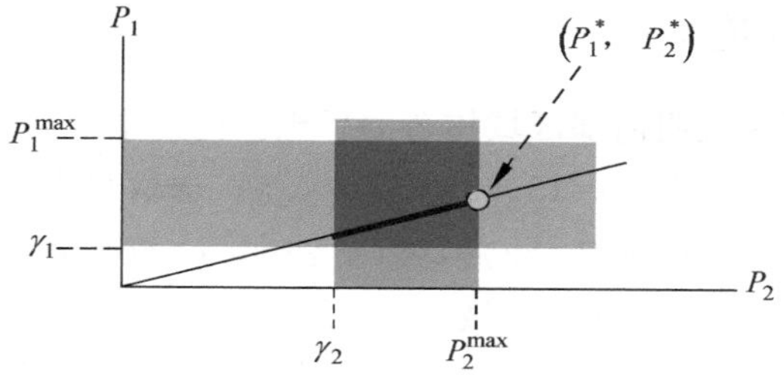

图 3.2 容许的用户功率

定理 3.2 令$\mathcal{C}^{\text{inter}}(P_1,P_2)$是$(R_1,R_2)$的集合，且满足

$$\text{SNR}_1 = \text{SNR}_2 \triangleq \text{SNR}_{\text{Eq}} \tag{3.16}$$

$$R_1 = |\bar{R}_1 - U_1|^+ \tag{3.17}$$

$$R_2 = |\bar{R}_2 - U_2|^+ \tag{3.18}$$

其中

$$U_1 \leqslant \min\left\{C\left(\frac{h_1^2 P_1}{\sigma_1^2}\right), C\left(\frac{h_{12}^2 P_1}{\sigma_2^2}\right)\right\} \tag{3.19}$$

$$U_2 \leqslant \min\left\{C\left(\frac{h_2^2 P_2}{\sigma_1^2}\right), C\left(\frac{h_{21}^2 P_2}{\sigma_1^2}\right)\right\} \tag{3.20}$$

$$U_1 + U_2 \overset{\circ}{=} C(\text{SNR}_{\text{Eq}}) \tag{3.21}$$

$$\bar{R}_1 \leqslant C\left(\frac{h_{12}^2 P_1}{\sigma_2^2} + \frac{h_1^2 P_1}{\sigma_1^2}\right) \tag{3.22}$$

$$\bar{R}_2 \leqslant C\left(\frac{h_{21}^2 P_2}{\sigma_1^2} + \frac{h_2^2 P_2}{\sigma_2^2}\right) \tag{3.23}$$

$$\bar{R}_1 + \bar{R}_2 \leqslant \frac{1}{2}\log_2\left(\frac{K_{12}}{\sigma_1^2\sigma_2^2}\right) \tag{3.24}$$

则称

$$\mathcal{C}^{\text{inter}} = \mathcal{C}^{\text{inter}}(P_1^*, P_2^*)$$

是一个内部区域。

备注：当 $\text{SNR}_1 = \text{SNR}_2$ 且$(P_1^{\max}, P_2^{\max}) \in \mathcal{A}$时，外部区域和内部区域的和速率边界(sum rate bounds)是重合的。该结论将在 3.3.4 节的一个例子中进行说明。

3.3.3 外部区域的诠释

假设 $p(y|x)$(其中 $y=(y_1,y_2)$，$x=(x_1,x_2)$)为主(合法)单用户通道。窃听信道可认为是 $p'(\tilde{y}|y)$，其中$\tilde{y}$是 y_1 或 y_2。根据高斯窃听信道理论(见参考文献[6])，该单用户信道的保密容量由下式给出

$$\begin{aligned} C_S &= I(X;Y) - I(X;\widetilde{Y}) \\ &= I(X_1,X_2;Y_1,Y_2) - I(X_1,X_2,Y_i), \quad i = 1 \text{ 或 } 2 \end{aligned}$$

该结论类似于 X_1 与 X_2 相互独立时定理 3.1 中的上界。

3.3.4 内部区域的数值举例

这里给出数值例子来说明内部区域构造的思想。例子中令 $h_1^2=1, h_{12}^2=1/0.91, h_{21}^2=0.6, h_2^2=1, \sigma_1^2=0.9, \sigma_2^2=1, P_1^{\max}=13.65, P_2^{\max}=0.5$。选取最大功率使 $(P_1^{\max}, P_2^{\max})\in\mathcal{A}$。令 $\overline{\mathcal{R}}$ 是 $P_1=P_1^{\max}, P_2=P_2^{\max}$ 时式(3.22)～式(3.24)对应的区域。因此，$\overline{\mathcal{R}}$ 是不考虑保密性能时的多址接入信道(MAC)的容量域。令 $\mathcal{U}$ 是对应于式(3.19)～式(3.21)的线段，由于式(3.19)和式(3.20)右侧的极小值的约束，此处 $\mathcal{U}$ 既非 MAC 容量域，又非 MAC 容量区域的边界。在图 3.3(a)中，$\overline{\mathcal{R}}$ 为以细线为边界的区域，而 $\mathcal{U}$ 区域为以黑粗线为边界的区域①。

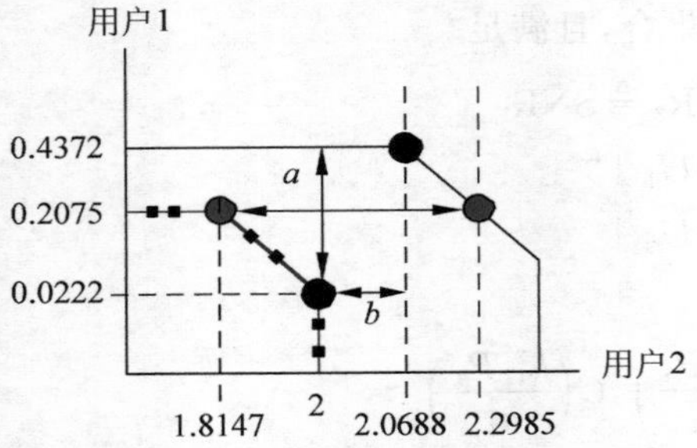

(a) 内部区域计算的例子

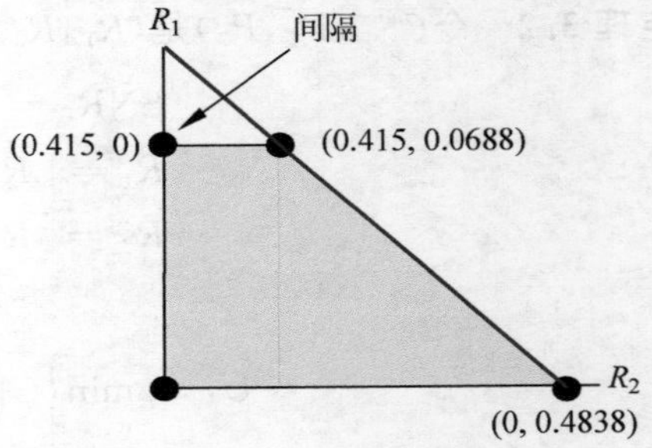

(b) 本例中的内部区域

图 3.3

如图 3.3(a)所示，在 $\overline{\mathcal{R}}$ 的边界上选择一个黑圈(较细的线)，在 $\mathcal{U}$ 上选择一个黑圈(较粗的点线)，用户 1 的最大速率可通过最大化两个黑圈之间的垂直距离(记作 a)确定。相应的用户 2 的速率可在固定 a 条件下，通过最大的水平距离确定。以该方式计算的速率对为(0.415,0.0688)，对应图 3.3(b)对角线上的一点。

如图 3.3(a)所示，在 $\overline{\mathcal{R}}$ 的边界上选择一个浅色阴影圈，在 $\mathcal{U}$ 上选择一个浅色阴影圈，用户 2 的最大速率可通过最大化两圈之间的水平距离确定。相应的用户 1 的速率由两圈之间的垂直距离确定，得到速率对(0,0.4838)，位于图 3.3(b)对角线的下端。

综合上述分析，内部区域由图 3.3(b)的灰色阴影区域表示，图 3.3(b)较粗的对角线表示外部区域的边界。由图 3.3(b)可得，内部区域部分与外部区域在对角线上部分是重合的，这是由于 $(P_1^{\max}, P_2^{\max})\in\mathcal{A}$。但是在顶端存在间隙，可以看到当 $P_1=P_1^{\max}$ 和 $P_2=P_2^{\max}$ 时，变化并不明显，这是由于虽然使用最大功率能够扩大 $\overline{\mathcal{R}}$，但是也将影响 $\mathcal{U}$。因此，在上述例子中使用最大功率，并不能明显地增加黑色和灰色阴影圆圈之间的差异或距离。这样的几何解释也在参考文献[7]中出现，因此该文内部区域的部分证明将基于此展开。

3.3.5 Z信道的内部区域

上文讨论了 $\mathrm{SNR}_1=\mathrm{SNR}_2$ 情况下的内部区域，但这并不意味着只有 $\mathrm{SNR}_1=\mathrm{SNR}_2$ 时才能实现保密性能，本节给出一个 $\mathrm{SNR}_1\neq\mathrm{SNR}_2$ 时内部区域的例子。特别地，考虑 $h_{12}=0$ 的

① 因为式(3.21)中使用 $\doteq$，因此专业来讲 $\mathcal{U}$ 并非线段，而是线段周围的点集合。

情况，即第二个基站不受干扰，此时为 Z 信道模型。这一场景下显然有 $\mathrm{SNR}_1 \neq \mathrm{SNR}_2$，且用户 2 不能达到保密性能。这是由于第二个基站处没有来自于用户 1 的信息作为干扰来保护用户 2 的保密性能。这意味着用户 2 只能发送非秘密信息来保护用户 1 发送信息的安全性。参考文献[5,7,8]在一个不同的窃听信道模型中，对利用干扰辅助以达到保密性能的问题进行研究。从窃听者的角度来看，只有第一个基站包含来自用户 1 的秘密信息，因此窃听应该只发生在第一个基站。据此，下文首先推导出 Z 信道的内部区域，然后讨论其含义。

Z 信道的内部区域是参考文献[9]中的一个具体应用，是建立在参考文献[5]基础之上的。参考文献[9]利用基站协作方式实现安全通信，其中发送者要发送一条秘密消息给基站，附近的窃听者也可以收听到该发送者传输的信息。第二个基站利用生成人工噪声的方法干扰窃听者，这种人工噪声也将影响到第一个基站，但是，第一个基站拥有人工噪声的副本，因此可以在译码之前将噪声抵消。该系统模型可以通过式(3.25)和式(3.26)进行描述

$$\boldsymbol{Y}_B^n = h_{TB}\boldsymbol{X}_T^n + \boldsymbol{Z}_B \tag{3.25}$$

$$\boldsymbol{Y}_W^n = h_{TW}\boldsymbol{X}_T^n + h_{BW}\boldsymbol{X}_B^n + \boldsymbol{Z}_W \tag{3.26}$$

其中 $\boldsymbol{Y}_B^n$ 是第一个基站接收的减去人工噪声之后的矢量；h_{TB} 是从发送者到第一个基站的信道增益；$\boldsymbol{X}_T^n$ 是发送者发送的码字；$\boldsymbol{Z}_B^n \sim \mathcal{N}(0, \sigma_B^2 \boldsymbol{I}_n)$ 是从发送者到基站之间信道的噪声；$\boldsymbol{Y}_W^n$ 是窃听者接收的向量；h_{TW} 是从发送者到窃听者的信道增益；h_{BW} 是从第二个基站(干扰者)到窃听者的信道增益；$\boldsymbol{X}_B^n$ 是由第二个基站发送的人工噪声；$\boldsymbol{Z}_W^n \sim \mathcal{N}(0, \sigma_W^2 \boldsymbol{I}_n)$ 为窃听者的高斯噪声。为简单起见，已从第一个基站接收信号中减去 $\boldsymbol{X}_B^n$，因此式(3.25)中无此项。工程中，基站将会在译码器中执行这一步骤。图 3.4 表示简化后的系统模型。

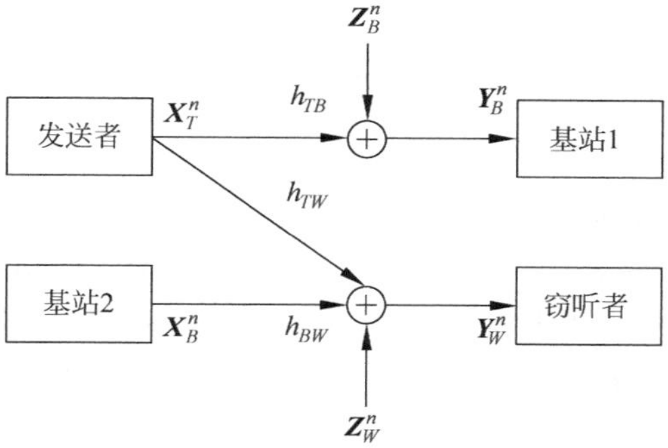

图 3.4　通过协作基站实现安全通信

令 P_T 为发送者的发射功率，P_B 为第二个基站的发射功率。参考文献[9]证明了当 R_T 作为 R_B 的函数时，能够实现无条件安全

$$R_T(R_B) = \begin{bmatrix} R_T^{(l)} & R_B < C\left(\dfrac{h_{BW}^2 P_B}{\sigma_W^2 + h_{TW}^2 P_T}\right) \\ R_T^{(m)} & C\left(\dfrac{h_{BW}^2 P_B}{\sigma_W^2 + h_{TW}^2 P_T}\right) < R_B \leqslant C\left(\dfrac{h_{BW}^2 P_B}{\sigma_W^2}\right) \\ R_T^{(u)} & R_B > C\left(\dfrac{h_{BW}^2 P_B}{\sigma_W^2}\right) \end{bmatrix} \tag{3.27}$$

其中

$$R_T^{(l)}=\left|C\left(\frac{h_{TB}^2P_T}{\sigma_B^2}\right)-C\left(\frac{h_{TW}^2P_T}{\sigma_W^2}\right)\right|^+ \tag{3.28}$$

$$R_T^{(m)}=\left|C\left(\frac{h_{TB}^2P_T}{\sigma_B^2}\right)-C\left(\frac{h_{TW}^2P_T}{\sigma_W^2}+\frac{h_{BW}^2P_B}{\sigma_W^2}\right)+R_B\right|^+ \tag{3.29}$$

$$R_T^{(u)}=\left|C\left(\frac{h_{TB}^2P_T}{\sigma_B^2}\right)-C\left(\frac{h_{TW}^2P_T}{\sigma_W^2+h_{BW}^2P_B}\right)\right|^+ \tag{3.30}$$

Z 信道模型实际上是存在窃听信道时保密传输问题的特殊情况。如图 3.1 所示，当 $h_{12}=0$ 时，用户 2 显然无法实现无条件安全，因此必须发挥干扰窃听者的作用，从而保护用户 1 的消息不被可接收到 $\boldsymbol{Y}_1^n$ 的窃听者截获。请注意，由于窃听者只能选择 $\boldsymbol{Y}_1^n$ 或 $\boldsymbol{Y}_2^n$，且 $\boldsymbol{Y}_2^n$ 中只包含噪声和用户 2 的干扰信号，只有 $\boldsymbol{Y}_1^n$ 中含有秘密消息，所以窃听者应该总是选择 $\boldsymbol{Y}_1^n$。另外，因为联合译码器接收 $\boldsymbol{Y}_1^n$ 和 $\boldsymbol{Y}_2^n$，当且仅当用户 2 的信息速率小于或等于它的信道容量 $C(h_2^2P_2/\sigma_2^2)$ 时，联合译码器可以从 $\boldsymbol{Y}_1^n$ 中减去 $\boldsymbol{X}_2^n$。由于用户 2 应该用其最大速率尽可能地干扰窃听者，因此令 $R_2=C(h_2^2P_2/\sigma_2^2)$。

如果令 $h_{TB}=h_{TW}=h_1$，$\boldsymbol{Z}_B^n=\boldsymbol{Z}_W^n=\boldsymbol{Z}_1^n$，$h_{BW}=h_{21}$，$\boldsymbol{Y}_W^n=\boldsymbol{Y}_1^n$，$\boldsymbol{Y}_B^n$ 等于 $\boldsymbol{Y}_1^n$ 减去用户 2 的干扰信号(联合译码器可通过 $\boldsymbol{Y}_2^n$ 获得)，这样 Z 信道和图 3.4 之间的关系就明显了。然后设定 $P_1=P_T$，$P_2=P_B$，$R_1=R_T$，$R_2=R_B=C(h_2^2P_2/\sigma_2^2)$ 代入式(3.27)，得到 Z 信道的内部区域。

$$R_1^Z=\begin{cases}0 & \dfrac{h_2^2}{\sigma_2^2}<\dfrac{h_{21}^2}{\sigma_1^2+h_1^2P_1}\\ \left|C\left(\dfrac{h_1^2P_1}{\sigma_1^2}\right)-C\left(\dfrac{h_2^2P_2}{\sigma_2^2}\right)-C(\mathrm{SNR}_1)\right|^+ & \dfrac{h_{21}^2}{\sigma_1^2+h_1^2P_1}<\dfrac{h_2^2}{\sigma_2^2}\leqslant\dfrac{h_{21}^2}{\sigma_1^2}\\ \left|C\left(\dfrac{h_1^2P_1}{\sigma_1^2}\right)-C\left(\dfrac{h_1^2P_1}{\sigma_1^2+h_{21}^2P_2}\right)\right|^+ & \dfrac{h_2^2}{\sigma_2^2}>\dfrac{h_{21}^2}{\sigma_1^2}\end{cases} \tag{3.31}$$

其中，SNR_1，SNR_2 分别由式(3.9)和式(3.10)给出。

当一个等信噪比的内部区域 $\mathcal{C}^{\text{inter}}(P_1,P_2)$ 中包含 $h_{12}\neq0$，若合理选择 h_{12}，有 $R_1^Z\in\mathcal{C}^{\text{inter}}(P_1,P_2)$ 成立。这个结果的含义是，加入 h_{12} 不但不会降低用户 1 的速率，实际上反而会增加用户 1 的速率。从直观上看，交叉链路 h_{12} 的增加为联合译码器提供了更多有关用户 1 的密文的信息。窃听者此时可以尝试窃听第二个基站获取用户 1 的秘密消息(这恰好与 Z 信道中第二个基站只接收用户 2 的干扰信号相反)。然而，等信噪比编码技术能够补偿该保密性能损失，而且从用户 1 速率角度来讲等信噪比编码技术性能远优于参考文献[9]中 Z 信道编码技术，与此同时还能确保两个通道都无条件安全。

3.4 慢衰落和平坦瑞利衰落

本节采用参考文献[10-14]中的随机衰落建模信道。当用户静止时该模型适用于窄带通信，而且该模型要求用户必须尽快发送数据以免时延(见参考文献[3])，假设编码器已知信道状态信息。

考虑离散时间复基带信道模型，即假设 X_1 与 X_2 是复数，加性噪声变量服从零均值

的循环对称高斯分布，且慢平坦衰落信道的存在使得 $\boldsymbol{h}_1,\boldsymbol{h}_2,\boldsymbol{h}_{12},\boldsymbol{h}_{21}$（此部分黑体表示变量是随机的，而非向量）是独立的圆对称高斯随机变量。信道参数在一个完整码字的时间内为常数（慢衰落），并且所有通信各方已知①。此时 $|\boldsymbol{h}_1|^2,|\boldsymbol{h}_2|^2,|\boldsymbol{h}_{12}|^2,|\boldsymbol{h}_{21}|^2$ 服从均值分别为 $\beta_1,\beta_2,\beta_{12},\beta_{21}$ 的指数分布。记 N_1 和 N_2 为两个用户的噪声功率。参考文献[10-12,14]关注的是中断概率，即达不到目标速率的概率。本文关注一个更简化的问题：在给定功率条件下达不到任意非零速率的概率。这与 $\Pr\{\mathcal{A}=\varnothing\}$ 相同。文中将推导该中断概率，并根据不同的参数绘制概率曲线。

定义如下变量

$$\begin{aligned}&\mathrm{SNR}_{11}\triangleq\frac{\beta_1P_1^{\max}}{N_1},\quad \mathrm{SNR}_{22}\triangleq\frac{\beta_2P_2^{\max}}{N_2}\\&\mathrm{SNR}_{12}\triangleq\frac{\beta_{12}P_1^{\max}}{N_2},\quad \mathrm{SNR}_{21}\triangleq\frac{\beta_{21}P_2^{\max}}{N_1}\end{aligned}\tag{3.32}$$

该定义可理解为单用户的期望信噪比，并且

$$\mathrm{DCR}\triangleq\frac{\beta_1\beta_2}{\beta_{12}\beta_{21}},\quad \mathrm{CDR}\triangleq\frac{\beta_{12}\beta_{21}}{\beta_1\beta_2}\tag{3.33}$$

其中，DCR(direct to cross expected fading ratio)表示直连与交叉链路的期望衰落比；CDR(cross to direct expected fading ratio)表示交叉与直连链路的期望衰落比。从本质上讲，DCR 和 CDR 用于衡量直连链路与交叉链路之间期望衰落的差别。最后定义

$$\xi=\frac{(\beta_{12}N_1+\beta_1N_2)(\beta_2N_1+\beta_{21}N_2)}{\beta_1\beta_2\beta_{12}\beta_{21}N_1N_2}\tag{3.34}$$

是独立于 $P_1^{\max}$ 与 $P_2^{\max}$ 的常数。结合上述定义，则 $\Pr\{\mathcal{A}=\varnothing\}$ 可表示为

$$\begin{aligned}\Pr\{\mathcal{A}=\varnothing\}&=1-\Pr\{\mathcal{A}\neq\varnothing\}\\&=1-\frac{(\beta_1\beta_2+\beta_{12}\beta_{21})N_1N_2}{(\beta_{12}N_1+\beta_1N_2)(\beta_2N_1+\beta_{21}N_2)}+\\&\quad\mathrm{DCR}\cdot\mathrm{SNR}_{11}^{-1}\cdot E(\xi\cdot\mathrm{SNR}_{11}^{-1})+\\&\quad\mathrm{DCR}\cdot\mathrm{SNR}_{22}^{-1}\cdot E(\xi\cdot\mathrm{SNR}_{22}^{-1})+\\&\quad\mathrm{CDR}\cdot\mathrm{SNR}_{12}^{-1}\cdot E(\xi\cdot\mathrm{SNR}_{12}^{-1})+\\&\quad\mathrm{CDR}\cdot\mathrm{SNR}_{21}^{-1}\cdot E(\xi\cdot\mathrm{SNR}_{21}^{-1})-\\&\quad\frac{\mathrm{DCR}}{\mathrm{SNR}_{11}+\mathrm{SNR}_{22}}\cdot E\left[\xi\frac{\beta_1\beta_2}{\mathrm{SNR}_{11}+\mathrm{SNR}_{22}}\right]-\\&\quad\frac{\mathrm{CDR}}{\mathrm{SNR}_{12}+\mathrm{SNR}_{21}}\cdot E\left[\xi\frac{\beta_{12}\beta_{21}}{\mathrm{SNR}_{12}+\mathrm{SNR}_{21}}\right]\end{aligned}\tag{3.35}$$

其中

$$E(x)=\exp(x)E_1(x),\quad E_1(x)=\int_x^{\infty}\frac{1}{t}\exp(-t)\mathrm{d}t\tag{3.36}$$

$E_1(x)$是已知的指数积分，该积分在衰落信道的保密容量中很常见(见参考文献[12])。

下面介绍随机衰落场景。

---

① 在考虑实部和虚部的情况下，该容量翻倍。

当某些参数不符合等信噪比的要求时，适用于等信噪比内部区域的编码方案无法使用。如果这些参数是固定的，则用户将不能实现保密通信，此时不存在等信噪比内部区域。然而，如果信道增益是随机的，就会增加等信噪比编码技术实现的可能性。因此，若能合理利用随机衰落，将有助于实现安全通信，下面进行详细说明。

图 3.5 画出了不同信道参数下推导的 $\Pr\{A=\varnothing\}$。本文对以下三种情况进行研究：(1) $P_1^{\max}, P_2^{\max} \to 0$；(2) $P_1^{\max}, P_2^{\max} \to \infty$；(3) 功率介于 (1) 和 (2) 之间。前两个区域的值可从式(3.57)中推导。当 $P_1^{\max}=P_2^{\max}=0$ 时，事件不发生，从而 $\Pr\{\mathcal{A}=\varnothing\}=1-\Pr\{\mathcal{A}\neq\varnothing\}=1$，该结论可以从图 3.5 中得到验证。另一方面，当 $P_1^{\max}, P_2^{\max} \to \infty$，显然只剩下随机事件 $\{\alpha>0\}$，$\{\alpha>0\}$ 与 $P_1^{\max}, P_2^{\max}$ 独立，因此

$$\Pr\{\mathcal{A}=\varnothing\} \to 1-\frac{(\beta_1\beta_2+\beta_{12}\beta_{21})N_1N_2}{(\beta_{12}N_1+\beta_1N_2)(\beta_2N_1+\beta_{21}N_2)} \tag{3.37}$$

当最大允许功率足够大时，无法达到非零速率的概率由式(3.37)限定，在图 3.5 中由点线表示。

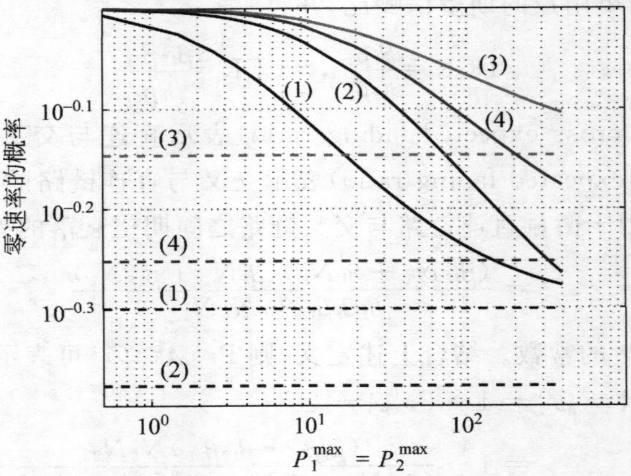

图 3.5　实线：用户在给定的最大功率约束下不能实现非零速率的概率；虚线：当 $P_1^{\max}, P_2^{\max}\to\infty$ 时，用户不能实现非零速率的概率（(1) $\beta_1=\beta_2=\beta_{12}=\beta_{21}=N_1=N_2=1$；(2) $\beta_1=1$，$\beta_2=0.5$，$\beta_{12}=0.9$，$\beta_{21}=0.1$，$N_1=1$，$N_1=2$；(3) $\beta_1=1$，$\beta_2=0.5$，$\beta_{12}=0.2$，$\beta_{21}=0.8$，$N_1=1$，$N_2=2$；(4) $\beta_1=1$，$\beta_2=0.3$，$\beta_{12}=0.7$，$\beta_{21}=0.1$，$N_1=1$，$N_2=2$。）

第三种情况最有趣也最具有实际应用价值。从图 3.5 可以看出，当 $P_1^{\max}$ 与 $P_2^{\max}$ 有限时，实曲线(1)的性能比实曲线(2)更好。然而，在功率值趋于无限大的情况下，恰恰相反，虚线(2)的性能比虚线(1)好。事实上，从图 3.5 可以看到实曲线(1)和实曲线(2)可能会在一些点交叉。使用式(3.35)有助于对第三种情况的理解。首先应该减小式(3.35)中的正分量，因为 $\frac{1}{x}E(x)$ 是一个减函数，所以正分量可通过增加 SNR_{ij} 减小。例如，在表达式

$$\mathrm{DCR}\cdot\mathrm{SNR}_{11}^{-1}\cdot E(\xi\cdot\mathrm{SNR}_{11}^{-1})$$

中，若 SNR_{11} 增加，则此项减小。若最大功率 $P_1^{\max}$ 与 $P_2^{\max}$ 保持不变，则 SNR_{11} 随着 β_1 的增加而增加。如果 DCR 的分母 $\beta_{12}\beta_{21}$ 增加，整项也许会进一步减小。因此通过同时增加 β_1（直接链路）和 $\beta_{12}\beta_{21}$（交叉链路）可以减小上述表达式的值。这个结论适用于式(3.35)

中的其他三个正项。这表明,期望衰落应该彼此大致相等。事实上,当在所有的参数都相等的情况下,图3.5中标号为(1)的实线对于功率受限的情况具有最优的性能。

3.5 保密容量域结果的推导

本节将分析3.3节中列出的结果,即先证明外部区域后证明更加复杂的内部区域。

3.5.1 证明定理3.1:外部区域

外部区域的证明由两部分组成:第一部分证明 $\boldsymbol{X}_1^n$ 与 $\boldsymbol{X}_2^n$ 的外部区域;第二部分证明在给定功率约束的条件下,选择高斯向量 $\boldsymbol{X}_1^n$ 与 $\boldsymbol{X}_2^n$ 能够最大化外部区域。第一部分基于信息论进行证明,而第二部分是根据参考文献[15]的结论进行证明。

首先限定和速率如下,定义熵是微分熵。

$$\begin{aligned} n(R_1+R_2) &= H(W_1+W_2) = H(W_1,W_2 \mid \boldsymbol{Y}_1^n,\boldsymbol{Y}_2^n) + H(W_1,W_2;\boldsymbol{Y}_1^n,\boldsymbol{Y}_2^n) \\ &\overset{(a)}{\leqslant} n\varepsilon_n + I(W_1,W_2;\boldsymbol{Y}_1^n,\boldsymbol{Y}_2^n) \\ &\overset{(b)}{=} I(W_1,W_2;\boldsymbol{Y}_2^n) + I(W_1,W_2;\boldsymbol{Y}_1^n \mid \boldsymbol{Y}_2^n) + n\varepsilon_n \\ &\overset{(c)}{\leqslant} n\varepsilon + I(W_1,W_2;\boldsymbol{Y}_1^n \mid \boldsymbol{Y}_2^n) + n\varepsilon_n \\ &\overset{(d)}{\leqslant} H(\boldsymbol{Y}_1^n \mid \boldsymbol{Y}_2^n) - H(\boldsymbol{Y}_1^n \mid \boldsymbol{Y}_2^n,W_1,W_2,\boldsymbol{X}_1^n,\boldsymbol{X}_2^n) + 2n\varepsilon_n \\ &\overset{(e)}{\leqslant} H(\boldsymbol{Y}_1^n \mid \boldsymbol{Y}_2^n) - H(\boldsymbol{Y}_1^n \mid \boldsymbol{Y}_2^n,\boldsymbol{X}_1^n,\boldsymbol{X}_2^n) + 2n\varepsilon_n \\ &= I(\boldsymbol{X}_1^n,\boldsymbol{X}_2^n;\boldsymbol{Y}_1^n \mid \boldsymbol{Y}_2^n) + 2n\varepsilon_n \\ &= I(\boldsymbol{X}_1^n,\boldsymbol{X}_2^n;\boldsymbol{Y}_1^n,\boldsymbol{Y}_2^n) - I(\boldsymbol{X}_1^n,\boldsymbol{X}_2^n;\boldsymbol{Y}_2^n) \end{aligned} \tag{3.38}$$

上式中:步骤(a)为Fano不等式;步骤(c)为式(3.6)要求的绝对安全速率;步骤(d)由于信息论展开改变了熵;步骤(e)根据马尔可夫链$(W_1,W_2)\leftrightarrow(\boldsymbol{X}_1^n,\boldsymbol{X}_2^n)\leftrightarrow(\boldsymbol{Y}_1^n,\boldsymbol{Y}_2^n)$的数据处理不等式。另一方面,步骤(b)中使用不同的链式法则,会得到另一个界

$$R_1+R_2 \leqslant I(W_1,W_2;\boldsymbol{Y}_1^n) + I(W_1,W_2;\boldsymbol{Y}_1^n \mid \boldsymbol{Y}_2^n) + n\varepsilon_n$$

使用式(3.6),再经过步骤(c)~步骤(e)可得另一个界

$$\begin{aligned} n(R_1+R_2) &\leqslant I(\boldsymbol{X}_1^n,\boldsymbol{X}_2^n;\boldsymbol{Y}_2^n \mid \boldsymbol{Y}_1^n) + 2n\varepsilon_n \\ &= I(\boldsymbol{X}_1^n,\boldsymbol{X}_2^n;\boldsymbol{Y}_1^n \mid \boldsymbol{Y}_2^n) - I(\boldsymbol{X}_1^n,\boldsymbol{X}_2^n;\boldsymbol{Y}_1^n) \end{aligned} \tag{3.39}$$

为了同时满足这两种边界约束,取两者中较小的。

下一步约束各自的速率。

$$\begin{aligned} nR_1 &= H(W_1) = H(W_1 \mid \boldsymbol{Y}_1^n\boldsymbol{Y}_2^n) + I(W_1;\boldsymbol{Y}_1^n,\boldsymbol{Y}_2^n) \\ &\overset{(a)}{\leqslant} n\varepsilon_n + I(W_1;\boldsymbol{Y}_1^n,\boldsymbol{Y}_2^n) \\ &\overset{(b)}{=} I(W_1;\boldsymbol{Y}_2^n) + I(W_1;\boldsymbol{Y}_1^n \mid \boldsymbol{Y}_2^n) + n\varepsilon_n \\ &\overset{(c)}{\leqslant} n\varepsilon + I(W_1;\boldsymbol{Y}_1^n \mid \boldsymbol{Y}_2^n) + n\varepsilon_n \\ &\overset{(d)}{\leqslant} H(\boldsymbol{Y}_1^n \mid \boldsymbol{Y}_2^n) - H(\boldsymbol{Y}_1^n \mid \boldsymbol{Y}_2^n,W_1,\boldsymbol{X}_1^n,\boldsymbol{X}_2^n) + 2n\varepsilon_n \end{aligned}$$

$$\overset{(e)}{=} H(\boldsymbol{Y}_1^n \mid \boldsymbol{Y}_2^n) - H(\boldsymbol{Y}_1^n \mid \boldsymbol{Y}_2^n, \boldsymbol{X}_1^n, \boldsymbol{X}_2^n) + 2n\varepsilon_n$$
$$= I(\boldsymbol{X}_1^n, \boldsymbol{X}_2^n; \boldsymbol{Y}_1^n \mid \boldsymbol{Y}_2^n) + 2n\varepsilon_n \tag{3.40}$$

表达式的解释与先前的一样，步骤(b)的链式法则也可以写成另一种方式。因此，各自的边界约束与和速率边界约束是相同的。

最后证明当向量 $\boldsymbol{X}_1^n\boldsymbol{X}_2^n$ 选为独立同分布高斯随机矢量时，$\boldsymbol{X}_1^n\boldsymbol{X}_2^n$ 能够最大化式(3.38)。根据参考文献[15]中的模型容易得到式(3.41)。

$$I(\boldsymbol{X}_1^n, \boldsymbol{X}_2^n; \boldsymbol{Y}_1^n \mid \boldsymbol{Y}_2^n) = H(\boldsymbol{Y}_1^n \mid \boldsymbol{Y}_2^n) - H(\boldsymbol{Y}_1^n \mid \boldsymbol{Y}_2^n, \boldsymbol{X}_1^n, \boldsymbol{X}_2^n)$$
$$= H(\boldsymbol{Y}_1^n \mid \boldsymbol{Y}_2^n) - H(\boldsymbol{Z}_1^n \mid Z_2^n) \tag{3.41}$$

由于 $\boldsymbol{Z}_1^n$ 与 $\boldsymbol{Z}_2^n$ 同 $\boldsymbol{X}_1^n$ 与 $\boldsymbol{X}_2^n$ 相互独立，因此在 $\boldsymbol{X}_1^n,\boldsymbol{X}_2^n$ 条件下最大化 $I(\boldsymbol{X}_1^n,\boldsymbol{X}_2^n;\boldsymbol{Y}_1^n|\boldsymbol{Y}_2^n)$ 与在 $\boldsymbol{X}_1^n,\boldsymbol{X}_2^n$ 条件下最大化 $H(\boldsymbol{Y}_1^n|\boldsymbol{Y}_2^n)$ 等价。设 $\boldsymbol{L}$ 是一个矩阵，使得 $\boldsymbol{L}\boldsymbol{Y}_2^n$ 产生一个向量，则此向量中的每个元素是 $\boldsymbol{Y}_1^n$ 向量中相应部分的最小均方误差(LMMSE)估计。形式上，令

$$\boldsymbol{L} \triangleq \begin{pmatrix} \boldsymbol{L}_1 \\ \vdots \\ \boldsymbol{L}_n \end{pmatrix} \tag{3.42}$$

其中，$\boldsymbol{L}_1$ 是行向量，$\boldsymbol{L}_1\boldsymbol{Y}_2^n$ 是 $\boldsymbol{Y}_{1,i}^n$ 的最小线性均方误差估计，令矩阵 $\boldsymbol{M}$ 为对角阵，其对角元素是相应的均方估计误差。式(3.43)是信息论界。

$$\begin{aligned} H(\boldsymbol{Y}_1^n \mid \boldsymbol{Y}_2^n) &\overset{(a)}{=} H(\boldsymbol{Y}_1^n - \boldsymbol{L}\boldsymbol{Y}_2^n \mid \boldsymbol{Y}_2^n) \\ &\overset{(b)}{\leqslant} H(\boldsymbol{Y}_1^n - \boldsymbol{L}\boldsymbol{Y}_2^n) \\ &\overset{(c)}{\leqslant} \frac{1}{2}\log(2\pi \mathrm{e})^n \det(\boldsymbol{M}) \end{aligned} \tag{3.43}$$

解释如下：步骤(a)成立是由于 $\boldsymbol{Y}_2^n$ 已知时，增加 $\boldsymbol{L}\boldsymbol{Y}_2^n$ 项不影响条件熵结果；步骤(b)由于信息论展开减少了熵；步骤(c)中给定协方差矩阵 $\det(\boldsymbol{M})$ 条件下随机向量 $\boldsymbol{Y}_1^n - \boldsymbol{L}\boldsymbol{Y}_2^n$ 的最大熵由参考文献[16]中的表达式(c)确定。当 $\boldsymbol{X}_1^n$ 与 $\boldsymbol{X}_2^n$ 是高斯向量时，不等式(b)和(c)取到等号，这表明 $\boldsymbol{X}_1^n$ 与 $\boldsymbol{X}_2^n$ 能达到式(3.43)的最大值。

由最佳 LMMSE 正交定理(见参考文献[17])得，$\mathcal{E}\{[(\boldsymbol{Y}_1^n - \boldsymbol{L}\boldsymbol{Y}_2^n)]_i \boldsymbol{Y}_{2,j}\} = 0$ 对向量的任意分量 i,j 都成立。如果 $\boldsymbol{X}_1^n$ 与 $\boldsymbol{X}_2^n$ 是高斯向量，则各自误差 $[(\boldsymbol{Y}_1^n - \boldsymbol{L}\boldsymbol{Y}_2^n)]_i$ 与 $\boldsymbol{Y}_{2,i}$ 独立，因此 $\boldsymbol{Y}_1^n - \boldsymbol{L}\boldsymbol{Y}_2^n$ 与 $\boldsymbol{Y}_2$ 独立。最后，因为当 $\boldsymbol{X}_1^n$ 与 $\boldsymbol{X}_2^n$ 为高斯向量时，$\boldsymbol{Y}_1^n - \boldsymbol{L}\boldsymbol{Y}_2^n$ 是高斯随机向量，所以(c)是紧的，此时在协方差约束下达到最大熵。

3.5.2 证明定理 3.2：内部区域

定理 3.2 的证明包括三个部分：第一部分是一个未简化的内部区域，包括子区域的无穷组合；第二部分证明功率的增加引起内部子区域的增加，从而使得对于 $P_1 \leqslant Q_1$，$P_2 \leqslant Q_2$，$(P_1, P_2) \in \mathcal{A}$，$(Q_1, Q_2) \in \mathcal{A}$ 得到 $\mathcal{C}^{\text{inner}}(P_1, P_2) \subseteq \mathcal{C}^{\text{inner}}(Q_1, Q_2)$，这意味着，如果利用允许的最大功率，所得的内部区域将是最大的内部区域，也是所有其他内子区域的一个超集；最后一部分证明式(3.15)是允许的功率集合。因此，定理 3.2 是取得式(3.15)的最大功率值时的结果，对应于线段最右边的点。

3.5.2.1 第一部分：内子区域的证明

第一部分证明当$(P_1,P_2)\in\mathcal{A}$时$\mathcal{C}^{\text{inner}}(P_1,P_2)$(定义见定理3.2)是可以实现的。则内部区域可以写成

$$\bigcup_{(P_1,P_2)\in\mathcal{A}}\mathcal{C}^{\text{inner}}(P_1,P_2)$$

这里的可实现性证明类似于多址接入窃听通道(见参考文献[18-21])条件下的证明。

1. 码本产生

随机产生两个表，第一个表有$2^{n(\bar{R}_1-\varepsilon)}$个矢量(码字)，每个矢量的元素服从正态分布$\mathcal{N}(0,P_1^{\max}-\varepsilon)$。类似地，第二个表有$2^{n(\bar{R}_2-\varepsilon)}$个矢量(码字)，每个矢量的元素服从正态分布$\mathcal{N}(0,P_2^{\max}-\varepsilon)$。第一个表有$2^{nR_1}$行和$2^{n(U_1-\varepsilon')}$列。第二个表有$2^{nR_2}$行和$2^{n(U_2-\varepsilon')}$列。速率$\bar{R}_1,\bar{R}_2,U_1,U_2$满足式(3.19)～式(3.24)。

2. 编码

如果用户1希望发送目录$i\in\{1,\cdots,2^{nR_1}\}$,则从第一个表中的第$i$行随机(均匀)选择一个码字,记作$\boldsymbol{X}_1^n$。如果用户2希望发送目录$j\in\{1,\cdots,2^{nR_1}\}$,从第二个表中的第$j$行随机(均匀)选择一个码字,记作$\boldsymbol{X}_2^n$。

3. 译码

联合译码器所看到的整个信道是一个有独立输入$\boldsymbol{X}_1^n$和$\boldsymbol{X}_2^n$以及输出$(\boldsymbol{Y}_1^n,\boldsymbol{Y}_2^n)$的多址接入信道。对于利用上述方法随机产生的部分码本,如果

$$\bar{R}_1<I(\boldsymbol{X}_1;\boldsymbol{Y}_1,\boldsymbol{Y}_2\mid\boldsymbol{X}_2)$$
$$\bar{R}_2<I(\boldsymbol{X}_2;\boldsymbol{Y}_1,\boldsymbol{Y}_2\mid\boldsymbol{X}_1)$$
$$\bar{R}_1+\bar{R}_2<I(\boldsymbol{X}_1,\boldsymbol{X}_2;\boldsymbol{Y}_1,\boldsymbol{Y}_2)$$

则当$n\to\infty$时平均误差概率趋于0,这正是式(3.22)～式(3.24)在高斯多址接入信道条件时的表达式。因此根据高斯多址接入信道定理,$\boldsymbol{X}_1^n$和$\boldsymbol{X}_2^n$能由给定$(\boldsymbol{Y}_1^n,\boldsymbol{Y}_2^n)$的联合译码器译码。此外$(\boldsymbol{X}_1^n,\boldsymbol{X}_2^n)$在两个表中均是唯一的,从而联合译码器能够唯一地识别行$(\hat{i},\hat{j})$。

4. 保密性能分析

下面证明上述构造可以实现无条件的保密。

$$\begin{aligned}
H(W_1,W_2\mid\boldsymbol{Y}_i^n)&=H(W_1,W_2)-I(W_1,W_2;\boldsymbol{Y}_i^n)\\
&=H(W_1,W_2)-H(\boldsymbol{Y}_i^n)+H(\boldsymbol{Y}_i^n\mid W_1,W_2)\\
&\overset{(a)}{=}H(W_1,W_2)-H(\boldsymbol{Y}_i^n)+H(\boldsymbol{Y}_i^n\mid\boldsymbol{X}_1^n,\boldsymbol{X}_2^n)+\\
&\quad\ H(\boldsymbol{Y}_i^n\mid W_1,W_2)-H(\boldsymbol{Y}_i^n\mid\boldsymbol{X}_1^n,\boldsymbol{X}_2^n,W_1,W_2)\\
&=H(W_1,W_2)-I(\boldsymbol{Y}_i^n;\boldsymbol{X}_1^n,\boldsymbol{X}_2^n)+I(\boldsymbol{Y}_i^n;\boldsymbol{X}_1^n,\boldsymbol{X}_2^n\mid W_1,W_2)\\
&=H(W_1,W_2)-I(\boldsymbol{Y}_i^n;\boldsymbol{X}_1^n,\boldsymbol{X}_2^n)+\\
&\quad\ H(\boldsymbol{X}_1^n,\boldsymbol{X}_2^n\mid W_1,W_2)-H(\boldsymbol{X}_1^n,\boldsymbol{X}_2^n\mid\boldsymbol{Y}_1^n,W_1,W_2)\\
&\overset{(b)}{=}H(W_1,W_2)-I(\boldsymbol{Y}_i^n;\boldsymbol{X}_1^n,\boldsymbol{X}_2^n)+H(\boldsymbol{X}_1^n\mid W_1)+\\
&\quad\ H(\boldsymbol{X}_2^n\mid W_2)-H(\boldsymbol{X}_1^n,\boldsymbol{X}_2^n\mid\boldsymbol{Y}_i^n,W_1,W_2)
\end{aligned}$$

$$\overset{(c)}{=} H(W_1,W_2) - I(\boldsymbol{Y}_i^n;\boldsymbol{X}_1^n,\boldsymbol{X}_2^n) + n(U_1-\varepsilon') + n(U_2-\varepsilon') - H(\boldsymbol{X}_1^n,\boldsymbol{X}_2^n \mid \boldsymbol{Y}_i^n,W_1,W_2)$$

$$\overset{(d)}{=} H(W_1,W_2) - 2n\varepsilon' - H(\boldsymbol{X}_1^n,\boldsymbol{X}_2^n \mid \boldsymbol{Y}_i^n,W_1,W_2) \tag{3.44}$$

解释：步骤(a) $(W_1,W_2)\leftrightarrow(\boldsymbol{X}_1^n,\boldsymbol{X}_2^n)\leftrightarrow Y_1^n$ 形成一个马尔可夫链；步骤(b)来自于编码分布的分解(参见定义 3.1)；步骤(c)来自码本的产生和编码；步骤(d)来自式(3.21)。最后注意窃听者也可得到 MAC，当窃听 $\boldsymbol{Y}_1^n$ 时，获取$(\boldsymbol{X}_1^n,\boldsymbol{X}_2^n)\leftrightarrow\boldsymbol{Y}_1^n$，当窃听 $\boldsymbol{Y}_2^n$ 时，获取$(\boldsymbol{X}_1^n,\boldsymbol{X}_2^n)\leftrightarrow\boldsymbol{Y}_2^n$。当窃听者得到两个表的 W_1,W_2 行时，窃听者从 $2^{n(U_1-\varepsilon')}$ 和 $2^{n(U_2-\varepsilon')}$ 码字中寻找一个满足 MAC 定理(式(3.19)～式(3.21))的 MAC 码字，此时窃听者能够通过 MAC 定理译码 $\boldsymbol{X}_1^n$ 和 $\boldsymbol{X}_2^n$。因此式(3.44)最后一项受 Fano 不等式约束，得出

$$H(W_1,W_2 \mid \boldsymbol{Y}_i^n) \geqslant H(W_1,W_2) - n\varepsilon \tag{3.45}$$

为完成每个单独信息保密性能的证明，则

$$\begin{aligned} H(W_1) + H(W_2 \mid \boldsymbol{Y}_i^n) &\geqslant H(W_1 \mid \boldsymbol{Y}_i^n) + H(W_2 \mid W_1,\boldsymbol{Y}_i^n) \\ &= H(W_1,W_2 \mid \boldsymbol{Y}_i^n) \\ &\geqslant H(W_1,W_2 \mid \boldsymbol{Y}_i^n) - n\varepsilon \\ &= H(W_1) + H(W_2) - n\varepsilon \end{aligned} \tag{3.46}$$

其中最后一个等式成立，是由于 W_1 与 W_2 相互独立，从而证明式(3.47)成立。

$$H(W_2 \mid \boldsymbol{Y}_i^n) \geqslant H(W_2) - n\varepsilon \tag{3.47}$$

其他消息的保密性可以以同样的方式证明。

注意，式(3.44)步骤(d)中使用了式(3.16)和式(3.21)等信噪比的假设，来确保无论窃听者截取 $\boldsymbol{Y}_1^n$ 或 $\boldsymbol{Y}_2^n$ 都能实现绝对保密。

3.5.2.2 第二部分：增加内部子区域

为证明对于 $P_1\leqslant Q_1, P_2\leqslant Q_2, (P_1,P_2)\in\mathcal{A}, (Q_1,Q_2)\in\mathcal{A}$ 有 $\mathcal{C}^{\text{inner}}(P_1,P_2)\subseteq\mathcal{C}^{\text{inner}}(Q_1,Q_2)$，将证明当功率增加时每个内子区域的边界(参见图 3.6(a))增加。图 3.6(a)中的 C 点与 3.3.4 节举例中黑圈之间的距离相对应，而 D 点与 3.3.4 节的举例中浅色阴影圈之间的距离对应。

首先分析当功率增加时对角线(即 C 和 D 点之间的线段)一定会扩展。考虑由式(3.24)减去式(3.21)，对角线是和速率约束，该约束由式(3.24)和式(3.21)确定。

$$f(\boldsymbol{Q}) = \frac{1}{2}\log_2\left(\frac{\det(\boldsymbol{Z}+\boldsymbol{HQH}^{\mathrm{T}})}{\det(\boldsymbol{Z})}\right) - \frac{1}{2}\log_2\left[1+\frac{\boldsymbol{H}_i\boldsymbol{Q}\boldsymbol{H}_i^{\mathrm{T}}}{\sigma_i^2}\right]$$

其中

$$\boldsymbol{H} = \begin{bmatrix} h_1 & h_{21} \\ h_{12} & h_2 \end{bmatrix},\quad \boldsymbol{Q} = \begin{bmatrix} P_1 & 0 \\ 0 & P_2 \end{bmatrix},\quad \boldsymbol{Z} = \begin{bmatrix} \sigma_1^2 & 0 \\ 0 & \sigma_2^2 \end{bmatrix} \tag{3.48}$$

$\boldsymbol{H}_i$ 是矩阵 $\boldsymbol{H}$ 的第 i 行。因为 $f(\boldsymbol{Q})$ 与退化的窃听信道的保密容量的形式相同，所以 $f(\boldsymbol{Q})$ 将随着 P_1 和 P_2 的增加而增加。由此可知，当功率增加时，对角线上的元素会增加。

现在证明，功率增加时，图 3.6(a)中的水平和垂直的部分(如果它们存在的话)同样增加。这等价于证明最大用户速率随功率的增加而增加，也就是证明图 3.6(b)所示的场

景不可能出现。注意，对角线如上面证明的那样是增加的，而边界的水平和垂直部分却减少了。令 R_i^* 表示用户 i 的最高速率。要证明 R_i^* 随着功率一起增加，必须得到 R_i^* 的表达式。事实证明，R_i^* 有两种表达式，即

$$\text{形式 A} = \frac{1}{2}\log_2\left[\frac{K_{12}}{\sigma_1^2\sigma_2^2}\right] - C(\mathrm{SNR}_{\mathrm{Eq}}) \tag{3.49}$$

$$\text{形式 B} = C_{R_i}^{\max} - C_{U_j}^{\max} - C(\mathrm{SNR}_{\mathrm{Eq}}) \quad i,j \in \{1,2\}, i \neq j \tag{3.50}$$

其中，$C_{R_i}^{\max}$根据 i 的取值为式(3.22)或式(3.23)的左边部分，$C_{U_j}^{\max}$根据 j 的取值为式(3.19)或式(3.20)的左边部分。式(3.49)和(3.50)可通过穷举图 3.7 中$\overline{\mathcal{R}}$和$\mathcal{U}$之间的所有相互作用得到。在不失一般性的前提下，只画出了这两个区域之间垂直轴的相互作用。因此，线(1)和(2)之间的最大垂直距离产生最大速率(R_1^* 或 R_2^*)。可以证明，该最大垂直距离只有由式(3.49)和式(3.50)确定的 A 和 B 两种形式。该结论可通过 3.3.4 节的举例得到。

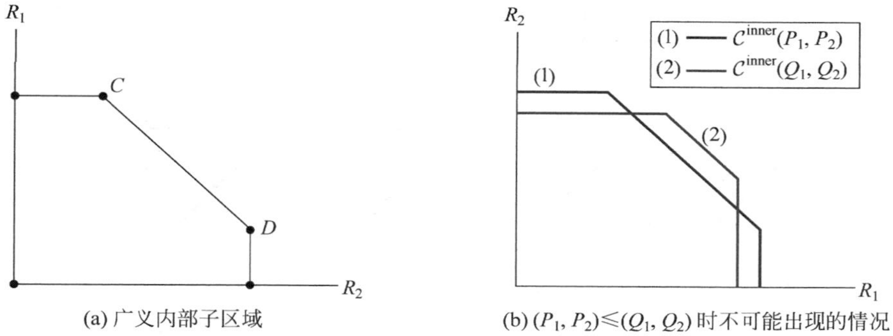

图　3.6

式(3.49)与 $f(\boldsymbol{Q})$类似，且已经证明 $f(\boldsymbol{Q})$会随着功率的增加而增加。式(3.50)也可以写成

$$\begin{aligned}\text{形式 B} =& \frac{1}{2}\log_2\left(1 + \frac{h_1^2P_1 + h_{21}^2P_2}{\sigma_1^2} + \frac{P_1P_2h_1^2h_{21}^2}{\sigma_1^2} + \frac{h_2^2P_2}{\sigma_2^2} + \frac{P_1P_2h_1^2h_2^2}{\sigma_1^2\sigma_2^2}\right) - \\ & \frac{1}{2}\log_2\left(1 + \frac{h_1^2P_1 + h_{21}^2P_2}{\sigma_1^2}\right) \\ =& \frac{1}{2}\log_2\left[1 + \underbrace{\frac{P_2(h_2^2\sigma_1^2 + h_1^2P_1(h_2^2 + h_{21}^2\sigma_2^2))}{\sigma_2^2(h_1^2P_1 + h_{21}^2P_2 + \sigma_1^2)}}_{\triangleq g(P_1,P_2)}\right]\end{aligned} \tag{3.51}$$

通过验证$\dfrac{\partial g(P_1,P_2)}{\partial P_1,}>0$，$\dfrac{\partial g(P_1,P_2)}{\partial P_2,}>0$ 可以证明 $g(P_1,P_2)$随着(P_1,P_2)的增加而增加，式(3.50)也随功率的增加而增加。

至此得到部分结论。如果$(P_1,P_2)\in\mathcal{A}$产生一个形式$\mathcal{A}$的最大速率，若$(Q_1,Q_2)\in\mathcal{A}$(其中$(Q_1,Q_2)\geqslant(P_1,P_2)$)也产生一个形式 A 的最大速率，则最大速率增加。同样的，如果$(P_1,P_2)\in\mathcal{A}$产生一个形式 B 的最大速率，若$(Q_1,Q_2)\in\mathcal{A}$也产生一个形式 B 的最大速率，则最大速率增加。

对于一个完整的结论，还必须考虑在什么场景中$(P_1,P_2)\in\mathcal{A}$产生形式 A 的最大速

率，但$(Q_1,Q_2)\in\mathcal{A}$产生形式B的最大速率，反之亦然。由图3.7可得，当下式成立时，采用形式B。

$$C_{\bar{R}_i}^{\max}+C_{U_j}^{\max}\leqslant\frac{1}{2}\log_2\left(\frac{K_{12}}{\sigma_1^2\sigma_2^2}\right),\quad i,j\in\{1,2\},i\neq j$$

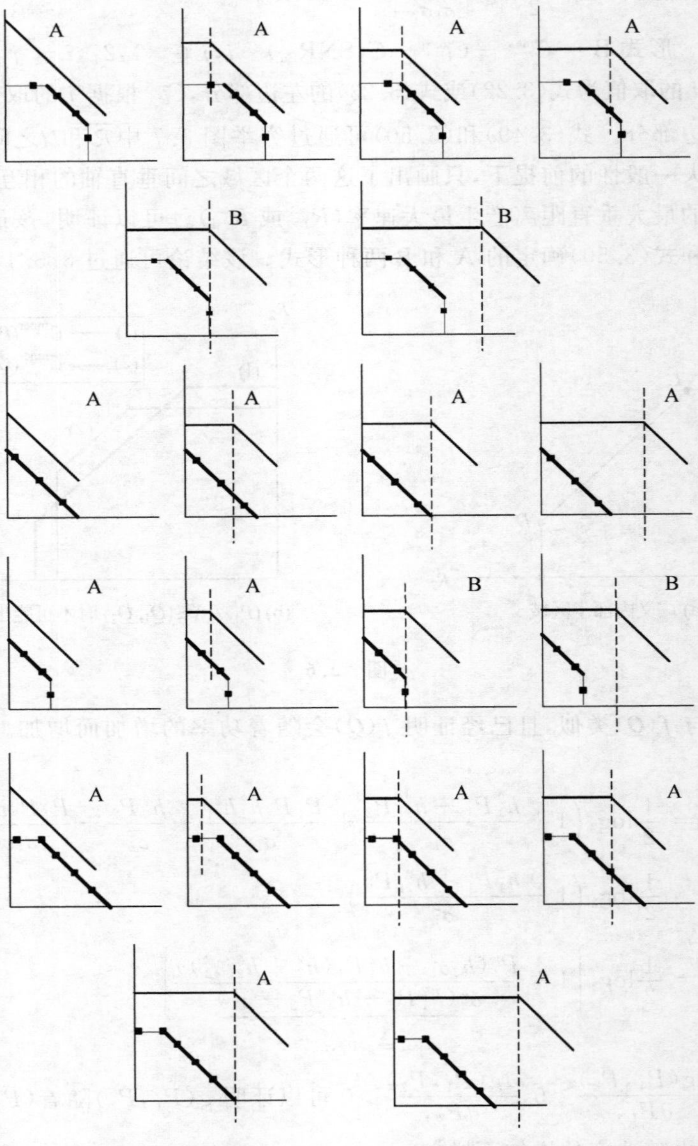

图3.7 $\overline{\mathcal{R}}$和$\mathcal{U}$区域相对于纵轴的相互作用

当采用形式B时，形式A大于形式B。因此，若从形式B开始并运用(Q_1,Q_2)来改变形式A的最大速率，则最大的速率将提高。相应地，考虑从形式A开始，则有

$$C_{\bar{R}_i}^{\max}+C_{U_i}^{\max}>\frac{1}{2}\log_2\left(\frac{K_{12}}{\sigma_1^2\sigma_2^2}\right),\quad i,j\in\{1,2\},i\neq j$$

当采用形式 A 时，形式 B 大于形式 A。因此，若从形式 A 出发并运用(Q_1，Q_2)来改变形式 B 的最大速率，则最大速率将得到提高。这证明，增加功率会形成内部区域，且该区域是一个超集。

总的来讲，形式 B 对应一个具有水平或垂直的部分的内部区域，而形式 A 对应于一个没有水平或垂直部分的内部区域。

3.5.2.3　第三部分：功率分配

首先，证明功率分配必须在等信噪比的假设前提下采用形式 A(见式(3.15))。可以证明，通过解方程 $\mathrm{SMR}_1=\mathrm{SNR}_2$ 容易验证(P_1，P_2)必须满足 $P_1=\alpha P_2$(其中 α 来源于式(3.12))。式(3.13)和式(3.14)中的下界 γ_1，γ_2 不能直接看出。首先要注意 α 必须为正数，否则 P_1 为负，这是不可能的。在下列条件下，α 为正

$$\frac{h_{21}^2}{h_2^2}<\frac{\sigma_1^2}{\sigma_2^2}\quad 且\quad \frac{h_{12}^2}{h_1^2}<\frac{\sigma_2^2}{\sigma_1^2} \tag{3.52}$$

或者

$$\frac{h_{21}^2}{h_2^2}>\frac{\sigma_1^2}{\sigma_2^2}\quad 且\quad \frac{h_{12}^2}{h_1^2}>\frac{\sigma_2^2}{\sigma_1^2} \tag{3.53}$$

接下来注意，即使将式(3.21)中约等于被改变为≤，$\mathcal{U}$区域也不是一个多址接入信道(MAC)区域。这是因为在式(3.19)和式(3.20)中，U_1，U_2 始终被不同信道的最小容量限制。因此必须满足式(3.54)(用于保证其始终为一个多址接入信道)

$$C_{U_1}^{\max}+C_{U_2}^{\max}\geqslant C(\mathrm{SNR}_{\mathrm{Eq}}) \tag{3.54}$$

其中，$C_{U_1}^{\max}$和 $C_{U_2}^{\max}$分别是式(3.19)和式(3.20)的左端。该条件是必需的，因为如果式(3.54)不满足的话，则式(3.21)中的约等式也不满足，此时定理 3.2 会产生一个空的内部区域。由式(3.52)和式(3.53)，可以确定式(3.54)。

如果式(3.53)为真，则有

$$C_{U_1}^{\max}=C\left(\frac{h_1^2P_1}{\sigma_1^2}\right),\quad C_{U_2}^{\max}=C\left(\frac{h_2^2P_2}{\sigma_2^2}\right) \tag{3.55}$$

即

$$P_1\geqslant\frac{\sigma_2^2h_{21}^2}{h_1^2h_2^2}-\frac{\sigma_1^2}{h_1^2},\quad P_2\geqslant\frac{\sigma_1^2h_{12}^2}{h_1^2h_2^2}-\frac{\sigma_2^2}{h_2^2} \tag{3.56}$$

分别与 γ_1 和 γ_2 相匹配(式(3.13)和式(3.14))。当式(3.52)为真时，可以应用相同的方法进行分析。由此可建立允许功率集$\mathcal{A}$。

3.6　随机衰落结果的推导

由于互补概率 $\Pr\{\mathcal{A}=\varnothing\}$值较易计算，本书采用该值进行计算。三个主要事件$\{\alpha>0\}$，$\{P_1^{\max}>\gamma_1\}$和$\{P_2^{\max}>\gamma_1\}$必须发生，其中 α，γ_1，γ_2 是前述的随机变量$|\boldsymbol{h}_1|^2$，$|\boldsymbol{h}_2|^2$，$|\boldsymbol{h}_{12}|^2$，$|\boldsymbol{h}_{21}|^2$ 的函数。为简化推导，将$\{\alpha>0\}$分解成式(3.52)和式(3.53)的两个互斥事件，则概率 $\Pr\{\mathcal{A}\neq\varnothing\}$是两个事件概率的总和。

$$\Pr\{\mathcal{A}\neq\varnothing\}=\Pr\left\{\frac{|\boldsymbol{h}_{21}|^2}{|\boldsymbol{h}_2|^2}>\frac{N_1}{N_2}\text{ 且}\frac{|\boldsymbol{h}_{12}|^2}{|\boldsymbol{h}_1|^2}>\frac{N_2}{N_1}\right.$$
$$\left.\text{且 }P_1^{\max}\geqslant\frac{N_2|\boldsymbol{h}_{21}|^2}{|\boldsymbol{h}_1|^2|\boldsymbol{h}_2|^2}-\frac{N_1}{|\boldsymbol{h}_1|^2}\text{ 且 }P_2^{\max}\geqslant\frac{N_1|\boldsymbol{h}_{12}|^2}{|\boldsymbol{h}_1|^2|\boldsymbol{h}_2|^2}-\frac{N_2}{|\boldsymbol{h}_2|^2}\right\}+$$
$$\Pr\left(\frac{|\boldsymbol{h}_{21}|^2}{|\boldsymbol{h}_2|^2}<\frac{N_1}{N_2}\text{ 且}\frac{|\boldsymbol{h}_{12}|^2}{|\boldsymbol{h}_1|^2}<\frac{N_2}{N_1}\right.$$
$$\left.\text{且 }P_1^{\max}\geqslant\frac{N_1|\boldsymbol{h}_2|^2}{|\boldsymbol{h}_{12}|^2|\boldsymbol{h}_{21}|^2}-\frac{N_2}{|\boldsymbol{h}_{12}|^2}\text{ 且 }P_2^{\max}\geqslant\frac{N_2|\boldsymbol{h}_1|^2}{|\boldsymbol{h}_{12}|^2|\boldsymbol{h}_{21}|^2}-\frac{N_1}{|\boldsymbol{h}_{21}|^2}\right\}\tag{3.57}$$

上面的表达式依然太复杂以至于无法得到一个闭式表达式，因此需要采取措施进行简化。可以证明，上面的表达式可以使用全概率定理进行简化，并且$|\boldsymbol{h}_1|^2$，$|\boldsymbol{h}_2|^2$，$|\boldsymbol{h}_{12}|^2$，$|\boldsymbol{h}_{21}|^2$是独立的。

$$\begin{aligned}&\Pr\{\mathcal{A}\neq\varnothing\}\\&=\int_0^\infty\int_0^\infty\Pr\left\{|\boldsymbol{h}_2|^2\frac{N_1}{N_2}<|\boldsymbol{h}_{21}|^2\leqslant\frac{|\boldsymbol{h}_2|^2}{N_2}(P_1^{\max}|\boldsymbol{h}_1|^2+N_1)\,\middle|\,|\boldsymbol{h}_1|^2=s,|\boldsymbol{h}_2|^2=t\right\}\\&\quad\Pr\left\{|\boldsymbol{h}_1|^2\frac{N_2}{N_1}<|\boldsymbol{h}_{12}|^2\leqslant\frac{|\boldsymbol{h}_1|^2}{N_1}(P_2^{\max}|\boldsymbol{h}_2|^2+N_2)\,\middle|\,|\boldsymbol{h}_1|^2=s,|\boldsymbol{h}_2|^2=t\right\}\\&\quad\Pr\{|\boldsymbol{h}_1|^2=s\}\Pr\{|\boldsymbol{h}_2|^2=t\}\mathrm{d}s\mathrm{d}t+\\&\quad\int_0^\infty\int_0^\infty\Pr\left\{|\boldsymbol{h}_{21}|^2\frac{N_2}{N_1}<|\boldsymbol{h}_2|^2\leqslant\frac{|\boldsymbol{h}_{21}|^2}{N_1}(P_1^{\max}|\boldsymbol{h}_{12}|^2+N_2)\,\middle|\,|\boldsymbol{h}_{12}|^2=u,|\boldsymbol{h}_{21}|^2=v\right\}\\&\quad\Pr\left\{|\boldsymbol{h}_{12}|^2\frac{N_1}{N_2}<|\boldsymbol{h}_1|^2\leqslant\frac{|\boldsymbol{h}_{12}|^2}{N_2}(P_2^{\max}|\boldsymbol{h}_{21}|^2+N_1)\,\middle|\,|\boldsymbol{h}_{12}|^2=u,|\boldsymbol{h}_{21}|^2=v\right\}\\&\quad\Pr\{|\boldsymbol{h}_{12}|^2=u\}\Pr\{|\boldsymbol{h}_{21}|^2=v\}\mathrm{d}u\mathrm{d}v\end{aligned}\tag{3.58}$$

表达式简化后，可使用指数分布的累积分布函数(CDF)进行积分，得

$$\begin{aligned}&\Pr\{\mathcal{A}\neq\varnothing\}\\&=\frac{(\beta_1\beta_2+\beta_{12}\beta_{21})N_1N_2}{(\beta_{12}N_1+\beta_1N_2)(\beta_2N_1+\beta_{21}N_2)}+\\&\quad\frac{\beta_1\beta_2N_1N_2}{\beta_{12}\beta_{21}(\beta_1N_2P_1^{\max}+\beta_2N_1P_2^{\max})}\cdot E\left(\frac{(\beta_{12}N_1+\beta_1N_2)(\beta_2N_1+\beta_{21}N_2)}{\beta_{12}\beta_{21}(\beta_1N_2P_1^{\max}+\beta_2N_1P_2^{\max})}\right)+\\&\quad\frac{\beta_{12}\beta_{21}N_1N_2}{\beta_1\beta_2(\beta_{12}N_1P_1^{\max}+\beta_{21}N_2P_2^{\max})}\cdot E\left(\frac{(\beta_{12}N_1+\beta_1N_2)(\beta_2N_1+\beta_{21}N_2)}{\beta_1\beta_2(\beta_{12}N_1P_1^{\max}+\beta_{21}N_2P_2^{\max})}\right)-\\&\quad\frac{\beta_{21}N_2}{\beta_1\beta_2P_1^{\max}}\cdot E\left(\frac{(\beta_{12}N_1+\beta_1N_2)(\beta_2N_1+\beta_{21}N_2)}{\beta_1\beta_2\beta_{12}N_1P_1^{\max}}\right)-\\&\quad\frac{\beta_1N_2}{\beta_{12}\beta_{21}P_2^{\max}}\cdot E\left(\frac{(\beta_{12}N_1+\beta_1N_2)(\beta_2N_1+\beta_{21}N_2)}{\beta_2\beta_{12}\beta_{21}N_1P_2^{\max}}\right)-\\&\quad\frac{\beta_2N_1}{\beta_{12}\beta_{21}P_1^{\max}}\cdot E\left(\frac{(\beta_{12}N_1+\beta_1N_2)(\beta_2N_1+\beta_{21}N_2)}{\beta_1\beta_{12}\beta_{21}N_2P_1^{\max}}\right)-\\&\quad\frac{\beta_{12}N_1}{\beta_1\beta_2P_2^{\max}}\cdot E\left(\frac{(\beta_{12}N_1+\beta_1N_2)(\beta_2N_1+\beta_{21}N_2)}{\beta_1\beta_2\beta_{21}N_2P_2^{\max}}\right)\end{aligned}\tag{3.59}$$

然后将式(3.32)～式(3.34)中的定义代入式(3.59)得到式(3.35)。

3.7 小 结

本章研究了秘密分享问题，其中每个用户希望将他们编码的独立消息广播到多个基站。之所以称之为秘密分享问题，是因为某些(如某个可能的子集)基站可能被窃听以获取用户消息。本章在等信噪比条件下给出了一个外部区域和内部区域。通过给定功率限制，找到了一个可能的功率方案集以确保信噪比相等。本章推导出的一个重要性质是内部区域可以简化为一个单一的区域(而不是区域的一个无穷组合)，该区域由可用功率方案集中的最大功率方案决定。当功率约束在允许的功率集内时，内部区域和外部区域在对角线上部分重合，这表明在没有预编码的情况下使用高斯码本可能接近最佳方案。为了进一步明确内部区域的价值，本章证明了相关的 Z 信道问题的内部区域是本章内部区域的一个子集。最后，推导了慢变和平坦瑞利衰落情况下的一类中断概率，证明了如果愿意以付出一定功率为代价，则该信道有可能在等信噪比时实现无条件的安全通信。

参考文献

[1] Trappe, W., Washington, L.C.: Introduction to Cryptography with Coding Theory. Prentice-Hall, Inc., Upper Saddle River, New Jersey (2002).

[2] Zheng, Q., Hong, X., Liu, J., Tang, L.: A secure data transmission scheme for mobile ad hoc networks. In: IEEE Globecom. Washington, DC (2007).

[3] Tse, D., Viswanath, P.: Fundamentals of Wireless Communication. Cambridge University Press (2005).

[4] Tekin, E., Yener, A.: The Gaussian multiple access wire-tap channel with collective secrecy constraints. In: IEEE International Symposium on Information Theory. Seattle, WA (2006).

[5] Tekin, E., Yener, A.: The multiple access wire-tap channel: Wireless secrecy and cooperative jamming. In: Information Theory and Applications Workshop. San Deigo, CA (2007).

[6] Leung-Yan-Cheong, S.K., Hellman, M.E.: The Gaussian wire-tap channel. IEEE Transaction on Information Theory. **24**(4), pp. 451–456 (1978).

[7] Tang, X., Liu, R., Spasojevic, P., Poor, H.V.: Interference-assisted secret communication. In: Proceedings of IEEE Information Theory Workshop. Porto, Portugal (2008).

[8] Tang, X., Liu, R., Spasojevic, P., Poor, H.V.: The Gaussian wiretap channel with a helping interferer. In: Proceedings of IEEE International Symposium on Information Theory. Toronto, Ontario, Canada (2008).

[9] Simeone, O., Popovski, P.: Secure communications via cooperative base stations. IEEE Communications Letters **12**(3), pp. 188–190 (2008).

[10] Barros, J., Rodrigues, M.R.D.: Secrecy capacity of wireless channels. In: IEEE Internationl Symposium on Information Theory, pp. 356–360. Seattle, WA (2006).

[11] Bloch, M., Barros, J., Rodrigues, M.R.D., McLaughlin, S.W.: Wireless information-theoretic security. IEEE Transaction on Information Theory. **54**(6), pp. 2515–2534, (2008).

[12] Gopala, P.K., Lai, L., Gamal, H.E.: On the secrecy capacity of fading channels. IEEE Transaction on Information Theory. **54**(10), pp. 4687–4698, (Oct. 2008).

[13] Liang, Y., Poor, H.V., Shamai (Shitz), S.: Secrecy capacity region of fading broadcast channels. In: IEEE International Symposium on Information Theory (2007).

[14] Liang, Y., Poor, H.V., Shamai (Shitz), S.: Secure communication over fading channels. IEEE Transaction on Information Theory. 54(6), pp. 2470–2492, (Jun. 2008).
[15] Khisti, A., Wornell, G.W.: Secure transmission with multiple antennas: The MISOME wiretap channel. IEEE Transaction on Information Theory (2007). Submitted.
[16] Cover, T.M., Thomas, J.A.: Elements of Information Theory, 2nd edn. John Wiley & Sons, Inc. (2006).
[17] Dougherty, E.R.: Random Processes for Image and Signal Processing. SPIE Optical Engeering Press and IEEE Press, Bellingham, Washington (1999).
[18] Liang, Y., Poor, H.V.: Generalized multiple access channels with confidential messages. IEEE Transaction on Information Theory (2006). (Submitted).
[19] Liang, Y., Poor, H.V.: Secrecy capacity region of binary and Gaussian multiple access channels. In: Proceedings of Allerton Conference on Communication, Control, and Computing. Urbana, IL (2006).
[20] Liu, R., Maric, I., Yates, R.D., Spasojevic, P.: The discrete memoryless multiple access channel with confidential messages. In: IEEE International Symposium on Information Theory. Seattle, WA (2006).
[21] Tekin, E., Serbetli, S., Yener, A.: On secure signaling for the Gaussian multiple access wiretap channel. In: Asilomar Conference on Signals, Systems and Computers, pp. 1747–1751. Pacific Grove, CA (2005).

第4章

协作干扰：以干扰获得安全的故事*

Xiang He, Aylin Yener

4.1 引　　言

无线通信中的干扰会对系统性能造成严重影响，所以人们总是千方百计消除干扰。在多用户系统中，要想获得期望的系统性能，干扰的管理和规避必不可少(见参考文献[1,2])。在认知无线电等拥有次级频谱权限的系统中，要智能地监测信道的占用情况，以防止重复占用信道对主用户造成干扰(见参考文献[3])。

而在安全通信中，与传统观念不同的是，适当引入干扰对于通信保密性却是十分有益的。近年来，业界研究的热点是借助系统中合法节点的协作以干扰窃听节点，确保信息传输的安全性。其基本思路是恶化窃听节点的通信性能，使之与合法用户相比无法获取有效信息。本章重点探讨基于上述思想的"协作干扰"技术，及其在各类基于高斯信道的通信系统模型中的应用。

在讨论技术细节之前，先梳理一下命名方法。正如在参考文献[4]中提出的，称上述技术为协作干扰，但读者可能会遇到该技术的其他名称，如参考文献[5]中的人工噪声，参考文献[6]中的噪声转发，或参考文献[7]中的干扰辅助的保密通信等。所有这些引入到系统中的干扰，无论其形式如何，都是为了增加保密速率。事实上，协作干扰在多终端信道模型的安全约束下的可达性证明中起到了至关重要的作用，关于这一点读者还会在本书的其他章节中读到。本章重点关注协作干扰中几个有趣的方面，并用实例加以说明。为此，将利用友好节点进行协作干扰的方法归为以下三种：

- 基于噪声的协作干扰。
- 基于随机码本的协作干扰。
- 基于结构码本的协作干扰。

Xiang He (✉)
电气与计算机工程系，宾夕法尼亚州立大学，大学公园，宾夕法尼亚 16802，美国
电子邮件：xxh119@psu.edu

* 本章部分内容来自于：(1) The General Gaussian Multiple Access and Two-way Wire-tap Channels: Achievable Rates and Cooperative Jamming, IEEE Transactions on Information Theory, vol. 54, no. 6, 2008 © IEEE;
(2) Two-hop Secure Communication Using and Untrusted Relay: A Case for Cooperative Jamming, Proceedings of IEEE Global Telecommunication Conference, © IEEE 2008.

接下来分别用三小节阐述如何利用上述三种方法提高高斯搭线窃听信道系统的保密速率。系统包含一个发送节点、一个合法接收节点、一个外部窃听节点以及一个友好协作干扰节点。该模型也可以被认为是一个两用户多址接入信道,其中一个用户发送数据,而另一个用户协作发送干扰。4.5 节考虑没有外部窃听节点存在时的两个节点模型(其中中继节点是不可信的),探讨了该模型下其中一个节点进行协作干扰时对另外一个节点保密速率的影响。4.6 节和 4.7 节考虑了存在一个外部窃听节点时的多址信道模型,并证明了基于噪声的协作干扰方法可以提高信道的保密和速率(sum rate)。为了和速率的最大化,需要将用户划分成两组:发送节点和协作干扰节点,用户不能同时属于上述两组,从而与 4.2 节中的原始模型相呼应。

4.2 基于噪声的协作干扰

下面的例子可以充分解释协作干扰的概念。如图 4.1 所示的高斯窃听信道中,Z_1 和 Z_2 是零均值、单位方差的高斯随机变量。参考文献[8]中证明了此信道的保密容量为主信道容量和窃听节点信道容量之差

$$[C(P)-C(\alpha P)]^+ \tag{4.1}$$

其中,$C(x)=\frac{1}{2}\log_2(1+x)$,$P$ 表示发送节点的平均功率约束。式(4.1)显示,如果 $\alpha \geqslant 1$,意味着窃听节点 E 的信道质量好于合法接收节点 R,即发送节点 T 的保密容量为 0。

假设系统中有一个发送节点靠近窃听节点,如图 4.2 所示,用 J 表示这个发送节点。由于 J 到 E 的信道质量更好,使得 J 与 R 之间无法保密通信。但是,J 可以选择发送一个独立同分布的高斯序列来帮助节点 T 来干扰窃听。用 P_J 表示这个序列的方差。在节点 J 的帮助下,节点 T 的保密速率,即主信道和窃听信道的信道容量之差为

$$\left[C(P)-C\left(\frac{\alpha P}{1+P_J}\right)\right]^+ \tag{4.2}$$

对比式(4.2)和式(4.1),注意到通过发送节点 J 的协作可以增加发送节点 T 的保密速率,故名协作干扰。

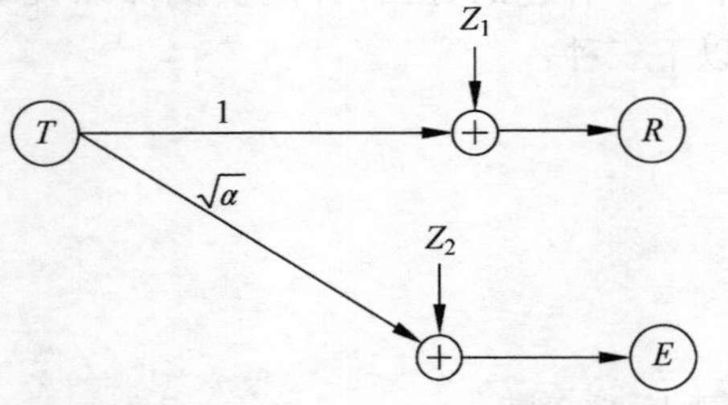

图 4.1 窃听信道。T:发送节点;R:接收节点;E:窃听节点;$\sqrt{\alpha}$:信道增益

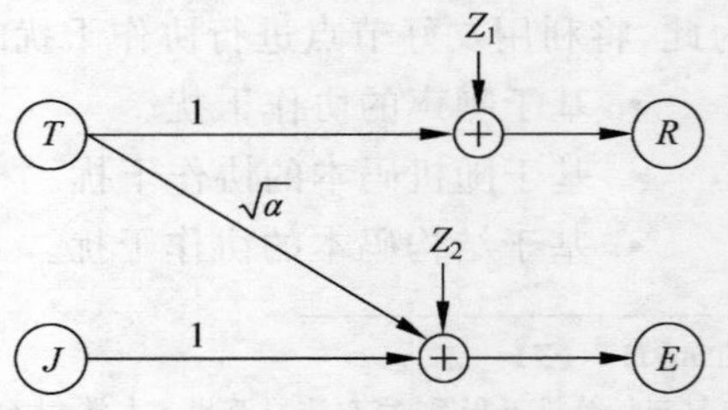

图 4.2 友好协作干扰节点 J 的窃听信道

4.3　基于随机码本的协作干扰

从上一节的论述读者可能会认为，基于噪声的协作干扰方法需要保证协作节点对窃听节点的干扰大于对合法用户的干扰。针对该问题，参考文献[7]提出了基于随机码本的协作干扰方法，证明这种直觉过于悲观。

考虑如图4.3所示的信道，当$\alpha>1$时，协作干扰节点会对合法接收节点造成比窃听节点更强的干扰。然而，如果该干扰信号是某个码本中的码字，合法接收节点就可以对干扰信号进行译码并去除。因此，合法接收节点相对于窃听方的优势依然存在。实际上，如果$1<\alpha<1+P$且$P<P_J$，仍然可以获得大于零的保密速率。

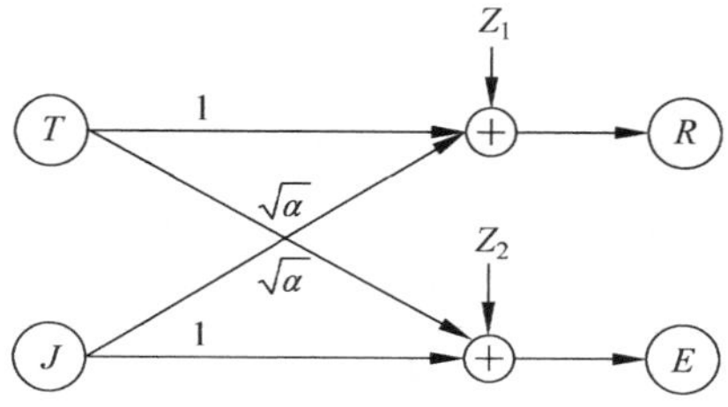

图4.3　存在一个友好协作干扰节点的窃听信道：对称情形

令协作干扰节点从高斯码本中选取一个码字发送，选择合适的速率R_J使得干扰信号可以被接收节点译码，例如

$$R_J = C\left(\frac{\alpha P_J}{1+P}\right) \tag{4.3}$$

在这种情况下，将接收信号的其余部分作为噪声，接收节点可以译码并减去干扰节点的干扰。

令$\{W\}$表示秘密消息的集合，为了达到保密速率R_s，发送节点使用$2^{\lfloor nR_s \rfloor}$个独立产生的高斯码本。每个码本对应一个秘密消息，并且包括$2^{\lfloor nR_x \rfloor}$个码字。R_s和R_x满足下列关系式

$$R_s + R_x = C(P) \tag{4.4}$$

因此，T的发送速率低于T与接收节点R之间的信道容量。减去干扰节点的干扰以后，接收节点可以从其接收信号的剩余部分译码出发送节点发送的码字。

需要选择合适的R_x，使(R_s,R_J)在T、J与窃听节点E之间的多址接入信道(MAC)的容量域之内，一个简单的选择方法是使R_s+R_x为窃听节点和容量，即可获得R_x

$$R_x = C(\alpha P + P_J) - R_J \tag{4.5}$$

$$= C(\alpha P + P_J) - C\left(\frac{\alpha P_J}{P+1}\right) \tag{4.6}$$

此外，MAC容量域需要满足$R_J<C(P_J)$，即$\alpha<1+P$。根据式(4.6)给出的R_x，由式(4.4)可以计算出R_s。

$$R_s = C(P) - R_x \tag{4.7}$$

$$= C(P) - C(\alpha P + P_J) + C\left(\frac{\alpha P_J}{P+1}\right) \tag{4.8}$$

$$= \frac{1}{2}\log_2\left(\frac{1+P+\alpha P_J}{1+\alpha P+P_J}\right) \tag{4.9}$$

其中，当 $P_J > P$ 时，R_s 为正。

记 Y_e^n 为窃听节点的接收信号，$\mathcal{C}$为发送节点 T 使用的码本。疑义度 $H(W|Y_e^n\mathcal{C})$的下界如下

$$H(W \mid Y_e^n \mathcal{C}) \tag{4.10}$$

$$= H(X^n W \mid Y_e^n \mathcal{C}) - H(X^n \mid W Y_e^n \mathcal{C}) \tag{4.11}$$

$$\geqslant H(X^n W \mid Y_e^n \mathcal{C}) - n\varepsilon_n \tag{4.12}$$

$$= H(X^n \mid Y_e^n \mathcal{C}) + H(W \mid X^n Y_e^n \mathcal{C}) - n\varepsilon_n \tag{4.13}$$

$$= H(X^n \mid Y_e^n \mathcal{C}) - n\varepsilon_n \tag{4.14}$$

$$= H(X^n \mid Y_e^n \mathcal{C}) - H(X^n \mid \mathcal{C}) + H(X^n \mid \mathcal{C}) - n\varepsilon_n \tag{4.15}$$

$$= H(X^n \mid \mathcal{C}) - I(X^n ; Y_e^n \mid \mathcal{C}) - n\varepsilon_n \tag{4.16}$$

$$= H(X^n \mid \mathcal{C}) - I(X^n J^n ; Y_e^n \mid \mathcal{C}) + I(J^n ; Y_e^n \mid X^n \mathcal{C}) - n\varepsilon_n \tag{4.17}$$

$$= H(X^n \mid \mathcal{C}) - I(X^n J^n ; Y_e^n \mid \mathcal{C}) + H(J^n \mid X^n \mathcal{C}) - H(J^n \mid X^n Y_e^n \mathcal{C}) - n\varepsilon_n \tag{4.18}$$

$$\geqslant H(X^n \mid \mathcal{C}) - I(X^n J^n ; Y_e^n \mid \mathcal{C}) + H(J^n \mid X^n \mathcal{C}) - n\varepsilon_n - nv_n \tag{4.19}$$

$$= H(X^n \mid \mathcal{C}) - I(X^n J^n ; Y_e^n \mid \mathcal{C}) + H(J^n \mid \mathcal{C}) - n\varepsilon_n - nv_n \tag{4.20}$$

$$\geqslant H(X^n \mid \mathcal{C}) - I(X^n J^n ; Y_e^n) + H(J^n \mid \mathcal{C}) - n\varepsilon_n - nv_n \tag{4.21}$$

$$\geqslant H(X^n \mid \mathcal{C}) + H(J^n \mid \mathcal{C}) - \sum_{i=1}^{n} I(X_i J_i ; Y_{e,i}) - n\varepsilon_n - nv_n \tag{4.22}$$

$$= H(X^n \mid \mathcal{C}) + H(J^n \mid \mathcal{C}) - nI(XJ ; Y_e) - n\varepsilon_n - nv_n \tag{4.23}$$

$$= H(X^n \mid \mathcal{C}) + H(J^n \mid \mathcal{C}) - nC(\alpha P + P_J) - n\varepsilon_n - nv_n \tag{4.24}$$

在式(4.12)和式(4.19)中利用了(R_s, R_x)在 T、J 与 E 之间的 MAC 信道容量域之内的条件和 Fano 不等式。ε_n 与 v_n 是两个非负变量，当 n 趋于∞时，ε_n 与 v_n 趋于 0。

根据编码方案，有

$$\lim_{n\to\infty}\frac{1}{n}H(X^n \mid \mathcal{C}) = R_1 = C(P) \tag{4.25}$$

$$\lim_{n\to\infty}\frac{1}{n}H(J^n \mid \mathcal{C}) = R_2 = C\left(\frac{\alpha P_J}{P+1}\right) \tag{4.26}$$

代入到式(4.24)，得到

$$\lim_{n\to\infty}\frac{1}{n}H(W \mid Y_e^n \mathcal{C}) \tag{4.27}$$

$$= C(P) + C\left(\frac{\alpha P_J}{P+1}\right) - C(\alpha P + P_J) \tag{4.28}$$

$$= \frac{1}{2}\log_2\left(\frac{1+P+\alpha P_J}{1+\alpha P+P_J}\right) \tag{4.29}$$

比较上式和式(4.9)，发现

$$\lim_{n\to\infty}\frac{1}{n}H(W \mid Y_e^n \mathcal{C}) = \lim_{n\to\infty}\frac{1}{n}H(W) \tag{4.30}$$

令 $\Pr(E|\mathcal{C})$表示在码本$\mathcal{C}$下的译码错误概率。则有

$$\lim_{n\to\infty}\frac{1}{n}I(W;Y_e^n\mathcal{C})+\Pr(E\mid\mathcal{C})=0 \tag{4.31}$$

因此，必然存在一个码本$\mathcal{C}^*$，使得

$$\lim_{n\to\infty}\frac{1}{n}I(W;Y_e^n\mathcal{C}^*)=0 \tag{4.32}$$

$$\lim_{n\to\infty}\Pr(E\mid\mathcal{C}^*)=0 \tag{4.33}$$

因此，当$1<\alpha<1+P$且$P<P_J$时，系统可达到式(4.9)的保密速率。

4.4　基于结构码本的协作干扰

参考文献[9]表明，嵌套格形码本可以实现AWGN的信道容量。格形码本与随机码本的不同之处在于其在高维空间具有一定结构。在本节中，使用这种结构码本构造协作干扰信号，并讨论参考文献[10]保密速率的下界。这里同样采用图4.2中的信道模型，其中$\alpha=1$。

码本构造如下：(Λ,Λ_1)是参考文献[9]中给出的$\mathcal{R}^N$下的一个设计合理的嵌套格形结构，其中，Λ_1是细格(fine lattice)Λ的粗子格(coarse sub-lattice)，$\mathcal{V}_1$和$\mathcal{V}$是各自的基本区域，码本由集合$\Lambda\cap\mathcal{V}_1$内的所有格点组成。

t_A^N表示由节点T传输的栅格点(lattice point)，抖动噪声d_A^N均匀地分布在$\mathcal{V}_1$上。传输信号如下式所示

$$(t_A^N+d_A^N)\bmod\Lambda_1 \tag{4.34}$$

接收节点对收到高斯噪声干扰的接收信号进行译码，译码结果记为$\hat{t}_A^N$。如参考文献[9]中的定理5所示，随着序列维数的不断增加来逼近精确的(Λ,Λ_1)。如果

$$\lim_{N\to\infty}\frac{1}{N}\log_2|\Lambda\cap\mathcal{V}_1|<C(P) \tag{4.35}$$

$$C(P)=\frac{1}{2}\log_2(1+P) \tag{4.36}$$

那么

$$\lim_{N\to\infty}\Pr(t_A^N\neq\hat{t}_A^N)=0 \tag{4.37}$$

协作干扰节点使用的码本与节点T一样，t_B^N表示由协作干扰节点传输的栅格点，抖动噪声为d_B^N。传输信号如下式所示

$$(t_B^N+d_B^N)\bmod\Lambda_1 \tag{4.38}$$

与参考文献[9]中的做法相同，假设发送节点T、合法接收节点R和窃听节点E已知d_A^N，发送节点T和窃听节点E已知d_B^N。换言之，窃听节点知道合法通信双方之间所有的共享随机性。

令$a\oplus b$表示$a+b$与Λ_1的求模运算。窃听节点接收的信号可表示为

$$t_A^N\oplus d_A^N+t_B^N\oplus d_B^N+n^N \tag{4.39}$$

其中，n^N表示N个信道的高斯信道噪声。

由于使用了$\oplus$和$+$运算，可知式(4.39)是t_A^N的非线性函数。为了解决这个问题，需

要使用定理 4.1(见参考文献[10])：令 t_a^N 和 t_b^N 表示 $\mathcal{V}_1$ 的两个点，在本文中，t_a^N 对应于 $t_A^N \oplus d_A^N$，t_b^N 对应于 $t_B^N \oplus d_B^N$。那么有

定理 4.1 双向映射存在于

$$t_a^N + t_b^N \tag{4.40}$$

和数组

$$T, t_a^N \oplus t_b^N \tag{4.41}$$

其中，T 是一个离散变量，取值为 $1\sim 2^N$。

具体证明可以参照参考文献[10]。下面通过一个简单的例子验证定理 4.1。考虑一个一维栅格码 $N=1$，整数集合 $\mathbb{Z}$。在这种情况下，基本的区域是 $(-1/2,1/2)$。可以按照如下规则从 $t_a \oplus t_b$ 中恢复出 $t_a + t_b$。

(1) 如果 $T=0$，则

$$t_a + t_b = t_a \oplus t_b \tag{4.42}$$

(2) 如果 $T=1$ 且 $t_a \oplus t_b > 0$，则

$$t_a + t_b = t_a \oplus t_b - 1 \tag{4.43}$$

(3) 如果 $T=1$ 且 $t_a \oplus t_b \leqslant 0$，则

$$t_a + t_b = t_a \oplus t_b + 1 \tag{4.44}$$

因此，1 bit 信息足以代表 $t_a + t_b$ 和 $t_a \oplus t_b$ 之间的区别。

根据上述结果，可得

$$\begin{aligned}
& H(t_A^N \mid t_A^N \oplus d_A^N + t_B^N \oplus d_B^N + n^N, d_A^N, d_B^N) \\
\geqslant\ & H(t_A^N \mid t_A^N \oplus d_A^N + t_B^N \oplus d_B^N + n^N, d_A^N, d_B^N, n^N) && (4.45)\\
=\ & H(t_A^N \mid t_A^N \oplus d_A^N + t_B^N \oplus d_B^N, d_A^N, d_B^N) && (4.46)\\
=\ & H(t_A^N \mid t_A^N \oplus d_A^N \oplus t_B^N \oplus d_B^N, d_A^N, d_B^N, T) && (4.47)\\
=\ & H(t_A^N \mid t_A^N \oplus t_B^N, d_A^N, d_B^N, T) && (4.48)\\
=\ & H(t_A^N \mid t_A^N \oplus t_B^N, T) && (4.49)\\
=\ & H(T \mid t_A^N \oplus t_B^N, t_A^N) + H(t_A^N \mid t_A^N \oplus t_B^N) - H(T \mid t_A^N \oplus t_B^N) && (4.50)\\
\geqslant\ & H(t_A^N \mid t_A^N \oplus t_B^N) - H(T \mid t_A^N \oplus t_B^N) && (4.51)\\
=\ & H(t_A^N) - H(T \mid t_A^N \oplus t_B^N) && (4.52)\\
\geqslant\ & H(t_A^N) - H(T) && (4.53)
\end{aligned}$$

式(4.52)中，t_A^N 与 t_B^N 独立，且 t_B^N 在 $\Lambda \cap \mathcal{V}_1$ 上均匀分布，则 t_A^N 与 $t_a \oplus t_b$ 相互独立(见参考文献[11]的引理 4)。

记

$$c = \frac{1}{N} I(t_A^N; t_A^N \oplus d_A^N + t_B^N \oplus d_B^N + n^N, d_A^N, d_B^N) \tag{4.54}$$

然后根据式(4.53)，由于 $H(T) \leqslant N$，则有

$$c \leqslant 1 \tag{4.55}$$

因此，如果消息是一一对应地映射到 t_A^N，那么在每个信道使用 $C(P)$ 比特的传输速率，至少可达到 $C(P)-1$ 的疑义度。

为了达到完美保密，还需要做进一步工作。首先，定义一组 N 个信道用来发送一个

N 维栅格点。完美的保密速率 $C(P)-1$ 可以通过多组编码实现：在这种情况下一个码字由 Q 个分量组成，每个分量是从均匀分布的 $\Lambda\cap\mathcal{V}_1$ 上采样的独立同分布 N 维栅格点。由此产生的码本$\mathcal{C}$包括 $2^{\lfloor NQR\rfloor}$个码字并且满足 $R<C$。如同窃听码一样，码本随机分组，每组包含 $2^{\lfloor NQc\rfloor}$个码字。秘密消息 W 映射到每一组，按照均匀分布从中选择实际发送的码字。

令 Y_e^{NQ} 表示窃听节点可用的信号

$$Y_e^{NQ}=\{t_A^{NQ}\oplus d_A^{NQ}+t_B^{NQ}\oplus d_B^{NQ}+n^{NQ},d_A^{NQ},d_B^{NQ}\} \tag{4.56}$$

那么有

$$H(W\mid Y_e^{NQ},\mathcal{C}) \tag{4.57}$$
$$=H(W\mid t_A^{NQ},Y_e^{NQ},\mathcal{C})+H(t_A^{NQ}\mid Y_e^{NQ},\mathcal{C})-H(t_A^{NQ}\mid W,Y_e^{NQ},\mathcal{C}) \tag{4.58}$$
$$\geqslant H(t_A^{NQ}\mid Y_e^{NQ},\mathcal{C})-NQ\varepsilon \tag{4.59}$$
$$=H(t_A^{NQ}\mid Y_e^{NQ},\mathcal{C})-H(t_A^{NQ}\mid \mathcal{C})+H(t_A^{NQ}\mid \mathcal{C})-NQ\varepsilon \tag{4.60}$$
$$=H(t_A^{NQ}\mid \mathcal{C})-I(t_A^{NQ};Y_e^{NQ}\mid \mathcal{C})-NQ\varepsilon \tag{4.61}$$
$$\geqslant H(t_A^{NQ}\mid \mathcal{C})-\sum_{q=1}^{Q}I(t_A^{N};Y_e^{N}\mid \mathcal{C})-NQ\varepsilon \tag{4.62}$$
$$=H(t_A^{NQ}\mid \mathcal{C})-QNc-NQ\varepsilon \tag{4.63}$$
$$=QN(R-c)-NQ\varepsilon \tag{4.64}$$

式(4.59)中使用了组大小不大于 $2^{\lfloor NQc\rfloor}$的事实以及 Fano 不等式，这里 $\varepsilon\geqslant0$，$\lim\limits_{N,Q\to\infty}\varepsilon=0$。

在式(4.31)～式(4.33)中同样的论证可以用来说明 $C(P)-c$ 的保密速率是可实现的。由于 $c<1$，意味着每单位信道获得的保密速率至少为 $C(P)-1$ 比特。

下面对得到的保密速率和噪声协作干扰得到的保密速率进行对比。其中后者是

$$C(P)-C\left(\frac{P}{P+1}\right) \tag{4.65}$$

并且 $\lim\limits_{P\to\infty}C\left(\frac{P}{P+1}\right)=0.5$，因此可以看出，在高信噪比下，使用结构码本作为干扰信号每个信道最多损失 0.5 bit 保密速率。

在这一点上，读者可能会问，为什么会想要使用一个结构化的干扰信号？虽然结构化的协同干扰信号对本系统模型没有好处，但对于更大型的网络它是提供通信安全、分析保密速率的有力工具。这方面的一个例子是参考文献[10]中多跳(multi-hop)的半双工通信模型，发送节点想通过中继节点与合法接收节点进行通信，该信号相对于中继节点没有太大价值。所以在这种情况下，普通的中继方案是压缩转发或放大转发(见参考文献[12,13])，但是需要注意的是，中继节点无论采取哪种方案都不能消除信道噪声，也不能对该信号进行译码。相反，使用一个结构化的码本用于数据传输和协同干扰，那么中继节点可以对期望信号和干扰信号的模和进行译码，保持秘密信息的同时去除信道噪声。因此，它能使可达保密速率不随传输跳数的增加而减小。该结论的具体细节请参看参考文献[10]。

4.5 高斯双向中继信道下的协作干扰

在前面的章节中，假设发送节点直接和接收节点进行通信。本节将考虑更复杂的场景：如图 4.4 所示，发送节点 1 只能通过中继节点 3 与接收节点 2 进行通信。要做到这一点，需要使用两跳、两阶段通信协议。在第一阶段，节点 1 发送给节点 3；在第二阶段，节点 3 中继转发给节点 2。

现在假设节点 3 是愿意帮助转发信号的非恶意节点，但是未经系统认证，可能存在窃听行为。因此，把节点 3 当作潜在的窃听节点。在这种情况下，上述通信协议的适用性则受到限制，毕竟节点 3 是节点 2 接收信息的唯一来源。能否实现从节点 1 发送信息给节点 2，同时对节点 3 保密？答案依然来自于协作干扰。具体来说，节点 1 发送信息给节点 3 的同时节点 2 可以干扰节点 3，由此产生的双向中继信道模型如图 4.5 所示。注意，仍然使用半双工的两阶段模型。在第一阶段，节点 1 和 2 发送信号，节点 3 接收信号。在第二阶段，节点 3 广播给节点 2 和 1。不同信号的关系可以表示为

$$Y_r = X_1 + X_2 + Z_3 \tag{4.66}$$

$$Y_1 = hX_r + Z_1 \tag{4.67}$$

$$Y_R = X_r + Z_2 \tag{4.68}$$

其中：X_r 与 Y_r 分别是节点 3 的发送和接收信号；X_1 与 Y_1 分别是节点 1 的发送和接收信号；X_2 与 Y_R 分别是节点 2 的发送和接收信号。

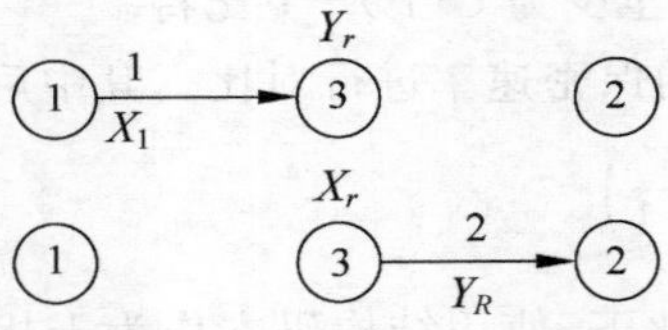

图 4.4 两跳通信

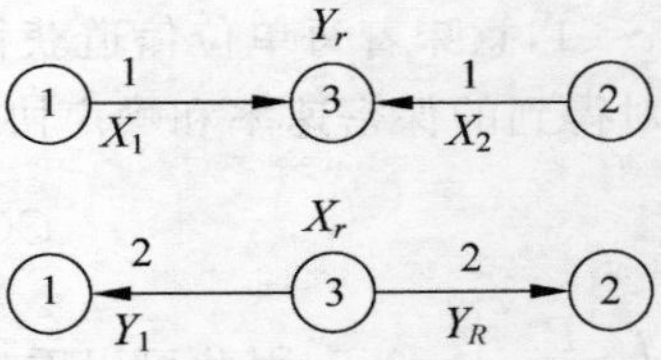

图 4.5 不可信中继的双向信道

在这个模型中，节点 2 扮演着协作干扰节点的角色，干扰窃听节点的同时也影响着自己的接收。可是，由于节点 2 已知自己的干扰信号，因此能从接收信号中移除干扰信号，相对于不可信中继节点具有一定优势。参考文献[14]证明了通过该方法可以获得的疑义度为

$$0 \leqslant R_e \leqslant \max_{0\leqslant P_1' \leqslant P_1} \left[C\left(\frac{P_1'}{1+\sigma_c^2}\right) - C\left(\frac{P_1'}{1+P_2}\right) \right]^+ \tag{4.69}$$

其中

$$\sigma_c^2 = \frac{P_1'+1}{P_r} \tag{4.70}$$

式(4.69)是两个速率的差。第一项本质上是主信道速率，其中 σ_c^2 是压缩转发下的有效噪声。第二项是窃听信道速率，协作干扰对窃听节点的影响通过分母中的 P_2 体现出来。

注意到，上述编码方案给出了节点 1 和节点 2 的已接收信号的保密速率而不是用来

计算将要发送信号的保密速率。换句话说，节点 1 和节点 2 的编码器独立工作。但是令人感兴趣的是该方法究竟可获得的保密速率是多少。接下来，利用参考文献[14]中给出的上界来推导可达保密速率。

需要注意的是，如果已接收到的信号不用于计算在节点 1 或 2 将要发送的信号，信号 Y_1 被忽略。信道模型等价于图 4.6 所示的模型。

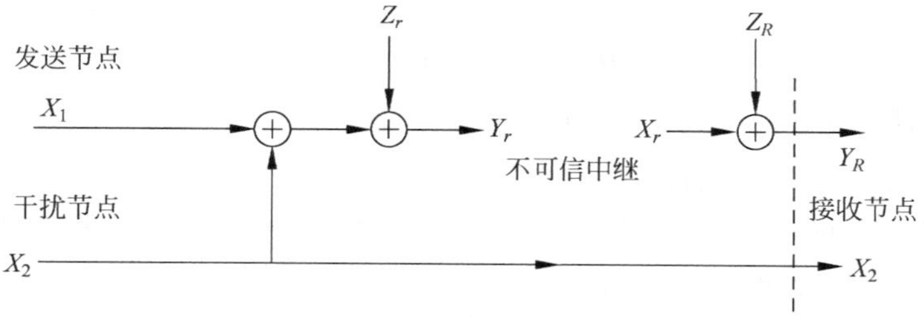

图 4.6 等效信道模型(© IEEE 2008)

上界是通过以下转换步骤获得的。

(1) 在信道中再添加一个窃听节点，如图 4.7 所示。它的接收信号为

$$Y_e = X_1 + X_2 + Z_e \tag{4.71}$$

其中，Z_e 与 Z_r 是有同样分布的高斯噪声，并且可以与 Z_r 任意相关。通过参考文献[15]中定理 3 稍加改动即可证明，这样做不会降低系统保密速率。其本质上是因为任何在原有系统上起作用的编码方案同样会在新的两个窃听系统上起作用。

(2) 将第一个窃听节点从中继中移除，这样减少了一个保密约束，所以并不会降低保密速率。

评述 4.1 上述论证工作的一个重要条件是两个窃听节点无法相互侦听(见参考文献[15])。如果干扰信号 X_2 取决于先前接收到的信号，那么这种说法将不成立。在这种情况下，如图 4.7 所示，从 Y_R 到 X_2 将会存在一条反馈链路。窃听节点通过反馈链路相互侦听，此时保密速率可能会下降。

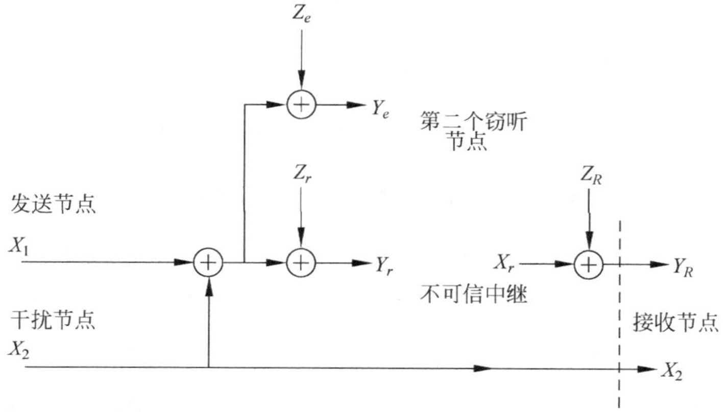

图 4.7 两个窃听节点信道(© IEEE 2008)

而后，信号 X_r^n 将被上传给目的节点，信号 X_2^n 被泄露给中继，保密速率上界为

$$H(W_1 \mid Y_e^n) \leqslant H(W_1 \mid Y_e^n) - H(W_1 \mid X_r^n Y_R^n X_2^n) + n\varepsilon_n \tag{4.72}$$

$$= H(W_1 \mid Y_e^n) - H(W_1 \mid X_r^n X_2^n) + n\varepsilon_n \tag{4.73}$$

$$\leqslant H(W_1 \mid Y_e^n) - H(W_1 \mid Y_r^n X_r^n X_2^n) + n\varepsilon_n \tag{4.74}$$

$$= H(W_1 \mid Y_e^n) - H(W_1 \mid Y_r^n X_2^n) + n\varepsilon_n \tag{4.75}$$

$$= H(W_1 \mid Y_e^n) - H(W_1 \mid X_1^n + Z_r^n) + n\varepsilon_n \tag{4.76}$$

$$\leqslant H(W_1 \mid Y_e^n) - H(W_1 \mid Y_e^n, X_1^n + Z_r^n) + n\varepsilon_n \tag{4.77}$$

式(4.72)使用了 Fano 不等式，其中：$\varepsilon_n > 0$ 且 $\lim\limits_{n\to\infty}\varepsilon_n = 0$。如式(4.72)～式(4.73)所示，信号 X_r 导致信号 Y_R 对目的节点是无用的。信号 X_2^n 被泄露给中继基本上消除了干扰信号对中继链路的影响，如式(4.74)～式(4.77)所示。本质上，这些都是链路噪声之间相互独立的结果。由此产生的信道等效如图 4.8 所示。它可以看作是参考文献[7,16]中信道的一个特殊情况，类似的技术可以用在这里以约束保密速率。记 $\widetilde{Y}_r^n = X_1^n + Z_r^n$，可得

$$H(W_1 \mid Y_e^n) - H(W_1 \mid Y_e^n \widetilde{Y}_r^n) + n\varepsilon_n$$

$$= I(W_1; \widetilde{Y}_r^n \mid Y_e^n) + n\varepsilon_n \tag{4.78}$$

$$\leqslant I(W_1 X_1^n; \widetilde{Y}_r^n \mid Y_e^n) + n\varepsilon_n \tag{4.79}$$

$$= I(X_1^n; \widetilde{Y}_r^n \mid Y_e^n) + n\varepsilon_n \tag{4.80}$$

$$= h(\widetilde{Y}_r^n \mid Y_e^n) - h(Z_r^n \mid X_2^n + Z_e^n) + n\varepsilon_n \tag{4.81}$$

$$\leqslant h(\widetilde{Y}_r^n \mid Y_e^n) - h(Z_r^n \mid X_2^n + Z_e^n, X_2^n) + n\varepsilon_n \tag{4.82}$$

$$= h(\widetilde{Y}_r^n \mid Y_e^n) - h(Z_r^n \mid Z_e^n) + n\varepsilon_n \tag{4.83}$$

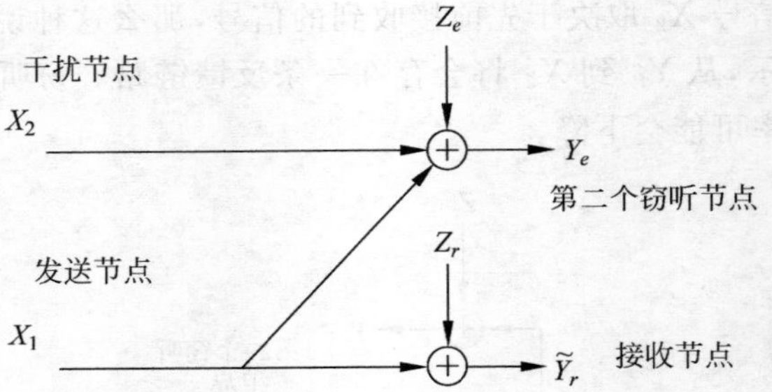

图 4.8 变换后的等效信道模型(© IEEE 2008)

当 X_1^n 和 X_2^n 是独立同分布的高斯序列时，式(4.83)的第一项将会达到最大值。令 X_i^n 的每一个分量的方差为 P_i，$i=1,2$。ρ 表示 Z_r 和 Z_e 的相关因子。式(4.83)等价于

$$\frac{1}{2}\log_2 \frac{(P_1+1)(P_1+P_2+1)-(P_1+\rho)^2}{(P_1+P_2+1)(1-\rho^2)} \tag{4.84}$$

可以验证，对于任意 ρ，式(4.83)是 P_1 和 P_2 的增函数。因此，最大平均功率的上界达到最大。通过优化 ρ 可以得到式(4.84)的最小值，下面给出最优的 ρ

$$\frac{2P_1+P_1P_2+P_2-\sqrt{4P_2P_1^2+4P_2P_1+P_2^2P_1^2+2P_2^2P_1+P_2^2}}{2P_1} \tag{4.85}$$

定理 4.2　式(4.84)给出了图4.6中信道的保密速率上界，其中ρ由式(4.85)给出，P_1和P_2是发送节点和干扰节点的平均功率约束。

评述 4.2　式(4.84)的界严格小于$C(P_1)$的界。为了便于说明，令$\rho=0$，式(4.84)变成

$$C(P_1)+\frac{1}{2}\log_2\frac{1+\dfrac{P_1}{(P_1+1)(P_2+1)}}{1+\dfrac{P_1}{P_2+1}} \tag{4.86}$$

第二项总为负。

评述 4.3　固定P_2，增加P_1，式(4.84)的界可近似为

$$\frac{1}{2}\log_2\left(\frac{P_2+2(1-\rho)}{1-\rho^2}\right) \tag{4.87}$$

其中

$$\rho=\frac{1+P_2}{2-\sqrt{P_2+P_2^2/4}} \tag{4.88}$$

另外，如果$P_2=cP_1$，并且增加P_1(也就是增加P_2)，式(4.84)的界可以近似为

$$C(P_1)-C\left(\frac{1}{c}\right) \tag{4.89}$$

这里的近似意味着边界和其近似收敛到$0(P_1\to\infty)$之间的差异。

最后，图4.9比较了不同约束下可达速率的上界，中继节点的功率固定在$P_r=30$ dB。图中也给出了去除所有保密约束的割集边界。当源节点的功率P_1小于中继的功率P_r时，图4.9显示的上界是紧的。

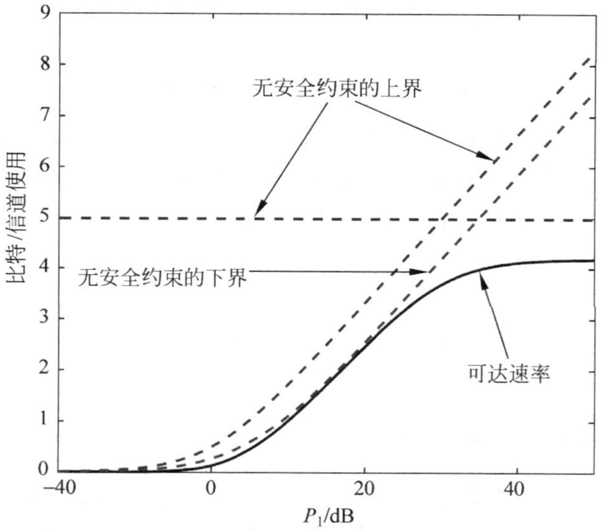

图 4.9　不同约束下可达速率的上界对比($P_r=30$ dB，$P_2=0.5P_1$)(© IEEE 2008)

4.6 高斯多址接入窃听信道下的协作干扰

上一节中假设只有一个节点发送秘密信息，而本节将会考虑有多个节点发送秘密信息给一个合法接收节点的场景（见参考文献[17,18]）。具体来说，描述了叠加编码下保密速率最大化的解决方案（见参考文献[16,19]），再次引出如何利用协作干扰的问题。

在如图 4.10 所示的只有一个窃听节点的网络模型中，K 个发送节点与一个接收节点进行通信。节点 $T_1,\cdots,T_K$ 表示 K 个发送节点，节点 R 表示合法接收节点，节点 E 表示窃听节点，节点 R 和节点 E 的接收信号是

$$Y=\sum_{k=1}^{K}X_k+Z_1 \tag{4.90}$$

$$Y_e=\sum_{k=1}^{K}\sqrt{h_k}X_k+Z_2 \tag{4.91}$$

其中，Z_1 和 Z_2 是零均值的单位方差高斯随机变量，$\sqrt{h_1},\cdots,\sqrt{h_k}$ 表示对窃听节点的归一化信道增益。

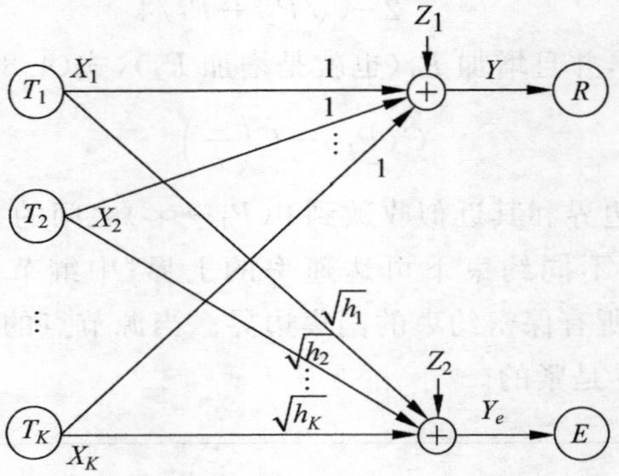

图 4.10 高斯多址接入窃听信道

该信道模型下的保密容量域仍然有待进一步研究。参考文献[16,19]给出了可达保密速率。因此，这里将专注于研究该信道下系统的保密和速率（secrecy sum rate）。具体来说，就是在重叠编码和协作干扰下利用功率分配获得最大的保密和速率。优化问题描述如下

$$\max_{\substack{T\subseteq\{1,\cdots,K\},\\ 0\leqslant P_k\leqslant \bar{P}_k}} C\left(\frac{\sum\limits_{k\in T}P_k}{1+\sum\limits_{k\in T^c}P_k}\right)-C\left(\frac{\sum\limits_{k\in T}h_kP_k}{1+\sum\limits_{k\in T^c}h_kP_k}\right) \tag{4.92}$$

其中：$\bar{P}_k$ 表示第 k 个用户的平均功率约束，$C(x)=\frac{1}{2}\log_2(1+x)$。

式(4.92)中的用户可以发送一个有效码字或高斯噪声（见参考文献[19]），为了说明用户没有必要应用混合策略将功率划分为码字传输功率和干扰功率，通过观察式(4.92)，可将其重写为如下形式

$$\min_{\substack{T\subseteq\{1,\cdots,K\},\\0\leqslant P_k\leqslant\bar{P}_k}} \frac{\varphi_K(P)}{\varphi_{T^c}(P)} \tag{4.93}$$

$$\varphi_K(P)=\frac{1+\sum\limits_{k\in\{1,\cdots,K\}}h_kP_k}{1+\sum\limits_{k\in\{1,\cdots,K\}}P_k} \tag{4.94}$$

$$\varphi_{T^c}(P)=\frac{1+\sum\limits_{k\in T^c}h_kP_k}{1+\sum\limits_{k\in T^c}P_k} \tag{4.95}$$

$$P=\{P_k,k=1,\cdots,K\} \tag{4.96}$$

不失一般性，假设一个用户将功率划分为码字传输加干扰传输两部分，无论用户功率是如何划分的，$\varphi_K(P)$都相同，用户仅仅影响 $\varphi_{T^c}(P)$。假设 P^* 是用户 j 功率划分的最佳解决方案，则有 $j\in T$ 且 $j\in T^c$。如果 $h_j<\varphi_{T^c}(P)$，那么用户使用全部功率进行数据发送则会增加总的保密速率；如果 $h_j>\varphi_{T^c}(P)$，那么用户使用全部功率进行干扰同样增加总的保密速率；如果 $h_j=\varphi_{T^c}(P)$，那么无论功率如何划分，总的保密速率始终不变。因此，用户 j 可以选择发送一个有效码字或高斯噪声。

式(4.92)的求解需要遍历所有可能的拉格朗日乘子。有兴趣的读者可以参看参考文献[19]的 3.5 节。解决方案总结如下。

定理 4.3 假设 $h_1\leqslant h_2\leqslant\cdots\leqslant h_k$，高斯多址窃听接入信道中基于协作干扰的保密和速率为

$$R_{\text{sum}}=C\left(\frac{\sum\limits_{k\in T}P_k^*}{1+\sum\limits_{k\in T^c}P_k^*}\right)-C\left(\frac{\sum\limits_{k\in T}h_kP_k^*}{1+\sum\limits_{k\in T^c}h_kP_k^*}\right) \tag{4.97}$$

其中，T 表示发送码字的用户集合。集合 T 和最佳功率分配方案如下

$$\underbrace{\{\underbrace{1,\cdots,t}_{P^*=\bar{P}},\underbrace{t+1,\cdots,J-1}_{P^*=0},}_{\text{发送码字}\in T}\underbrace{\underbrace{J}_{P_J^*},\underbrace{J+1,\cdots,K}_{P^*=\bar{P}}\}}_{\text{发送干扰}\in T^c} \tag{4.98}$$

其中，P_J^* 是 $0\sim\bar{P}_J$ 的一个值。本质上，该定理表示在最佳功率分配方式下，发送码字的用户的最佳策略是以全功率发送或者静默不发。在那些发送高斯噪声的用户（即协作干扰节点）中，最多有一个用户以小于平均功率约束的功率发送干扰，其他节点则全功率发送干扰。

接下来，通过参考文献[19]中的数值例子来证明定理 4.3。如图 4.11 所示，在 100×100 范围内，假设有 $K=2$ 个用户，分别表示为 T_1 和 T_2。合法接收节点 R 处于原点位置。在该模型中使用简单的路径损耗模型计算信道增益。窃听节点可能出现在任意位置。图 4.11 中不同颜色表示每个用户的最佳功率分配，通过观察图 4.11 的每一行可以看出，一个用户不会同时发送码字和高斯噪声，它只能全功率发送或保持静默，图 4.11 的最后一行画出窃听节点处于不同位置的保密和速率。可以看出，当窃听节点位于某一个发送节点附近时，该发送节点无法保证通信的保密，但是在这种情况下，发送节点可以用

很低的功率发送干扰，以增加其他发送节点的保密速率。

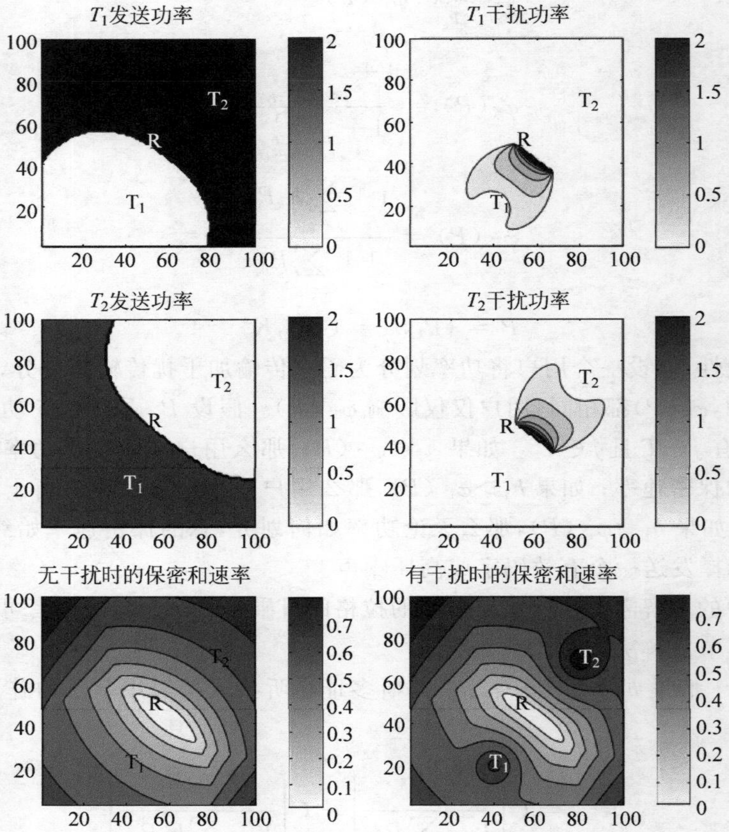

图 4.11　两个用户高斯多址接入窃听信道：数值例子——暗色调对应于较高的值（© IEEE 2008，参考文献[19]）

4.7　高斯衰落多址接入窃听信道下的协作干扰

无线通信中的衰落现象是不可避免的。在信息论安全方面，衰落可以提供潜在的安全优势。直观地说，当窃听节点碰巧处于深衰落时，合法接收节点双方可具有更高的保密速率。参考文献[20-22]中已经研究了在不同假设条件下单用户衰落窃听信道的保密容量。本节重点研究多用户场景下的情形，即在有外部窃听节点的衰落多址接入信道中，求解遍历块衰落高斯多址接入窃听信道的保密和速率的最大化问题。参考文献[19,23]再次表明协作干扰可以增加保密速率，接下来先回顾这个结果。

为简单起见，这里仅讨论两个用户的场景。用 h_k^M、h_k^W 分别表示在一个块衰落下用户 k 的主信道和窃听信道的瞬时信道增益，其中 $k=1,2$。用户 k 的瞬时传输功率为 P_k、干扰功率为 Q_k。那么可获得的瞬时保密和速率由下式给出（见参考文献[23]）

$$\frac{1}{2}\log\left(\frac{1+h_1^M(P_1+Q_1)+h_2^M(P_2+Q_2)}{1+h_1^M Q_1+h_2^M Q_2}\right)-$$

$$\frac{1}{2}\log\left(\frac{1+h_1^M(P_1+Q_1)+h_2^M(P_2+Q_2)}{1+h_1^MQ_1+h_2^MQ_2}\right) \tag{4.99}$$

该优化问题可以表示为

$$\max_{P_1(\boldsymbol{h}),P_2(\boldsymbol{h})}\int_0^\infty\cdots\int\log\left(\frac{\Phi^M+\varphi^M-1}{\Phi^W+\varphi^W-1}\cdot\frac{\varphi^W}{\varphi^M}\right)p(\boldsymbol{h})\mathrm{d}\boldsymbol{h} \tag{4.100}$$

$$\text{s.t.}\int_0^\infty\cdots\int(P_k(\boldsymbol{h})+Q_k(\boldsymbol{h}))p(\boldsymbol{h})\mathrm{d}\boldsymbol{h}\leqslant\overline{P}_k,=1,2 \tag{4.101}$$

$$P_k(\boldsymbol{h})\geqslant 0,\quad k=1,2 \tag{4.102}$$

$$Q_k(\boldsymbol{h})\geqslant 0,\quad k=1,2 \tag{4.103}$$

其中

$$\phi^M=1+h_1^MQ_1+h_2^MQ_2 \tag{4.104}$$

$$\phi^W=1+h_1^WQ_1+h_2^WQ_2 \tag{4.105}$$

$$\Phi^M=1+h_1^MP_1(\boldsymbol{h})+h_2^MP_2(\boldsymbol{h}) \tag{4.106}$$

$$\Phi^W=1+h_1^WP_1(\boldsymbol{h})+h_2^WP_2(\boldsymbol{h}) \tag{4.107}$$

值得注意的是，虽然文中并未明确给出，但 P_1、P_2、Q_1、Q_2 是 $\boldsymbol{h}$ 的函数。

首先证明上述功率分配是次优的，即最优功率分配不应该有 P_k、$Q_k>0$ 的约束。下面采用反证法，假设最佳功率分配是 P^* 与 Q^*，并且用户 1 的 P_1^*、$Q_1^*>0$，则有

$$\frac{\partial\frac{\phi^W}{\phi^M}}{\partial Q_1}=\frac{h_1^W\phi^M-h_1^M\phi^W}{\phi^{M^2}} \tag{4.108}$$

$$=\frac{h_1^W-h_1^M-(h_1^Mh_2^W-h_2^Mh_1^W)Q_2}{\phi^{M^2}} \tag{4.109}$$

公式中的符号不依赖于 Q_1。考虑一种如下的功率分配：$P_1=P_1^*-\pi$、$Q_1=Q_1^*+\pi$。那么 $P_1+Q_1=P_1^*+Q_1^*$ 和 $\frac{\Phi^M+\phi^M-1}{\Phi^W+\phi^W-1}$ 不变。如果式(4.109)为正，任何 $\pi>0$ 总能引起保密和速率的增加，并且相同总功率下的干扰效果更好；如果式(4.109)为负，那么任何 $\pi<0$ 总能引起保密和速率的增加，并且相同总功率下传输速率更高；如果式(4.109)为零，则速率之总与 Q_2 无关，可以令 Q_2 为零。因此，最佳功率分配可以使得 $P_k>0$ 或 $Q_k>0$，但是不能同时满足。

另一点值得注意的是，在最优解决方案中，有 $\frac{\phi^W}{\phi^M}\geqslant 1$ 的约束。否则，可以构建一个总功率相同条件下的功率分配方案，即在相同的 $\frac{\Phi^M+\phi^M-1}{\Phi^W+\phi^W-1}$ 下得到一个更大的 $\frac{\phi^W}{\phi^M}$，且满足 $\frac{\phi^W}{\phi^M}\geqslant 1$。这将获得一个更高的数据传输率。$\frac{\phi^W}{\phi^M}\geqslant 1$ 的原因可以参看式(4.104)和式(4.105)。至少可以通过选择 $Q_1=Q_2=0$，同时每个用户的 P_1+Q_1 和 P_2+Q_2 保持相同的总功率，从而使得 $\frac{\phi^W}{\phi^M}=1$。因此，最优解决方案必须满足 $\frac{\phi^W}{\phi^M}\geqslant 1$。

考虑用户 k 的拉格朗日系数对发射功率求导，可得

$$\frac{\partial \mathcal{L}}{\partial P_k} = \frac{h_k^M}{\Phi^M + \phi^M - 1} - \frac{h_k^W}{\Phi^W + \phi^W - 1} - \lambda_k + \mu_k = 0 \tag{4.110}$$

值得注意的是,必须使

$$\frac{\Phi^M + \phi^M - 1}{\phi^M} \geqslant \frac{\Phi^M + \phi^W - 1}{\phi^W} \tag{4.111}$$

从而才能得到一个非负的保密速率,那么有

$$\lambda_k - \mu_k = \frac{h_k^M}{\Phi^M + \phi^M - 1} - \frac{h_k^W}{\Phi^W + \phi^W - 1} \tag{4.112}$$

$$\leqslant \frac{\frac{\phi^W}{\phi^M} h_k^M}{\Phi^M + \phi^M - 1} - \frac{h_k^W}{\Phi^W + \phi^W - 1} \tag{4.113}$$

$$\leqslant \frac{\phi^W h_k^M - \phi^M h_k^W}{\phi^M} \tag{4.114}$$

$$\leqslant \phi^W h_k^M - \phi^M h_k^W \tag{4.115}$$

因此,如果 $\phi^W h_k^M - \phi^M h_k^W < \lambda_k$,必须有 $\mu_k > 0 \Rightarrow P_k = 0$。利用拉格朗日系数对干扰功率求导,可得

$$\frac{\partial \mathcal{L}}{\partial Q_k} = \frac{h_k^M}{\Phi^M + \phi^M - 1} - \frac{h_k^W}{\Phi^W + \phi^W - 1} - \frac{h_k^M}{\phi^M} + \frac{h_k^W}{\phi^W} - \lambda_k + v_k \tag{4.116}$$

将式(4.110)代入式(4.116),可得

$$-\frac{h_k^M}{\phi^M} + \frac{h_k^W}{\phi^W} + v_k = \mu_k \tag{4.117}$$

如果一个用户正在发送协作干扰,则必须有 $v_k = 0, \mu_k \geqslant 0$。因此

$$\frac{h_k^W}{\phi^W} \geqslant \frac{h_k^M}{\phi^M} \tag{4.118}$$

由于两个用户不能同时进行干扰(这时的可达速率为零,即停止传输数据),这意味着干扰用户必须满足

$$\frac{h_k^W}{h_k^M} \geqslant \frac{1 + h_k^W Q_k}{1 + h_k^M Q_k} \Rightarrow h_k^W \geqslant h_k^M \tag{4.119}$$

因此,如果一个用户满足 $h_k^W \geqslant h_k^M$,而由于 $\phi^W \geqslant \phi^M$,则必须满足$\frac{h_k^W}{\phi^W} > \frac{h_k^M}{\phi^M}$和 $\mu_k > 0$,这表示该用户此时不发送期望信号,与预期吻合。如果两个用户都满足 $h_k^W \geqslant h_k^M$,则表示没有用户发送期望信号或干扰信号。由此得出:

- 如果 $\phi^W h_k^M - \phi^M h_k^W < \lambda_k$,用户将不发送期望信号;
- 如果 $\phi^W h_k^M - \phi^M h_k^W > 0$(或者 $h_k^M \geqslant h_k^W$),用户将不发送干扰信号。

因此,如果两个用户同时满足 $h_k^M \geqslant h_k^W$,则用户都将无法发送干扰信号。该问题简化为不存在协作干扰时如何使可达保密和速率最大化的问题,该问题的解决可参看参考文献[19]中的 5.4 节。

本章感兴趣的问题是当一个用户发送期望信号时而另一个用户干扰信号的情况。为了不失一般性,假设 $P_1 > 0$、$Q_2 > 0$,即用户 1 进行数据发送,用户 2 进行干扰。式(4.116)

重写为

$$h_2^W h_1^W P_1 \phi^M (\Phi^M + \phi^M - 1) - h_2^M h_1^M P_1 \phi^W (\Phi^W + \phi^W - 1)$$
$$= \lambda_2 \phi^M \phi^W (\Phi^M + \phi^M - 1)(\Phi^W + \phi^W - 1) \tag{4.120}$$

此外，下列两个公式必须同时满足

$$\frac{h_1^M}{\Phi^M + \phi^M - 1} - \frac{h_1^W}{\Phi^W + \phi^W - 1} = \lambda_1 \tag{4.121}$$

$$\frac{h_2^W h_1^W / \phi^W}{\Phi^W + \phi^W - 1} - \frac{h_2^M h_1^M / \phi^M}{\Phi^M + \phi^M - 1} = \frac{\lambda_2}{P_1} \tag{4.122}$$

式(4.121)从式(4.110)得到。

这种情况下，简单的闭式解是不存在的。但是仍然可以得出以下两个结论：

(1) 协作干扰有效降低用于激活用户的发送阈值。由于 $\phi^W \geqslant \phi^M$，这里将条件 $h_k^M - h_k^W \geqslant \lambda_k$ 放宽到 $\frac{\phi^W}{\phi^M} h_k^M - h_k^W \geqslant \lambda_k$。

(2) 只有主信道增益小于窃听信道增益时用户才会进行协作干扰。

最优功率分配的数值求解如图 4.12 所示。每个块内的信道增益服从独立瑞利衰落，主信道的平均增益归一化为 1。图 4.12 给出了窃听节点平均信道增益的可达保密和速率与上界函数，其中虚线代表瞬时功率控制，即在每个衰落块上采用相同的最大功率约束；实线表示遍历衰落情况保持长时间平均功率约束。带有 Δ 的线表示不存在协作干扰时的可达速率，带有 * 的线表示存在协作干扰时的可达速率。

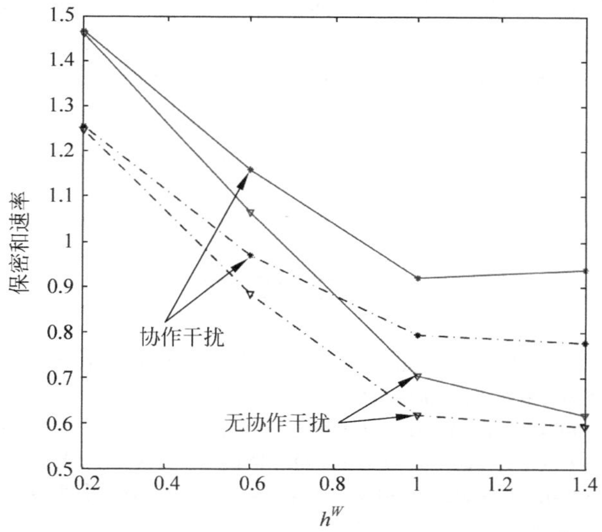

图 4.12 可达保密和速率随窃听节点平均信道增益 h^W 的变化。虚线表示不使用功率控制。实线表示最佳功率控制

从图 4.12 中可以看到，当窃听信道增益较小时，瞬时功率控制和遍历功率控制获得的可达速率是相近的，但差异随着窃听信道增益的增加而逐渐变大。窃听信道增益越大，协作干扰对可达保密和速率提高的贡献越多，因为它有可能更有效地干扰窃听节点。注意到当窃听信道增益较高时,通过协作干扰可以有效增加可达保密和速率。在这种情况下,一个信道质量好的发送节点发送期望信号,另一个信道质量差的发送节点发送协作干扰信号,能获得非常高的瞬时保密速率。

4.8 小 结

本章证明了通过友好辅助节点(也称协作干扰节点)在系统中注入适当的干扰能够提高系统安全性能,即使协作干扰对合法接收节点的干扰大于对窃听节点的干扰也是成立的。随机码和点格码都可以作为干扰信号,后者在大型网络中特别适用,且更便于分析。

协作干扰也可以应用于部分节点不可信的通信系统,尽管这些不可信节点不一定是恶意节点。本章探讨了中继不可信的双向中继网络的例子,其中目的节点通过协作发送干扰信号干扰中继节点来帮助发送节点获得通信的保密性能。

对于多用户的窃听信道模型,考虑了两种情况:静态高斯多址接入窃听信道以及遍历块衰落情况。在叠加编码方案协作干扰情况下,参考文献[16,19]阐述了使用功率分配方法解决可达保密速率和最大化的问题。对于这两种情况,解决方案存在一个有趣的现象,即用户只能发送数据或者发送噪声而不能同时发送数据和噪声。在两个用户的多址接入方案中,该模型在拥有一个协作干扰节点时可能有助于减少高斯信道被窃听,例如4.2节中考虑的模型。

本章中阐述了协作干扰的基本思想并通过举例说明它的用处,这些具有代表性的模型通过加入协作干扰方案可以获得一定的保密速率提升。撰写本章的目的在于说明协作干扰可以广泛应用于多种系统模型,并且使读者具备将协作干扰引进自己的模型从而提高可达保密速率的能力。求解多终端问题的保密速率上界并且证明协作干扰能获得保密容量仍然需要学者们继续研究。随着对信息安全理论领域研究兴趣的不断增长,将会出现更多富有创新性的成果。

参考文献

[1] C. Rose, S. Ulukus, and R. D. Yates. Wireless Systems and Interference Avoidance. *IEEE Transactions on Wireless Communications*, 1(3):415–428, 2002.

[2] R. D. Yates. A Framework for Uplink Power Control in Cellular Radio Systems. *IEEE Journal on Selected Areas in Communications*, 13(7):1341–1347, Sept. 1995.

[3] L. Lai, H. El Gamal, H. Jiang, and H. V. Poor. Cognitive Medium Access: Exploration, Exploitation and Competition. *Submitted to IEEE Transactions on Networking*, 2007.

[4] E. Tekin and A. Yener. Achievable Rates for the General Gaussian Multiple Access Wire-Tap Channel with Collective Secrecy. *Allerton Conference on Communication, Control, and Computing*, 2006.

[5] R. Liu, I. Maric, P. Spasojevic, and R. D. Yates. Discrete Memoryless Interference and Broadcast Channels with Confidential Messages: Secrecy Rate Regions. *IEEE Transactions on*

Information Theory, Special Issue on Information Theoretic Security, 54(6):2493–2507, 2008.

[6] L. Lai and H. El Gamal. The Relay-Eavesdropper Channel: Cooperation for Secrecy. *Submitted to IEEE Transactions on Information Theory*, 2006.

[7] X. Tang, R. Liu, P. Spasojevic, and H. V. Poor. Interference-Assisted Secret Communication. *IEEE Information Theory Workshop*, 2008.

[8] S. Leung-Yan-Cheong and M. Hellman. The Gaussian Wire-tap Channel. *IEEE Transactions on Information Theory*, 24(4):451–456, 1978.

[9] U. Erez and R. Zamir. Achieving 1/2 log (1+ SNR) on the AWGN Channel with Lattice Encoding and Decoding. *IEEE Transactions on Information Theory*, 50(10):2293–2314, 2004.

[10] X. He and A. Yener. End-to-End Secure Multi-Hop Communication with Untrusted Relays is Possible. In *Proceedings of the 42nd Annual Asilomar Conference on Signals, Systems, and Computers, Asilomar'08*, 2008.

[11] L. Lai, H. El Gamal, and H. V. Poor. The Wiretap Channel with Feedback: Encryption over the Channel. *IEEE Transactions on Information Theory*, 54(11):5059–5067, Nov. 2008.

[12] X. He and A. Yener. On the Equivocation Region of Relay Channels with Orthogonal Components. In *Proceedings of the 41st Annual Asilomar Conference on Signals, Systems, and Computers*, 2007.

[13] E. Ekrem and S. Ulukus. Secrecy in Cooperative Relay Broadcast Channels. In *Proceedings of the IEEE International Symposium on Information Theory*, July 2008.

[14] X. He and A. Yener. Two-Hop Secure Communication Using an Untrusted Relay: A Case for Cooperative Jamming. In *Proceedings of the IEEE Global Telecommunication Conference*, Nov. 2008.

[15] X. He and A. Yener. The Role of an Untrusted Relay in Cooperation and Secret Communication. *Submitted to IEEE Transaction on Information Theory*, 2008.

[16] E. Tekin and A. Yener. The General Gaussian Multiple Access and Two-Way Wire-Tap Channels: Achievable Rates and Cooperative Jamming. *IEEE Transactions on Information Theory-Special Issue on Information Theoretic Security*, 54(6):2735–2751, 2008.

[17] E. Tekin and A. Yener. On Secure Signaling for the Gaussian Multiple Access Wire-Tap Channel. *Annual Asilomar Conference on Signals, Systems, and Computers*, 2005.

[18] E. Tekin and A. Yener. The Gaussian Multiple-Access Wire-Tap Channel. In *IEEE Transaction on Information Theory*, 54(12):5747–5755, 2008.

[19] E. Tekin. Information Theoretic Secrecy for Some Multiuser Wireless Communication Channels. *PhD Thesis*, 2008.

[20] Y. Liang, H. V. Poor, and S. Shamai. Secure Communication over Fading Channels. *IEEE Transactions on Information Theory, Special Issue on Information Theoretic Security*, 54(6):2470–2492, 2008.

[21] P. K. Gopala, L. Lai, and H. El Gamal. On the Secrecy Capacity of Fading Channels. *Submitted to IEEE Transaction on Information Theory*, 2006.

[22] Z. Li, R. Yates, and Trappe W. Secrecy Capacity of Independent Parallel Channels. *Allerton Conference on Communication, Control, and Computing*, 2006.

[23] E. Tekin and A. Yener. Secrecy Sum-Rates for the Multiple-Access Wire-Tap Channel with Ergodic Block Fading. *Allerton Conference on Communication, Control, and Computing*, 2007.

第 5 章

用于可靠及安全无线通信的混合 ARQ 方案*

Xiaojun Tang, Ruoheng Liu, Predrag Spasojevic, H. Vincent Poor

5.1 引　　言

重传是一种在基于数据包分组传输的无线通信网络中，为了有效保证通信链路可靠性而被广泛利用的技术。在自动重传请求方案(automatic retransmission request, ARQ)中，接收者使用纠错编码例如循环冗余校验(cyclic redundancy check, CRC)对错误帧进行检查，如果接收分组通过了CRC，那么接收者反馈一个成功接收的确认信息(acknowledgement, ACK)，否则反馈未成功接收(negative acknowledgement, NACK)信息，请求重传。此外，为了提高成功传输的概率，还需要利用纠错编码对用户数据和CRC位进行保护。这种为了提高传输可靠性而将纠错编码与重传协议相结合的方案被称为混合 ARQ(HARQ)。

基于重复编码的 HARQ 是一种最简单的方案。接收者采用合适的分集技术(如最大比合并、等增益合并、选择性合并)，实现对同一分组数据帧的不同噪声样本进行观测。与这种方案相比更为有效的是增量冗余 HARQ 方案。该方案可以根据信道质量调整纠错编码的冗余度以达到更高的效率。图 5.1 对增量冗余 HARQ 方案进行了详细描述，发送者首先用母码对消息进行编码，并只发送编码序列中被选定的编码符号(图 5.1 的"传输＃1")，这些被选中的编码符号就组成了一个打孔码码字。接收者对收到的打孔码码字进行译码。如果译码失败则发送者将收到重传请求，并发送新的冗余码符号。此时所发送的冗余码符号所经历的信道可能相比传输＃1 时隙发生变化(图 5.1 中的"传输＃2")。接收者结合两次收到的校验位再次进行译码。重复上述过程，直到接收者正确译码或发送者完成将母码的校验位全部发送停止这一帧数据的传输。

保密性是无线网络安全通信的另一项基本要求。无线通信的广播特性造成了一系列安全问题，任何处于通信区域内的接收者都能够接收到数据信号并解调窃取私密信息，使通信内容极易遭到窃听。传统保密通信中主要是依赖密钥加密方法保证信息安全，但在

Xiaojun Tang(✉)
无线信息网络实验室，电气与计算机工程系，罗格斯大学，北布伦瑞克，新泽西州 08902，美国
电子邮件：xtang@winlab.rutgers.edu

* 本章部分内容来自 On the Throughput of Secure Hybrid-ARQ Protocols for Gaussian Block-Fading Channels, IEEE Transactions on Information Theory, vol. 55, no. 4, 2009

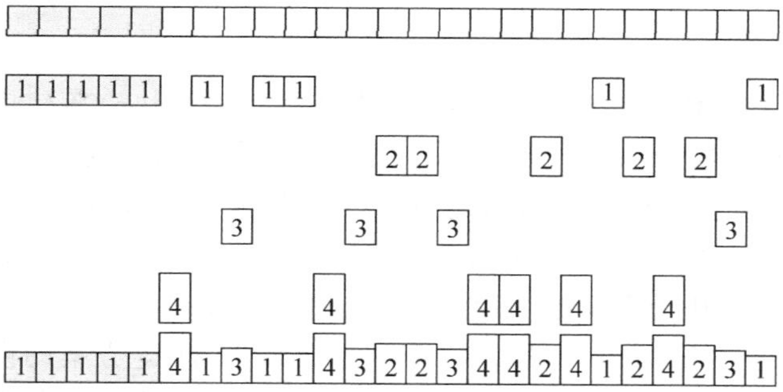

图 5.1　增量冗余 HARQ 方案

复杂无线网络中密钥的分发和管理仍是一个开放性问题。幸运的是，在参考文献[9]中，Wyner 指出保密通信可以不需要合法用户间共享密钥。在他提出的离散无记忆窃听信道模型中，假设合法双方的通信信息经过一个退化信道（窃听信道）被窃听，并利用疑义度来度量窃听者获取保密消息的信息量，从而定义了完美保密要求疑义度近似等于消息熵率。Wyner 指出通过随机编码可以实现完美保密，称之为 Wyner 保密编码。参考文献[32]对近年来信息论安全方面的研究进行了全面的总结。

本章研究了基于 HARQ 方案的安全分组通信。该问题目前主要面临两方面挑战：一方面，发送者的编码器需要为合法接收者成功译码提供足够的冗余校验信息；另一方面，发送过多的冗余校验比特（或随机性不足）可能为窃听者译码提供便利。重传虽然是一种提高通信可靠性的有效手段，但在一定程度上牺牲了保密性。这些问题激发出人们将信道编码、保密编码和重传协议相结合的思路。

5.1.1　研究现状

吞吐量是度量 ARQ 方案性能的一个重要参数，其含义是在传输单位信息比特的时间内，合法用户正确收到用户数据的平均比特数。参考文献[1]中给出了一种块衰落高斯碰撞信道中 HARQ 方案的吞吐量分析，参考文献[1]的结果并不针对特定的编译码方法，而是给出了该方案在信息论意义上的极限性能。参考文献[2-8]研究了 HARQ 方案中不同的母码设计和打孔方法设计。

Csiszar 和 Korner 在参考文献[10]中对 Wyner（见参考文献[9]）的结果进行了总结，给出了广播信道中私密信息的保密容量域。参考文献[11]研究了高斯窃听信道模型中的保密容量问题。近年来，Wyner 的保密编码方案已被应用到多用户保密通信模型的研究中，包括多址接入信道（见参考文献[12,13]），多址接入窃听信道（见参考文献[14]）、干扰信道（见参考文献[15]）。参考文献[16-19]研究了衰落对保密通信的影响。假设在信息传输前，所有的通信参与者都能获得完美的信道状态信息（channel state information，CSI），那么慢衰落信道就可以建模成一系列独立并行的搭线窃听信道（wire-tap channel），此时最优的方案是在每个并行信道上采用独立的 Wyner 保密编码进行私密信息传输。在此基础上，参考文献[16]研究了基于有限延迟的无线信道的保密容量，参考文献[17-19]研究了各态历经衰落信道的保密容量，参考文献[19]还考虑了发送者未知窃听者 CSI 情况下的各态历经场景。

5.1.2 问题的提出

考虑频率平坦的块衰落高斯窃听信道模型，发送者通过一个块衰落信道向接收者发送私密信息，同时存在一个被动窃听者通过一个独立的块衰落信道对该信息进行窃听。假设发送者无法获取完美的 CSI，但可以通过可靠的公共信道从接收者处获取 1 bit 的 ACK 或 NACK 反馈信息。在上述假设下，本章从信息论角度对安全 HARQ 方案进行研究和分析。特别地，本章还基于 Wyner 编码序列分别对重复时间分集（repetition time diversity，RTD）和增量冗余（incremental redundancy，INR）HARQ 方案的误码率和安全性能进行了研究，使得在给定的主信道与窃听信道模型下，合法接收者能够正确译码获得保密信息，而窃听者无法获取任何保密信息。接下来，本章证明存在一组速率兼容安全 INR 方案的 Wyner 码。

由于缺乏 CSI，发送者不能够根据信道状态自适应调整编码方式和发射功率。因此，我们分析在给定母码情况下的安全 HARQ 方案的中断性能。为此，本章给出了连接中断（connection outage）和保密中断（secrecy outage）的概念。其中，中断概率（包含连接中断概率和保密中断概率）描述的是对合法通信链路可靠性与窃听链路保密性两者的折中度量。本章首先采用上述两种中断概率分别对 RTD 和 INR 下的 HARQ 方案的可达吞吐量进行分析，最后对两种 HARQ 方案下的安全吞吐量进行数值计算和渐近性分析，并阐明其对信息安全的益处。

5.1.3 本章结构

本章其余部分的结构如下：5.2 节介绍了系统模型和一些预备知识；5.3 节证明了目前并行信道中 Wyner 好码的存在性，并对中断事件进行了定义；5.4 节将上述结果分别应用于 INR HARQ 方案和 RTD HARQ 方案中；5.5 节推导了块衰落信道中采用这两种方案的安全吞吐量，并在 5.6 节对其进行了渐近性分析；5.7 节在数值上对不同方案和结果进行了仿真对比；最后在 5.8 节对本章进行了小结并指出了后续的研究方向。文中的结果并没有给出正式的证明，读者可参看参考文献[20]中的证明及更深入的讨论。

5.2 系统模型和预备知识

5.2.1 系统模型

如图 5.2 所示，发送者通过源-目信道（主信道）将保密信息传送给目标接收者，在此过程中存在一个被动窃听者通过源-窃听信道（窃听信道）对保密信息进行窃听。主信道和窃听信道都经历 M 块衰落，信道在一个块内保持不变且在块间相互独立（见参考文献[21,22]）。假设每块的时隙持续时间为 T，带宽为 W，即发送者在每个时隙内可以发送 $N=\lfloor 2TW \rfloor$个实符号，并假设 N 是一个满足随机编码参数要求的足够大的正整数①。

① 例如，对于通用移动电信系统数据传输模式中的一个 64 kb/s 的下行链路参考数据信道，每个时隙中包含数据上限 $N\approx 10\,000$。

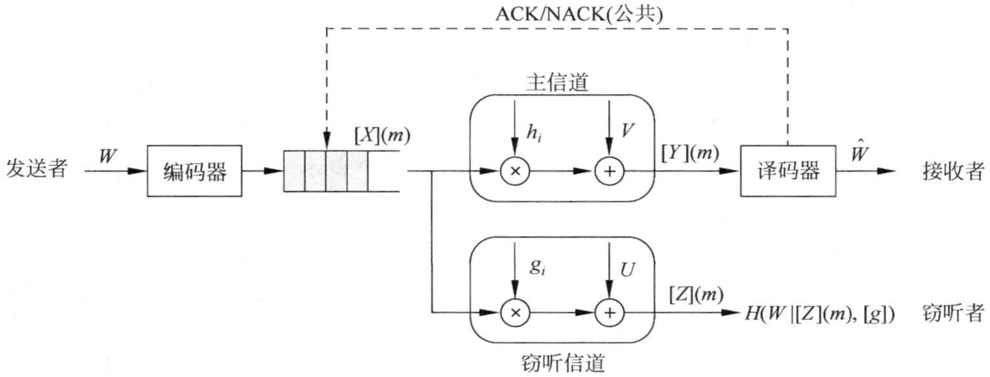

图 5.2　系统模型：块衰落信道下窃听者存在时的混合 ARQ 方案(© IEEE 2009)

在发送端，信息 $w\in\mathcal{W}$被编码为码字 x^{MN}，随后 x^{MN} 被分成 M 块$[x_1^N,x_2^N,\cdots,x_M^N]$，每块长度为 N。码字 x^{MN} 占用了 M 个时隙进行传输，即对于任意 $i=1,\cdots,M$，第 i 块信息 x_i^N 在时隙 i 发送，通过信道响应为 h_i 的主信道被合法接收者接收，同时通过信道响应为 g_i 的窃听信道被窃听者接收。一个基带等效的离散时间块衰落搭线窃听信道模型可以描述为以下形式

$$\begin{aligned} y(t) &= \sqrt{h_i}x(t)+v(t) \\ z(t) &= \sqrt{g_i}x(t)+u(t) \end{aligned} \quad t=1,\cdots,MN, i=\lceil t/N\rceil \tag{5.1}$$

其中：$x(t)$表示发送信号；$y(t)$和 $z(t)$分别表示合法接收者和窃听者接收到的信号；在时刻 t，$\{v(t)\}$和$\{u(t)\}$是独立同分布且服从$\mathcal{N}(0,1)$的随机变量序列；h_i 和 $g_i(i=1,\cdots,M)$表示主信道和窃听信道的实信道。此外，假设信号 $x(t)$每符号的平均能量具有如下约束

$$E[|x(t)|^2]\leqslant\bar{P} \tag{5.2}$$

$[h]=[h_1,\cdots,h_M]$以及$[g]=[g_1,\cdots,g_M]$分别表示主信道和窃听信道的信道向量。将$([h],[g])$定义为信道对(channel pair)，并假设合法接收者已知信道$[h]$，窃听者已知信道$[g]$。

5.2.2　Wyner“好”码

在本节中，仅考虑单个数据块的传输$(M=1)$并引入 Wyner 码(见参考文献[9])，它是构成安全 HARQ 协议的基础。

当不考虑安全时(如在图 5.2 中忽略窃听者)，随机编码几乎不带来任何好处。此时使用确定性编码，可表示为 $C\in\mathcal{C}(R_0,N)$，码本中的 2^{NR_0} 个码字可以通过一一映射传递 2^{NR_0} 个消息。

但是，随机化可以增强信息的保密性。实际上 Wyner 码的基本思想就是使用随机编码来增加信息的保密水平(见参考文献[9,10])。

让 $C\in\mathcal{C}(R_0,R_s,N)$表示一个大小为 2^{NR_0} 的 Wyner 码，用于传递保密信息序列$\mathcal{W}=\{1,2,\cdots,2^{NR_s}\}$，$R_0\geqslant R_s$，$N$ 为码字长度①。因此，Wyner 码中有两个速率参数：主信道编

① 为了不引发歧义，令$\mathcal{C}(R_0,N)$表示非保密确定码，令$\mathcal{C}(R_0,R_s,N)$表示 Wyner 码。

码速率 R_0 和保密信息速率 R_s。将 R_0-R_s 定义为保密间隙(secrecy gap),用于描述为了保证信息安全所牺牲的信息速率。

Wyner 码$\mathcal{C}(R_0,R_s,N)$是基于随机装箱(见参考文献[9])进行构造的。根据输入分布 $p(x)$随机独立地选取 $N2^{NR_0}$ 个符号 $x_i(w,v)$,生成 2^{NR_0} 个码字 $x^N(w,v),w=1,2,\cdots,2^{NR_s},v=1,2,\cdots,2^{N(R_0-R_s)}$。Wyner 码集合$\mathcal{C}(R_0,R_s,N)$表示一组长为 N 的 Wyner 码集合,其中每一个 Wyner 码都具有特定的生成方式和标号。

用一个给定条件概率的矩阵来描述$\mathcal{C}(R_0,R_s,N)$的随机编码器,对于 $w\in\mathcal{W}$,随机均匀地从$\{1,2,\cdots,2^{N(R_0-R_s)}\}$中选取 v,并发送 $x^N=x^N(w,v)$。假设合法接收者采用典型序列译码器,在接收到信号 y^N 后,合法接收者试图寻找一对$(\tilde{w},\tilde{v})$,使得 $x^N(\tilde{w},\tilde{v})$和 y^N 构成典型联合序列(见参考文献[24])。如

$$\{x^N(\tilde{w},\tilde{v}),y^N\}\in T_\varepsilon^N(p_{XY})$$

其中,$T_\varepsilon^N(p_{XY})$表示一组关于 $p_{XY}(x,y)$的弱联合典型序列 x^N 和 y^N。如果找不到这样的联合典型对,则译码失败。

假设 y^N 和 z^N 分别为合法接收者和窃听者通过信道对(h,g)接收到的信号,则平均错误概率可表示为

$$P_e(h)=\sum_{w\in\mathcal{W}}\Pr\{\phi(Y^N)\neq w\,|\,h,w\}\Pr(w) \tag{5.3}$$

其中,$\phi(Y^N)$表示合法接收者的译码器输出,$\Pr(w)$表示信息 $w\in\mathcal{W}$的先验概率。

窃听者的疑义度是度量保密传输性能(即窃听者被扰乱的程度)的参数。完美保密是指对于所有的$\varepsilon>0$,疑义度都满足下式

$$\frac{1}{N}H(W\,|\,g,Z^N)\geqslant\frac{1}{N}H(W)-\varepsilon \tag{5.4}$$

即当 $P_e(h)\leqslant\varepsilon$ 时,长为 N 的码 C 称为搭线窃听信道模型中信道对为(h,g)的好码;当 N 足够大且对于任意$\varepsilon>0$ 都满足式(5.4)时,称为完美保密。

5.2.3 非安全 HARQ 方案

首先介绍一种不考虑保密传输条件时的块衰落信道下的 HARQ 方案。如图 5.2 所示,这种方案在不考虑存在窃听者的情况下,能够保证主信道信息传输的可靠性。

首先,发送者将信息位和编码校验位根据长为 MN 的母码进行编码,得到的码字 x^{MN} 被分成了 M 块,分别为$[x_1^N,x_2^N,\cdots,x_M^N]$。具体的重传协议为:在第一次传输时,发送者将信息块 x_1^N 通过信道为 h_1 的信道发送给目标接收者,由目标接收者对其进行译码。接收者如果未检测到错误,则向发送者反馈 ACK 停止该信息块的传输,否则反馈 NACK 请求重传。此时发送者通过信道为 h_2 的信道将信息块 x_2^N 发送给目标接收者,接收者根据新收到的 x_2^N 和之前收到的 x_1^N 联合进行译码。重复上述重传过程,直到发送者将 M 块母码信息全部发送完或者目标接收者正确译码为止。

然后,考虑两种非安全 HARQ 方案——RTD HARQ 方案和 INR HARQ 方案。这两种方案都基于下面同一个基本码

$$C_1\in\mathcal{C}(MR_0,N)$$

对于 RTD HARQ 方案，其母码是 M 个重复的基本码 C_1，即每次传输都重复使用相同的编码；对于 INR HARQ 方案，其母码可以被看作任意 $C\in\mathcal{C}(R_0,MN)$。

上述两种方案在接收者联合译码时具有不同的要求。在 RTD HARQ 方案中，由于所有的重传都发的是完全相同的信息，故重传信息块是基于最大比合并的方式进行联合译码的。但 INR HARQ 方案则采用了另一种合并技术，在第一次传输中发送的码符号 $[x](1)=[x_1^N]$ 形成了一个长度为 N 的打孔码字 $C_1\in\mathcal{C}(MR_0,N)$，类似地，对 $m\in\{1,\cdots,M\}$，经过 m 次传输后所有传输的编码符号 $[x](m)=[x_1^N,\cdots,x_m^N]$ 组成了一个打孔码字

$$C_m \in \mathcal{C}\left(\frac{MR_0}{m},mN\right)$$

接收者在第 m 次传输后，对打孔码字 C_m 进行译码。

注意，在 INR HARQ 方案中，打孔码字 $\{C_M,C_{M-1},\cdots,C_1\}$ 组成了一组速率兼容的码字，其速率为

$$\left\{R_0,\frac{M}{M-1}R_0,\cdots,MR_0\right\}$$

在参考文献[1]中，Caire 和 Tuninetti 研究了 INR HARQ 方案和 RTD HARQ 方案下的吞吐量，并证明了存在一种适合于 INR HARQ 方案的速率兼容码字。需要说明的是，INR HARQ 方案在每次重传过程中有效地积累了信道的互信息，而 RTD HARQ 方案在接收者处积累了信噪比，因此 RTD HARQ 仅仅是一个次优方案，INR HARQ 方案的性能往往优于 RTD HARQ 方案。

现在主要的问题是：是否存在一种速率兼容的保密编码适用于安全 HARQ 方案？需要同时保证安全性和可靠性时，INR HARQ 方案是否还优于 RTD HARQ 方案？

5.2.4 安全 HARQ 方案

安全 HARQ 方案中的重传协议与非安全 HARQ 方案类似，主要区别在于安全 HARQ 方案中的母码联合了信道编码与安全编码。也就是说，发送者用长为 MN 的安全母码将保密信息和校验信息同时进行编码，得到的码字 x^{MN} 被分成了 M 块，分别为 $[x_1^N,x_2^N,\cdots,x_M^N]$，其中 x_i^N 在信道对为 (h_i,g_i) 的独立信道中传输。每次传输都由合法接收者对码字进行译码，同样也采用窃听者的信息疑义度作为保密性能的度量参数。

5.2.4.1 性能度量

首先考虑 $m\in\{1,\cdots,M\}$ 经 m 次传输后系统的误码率性能以及保密性能。令

$$[x](m)=[x_1^N,\cdots,x_m^N],\quad [y](m)=[y_1^N,\cdots,y_m^N],\quad [z](m)=[z_1^N,\cdots,z_m^N]$$

分别表示在 m 次传输中的发送信息，合法接收者的接收信息和窃听者的接收信息。对于给定的信道对 $([h],[g])$，经 m 次传输后的错误概率为

$$P_e(m|[h])=\sum_{w\in\mathcal{W}}\Pr\{\phi([Y](m))\neq w|w,[h]\}\Pr(w)\tag{5.5}$$

其中，$\phi([Y](m)$ 表示 m 次传输后合法接收者对接收信息 $[Y](m)$ 的译码结果。则 m 次传输后的保密性能为

$$\frac{1}{mN}H(W|[z],[g])$$

若经 m 次传输后，对任意 $\varepsilon>0$，疑义度都满足下式，则称之为完美保密。

$$\frac{1}{mN}H(W|[z],[g]) \geqslant \frac{1}{mN}H(W)-\varepsilon \tag{5.6}$$

对于满足上述定义的 m，当 $j=1,\cdots,m-1$ 时，经 j 次传输后也能达到完美保密。

当 $P_e(m|[h])\leqslant\varepsilon$ 时，长为 mN 的码 C 被称为在信道对为（$[h]$，$[g]$）时 m 块信息传输的好码；当 N 足够大，对于任意 $\varepsilon>0$ 都满足式(5.6)时，称为完美保密。

接下来分别对基于时间重复分集和增量冗余的安全 HARQ 方案进行研究。

5.2.4.2 重复时间分集概述

首先，考虑一种基于重复 Wyner 码的简单时间分集安全 HARQ 方案。此时，母码 C 是一个级联码，其外码是 $C_1\in\mathcal{C}(MR_0,MR_s,N)$ 的 Wyner 码，内码是一个长为 M 的简单重复码，如

$$C=[\underbrace{C_1,C_1,\cdots,C_1}_{M}] \tag{5.7}$$

每次传输后，采用最大比合并的方法在合法接收者处进行译码，并在窃听者处进行疑义度计算。

5.2.4.3 增量冗余

在 INR 安全 HARQ 协议中，母码是一个长度为 MN 的 Wyner 码：

$$C\in\mathcal{C}(R_0,R_s,MN)$$

第一次传输时，传输的编码符号$[x](1)=[x_1^N]$构成一个长为 N 的打孔 Wyner 码：

$$C_1\in\mathcal{C}(MR_0,MR_s,N)$$

类似地，对于 $m\in\{1,\cdots,M\}$，经 m 次传输后所有的传输的编码符号$[x](m)=[x_1^N,\cdots,x_m^N]$构成了一个长为 mN 打孔 Wyner 码：

$$C_m\in\mathcal{C}\left(\frac{MR_0}{m},\frac{MR_s}{m},mN\right)$$

然后，根据打孔码 C_m 分别在合法接收者处译码，在窃听者处进行疑义度计算。不难发现，打孔码字$\{C_M,C_{M-1},\cdots,C_1\}$组成了一速率兼容的 Wyner 码，其保密速率为

$$\left\{R_s,\frac{M}{M-1}R_s,\cdots,MR_s\right\}$$

因此称这种方法为基于速率兼容 Wyner 码的 INR 安全 HARQ 方案。

5.3 安全信道集合与中断事件

本节对 Wyner 母码通过 M 个并行信道发送信息时的误码率及保密性能进行研究，其结果是对安全 HARQ 方案进行性能分析的基础。

回顾 5.2 节中的系统模型，当发送者未知信道状态信息时，即无法根据给定的衰落信

道状态调节速率对，使预先固定的码（Wyner 码）率对被用在所有的信道中。这就产生了一个实际问题：对于给定的 Wyner 码的码率，在何种信道条件下能同时满足通信的安全和可靠要求？下面给出安全信道集的概念，证明对于该集合中的所有信道对均存在一种好的 Wyner 码序列。

对于给定的发送信息概率分布函数 $p(x)$ 与速率对 (R_0, R_s)，安全信道集 P 是指所有满足下式的信道对 $([h],[g])$ 所构成的集合

$$\frac{1}{M}\sum_{i=1}^{M} I(X;Y \mid h_i) \geqslant R_0 \tag{5.8}$$

$$\frac{1}{M}\sum_{i=1}^{M} I(X;Z \mid g_i) \geqslant R_0 - R_s \tag{5.9}$$

其中，$I(X;Y \mid h_i)$ 和 $I(X;Z \mid g_i)$ 是式(5.1)所描述的单字符信道互信息。

定理 5.1　令 $\mathcal{P}$ 表示发送信息概率分布函数为 $p(x)$，速率对为 (R_0, R_s) 时的安全信道集。存在一种根据 $p(x)$ 生成的 Wyner 码 $C \in \mathcal{C}(R_0, R_s, MN)$，对所有信道对 $([h],[g]) \in P$ 都是好码。

参考文献[20]给出了定理 5.1 的详细证明。为简化基于中断的吞吐量的定义，现将中断事件定义为信道对不属于安全信道集的事件，即 $([h],[g]) \notin \mathcal{P}$。此外，将中断事件分为以下两种：连接中断和保密中断①。当满足式(5.10)时，称为连接中断。

$$\frac{1}{M}\sum_{i=1}^{M} I(X;Y \mid h_i) < R_0 \tag{5.10}$$

当满足式(5.11)时，称为保密中断。

$$\frac{1}{M}\sum_{i=1}^{M} I(X;Z \mid g_i) < R_0 - R_s \tag{5.11}$$

由此可以分别计算出两种中断事件在所有可能的衰落状态中平均发生的概率，即连接中断概率和保密中断概率。实际上，连接中断概率描述了大数据块长度数据包的错误概率界，保密中断概率描述了不安全数据分组的概率上界。此外，定理 5.1 表明了连接中断概率和保密中断概率反映的是某种编码统计意义上的性能，而且存在某个特殊的码序列是可达的。

5.4　HARQ 方案下的 Wyner“好”码

本节中对安全 HARQ 方案下设计的 Wyner 码进行误码率性能评估及安全性度量。

ARQ 方案的一个重要要求是在译码时能有效检测出码字错误，在此基础上 ACK 和 NACK 才能被正确地反馈。一个完整的译码（如最大后验概率译码和最大似然译码）函数需要在对信息进行编码时加入一些冗余，因此会略微降低吞吐量。参考文献[1]证明了内置次优译码器的检错能力能够达到检错要求。

① 主信道被视为一条通信链路。若一个数据包能够在一个时延约束下（M 次传输内）被传输到期望接收者，则认为该链路建立了连接。此外定义的连接中断概率在参考文献[21]中也被称为信息中断概率。

引理 5.1 对任意 $\varepsilon>0$,信道为$[h]$,当 N 足够大时,所有长为 MN 的码 C 均满足:

$$\Pr(\text{未检测到的错误} \mid [h],C) < \varepsilon$$

5.4.1 增量冗余

为评估 INR 方案的性能,采用如下的 M 并行信道模型。考虑编码信息块$[x](m)=[x_1^N,\cdots,x_m^N]$,$m\in\{1,\cdots,M\}$被发送者发送,经 m 次传输后译码。如图 5.3 所示,信息块 x_i^N 经信道对(h_i,g_i),$1\leqslant i\leqslant m$ 进行传输,假设每个打孔信息块$[x_{m+1}^N,\cdots,x_M^N]$通过了一个哑的[①](dummy)无记忆信道,该信道的输出与输入相互独立。

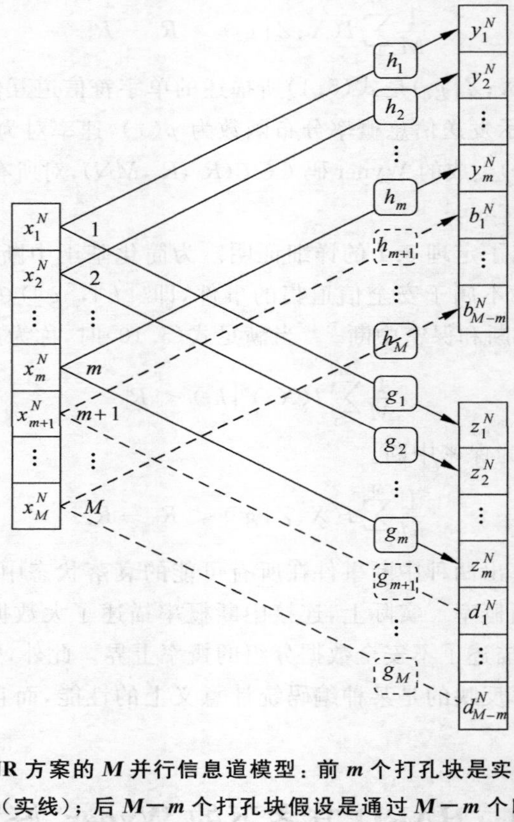

图 5.3 INR 方案的 M 并行信息道模型:前 m 个打孔块是实际传输的数据(实线);后 $M-m$ 个打孔块假设是通过 $M-m$ 个哑的无记忆信道传输,其输出与输入相互独立(虚线)(© IEEE 2009)

此时,母码通过 M 并行信道模型传输,在合法接收者处,译码器将实信号块$[y](m)=[y_1^N,\cdots,y_m^N]$与 $M-m$ 个空信号块$[b_1^N,\cdots,b_{M-m}^N]$组合为

$$[y_1^N,\cdots,y_m^N,b_1^N,\cdots,b_{M-m}^N]$$

类似地,窃听者处理的符号为

$$[z_1^N,\cdots,z_m^N,d_1^N,\cdots,d_{M-m}^N]$$

其中,$[d_1^N,\cdots,d_{M-m}^N]$是 $M-m$ 个空信号块。由于空信号块与输入的保密信息相互独立,

---

① 由于打孔位置不传递信息,在此形象地译为"哑的"。——译者注

其不会影响到合法接收者的译码，也不会影响在窃听者的疑义度计算。

在 HARQ 方案中，Wyner 母码 C 最多被传输 M 次。运用等价信道模型，可以将 HARQ 问题等价为在 M 个并行搭线窃听信道中的通信问题，并给出如下定理。

定理 5.2　考虑基于速率兼容 Wyner 码的安全 INR 方案

$$\{C_M, C_{M-1}, \cdots, C_1\}$$

其中

$$C_m \in \mathcal{C}\left(\frac{MR_0}{m}, \frac{MR_s}{m}, mN\right), \quad m = 1, \cdots, M$$

令$\mathcal{P}(m)$表示所有满足下式的信道对$([h],[g])$所构成的集合

$$\frac{1}{M}\sum_{i=1}^{m} I(X;Y \mid h_i) \geqslant R_0 \tag{5.12}$$

$$\frac{1}{M}\sum_{i=1}^{m} I(X;Z \mid g_i) \leqslant R_0 - R_s \tag{5.13}$$

则存在一组速率兼容的 Wyner 码$\{C_M, C_{M-1}, \cdots, C_1\}$，使得对所有信道对$([h],[g]) \in \mathcal{P}(m)$，码字 $C_m(m=1,\cdots,M)$都是好码。

5.4.2　重复时间分集

在 RTD HARQ 方案中，由于采用了分集技术，合法接收者和窃听者对同一数据分组都重复进行观测。此时，最佳接收者采用最大比合并(MRC)技术，其本质是将信道向量$([h],[g])$转化为标量对$(\hat{h}(m), \hat{g}(m))$。因此，经 m 次传输后，信道模型等价为

$$y(t) = \sqrt{\hat{h}(m)}\,x(t) + v(t), \quad z(t) = \sqrt{\hat{g}(m)}\,x(t) + u(t) \tag{5.14}$$

其中

$$t = 1, \cdots, N, \quad \hat{h}(m) = \sum_{i=1}^{m} h_i, \quad \hat{g}(m) = \sum_{i=1}^{m} g_i$$

对于给定的输入分布 $p(x)$和速率对(R_0, R_s)，令$\mathcal{L}(m)$表示所有满足下式的信道对$([h],[g])$所构成的集合

$$I(X;Y \mid \hat{h}(m)) \geqslant MR_0 \tag{5.15}$$

$$I(X;Z \mid \hat{g}(m)) \leqslant M(R_0 - R_s) \tag{5.16}$$

其中，$I(X;Y \mid \hat{h}(m))$和 $I(X;Z \mid \hat{g}(m))$是式(5.14)所描述的单字符互信息特性。对于给定的有限值 M，安全 RTD HARQ 方案具有如下推论。

推论 5.1　存在一个 Wyner 码 $C_1 \in \mathcal{C}(MR_0, MR_s, N)$，其重复码为

$$C_m = [\underbrace{C_1, C_1, \cdots, C_1}_{M}]$$

对所有满足$([h],[g]) \in \mathcal{L}(m)$，$m=1,\cdots,M$ 条件的信道对均为好码。

5.5　HARQ 方案的保密吞吐量

本节以瑞利独立块衰落信道为例，对 HARQ 方案的可达保密吞吐量进行了研究，其余类型的块衰落信道可以采用相似的研究方法。

当发送者未知 CSI 时，通常无法获知式(5.1)中的最优输入分布。为了在数学上易于处理，通常认为输入为高斯分布。对 INR 方案来讲，互信息 $I_{XY}^{[\mathrm{INR}]}(m)$ 和 $I_{XZ}^{[\mathrm{INR}]}(m)$ 表示为

$$\begin{cases} I_{XY}^{[\mathrm{INR}]}(m) = \dfrac{1}{2M}\sum\limits_{i=1}^{m}\log_2(1+\lambda_i) \\ I_{XZ}^{[\mathrm{INR}]}(m) = \dfrac{1}{2M}\sum\limits_{i=1}^{m}\log_2(1+v_i) \end{cases} \tag{5.17}$$

其中

$$\lambda_i = h_i\bar{P}, \quad v_i = g_i\bar{P}, \quad i = 1,\cdots,M \tag{5.18}$$

分别表示第 i 次传输中合法接收者和窃听者的信噪比(SNR)。对 RTD 方案来讲，互信息 $I_{XY}^{[\mathrm{RTD}]}(m)$ 和 $I_{XZ}^{[\mathrm{RTD}]}(m)$ 表示为

$$\begin{cases} I_{XY}^{[\mathrm{RTD}]}(m) = \dfrac{1}{2M}\log_2\left(1+\sum\limits_{i=1}^{m}\lambda_i\right) \\ I_{XZ}^{[\mathrm{RTD}]}(m) = \dfrac{1}{2M}\log_2\left(1+\sum\limits_{i=1}^{m}v_i\right) \end{cases} \tag{5.19}$$

虽然这里仅考虑的是高斯输入，但 5.4 节的结果同样可以用于其他输入分布中，例如受调制方式约束的离散信号。

令 $\mathcal{M}$ 表示在 HARQ 方案下的传输次数，已知主信道 SNR 分布为 λ，在 INR 和 RTD 方案下 $\mathcal{M}$ 的概率密度函数为：

$$\begin{cases} \forall m \in [1, M-1]\, p[\mathcal{M}=m] = \Pr\{I_{XY}(m-1) < R_0, I_{XY}(m) \geqslant R_0\} \\ \qquad\qquad = \Pr\{I_{XY}(m-1) < R_0\} - Pr\{, I_{XY}(m) < R_0\} \\ p[\mathcal{M}=M] = \Pr\{I_{XY}(M-1) < R_0\} \end{cases} \tag{5.20}$$

其中，$I_{XY}(m)$ 和 $I_{XZ}(m)$ 是依据指定的 HARQ 方案从式(5.19)或式(5.17)中选取。用 P_e 表示连接中断概率，P_s 表示保密中断概率，则式(5.20)定义了 P_e 和 P_s 的表达式分别为

$$P_e = \Pr\{I_{XY}(M) < R_0\} \tag{5.21}$$

$$P_s = \sum_{m=1}^{M} p[m]\Pr\{I_{XZ}(m) > R_0 - R_s\} \tag{5.22}$$

5.5.1 满足保密约束时的吞吐量

现基于上述 P_e 和 P_s 的定义，对保密吞吐量进行研究。首先，定义一个目标保密中断概率 ξ_s，即在所有发送的保密信息比特中，至少有 $1-\xi_s$ 比例的比特是完全保密的。在此约束下，保密吞吐量 η 为合法接收者译码的平均比特数，单位为比特每秒每赫兹

$$\eta = \lim_{t\to\infty}\frac{a(t)}{tN} \tag{5.23}$$

其中，N 为每块中的符号数，$a(t)$ 为目标接收者经 t 个时隙后成功译码的信息比特数(总共发送 tN 个数据块)。发送者停止发送当前码字的事件被视为一个周期性事件(recurrent event)(见参考文献[25])。随机回报事件(random reward) $\mathcal{R}$ 与该事件的发生有关：当发送者收到成功译码的反馈而停止发送时，$\mathcal{R} = MR_s$ bit/符号；当发送了 M 次后合法用户仍未成功译码而停止发送时，$\mathcal{R} = 0$ bit/符号。根据更新回报定律(renewalreward theorem)(见参考文献[1,25]),保密吞吐量为

$$\eta(R_0,R_s)=\frac{E[\mathcal{R}]}{E[\mathcal{M}]}=\frac{MR_s}{E[\mathcal{M}]}(1-P_e) \tag{5.24}$$

其中,$E[\mathcal{M}]$是完成码字正确传输的期望传输次数,即

$$\begin{aligned}E[\mathcal{M}]&=\sum_{m=1}^{M}mp[\mathcal{M}=m]\\&=1+\sum_{m=1}^{M}\Pr\{I_{XY}(m)<R_0\}\end{aligned} \tag{5.25}$$

适当选取母码参数(R_0 和 R_s),可得到满足保密中断概率 ξ_s 要求的最大吞吐量。由此,考虑下述问题

$$\begin{aligned}&\max_{R_0,R_s}\quad \eta(R_0,R_s)\\&\text{s.t.}\quad P_s\leqslant\xi_s\end{aligned} \tag{5.26}$$

式(5.26)描述的最优化问题给出了在概率意义上对保密服务的要求,即只要保密中断概率小于 ξ_s,保密服务的质量都是可接受的,参数 ξ_s 表示了在实际应用中系统对中断的容忍程度。由于 P_s 是一个关于 R_s 的递减函数,η 线性正比于 ξ_s,可以采取两步对最优化式(5.26)求解:第一步,对于给定的 M、R_0 和 ξ_s,找出 $R_s^*(R_0)$的最大值;第二步,寻找最佳的 R_0^*,使得保密吞吐量 $\eta(R_0,R_s^*(R_0))$最大。

5.5.2 同时满足安全性与可靠性要求时的吞吐量

可靠性是服务质量的另一重要参数,为了同时达到连接中断目标 ξ_e 和保密中断目标 ξ_s,考虑如下问题

$$\begin{aligned}&\max_{R_0,R_s}\quad \eta(R_0,R_s)\\&\text{s.t.}\quad P_s\leqslant\xi_s,P_e\leqslant\xi_e\end{aligned} \tag{5.27}$$

式(5.27)不仅体现了信息保密服务的要求,也给出了概率意义上对连接中断的要求,即 HARQ 传输成功的比例至少要有 $1-\xi_s$。连接中断约束保证了在牺牲尽可能少吞吐量的同时,时延约束(一个数据分组能在 M 次传输内送达)满足概率为 $1-\xi_s$,因此,诸如 CDMA2000(见参考文献[26])的语音通信系统等,能够以平均速率换取译码时延。参考文献[27]对并行衰落信道中一个类似的约束问题(service outage,服务中断)进行了相关研究。

现使用 $I_{XY}(m)$和 $I_{XZ}(m)$的累积分布函数(CDFs)对 $p[m]$、P_e 和 P_s 进行评估。对于 RTD 方案,可以用 $\sum_{i=1}^{m}\lambda_i$ 和 $\sum_{i=1}^{m}v_i$ 的 Gamma 分布来描述具有不完全 Gamma 函数的 $I_{XY}^{[\mathrm{RTD}]}(m)$ 和 $I_{XZ}^{[\mathrm{RTD}]}(m)$的 CDFs。对于 INR 方案,$I_{XY}^{[\mathrm{INR}]}(m)$和 $I_{XZ}^{[\mathrm{INR}]}(m)$的分布无法用闭式表示,因此采用蒙特卡罗仿真获取 CDFs 的经验值。只有在估计 CDFs 的经验值时才用到蒙特卡洛仿真,(R_0^*,R_s^*)则采用(非随机)搜索获得数值解。

5.6 渐近性分析

通常情况下,由于 $\Pr\{I_{XY}(m)<R_0\}$没有闭式解,很难计算 INR 方案的安全吞吐量。本节研究一种不具备闭式表达的渐近安全吞吐量。

若 M 没有上界约束，当 M 增加时的渐近结果是本章感兴趣的研究内容。需要注意的是，这个渐近结果对应的是一个时延无约束系统，在这种情况下安全 HARQ 方案的丢包率为 0，即数据将一直重发直至正确译码。因此，式(5.26)和式(5.27)具有相同的吞吐量，可以根据式(5.24)得

$$\eta(R_0,R_s)=\frac{MR_s}{E[\mathcal{M}]}=\frac{MR_s}{1+\sum_{m=1}^{M}\Pr\{I_{XY}(m)<R_0\}} \tag{5.28}$$

下面，考虑当 M 很大时，如何选取一个适合于 INR 方案的 Wyner 母码，以同时达到安全和可靠的传输要求。令 λ 和 v 分别表示合法接收者和窃听者的瞬时 SNR。

引理 5.2 考虑 Wyner 母码为 $C\in\mathcal{C}(R_0,R_s,MN)$ 的 INR 安全 HARQ 方案，有

$$\lim_{M\to\infty}P_e^{[\mathrm{INR}]}=0,\quad \lim_{M\to\infty}P_s^{[\mathrm{INR}]}=0 \tag{5.29}$$

当且仅当

$$\begin{cases}R_0\leqslant\dfrac{1}{2}E[\log_2(1+\lambda)]\\ R_0-R_s\geqslant R_0\dfrac{E[\log_2(1+v)]}{E[\log_2(1+\lambda)]}\end{cases} \tag{5.30}$$

其中，期望值至少大于 λ 和 v 中的一个。此外，若式(5.30)不成立，则

$$\lim_{M\to\infty}P_e^{[\mathrm{INR}]}=1\quad 或\quad \lim_{M\to\infty}P_s^{[\mathrm{INR}]}=1 \tag{5.31}$$

为了对比，考虑不采用 HARQ 方案时 Wyner 码 C 通过 M 块衰落信道传输的情况，并将此种情况称为 M 块衰落编码方案(MFB)。定理 5.1 表明，若采用 MFB 方案，当且仅当下式成立时，才满足式(5.29)。

$$\begin{cases}R_0\leqslant\dfrac{1}{2}E[\log_2(1+\lambda)]\\ R_0-R_s\geqslant\dfrac{1}{2}E[\log_2(1+v)]\end{cases} \tag{5.32}$$

可以发现，式(5.30)所描述的 INR 方案约束要弱于式(5.32)的 MFB 方案，也就是说，采用相同的 Wyner 码，INR 方案比 MFB 方案更容易达到安全与可靠的通信要求。这一结果说明了 INR 安全 HARQ 方案的优势。

根据引理 5.2，对安全 HARQ 方案的可达吞吐量有如下渐近结果。

定理 5.3 考虑块衰落搭线窃听信道下的 HARQ 方案，若保密信息速率 R_s 满足

$$\lim_{M\to\infty}\frac{1}{MR_s}=0 \tag{5.33}$$

则 RTD 和 INR 方案的保密吞吐量为

$$\lim_{M\to\infty}\max_{R_0,R_s}\eta(R_0,R_s)=\begin{cases}0 & \mathrm{RTD}\\ \dfrac{1}{2}E[\log_2(1+\lambda)-\log_2(1+v)] & \mathrm{INR}\end{cases}$$

其中，λ 和 v 分别为合法接收者和窃听者的瞬时 SNR。

从上述分析中可以发现 RTD 方案是一种次优的编码方案，式(5.28)表明在该方案中 $E(m)$ 的增长比 MR_s 快，因此安全吞吐量的极限值为 0。定理 5.3 再次说明了 INR 方案优于 RTD 方案。

5.7 数值结果

这里采用瑞利块衰落信道进行数值仿真，即主信道的瞬时 SNR λ 的概率密度函数(PDF)为 $f(\lambda)=(1/\bar{\lambda})e^{-\lambda/\bar{\lambda}}$，且窃听信道瞬时 SNR$v$ 的 PDF 为 $f(v)=(1/\bar{v})e^{-v/\bar{v}}$，其中 $\bar{\lambda}$ 和$\bar{v}$分别为主信道和窃听信道的平均 SNR。

为了说明 R_0(和 R_s)的选择如何影响到保密吞吐量 η，图 5.4 给出了 η 与 R_0 的数值关系。仿真具体参数设置为：主信道的平均 SNR $\bar{\lambda}=5$ dB；窃听信道的平均 SNR $\bar{v}=5$ dB；最大传输次数 $M=8$(当采用其他参数设置时得到的结果与之类似)。对变化的 R_0，分别计算出在保密约束 ξ_s 为 1、10^{-2}和10^{-4}时 $R_s^*(R_0)$的最大值。当没有保密约束($\xi_s=1$)时，由于 RTD 是一种次优方案，其曲线始终处于 INR 方案的曲线之下。但考虑保密约束条件时却并非如此。这是由于 INR 方案并不只对合法用户的信息传输有益，其对窃听者的窃听也带来了好处。因此，在考虑信息保密时，INR 方案比 RTD 方案需要牺牲更多的主信道速率来保证窃听者无法获取保密信息。可以从图 5.4 中直观地看到，为了获得非负的保密吞吐量，INR 方案比 RTD 方案选取的 R_0 更大。

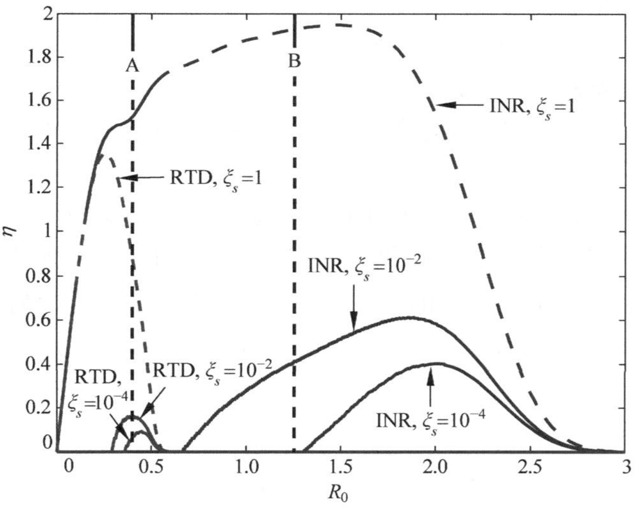

图 5.4 主窃听信道的平均 SNR 分别为 15 dB 和 5 dB，最大传输次数 $M=8$ 时，不同保密要求 ζ_s 下保密吞吐量 η 与主信道码率 R_0 间的关系(© IEEE 2009)

从图 5.4 可明显看出，对于每种参数设置都存在能使 η 最大的唯一的 R_0^*(唯一的 $R_s^*(R_0)$)。对于所有的保密约束($\xi_s=1,10^{-2},10^{-4}$)，若根据方案选取最优的 R_0^* 和 $R_s^*(R_0^*)$，那么 INR 方案的保密吞吐量要高于 RTD，这说明 INR 方案优于 RTD。

从图 5.5 中可以更加直观地看到式(5.21)给出的结论：R_0 的选取决定了传输的可靠性。图 5.5 描述了连接中断概率 P_e 与 R_0 间的关系。对两种方案而言，P_e 都随着 R_0 的增加而增加。一个更加严格的保密约束需要相对更大的 R_0^*(见图 5.4)，这就造成了可靠性的降低，此时需要一个安全性与可靠性的折中方案。

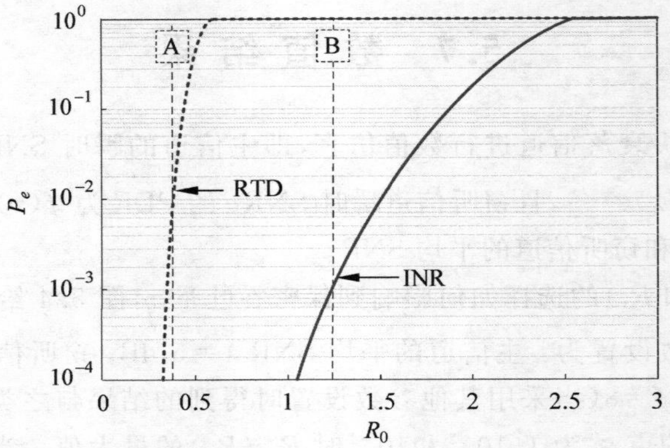

图 5.5 主窃听信道的平均 SNR 分别为 15 dB 和 5 dB，M=8 时，连接中断概率 P_e 与主信道速率 R_0 间的关系(© IEEE 2009)

对于给定的严格连接中断约束 $P_e<\xi_e$，选取的 R_0^*（和 $R_s^*(R_0^*)$）也许是不可行的。例如，为了使 $P_e<10^{-3}$，需要选取的 $R_0^{[\mathrm{RTD}]}\leqslant 0.38$，$R_0^{[\mathrm{INR}]}\leqslant 1.25$（分别对应了图 5.4 和图 5.5 中的阈值 A 与 B）。特别地，当连接中断概率约束为 $P_e<10^{-3}$ 时，由图 5.4 知，对于 $\xi_s=10^{-2}$ 的 INR 方案没有可行的 R_0^*，同时对于 $\xi_s=10^{-4}$ 的 INR 和 RTD 方案都没有可行的 R_0^*。当 $\xi_s=10^{-4}$、$\xi_e=10^{-3}$ 时，INR 方案无法获得正的保密吞吐量，但 RTD 方案可以得到，这说明 RTD 方案在一些严格的保密中断约束和连接中断约束的情况下是优于 INR 的，这有别于以往所知的结论：非安全条件下 HARQ 方案中的 INR 总是优于 RTD（见参考文献[1]）。

图 5.6(a)和图 5.6(b)给出了在不同的目标安全中断概率 ξ_s 下的安全吞吐量 η。图 5.6(a)中不含对连接中断的约束，图 5.6(b)中则增添了连接中断概率 $P_e\leqslant\xi_e=10^{-3}$ 的约束。仿真参数 $\bar{\lambda}=15$ dB，$\bar{v}=5$ dB，$M=8$。可以看到，当两种方案的吞吐量都很小的时

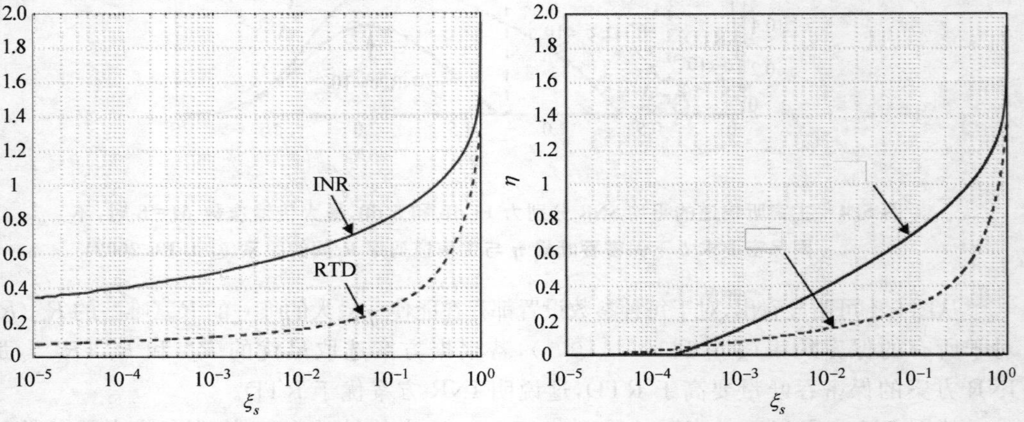

(a) 无连接中断约束(ξ_e=1)　　(b) 连接中断约束($\xi_e=10^{-3}$)

图 5.6 主窃听信道的平均 SNR 分别为 15 dB 和 5 dB，M=8 时，保密吞吐量 η 与保密中断概率 ξ_s 间的关系

候，都能达到很小的保密中断概率；当不考虑连接中断时，INR方案的性能始终优于RTD方案，但当存在严格的连接中断要求时，若 ξ_s 很小（如 $\xi_s \leqslant 10^{-4}$）则RTD方案的性能要优于INR。

图5.7给出了当保密中断概率的上限 $\xi_s = 10^{-3}$，且不考虑连接中断时，保密吞吐量 η 与主信道平均SNR$\bar{\lambda}$之间的关系，其中窃听者的平均SNR固定为5 dB。可以看到，INR方案明显优于RTD方案，且当主信道SNR较大时优势更加明显。

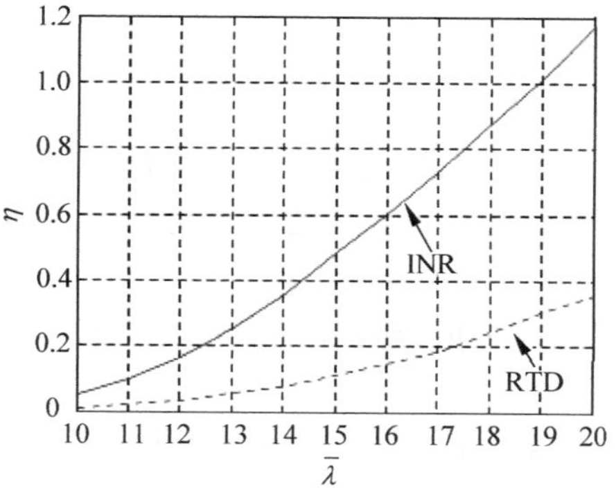

图5.7 窃听信道的平均SNR为15 dB，$M=8$，保密中断概率 $\zeta_s = 10^{-3}$ 时，保密吞吐量 η 与主信道的平均SNR$\bar{\lambda}$间的关系

图5.8给出了保密吞吐量 η 与最大传输次数 M 之间的关系。与不考虑连接中断约束时的保密吞吐量相比，当存在连接中断约束（$P_e \leqslant 10^{-3}$）时，若 M 较小，则样本不足，保密吞吐量会有一定的损耗。随着 M 的增大，样本数量增加，两种方案的保密吞吐量都能够收敛。特别地，当 $M \to \infty$ 时，在式(5.28)的渐近分析中两种方案的吞吐量相同。在INR方案中，保密吞吐量 $\eta^{[\text{INR}]}$ 随 M 单调递增；而在RTD方案中，由于为次优编码方案，保密吞吐量 $\eta^{[\text{RTD}]}$ 是 M 的减函数。因此，当 $M \to \infty$ 时，INR方案的保密吞吐量能够趋近于一个非零常数（由定理5.3得该值为 $\frac{1}{2}E[\log_2(1+\lambda) - \log_2(1+v)] = 1.31$），但RTD方案的吞吐量趋于0。

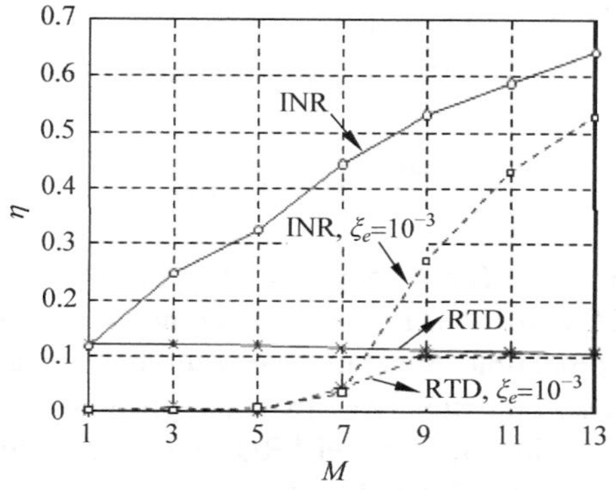

图5.8 主窃听信道的平均SNR分别为15 dB和5 dB，保密中断概率 $\zeta_s = 10^{-3}$ 时，保密吞吐量 η 与最大传输次数 M 间的关系（© IEEE 2009）

5.8 小　结

本章基于安全 HARQ 方案，综合考虑信道编码、安全编码以及重传协议，研究了在频率平坦的块衰落高斯窃听信道模型中的安全数据分组传输问题，从信息论的角度分别研究了两种安全 HARQ 方案：采用最大比合并的重复时间分集方案（RTD）以及基于速率兼容 Wyner 安全码的增量冗余方案（INR）。本章证明了在采用 HARQ 的一些特定信道条件下，使合法接收者能够正确译码且窃听者无法获得任何信息的 Wyner 码是存在的。

为了简化基于中断的吞吐量公式，定义了两种中断类型：连接中断和保密中断。连接中断概率和保密中断概率分别是对合法通信链路的可靠性和窃听链路的保密性的度量。本章对保密中断概率和连接中断概率约束下的 RTD HARQ 和 INR HARQ 方案进行了可达吞吐量分析，通过一些数值分析和渐近性分析说明了 HARQ 方案可以为信息安全带来好处。

通常情况下，当不考虑安全性时，INR HARQ 方案达到的吞吐量远大于 RTD HARQ 方案，这是由于 INR HARQ 方案的互信息积累要比 SNR 积累（RTD HARQ）更有效率。但是如果要保证主信道连接中断概率很小，即使在信道状态很差的情况下，这两种方案都必须降低主信道传输速率。INR HARQ 方案无论对合法接收者还是窃听者都具有较大的编码增益，为保证安全需要牺牲更多的主信道误码率（例如需要保密时隙更大）。因此，当主信道速率由于连接中断概率约束而受限的时候，INR HARQ 的可达保密吞吐量可能会小于 RTD HARQ。

下面，提出一些将来值得进一步研究的内容作为本章工作的总结。

首先，正如参考文献[28]中所提出的，许多实用编码器都与调制器分离，因此 HARQ 方案的性能同时也受到了调制约束的影响。尽管本章假设发射信号为高斯分布，但后续将其扩展到离散信号进行分析研究也是十分有意义的。

其次，在本章的分析中假设系统为随机编码和典型序列译码，后续研究中需要考虑安全 HARQ 方案下的实用编译码方案。现有的实用安全编码设计包括陪集编码（见参考文献[29]）、低密度奇偶校验码（LDPC）（见参考文献[30]）和嵌套编码（见参考文献[31]）。高斯信道下码率兼容的实用安全编码设计仍然是一个具有挑战的问题。

参考文献

[1] G. Caire and D. Tuninetti, “The throughput of hybrid-ARQ protocols for the Gaussian collision channel,” *IEEE Trans. Inf. Theory*, vol. 47, no. 5, pp. 1971–1988, July 2001.

[2] J. Hagenauer, “Rate-compatible punctured convolutional codes (RCPC codes) and their applications,” *IEEE Trans. Commun.*, vol. 36, no. 4, pp. 389–400, Apr. 1988.

[3] K. R. Narayanan and G. L. Stuber, “A novel ARQ technique using the turbo coding principle,” *IEEE Commun. Lett.*, vol. 1, no. 2, pp. 49–51, Mar. 1997.

[4] D. Tuninetti and G. Caire, “The throughput of some wireless multiaccess systems,” *IEEE Trans. Inf. Theory*, vol. 48, no. 5, pp. 2773–2785, Oct. 2002.

[5] E. Soljanin, R. Liu, and P. Spasojević, "Hybrid ARQ with random transmission assignments," in *Adv. Netw. Inf. Theory*, ser. DIMACS Series in Discrete Mathematics and Theoretical Computer Science, P. Gupta, G. Kramer, and A. J. van Wijngaarden, Eds. Providence, RI: American Mathematical Society, pp. 321–334, 2004.

[6] S. Sesia, G. Caire, and G. Vivier, "Incremental redundancy hybrid ARQ schemes based on low-density parity-check codes," *IEEE Trans. Commun.*, vol. 52, no. 8, pp. 1311–1321, Aug. 2004.

[7] C. F. Leanderson and G. Caire, "The performance of incremental redundancy schemes based on convolutional codes in the block-fading Gaussian collision channel," *IEEE Trans. Wireless Commun.*, vol. 3, no. 3, pp. 843–854, May 2004.

[8] E. Soljanin, N. Varnica, and P. Whiting, "Incremental redundancy hybrid ARQ with LDPC and raptor code," *IEEE Trans. Inf. Theory*, submitted, Sept. 2005.

[9] A. D. Wyner, "The wire-tap channel," *Bell Syst. Tech. J.*, vol. 54, no. 8, pp. 1355–1387, Oct. 1975.

[10] I. Csiszár and J. Körner, "Broadcast channels with confidential messages," *IEEE Trans. Inf. Theory*, vol. 24, no. 3, pp. 339–348, May 1978.

[11] S. K. Leung-Yan-Cheong and M. Hellman, "The Gaussian wire-tap channel," *IEEE Trans. Inf. Theory*, vol. 24, no. 4, pp. 451–456, July 1978.

[12] Y. Liang and H. V. Poor, "Multiple access channels with confidential messages," *IEEE Trans. Inf. Theory*, vol. 54, no. 3, pp. 976–1002, Mar. 2008.

[13] R. Liu, I. Maric, R. D. Yates, and P. Spasojevic, "The discrete memoryless multiple access channel with confidential messages," in *Proc. IEEE Int. Symp. Inf. Theory*, Seattle, WA, pp. 957–961, July 2006.

[14] E. Tekin and A. Yener, "The Gaussian multiple access wire-tap channel with collective secrecy constraints," in *Proc. IEEE Int. Symp. Inf. Theory*, Seattle, WA, pp. 1164–1168, July 2006.

[15] R. Liu, I. Maric, P. Spasojevic, and R. Yates, "Discrete memoryless interference and broadcast channels with confidential messages: Secrecy rate regions," *IEEE Trans. Inf. Theory*, vol. 54, no. 6, pp. 2493–2507, June 2008.

[16] J. Barros and M. R. D. Rodrigues, "Secrecy capacity of wireless channels," in *Proc. IEEE Int. Symp. Inf. Theory*, Seattle, WA, pp. 356–360, July 2006.

[17] Y. Liang, H. V. Poor, and S. Shamai (Shitz), "Secure communication over fading channels," *IEEE Trans. Inf. Theory*, vol. 54, no. 6, pp. 2470–2492, June 2008.

[18] Z. Li, R. Yates, and W. Trappe, "Secrecy capacity of indepedent parallel channels," in *Proc. 44th Annu. Allerton Conf. on Commun., Control, Comput.*, Monticello, IL, Sep. 2006.

[19] P. Gopala, L. Lai, and H. El Gamal, "On the secrecy capacity of fading channels", *IEEE Trans. Inf. Theory*, vol. 54, no. 10, pp. 4687–4698, Oct. 2008.

[20] X. Tang, R. Liu, P. Spasojević, and H. V. Poor, "On the throughput of secure hybrid-ARQ protocols for Gaussian block-fading channels," *IEEE Trans. Inf. Theory*, vol. 55, no. 4, pp. 1575–1591, Apr. 2009.

[21] S. Shamai, L. Ozarow, and A. Wyner, "Information theoretic considerations for cellular mobile radio," *IEEE Trans. Veh. Technol.*, vol. 43, no. 2, pp. 359–378, May 1994.

[22] E. Biglieri, J. Proakis, and S. Shamai (Shitz), "Fading channels: Information-theoretic and communications aspects," *IEEE Trans. Inf. Theory*, vol. 44, no. 6, pp. 1895–1911, Oct. 1998.

[23] H. Holma and A. Toskala, *WCDMA for UMTS*, 2nd ed. New York: Wiley, 2002.

[24] T. Cover and J. Thomas, *Elements of Information Theory*. New York: Wiley, 1991.

[25] M. Zorzi and R. R. Rao, "On the use of renewal theory in the analysis of ARQ protocols," *IEEE Trans. Commun.*, vol. 44, no. 9, pp. 1077–1081, Sep. 1996.

[26] *Physical Layer Standard for CDMA2000 Spread Spectrum Systems (Revision C)*, 3GPP2 Std. C.S0002-C, 2004.

[27] J. Luo, R. Yates, and P. Spasojevic, "Service outage based power and rate allocation for parallel fading channels," *IEEE Trans. Inf. Theory*, vol. 51, no. 7, pp. 2594–2611, July 2005.

[28] T. Ghanim and M. Valenti, "The throughput of hybrid-ARQ in block fading under modulation constraints," in *Proc. IEEE Conf. Inf. Sci. Syst.*, Princeton, NJ, Mar. 2006.

[29] L. H. Ozarow and A. D. Wyner, "Wire-tap channel II," *Bell Syst. Tech. J.*, vol. 63, no. 10, pp. 2135–2157, Dec. 1984.

[30] A. Thangaraj, S. Dihidar, A. R. Calderbank, S. McLaughlin, and J. M. Merolla, "Applications of LDPC codes to the wiretap channel," *IEEE Trans. Inf. Theory*, vol. 53, no. 8, pp. 2933–2945, Aug. 2007.

[31] R. Liu, Y. Liang, H. V. Poor, and P. Spasojevic, "Secure nested codes for type II wiretap channels," in *Proceedings IEEE Information Theory Workshop on Frontiers in Coding Theory*, Lake Tahoe, CA, Sep. 2–6, 2007.

[32] Y. Liang, H. V. Poor, and S. Shamai, "Information Theoretic Security." in *Found. Trends Communi. Inf. Theory*, vol. 5, nos. 4–5, pp. 355–580, 2008.

第 6 章

信道不确定条件下的保密通信*

Yingbin Liang, H. Vincent Poor, Shlomo Shamai

6.1 引 言

通信安全的基本度量指标是香农在参考文献[1]中提出的信息论熵率。依据这一标准，Wyner 在参考文献[2]中研究了搭线窃听信道模型下有噪信道的安全通信，在该信道中，发送者通过到接收者和到窃听者之间信道随机性的差异，使用随机编码方案保证授权用户正确接收，同时不给窃听者泄漏任何信息。与传统密码学的方法相比，信息论方法不需要"密钥"对源信息进行加密和解密。

另一方面，信息论利用源和(或)信道的随机性还能实现远程终端间的"密钥一致性协商"，生成共同的密钥后通过密码学算法实现安全通信。对于这种情况，信息论可有助于密钥管理(包括密钥的生成和分发)。关于这一话题，读者可以阅读参考文献[3-19]以及其中的参考文献，而本章主要聚焦于搭线窃听信道。

与现代密码学方法相比，用来保证安全的信息论方法有以下优势：既可以完全消除密钥管理的问题，又可以在物理层利用强大的编码技术实现密钥一致性协商，从而显著降低复杂度、节省资源。此外，物理层安全方法能够获得可证明的安全，对窃听者的攻击具有健壮性，即窃听者可以具有无限的计算资源，可以已知使用的通信策略(包括编码和译码算法)，可以通过无损或有噪信道接入通信系统。

近年来无线网络的泛在化，特别是极简基础设施网络的发展，激发了人们对信息论安全的兴趣(见参考文献[20-58])。特别地，这种具有巨大应用潜力的技术极有希望在移动及其他无线网络中应用，引起了无线网络互联领域的关注。然而，要想在无线网络中充分利用信息论安全，主要的挑战之一来自于如何在时变信道下设计安全的通信策略，因为信道时变性是无线通信重要的本征属性，而本章着重研究这个主题。

许多模型可以用来描述各种无线通信场景。这些模型的一个共同属性是信道可能有

Yingbin Liang(✉)
电气工程系，夏威夷大学，檀香山，夏威夷群岛 968221，美国
电子邮件：yingbinl@hawaii.edu

* 本章部分内容来自于：(1)Secure communication over fading channels, IEEE Transactions on Information Theory, vol. 54, no. 6, 2008 © IEEE 2008；(2)Recent results on compound wire-tap channels, Proceedings of the Annual IEEE International Symposium on Personal, Indoor and Mobile Radio Communications (PIMRC), 2008 © IEEE 2008.

多个状态，而发送者、接收者以及窃听者既可能得到也可能得不到信道状态信息(CSI)。并行搭线窃听信道和各态历经衰落搭线窃听信道用来对没有延迟约束的场景进行建模；块衰落搭线窃听信道用来研究有延迟约束时的中断性能；复合搭线窃听信道假设到接收者和窃听者的信道具有多种状态，而且无论在哪种状态下都必须保证安全通信。复合信道不允许跨状态的编码，而且要保证在延迟约束条件下的健壮性。健壮性和中断性能的区别在于健壮性要求零中断概率。另一个有用的模型是具有边信息(side information)的搭线窃听信道，用来建模信道状态只在发送者已知的情形，这些信息有助于提高保密容量。本章回顾最近在这些信道模型安全方面的研究进展，并讨论该领域一些有趣的开放性问题。

6.2 搭线窃听信道模型

本节将介绍搭线窃听信道模型，并回顾该信道条件下的关于保密容量的结果。除此之外，还将进一步讨论作为基本信息论模型的衰落搭线窃听信道，如高斯、多入多出(MIMO)，以及并行搭线窃听信道。

6.2.1 离散无记忆搭线窃听信道

Wyner 在参考文献[2]中首次引入搭线窃听信道并对其展开研究。该信道包括一个发送者，该发送者希望传输源序列(信息 W)到接收者，同时保证该信息免受窃听者获取。图 6.1 描绘了搭线窃听信道，其正式的定义如下。

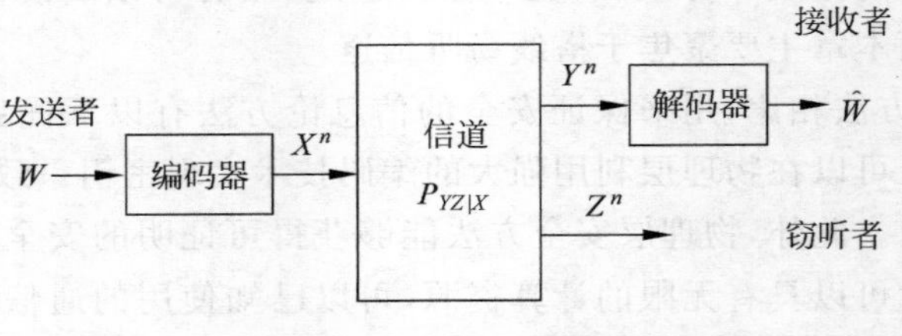

图 6.1 搭线窃听信道

定义 6.1 搭线窃听信道由一个有限输入字符$\mathcal{X}$及两个有限输出字符$\mathcal{Y}$和$\mathcal{Z}$组成，信道转移概率是 $P_{YZ|X}(y,z|x)$，其中 $x\in\mathcal{X}, y\in\mathcal{Y}, z\in\mathcal{Z}$。

定义 6.2 搭线窃听信道的$(2^{nR},n)$编码包含：

(1) 一个信息集：$\mathcal{W}=\{1,2,\cdots,2^{nR}\}$，其中信息 W 在$\mathcal{W}$中均匀分布；

(2) 一个(随机)编码器 $f:\mathcal{W}\to\mathcal{X}^n$，将每个信息 $w\in\mathcal{W}$映射到一个码字 x^n；

(3) 一个译码器 $g:\mathcal{Y}^n\to\mathcal{W}$，将接收序列 y^n 映射到一个信息序列 $w\in\mathcal{W}$，其中 x^n 表示序列$(x_1,\cdots,x_n)$。

注意，上述定义中假设表示广播信道的 $P_{YZ|X}$是广义的，而不必是合法通信双方信道的退化版本，进而推广了参考文献[2]中的搭线窃听信道，即窃听者的信道输出不必是合法接收者信道输出的退化版本。更一般的模型被 Csiszar 和 Korner 作为具有保密信息的广播信道的一种特殊情况在参考文献[59]中进行了研究。

通信可靠性由长度为 n 的平均块错误概率衡量，其定义为

$$P_e^{(n)} = \Pr\{\hat{W} \neq W\} = \frac{1}{|\mathcal{W}|}\sum_{w=1}^{|\mathcal{W}|}\Pr\{\hat{w} \neq w\} \tag{6.1}$$

其中，$\hat{w}$表示源信息 w 经过信道传输后由接收者判决的信息。窃听者获取信息 W 的多少可表示通信过程的安全性，用疑义度衡量。疑义度表示窃听者截获部分信息后对于消息 W 仍然存在的不确定性。因此，疑义度越大，保密性能越高。

$$R_e^{(n)} = \frac{1}{n}H(W \mid Z^n) \tag{6.2}$$

本章重点研究完美保密，即 W 对窃听者完全隐藏的情况。若存在一系列信息集合 $\mathcal{W}_n(|\mathcal{W}_n|=2^{nR})$ 和编译码对(f_n, g_n)，满足当 n 趋于无穷大且式(6.3)成立时，平均误差概率 $P_e^{(n)}\to 0$，则称速率 R 是可达完美保密速率。

$$R \leqslant \lim_{n\to\infty}\inf R_e^{(n)} \tag{6.3}$$

保密容量 C_s 是完美保密的最大可达速率。注意，完美保密并不意味着每一个信息比特是安全的，而是保证不保密的信息不可能有正的速率。

Csiszar 和 Korner 在参考文献[59]中研究了搭线窃听信道的保密容量，在此以定理形式给出。

定理 6.1 搭线窃听信道的保密容量为

$$C_s = \max_{P_{UX}P_{YZ|X}}[I(U;Y) - I(U;Z)] \tag{6.4}$$

其中，最大化是由信道输入 X 和满足马尔可夫链 $U\to X\to(Y,Z)$的辅助随机变量 U 之间的联合分布 P_{UX} 决定。

为了达到上述保密容量，发送者首先将源信息 W 映射到一个辅助的随机序列 U^n。然后根据转移概率 $P_{X|U}$ 将 U^n 映射到信道输入序列 X^n。相应地，发送者创建一个从辅助随机变量 U 到实际信道输入 X 的等效前缀信道(prefix channel)。因此，从发送者到接收者和窃听者等效信道成为 $P_{YZ|U}$。此时，保密容量由接收者的译码速率(即 $I(U;Y)$)和窃听者的译码速率(即 $I(U;Z)$)之间的差异决定。通过前缀信道，接收者能够确定辅助序列 U^n，但一般不能确定信道输入序列 X^n。

对于搭线窃听信道，若该信道转移概率满足 $P_{YZ|X}(\cdot)=P_{Y|X}(\cdot)P_{Z|Y}(\cdot)$，即 X、Y 和 Z 形成马尔可夫链 $X\to Y\to Z$，则将其定义为物理退化(physically degraded)的搭线窃听信道；若其条件边缘分布与物理退化的搭线窃听信道相同，则将其定义为统计退化(stochastically degraded)窃听信道，即存在一个分布 $P_{Z|Y}(\cdot)$，使得

$$P_{Z|X}(z \mid x) = \sum_y P_{Z|Y}(z \mid y)P_{Y|X}(y \mid x) \tag{6.5}$$

Wyner 在参考文献[2]中研究了退化窃听信道。

参考文献[59]指出，接收者和窃听者信道输出的相关性不会影响搭线窃听信道的保密容量，物理和随机退化窃听信道的保密容量是相同的。

引理 6.1 (见参考文献[2])(物理/统计)退化窃听信道的保密容量为

$$C_s = \max_{P_X P_{YZ|X}}[I(X;Y) - I(X;Z)] \tag{6.6}$$

证明：根据定理 6.1，通过设 $U=X$，可证明可达性。因为

$$I(U;Y)-I(U;Z)=I(UX;Y)-I(X;Y\mid U)-I(UX;Z)+I(X;Z\mid U)$$
$$\leqslant I(X;Y)-I(X;Z) \tag{6.7}$$

最后一个不等式源于退化条件,则引理逆命题得证。

对于退化搭线窃听信道,无前缀信道的编码是最优的。

6.2.2 高斯和多入多出搭线窃听信道

参考文献[60]研究了高斯搭线窃听信道。此信道中,接收者和窃听者的输出信号受到加性高斯白噪声影响,一次信道使用过程中,输入输出关系为

$$Y=X+V_R$$
$$Z=X+V_E \tag{6.8}$$

其中,V_R 和 V_E 分别是方差为 μ^2 和 υ^2 独立的零均值高斯随机变量。信道输入的平均功率约束为 P,即

$$\frac{1}{n}\sum_{i=1}^{n}E[X_i^2]\leqslant P \tag{6.9}$$

其中,i 是时间序号。

定理 6.2 (见参考文献[60])高斯搭线窃听信道的保密容量为

$$C_s=\left[\frac{1}{2}\log\left(1+\frac{P}{\mu^2}\right)-\frac{1}{2}\log\left(1+\frac{P}{\nu^2}\right)\right]^+ \tag{6.10}$$

其中,$[x]^+$ 表示若 $x\geqslant0$,则值等于 x; 若 $x<0$,则值为 0。

证明:根据定理 6.1,通过设 $U=X\sim\mathcal{N}(0,P)$ 可证明其可达性,其中 $\mathcal{N}(0,P)$ 表示均值为零、方差为 P 的高斯型随机变量。利用熵功率不等式可证明其逆命题,具体细节参见参考文献[60]。

进一步考虑多入多出(MIMO)的搭线窃听信道,其中 N_T、N_R 和 N_E 分别是在发送者、接收者和窃听者的天线数量。在该情况下,一次信道使用的输入输出关系由下式给出

$$\underline{\boldsymbol{Y}}=H\underline{\boldsymbol{X}}+\underline{\boldsymbol{V}}_R$$
$$\underline{\boldsymbol{Z}}=G\underline{\boldsymbol{X}}+\underline{\boldsymbol{V}}_E \tag{6.11}$$

其中:$\underline{\boldsymbol{X}}$ 为包含 N_T 个元素的信道输入矢量;$\underline{\boldsymbol{Y}}$ 是在接收者端有 N_R 个元素的信道输出矢量;$\underline{\boldsymbol{Z}}$ 是在窃听者有 N_E 个元素的信道输出矢量;信道矩阵 $\boldsymbol{H}$ 和 $\boldsymbol{G}$ 分别是固定的 $N_R\times N_T$ 和 $N_E\times N_T$ 维矩阵。噪声矢量 $\boldsymbol{V}_R$ 和 $\boldsymbol{V}_E$ 是由零均值和同方差,且独立同分布的高斯分量组成。信道输入受平均功率约束

$$\frac{1}{n}\sum_{i=1}^{n}E[\underline{\boldsymbol{X}}_i^{\mathrm{T}}\underline{\boldsymbol{X}}_i]\leqslant P \tag{6.12}$$

其中:i 是时间序号;$\underline{\boldsymbol{X}}_i^{\mathrm{T}}$ 表示矢量 $\underline{\boldsymbol{X}}_i$ 的转置。

参考文献[61,62]给出了 MIMO 搭线窃听信道的保密容量。参考文献[63]给出了该信道的一种特殊情况中的保密容量,其中的发送者和接收者各有两个天线,窃听者只有一个天线。

定理 6.3 (见参考文献[61,62])MIMO 搭线窃听信道的保密容量为

$$C=\max_{Q:\,Q\geqslant0,\,\mathrm{Tr}(Q)\leqslant P}\frac{1}{2}\log\frac{|\boldsymbol{I}+\boldsymbol{HQH}^{\mathrm{T}}|}{|\boldsymbol{I}+\boldsymbol{GQG}^{\mathrm{T}}|} \tag{6.13}$$

其中：Tr(·)表示一个矩阵的迹；$(\cdot)^{\mathrm{T}}$ 表示矩阵的转置。

证明：(主要思路概要)根据定理6.1，设置$\boldsymbol{U}=\boldsymbol{X}\sim\boldsymbol{N}(0,\boldsymbol{Q})$证明可达性，其中$\mathcal{N}(0,\boldsymbol{Q})$表示零均值协方差矩阵为$\boldsymbol{Q}$的高斯随机矢量(此时，$\boldsymbol{U}$为$N_T$维的)。上限是在增强型搭线窃听信道中根据佐藤型上限(见参考文献[64])得到的，该模型中接收者已知窃听端的信道输出。显然，增强型搭线窃听信道是退化的，并且其保密容量为原始MIMO搭线窃听信道的保密容量提供一个上限。由于保密容量只取决于条件边缘分布$P_{Y|X}$和$P_{Z|X}$，增强型信道可能在具有任意相关性的噪声矢量情况下，提供了一个上限。最严格的上限是通过能导致最坏保密容量的噪声矢量之间的相关性获得的。逆命题证明的主要思路是描述该最坏情况的上限，并且证明其与所能达到的速度相匹配，详见参考文献[61,62]。

参考文献[65]给出了另一种逆命题的证明，该证明基于参考文献[66]提出的MIMO广播信道下的信道增强想法及参考文献[67,68]证明的极限熵不等式。

6.2.3　并行搭线窃听信道

本节研究并行搭线窃听信道(见图6.2)，其中从发送者到接收者以及窃听者的广播信道包含L个独立的子信道。更确切地说，并行搭线窃听信道包含L个有限输入字符$\mathcal{X}_1,\cdots,\mathcal{X}_L$，$2L$个有限输出字符$\mathcal{Y}_1,\cdots,\mathcal{Y}_L$和$\mathcal{Z}_1,\cdots,\mathcal{Z}_L$。转移概率分布为

$$P_{Y_1\cdots Y_L Z_1\cdots Z_L|X_1\cdots X_L}=\prod_{l=1}^{L}P_{Y_l Z_l|X_l}(y_l,z_l\mid x_l) \tag{6.14}$$

其中$x_l\in\mathcal{X}_l,y_l\in\mathcal{Y}_l,z_l\in\mathcal{Z}_l,l=1,\cdots,L$。若并行搭线窃听信道只有一个子信道，即$L=1$时，该信道成为6.2.1节讨论的搭线窃听信道。

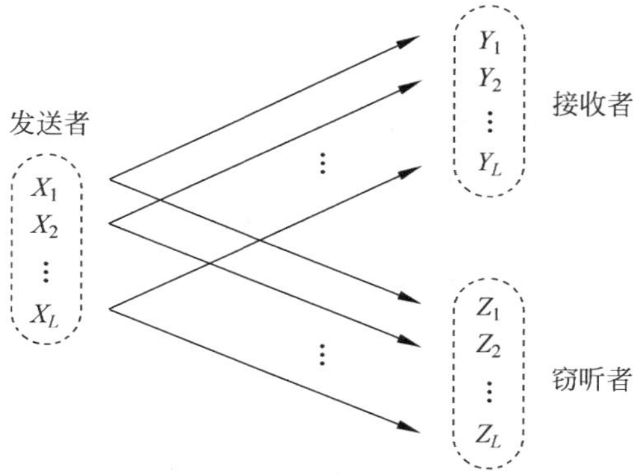

图6.2　并行搭线窃听信道

并行搭线窃听信道是衰落搭线窃听信道的一种信息论模型，其信道从一个状态变到另一个状态，每个信道状态对应一个子信道。参考文献[69,70]研究了并行搭线窃听信道。参考文献[42]研究了更一般的模型，即带保密信息的并行广播信道，其中发送者除了给接收者的保密信息，还有给接收者和窃听者的公共信息。

定理6.4　(见参考文献[42,69,70])并行搭线窃听信道的保密容量为

$$C_s=\sum_{l=1}^{L}\max_{P_{U_lX_l}P_{Y_lZ_l|X_l}}[I(U_l;Y_l)-I(U_l;Z_l)] \tag{6.15}$$

其中,每个求和元素的最大值由子信道 l 的输入 X_l 与满足马尔可夫链条件 $U_l \to X_l \to (Y_l, Z_l), l=1,2,\cdots,L$ 的辅助随机变量 U_l 的联合分布 $P_{U_l X_l}$ 确定。

证明:根据定理 6.1,设置 $U=(U_1,\cdots,U_L)$,$X=(X_1,\cdots,X_L)$,$Y=(Y_1,\cdots,Y_L)$ 和 $Z=(Z_1,\cdots,Z_L)$,其中 U 和 X 具有独立的元素。此外,选择随机矢量的元素以满足马尔可夫链条件:$U_l \to X_l \to (Y_l, Z_l), l=1,2,\cdots,L$。其逆命题证明参见参考文献[69,70]。

注意,定理 6.4 表明当每个子信道具有独立输入时是最优的,此时并行搭线窃听信道的保密容量等于各个子信道的保密容量之和。

现在考虑带退化子信道的并行搭线窃听信道,其中窃听者信道输出信号是接收者信道输出信号的退化版本,或接收者端的信道输出信号是窃听者信道输出信号的退化版本。注意,虽然每个子信道是退化的,但整个信道不一定是退化的,因为各子信道的退化形式不一定相同。

定义索引集 A 是所有满足窃听者的信道输出信号为接收者信道输出信号的退化版本条件的子信道索引的集合,即

$$P_{Y_l Z_l | X_l} = P_{Y_l | X_l} P_{Z_l | Y_l}, \quad l \in A \tag{6.16}$$

因此,马尔可夫链 $X_l \to Y_l \to Z_l$ 满足条件 $l \in A$。定义 A^c 是集合 A 的补集,因此 A^c 为所有满足接收者信道输出信号是窃听者的信道输出信号的退化版本条件的子信道索引的集合,即

$$P_{Y_l Z_l | X_l} = P_{Z_l | X_l} P_{Y_l Z_l}, \quad l \in A^c \tag{6.17}$$

因此,对 $l \in A^c$,$X_l \to Y_l \to Z_l$ 满足马尔可夫链条件。

对于带退化子信道的并行搭线窃听信道,利用定理 6.4 得到下列保密容量。

推论 6.1 有退化子信道并行搭线窃听信道的保密容量为

$$C_s = \sum_{l \in A} \max_{P_{X_l}} [I(X_l;Y_l) - I(X_l;Z_l)] \tag{6.18}$$

接下来考虑接收者和窃听者信道输出被加性高斯白噪声干扰的并行高斯搭线窃听信道。一次信道使用过程中,信道的输入输出关系为

$$Y_l = X_l + V_{Rl}, \quad Z_l = X_l + V_{El}, \quad l = 1,\cdots,L \tag{6.19}$$

当 $l=1,\cdots,L$ 时,V_{Rl} 和 V_{El} 是零均值方差分别为 μ_l^2 和 ν_l^2 的高斯随机变量。当 $l \in A$ 时,$\mu_l^2 < \nu_l^2$;当 $l \in A^c$,$\mu_l^2 \geqslant \nu_l^2$。信道输入受平均功率 P 约束,即

$$\frac{1}{n} \sum_{i=1}^{n} \sum_{l=1}^{L} E[X_{li}^2] \leqslant P \tag{6.20}$$

其中,i 是时间序号。

定理 6.5 (见参考文献[42,69,70])并行高斯搭线窃听信道的保密容量为

$$C_s = \max_{\substack{p_1,\cdots,p_L \geqslant 0 \\ p_1+\cdots+p_L \leqslant p}} \sum_{l \in A} \left[\frac{1}{2}\log\left(1+\frac{p_l}{\mu_l^2}\right) - \frac{1}{2}\log\left(1+\frac{p_l}{\upsilon_l^2}\right) \right] \tag{6.21}$$

其中,$p_l,\cdots,p_L$ 表示给子信道分配的功率。

6.3 衰落搭线窃听信道

本节将综述搭线窃听衰落信道,并讨论没有延迟约束时的各态历经性能和有延迟约束时的中断性能。

6.3.1 已知全部 CSI 时的各态历经性能

考虑从发送者到接收者和窃听者同时受乘性衰落过程和加性高斯白噪声污染的衰落搭线窃听信道。一次信道使用过程中，信道输入输出关系为

$$Y = h_1 X + V_R, \quad Z = h_2 X + V_E \tag{6.22}$$

其中，信道增益系数 h_1 和 h_2 是复随机变量。定义 $\underline{h}=(h_1, h_2)$。若令 i 表示符号的时间序号，则 $\{\underline{h}_i\}$ 表示在时间域平稳的各态历经随机矢量衰落过程。噪声过程 $\{V_{Ri}\}$ 和 $\{V_{Ei}\}$ 是零均值的独立同分布复高斯随机过程，方差分别为 μ^2 和 ν^2。信道输入受平均功率 P 约束，即

$$\frac{1}{n}\sum_{i=1}^{n} E[\underline{X}_i^2] \leqslant P$$

假设已知全部的信道状态信息，即发送者、接收者和窃听者能够无时延地获取信道参数 $\underline{h}$。基于此信道状态信息，发送者可以动态地改变其发射功率，以达到更好的保密速率。假设信息传输没有延迟约束，且性能指标（即保密容量）是所有信道状态的平均，此时保密容量被称为各态历经保密容量。该情况下，衰落搭线窃听信道可视为并行高斯搭线窃听信道，每个衰落状态对应一个子信道。因此，衰落搭线窃听信道的保密容量可由定理 6.5 决定。

推论 6.2 （见参考文献[42,69,70]）衰落窃听信道的保密容量为

$$C_s = \max_{E_A[p(\underline{h})]\leqslant P} E_A\left[\log\left(1+\frac{p(\underline{h})\ |h_1|^2}{\mu^2}\right)-\log\left(1+\frac{p(\underline{h})\ |h_2|^2}{\nu^2}\right)\right] \tag{6.23}$$

其中，集合 $A:=\left\{\underline{h}:\frac{|h_1|^2}{\mu^2}>\frac{|h_2|^2}{\nu^2}\right\}$ 并且 $p(\underline{h})$ 表示分配给状态 $\underline{h}$ 的发送功率。

实现式(6.23)表示的保密容量的最优功率分配满足

$$p^*(\underline{h}) = \begin{cases} \left(\dfrac{1}{\lambda\ln 2}-\dfrac{\mu^2}{|h_1|^2}\right)^+, & |h_2|^2 = 0 \\ \left(\dfrac{1}{2}\sqrt{\left(\dfrac{\nu^2}{|h_2|^2}-\dfrac{\mu^2}{|h_1|^2}\right)\left(\dfrac{4}{\lambda\ln 2}-\dfrac{\mu^2}{|h_1|^2}+\dfrac{\nu^2}{|h_2|^2}\right)}-\right. & \\ \left.\dfrac{1}{2}\left(\dfrac{\mu^2}{|h_1|^2}+\dfrac{\nu^2}{|h_2|^2}\right)\right)^+, & |h_2|^2 > 0, \underline{h}\in A \\ 0 & \text{其他} \end{cases} \tag{6.24}$$

其中，λ 满足功率条件约束 $E_A[p(\underline{h})]=P$。

从式(6.23)中的约束可以看出，只要集合 A 不是零概率事件，就可以得到正的保密速率。即当从发送者到接收者的信道优于到窃听者的信道条件时，可以利用该信道状态获得正的保密容量。

推论 6.2 在平稳各态历经假设下，建立了衰落过程的保密容量。该衰落过程可以在时间上具有相关性，但不必是高斯分布。该结果也适用于两个分量衰落过程 $\{h_{1i}\}$ 和 $\{h_{2i}\}$ 相关，以及噪声变量 V_R 和 V_E 相关的场景。

6.3.2 已知部分 CSI 时的各态历经性能

CSI 对于发送者设计安全通信策略非常重要。然而，在许多通信场景中，发送者无法获取到窃听者信道的 CSI。参考文献[71]在该类场景下研究了慢衰落搭线窃听信道。信道的输入输出关系与式(6.22)相同，但是假定满足块衰落条件，即块内衰落不变，块间信道独立变化，且块长足够大以保证接收者能够成功译码。假设 CSI 在相应的接收者处已知，且发送者仅知道到接收者信道的 CSI。

定理 6.6 （见参考文献[71]）上述慢衰落搭线窃听信道的保密容量为

$$C_s = \max_{E_A[p(h_1)]\leqslant P} E_A\left[\log\left(1+\frac{p(h_1)\mid h_1\mid^2}{\mu^2}\right)-\log\left(1+\frac{p(h_1)\mid h_2\mid^2}{\nu^2}\right)\right] \tag{6.25}$$

与推论 6.3 给出的发送者有完整 CSI 时的保密容量相比，上述定理中的功率分配 $p(h_1)$ 仅为接收者处信道状态函数，因为在部分 CSI 情况下只有该信息对发送者已知。参考文献[71]给出了确定该情况下最佳功率分配的条件。

为达到定理 6.6 的保密容量，参考文献[71]提出一种可变速率传输方案。在相干时间内(一个码块)，到接收者的信道状态是 h_1，发送者使用发送功率 $p(h_1)$，以 $\log\left(1+\frac{p(h_1)|h_1|^2}{\mu^2}\right)$ 为速率传输码字。因此，在大量时间块的时长内，到接收者的平均速率为

$$E\left[\log\left(1+\frac{p(h_1)\mid h_1\mid^2}{\mu^2}\right)\right] \tag{6.26}$$

窃听者的平均速率为

$$E\left[\log\left(1+\frac{p(h_1)\min(\mid h_1\mid^2,\mid h_2\mid^2)}{\nu^2}\right)\right] \tag{6.27}$$

其中，$\min(|h_1|^2,|h_2|^2)$ 的出现是因为不同时间块内的码本是独立选择的，当状态 $\underline{h}\in A^c$ 时，到窃听者的信息速率被到接收者的速率所限制。因此，上述两个速率的差异在于集合 A 的期望。详细的证明参见参考文献[71]。

6.3.3 中断性能

从 6.3.1 节和 6.3.2 节可以清楚地知道，为实现衰落搭线窃听信的各态历经保密容量，信息可以根据经历的所有信道条件编码为许多码块。这类系统适用于允许存在传输延迟的场景。本节研究对时延约束严格的系统，其中信息必须在给定的时间内送达接收者。

6.3.2 节研究的块衰落搭线窃听信道，其信道状态 $\underline{h}=(h_1,h_2)$ 在一个块内保持不变，在下一个块以平稳各态历经的方式变化到另一个状态。块的长度足够大以保证一个块的编码可以实现小的错误概率。假设时延约束小于一个衰落块的持续时间，以避免在多块和多个信道状态间进行编码。另外，假设发送者和接收者都知道信道状态信息。

用 $\check{R}$ 来表示目标保密速率，若没有达到目标速度则发生中断。因此中断概率为

$$P_{\text{out}} = \Pr\{C_s(\underline{h},p(\underline{h}))\leqslant\check{R}\} \tag{6.28}$$

其中：$C_s(\underline{h},p(\underline{h}))$ 是信道实现为 $\underline{h}$ 时的信道保密容量；$p(\underline{h})$ 表示该信道状态下发送者用的发送功率。

对于一个给定的信道状态 $\underline{h}$，它的保密容量由下式给出

$$C_s=\left[\log\left(1+\frac{p(\underline{h})\mid h_1\mid^2}{\mu^2}\right)-\log\left(1+\frac{p(\underline{h})\mid h_2\mid^2}{\nu^2}\right)\right]^+ \tag{6.29}$$

若传输功率受到短时(short-term)条件约束，即对所有 $\underline{h}$，满足 $P(\underline{h})\leqslant P$，则由参考文献[21]可以得出中断概率。

定理 6.7 (见参考文献[21])考虑慢瑞利衰落信道，其信道状态 h_1 和 h_2 相互独立，且 $h_1\sim\mathcal{CN}(0,1)$和 $h_2\sim\mathcal{CN}(0,1)$，其中，$\mathcal{CN}(0,1)$表示均值为零，方差为 1 的复高斯分布。若发送者受短时功率限制，则中断概率为

$$\begin{aligned}P_{\text{out}}&=\Pr\left\{\left[\log\left(1+\frac{p(\underline{h})\mid h_1\mid^2}{\mu^2}\right)-\log\left(1+\frac{p(\underline{h})\mid h_2\mid^2}{\nu^2}\right)\right]^+\leqslant\check{R}\right\}\\&=1-\frac{\frac{P}{\mu^2}}{\frac{P}{\mu^2}+2^{\check{R}}\frac{P}{\nu^2}}\exp\left(-\frac{2^{\check{R}}-1}{\frac{P}{\mu^2}}\right)\end{aligned} \tag{6.30}$$

参考文献[21]研究了发送者对接收者及窃听者信道状态估计不完美的情况。参考文献[72]研究了一个单入多出(SIMO)衰落信道的中断概率。

现在考虑参考文献[73]中研究的长时间功率约束下的块衰落搭线窃听信道，即在许多的码块持续时间和所有的衰落状态下存在功率约束

$$E[p(\underline{h})]\leqslant P \tag{6.31}$$

由于假定发送者已知 CSI，则在此功率约束下，发送者调整发送功率以适应瞬时信道状态，即 $p(\underline{h})$是 $\underline{h}$ 的函数。

由于中断概率取决于功率分配函数 $p(\underline{h})$，接下来的目标是研究功率分配 $p^*(\underline{h})$，从而最小化中断概率，即

$$p^*(\underline{h})=\arg\min_{p(\underline{h})\in\mathcal{P}}P_{\text{out}} \tag{6.32}$$

其中，$\mathcal{P}=\{p(\underline{h}):E[p(\underline{h})]\leqslant P\}$。

上述功率分配问题在参考文献[42]中作为带保密信息的衰落广播信道的一种特殊情况进行了研究。采用参考文献[73]中的功率分配方法，其基本思想如下所述。实现传输速率 R 所需的最小功率是

$$p^{\min}(\underline{h})=\begin{cases}\dfrac{2^{\check{R}}-1}{\dfrac{\mid h_1\mid^2}{\mu^2}-2^{\check{R}}\dfrac{\mid h_2\mid^2}{\nu^2}} & \check{R}<\log\dfrac{\mid h_1\mid^2\nu^2}{\mid h_2\mid^2\mu^2}\\ \infty & \text{其他}\end{cases} \tag{6.33}$$

显然，若目标速率$\check{R}$在某一阈值以上，有限功率不能防止中断。相反在没有保密约束的衰落信道，对于一个给定的信道状态，足够多的功率总可以达到给定的目标速率。

当 $s>0$ 时，定义

$$\begin{cases}\mathcal{R}(s)=\{\underline{h}:p^{\min}(\underline{h})<s\}\\ \overline{\mathcal{R}}(s)=\{\underline{h}:p^{\min}(\underline{h})\leqslant s\}\end{cases} \tag{6.34}$$

在$\mathcal{R}(s)$和$\overline{\mathcal{R}}(s)$中，用来支持保密速率$\check{R}$的平均功率分别是

$$\begin{cases} p(s) = E_{\underline{h} \in \mathcal{R}(s)}[p^{\min}(\underline{h})] \\ \bar{p}(s) = E_{\underline{h} \in \bar{\mathcal{R}}(s)}[p^{\min}(\underline{h})] \end{cases} \tag{6.35}$$

对于给定的功率约束 P，定义

$$\begin{cases} s^* = \sup\{s : p(s) < P\} \\ w^* = \dfrac{P - p(s^*)}{\bar{p}(s^*) - p(s^*)} \end{cases} \tag{6.36}$$

下面的定理给出了最优功率分配 $p^*(\underline{h})$。

定理 6.8 满足式(6.32)，且在一个给定的目标保密速率$\check{R}$下，能最小化中断概率的功率分配 $p^*(\underline{h})$为

$$p^*(\underline{h}) = \begin{cases} p^{\min}(\underline{h}) & \underline{h} \in \mathcal{R}(s^*) \\ p^{\min}(\underline{h}) & \underline{h} \in \bar{\mathcal{R}}(s^*) \setminus \mathcal{R}(s^*) \\ 0 & \underline{h} \notin \bar{\mathcal{R}}(s^*)\text{ 时} \end{cases} \tag{6.37}$$

其中，$p^{\min}(\underline{h})$由式(6.33)给出。

可以看出，最优功率分配 $p^*(\underline{h})$是一个阈值解(threshold solution)。首先将功率分配到以最少功率就能够达到目标速率的衰落状态，然后分配给需要较多功率才能达到目标速率的衰落状态。当总功率 P 被这些衰落状态用完时，就不再给其他状态分配功率。

6.4 复合搭线窃听信道

复合搭线窃听信道是搭线窃听信道的一种推广，其中每一个从发送者到接收者以及到窃听者的信道具有若干个状态。源信息必须可靠地传输到目的地，而且在任何一种信道状态下都能够实现对窃听者完美保密。复合搭线窃听信道可以看作一个有多个窃听者的多播信道(见图 6.3)，源信息必须被成功地发送到所有的接收者(有 J 个接收者)，并对所有窃听者保密(有 K 个窃听者)。

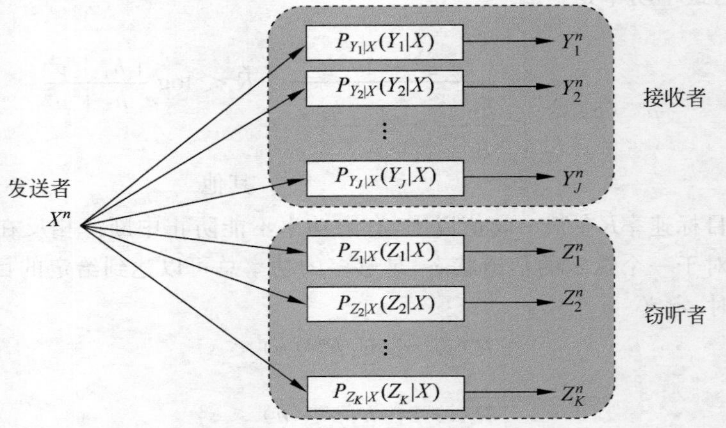

图 6.3 复合搭线窃听信道

参考文献[39,40,74]研究了复合搭线窃听信道。另外还研究了几种特殊情况下的复合搭线窃听信道,这些特殊情况包括有两个窃听者的并行搭线窃听信道(见参考文献[56,75])、多窃听者的衰落搭线窃听信道(见参考文献[76])和多个接收者的窃听信道(见参考文献[31])。

6.4.1 离散无记忆复合搭线窃听信道

假设一个发送者发送源信息 W 到 J 个接收者,并希望尽可能对 K 个非合作窃听者保密。信道的输入记为 $X\in\mathcal{X}$,接收者 j 处的信道输出记为 $Y_j\in\mathcal{Y}_j$,$j=1,\cdots,J$。窃听者 k 处的信道输出记为 $Z_k\in\mathcal{Z}_k$,$k=1,\cdots,K$,其中$\mathcal{X}$,$\mathcal{Y}_j$和$\mathcal{Z}_k$是有限的字符集。该广播信道至接收者 j 和窃听者 k 的转移概率分布为

$$P_{Y_jZ_k|X}(\cdot)\quad j=1,\cdots,J,k=1,\cdots,K \tag{6.38}$$

由于 Y_j 和 Z_k 之间的相关性不影响保密容量,在不损失最优性条件下,假设转移概率 $P_{Y_j|X}P_{Z_k|X}$ 如图 6.3 所示。

若存在一系列$(2^{nR},n)$码,且每个接收者的平均误差概率满足

$$P_{e,j}^{(n)}\rightarrow 0\quad j=1,\cdots,J$$

则保密速率 R 是可以实现的。

当 n 趋于无穷时,疑义度满足

$$R\leqslant\lim_{n\to\infty}\frac{1}{n}H(W\mid Z_k^n)\quad k=1,\cdots,K$$

保密容量是最大可达保密速率。

定理 6.9 (见参考文献[39])下述保密速率对于复合搭线窃听信道是可达的

$$R=\max\min_{j,k}[I(U;Y_j)-I(U;Z_k)] \tag{6.39}$$

其中,最大值通过各态历经 P_{UX} 得到,且 U 满足马尔可夫链关系

$$U\rightarrow X\rightarrow(Y_j,Z_k)\quad j=1\cdots,J,k=1,\cdots,K$$

定理 6.9 可解释为最坏情形下的结果,该情形下最差接收者和最优窃听者决定了保密速率。

参考文献[39]和参考文献[74]分别给出了两个复合搭线窃听信道的保密容量上限。

定理 6.10 (见参考文献[39]和[74])两个复合搭线窃听信道的保密容量的上限为

$$\bar{R}_1=\min_{j,k}\max_{P_{UX}P_{Y_jZ_k|X}}[I(U;Y_j)-I(U;Z_k)] \tag{6.40}$$

和

$$\bar{R}_2=\max_{P_X}\min_{j,k}I(X;Y_j\mid Z_k) \tag{6.41}$$

其中,式(6.40)中每一对(j,k)的最大值由信道输入 X 和满足马尔科夫链条件 $U\rightarrow X\rightarrow(Y_j,Z_k)$的辅助随机变量 U 的联合分布 P_{UX} 决定。

通常情况下,定理 6.10 给出的第一个上限可能无法实现。这是因为输入方案需要平衡所有信道状态能够达到的速率,导致没有信道状态能达到其最佳速率。该结论也可从式(6.39)中的可达速率得到。用来最大化所有信道状态保密速率最小值的输入分布 P_{UX}

对于任何一个单一状态可能不是最佳的。

保密容量可以从两个复合搭线窃听信道的特殊情形中获得。若对所有的 $j=1,\cdots,J$ 和 $k=1,\cdots,K$，转移概率满足马尔可夫链，即

$$X \to Y_j \to Z_k \tag{6.42}$$

则称复合搭线窃听信道是退化的。

定理 6.11 （见参考文献[39]）退化复合搭线窃听信道的保密容量为

$$C = \max_{P_X} \min_{j,k} [I(X;Y_j) - I(X;Z_k)] \tag{6.43}$$

考虑具有一个接收者($J=1$)和 K 个窃听者的复合搭线窃听信道。当发送者到接收者的信道给定时，该信道是半确定的，即转移概率分布 $P_{Y|X}(\cdot)$ 的值只能是 0 或 1，其中 Y 表示目的接收者的信道输出。

定理 6.12 （见参考文献[40]）$J=1$ 的半确定复合信道的保密容量为

$$C_s = \max_{P_X} \min_k H(Y \mid Z_k) \tag{6.44}$$

对于这两种退化的半确定复合搭线窃听信道，定理 6.10 的第二个上限是紧的。

6.4.2 并行高斯复合搭线窃听信道

本节研究并行高斯复合搭线窃听信道，其中从发送者到每个接收者和每个窃听者的信道是并行的高斯信道。因为并行高斯信道是衰落信道的一般模型，因此理解该信道有助于研究复合衰落搭线窃听信道。该信道的一个应用是宽带无线通信系统，如频分复用(FDM)系统，宽带系统中信息在大量频带上传输，窃听者可以调整自身接收设备获取部分频段上的信息。

首先考虑 $J=1$ 和 $K>1$（即有一个接收者和 K 个窃听者）并且每个并行信道包含 N 个子信道的情况。此时在接收者处，来自 N 个子信道的信道输出为

$$Y_a = X_a + V_{Ra} \quad a = 1,\cdots,N \tag{6.45}$$

其中，$V_{R_1},\cdots,V_{RN}$ 是方差为 $\mu_1^2,\cdots,\mu_n^2$ 的独立高斯随机变量。在窃听者 k 处，来自 N 个子信道的信道输出为

$$Z_{ka} = X_a + V_{Eka} \quad a = 1,\cdots,N \tag{6.46}$$

其中，$V_{Ek1},\cdots,V_{EkN}$ 是方差为 $\nu_{k1}^2,\cdots,\nu_{kn}^2$ 的独立高斯随机变量。信道输入受平均功率 P 约束，即

$$\frac{1}{n}\sum_{i=1}^{n}\sum_{a=1}^{N} E[X_{ai}^2] \leqslant P \tag{6.47}$$

其中，i 是时间序号。

对于所有 $a=1,\cdots,N$ 和 $k=1,\cdots,K$，若 $\nu_{ka}^2 \geqslant \mu_a^2$，则并行复合搭线窃听信道是退化的。对于退化的并行高斯复合搭线窃听信道，有以下保密容量。

定理 6.13 当 $J=1$ 时退化的并行高斯复合搭线窃听信道的保密容量为

$$C = \max_{\sum_{a=1}^{N} P_a \leqslant P} \min_k \left[\sum_{a=1}^{N} \frac{1}{2}\log\left(1+\frac{P_a}{\mu_a^2}\right) - \frac{1}{2}\log\left(1+\frac{P_a}{\nu_{ka}^2}\right)\right] \tag{6.48}$$

为了获得并行高斯复合搭线窃听信道的保密容量，需要求解式(6.48)的“最大-最

小”优化问题,即需要推导最优功率分配。详细推导过程参见参考文献[39]。

参考文献[74]将定理 6.13 推广到非退化并行高斯复合搭线窃听信道模型。

定理 6.14　(见参考文献[74])当 $J=1$ 时并行高斯复合搭线窃听信道的保密容量为

$$C_s = \max_{\sum_{a=1}^{N} P_a \leqslant P} \min_k \left[\sum_{a=1}^{N} \frac{1}{2}\log\left(1+\frac{P_a}{\mu_a^2}\right) - \frac{1}{2}\log\left(1+\frac{P_a}{\nu_{ka}^2}\right) \right]^+ \tag{6.49}$$

参考文献[40]研究了当 $J>1$ 的情况,用保密自由度(s. d. o. f.)来研究可达到保密容量的最优方案,此时保密容量随 logSNR 而变化。该 s. d. o. f. 被定义为

$$\text{s. d. o. f.} = \lim_{\text{SNR}\to\infty} \frac{C(\text{SNR})}{\frac{1}{2}\log\text{SNR}} \tag{6.50}$$

其中,不失一般性,选择子信道之一的噪声方差作为参考噪声电平。

为方便理解,以 $J=2$ 和 $K=2$ 为例说明,如图 6.4 所示。接收者 1 处的信道输出为

$$Y_1 = X_1 + V_{R1} \tag{6.51}$$

其中,V_{R1} 是零均值方差为 μ_1^2 的高斯随机变量。接收者 2 处的信道输出为

$$Y_{21} = X_{21} + V_{R21} \quad 和 \quad Y_{22} = X_{22} + V_{R22} \tag{6.52}$$

其中,V_{R21} 和 V_{R22} 是零均值方差为 μ_{21}^2 和 μ_{22}^2 的独立高斯随机变量。两个窃听者处信道输出为

$$Z_1 = X_{21} + V_{E1} \tag{6.53}$$

和

$$Z_2 = X_{22} + V_{E2} \tag{6.54}$$

其中,V_{E1} 和 V_{E2} 是零均值方差为 ν_1^2 和 ν_2^2 的独立高斯随机变量。

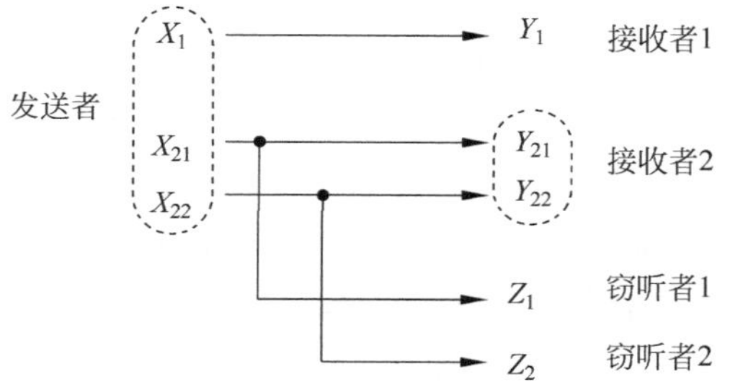

图 6.4　并行高斯复合搭线窃听信道举例

对于该信道,由式(6.39)可得一个可达速率为

$$\begin{cases} R = \max\limits_{P_{UX}} \min\{ I(U;Y_1) - I(U;Z_1), I(U;Y_1) - I(U;Z_2), \\ I(U;Y_{21},Y_{22}) - I(U;Z_1), I(U;Y_{21},Y_{22}) - I(U;Z_2)\} \end{cases} \tag{6.55}$$

参考文献[40]研究了三个方案来证明前缀信道 $U\to X$ 实现最优 s. d. o. f. 的作用。不失一般性,假设 $\mu_1^2=\mu_{21}^2=\mu_{22}^2=\nu_1^2=\nu_2^2=1$。

方案 1　在式(6.55)中选择 $U=X=(X_1,X_{21},X_{22})$,$X_1\sim\mathcal{N}(0,P_1)$,$X_2\sim\mathcal{N}(0,P_{21})$ 和 $X_{22}\sim\mathcal{N}(0,P_{22})$。基于这些分布,方案 1 可实现

$$\text{s.d.o.f.} = \frac{1}{2}$$

方案2 选择一个高斯输入，为 X_1、X_{21} 和 X_{22} 分配相等的传输功率。每个子信道可以支持速率为 $R=\frac{1}{2}\log(1+P/3)$ 的传输。令源信息 W 均匀地分布在集合 $\{0,\cdots,2^{nR}-1\}$ 中，在集合 $\{0,\cdots,2^{nR}-1\}$ 中按照均匀分布生成一个独立于 W 的密钥随机变量 M。定义 $\oplus$ 为"模 2^{nR} 加法"。分别在信道 $X_1\to Y_1$ 上发送 W，在信道 $X_{21}\to Y_{21}$ 和 $X_{22}\to Y_{22}$ 上分别发送 $W\oplus M$ 和 M。方案2可实现

$$\text{s.d.o.f.} = 1$$

这显然是最大的可达 s.d.o.f.。

方案3 在式(6.55)中，选择 $U=(X_1, X_{21}+X_{22})$，$X_1\sim\mathcal{N}(0,P/3)$，$X_{21}\sim\mathcal{N}(0,P/3)$ 和 $X_{22}\sim\mathcal{N}(0,P/3)$。基于这些分布，方案3可实现

$$\text{s.d.o.f.} = 1$$

与方案1相比，方案3通过在编码器处引入一个前缀信道 $U\to X$，从而引入了额外的随机性，进而达到最佳 s.d.o.f.。但是，对于参考文献[60-62,65]研究的高斯和 MIMO 搭线窃听信道，前缀信道对实现保密容量不是必需的，此时可认为 $U=X$。然而，前缀信道对于在并行高斯复合搭线窃听信道中实现最优 s.d.o.f. 是必要的。

方案2和方案3表明，为信息源或编码器引入随机性都能提高 s.d.o.f.，从而提高保密速率。

6.4.3 MIMO 复合搭线窃听信道

本节研究 MIMO 复合搭线窃听信道，其中发送者、接收者和窃听者分别配备了 N_T、N_R 和 N_E 根天线。在一次信道使用中，信道的输入输出关系为

$$\begin{cases}\underline{\boldsymbol{Y}}_j = \boldsymbol{H}_j\underline{\boldsymbol{X}} + \underline{\boldsymbol{V}}_{Rj}, & j=1,\cdots,J\\ \underline{\boldsymbol{Z}}_k = \boldsymbol{G}_k\underline{\boldsymbol{X}} + \underline{\boldsymbol{V}}_{Ek}, & k=1,\cdots,K\end{cases} \tag{6.56}$$

其中，$\boldsymbol{H}_j, j=1,\cdots,J$ 和 $\boldsymbol{G}_k, k=1,\cdots,K$ 是固定的矩阵，$\underline{\boldsymbol{V}}_{R1},\cdots,\underline{\boldsymbol{V}}_{RJ}$ 和 $\underline{\boldsymbol{V}}_{E1},\cdots,\underline{\boldsymbol{V}}_{EK}$ 是有单位协方差矩阵的独立同分布高斯随机矢量。假设信道的输入受平均功率约束

$$\frac{1}{n}\sum_{i=1}^{n}E[\underline{\boldsymbol{X}}_i^{\mathrm{T}}\underline{\boldsymbol{X}}_i] \leqslant P \tag{6.57}$$

其中，i 是符号的时间序号。

接下来，用 $\boldsymbol{A}\geqslant 0$ 表明 $\boldsymbol{A}$ 是半正定矩阵，$\boldsymbol{A}>0$ 来表示 $\boldsymbol{A}$ 是一个正定矩阵，$\boldsymbol{A}\geqslant\boldsymbol{B}$ 表明 $\boldsymbol{A}-\boldsymbol{B}$ 是一个半正定矩阵。符号 $\leqslant$ 和 $<$ 分别表示与 $\geqslant$ 和 $>$ 相反的含义。

MIMO 复合搭线窃听信道已在参考文献[39]中研究，在此归纳结果如下。正如参考文献[68]中定义，若对每对 (j,k) 存在一个矩阵 $\boldsymbol{D}_{jk}$ 使得 $\boldsymbol{D}_{jk}\boldsymbol{H}_j=\boldsymbol{G}_k$ 和 $\boldsymbol{D}_{jk}\boldsymbol{D}_{jk}^{\mathrm{T}}\leqslant\boldsymbol{I}$，则称 MIMO 复合搭线窃听信道是衰落的。易得对于每个 (j,k) 对，信道满足马尔可夫链关系 $\underline{\boldsymbol{X}}\to\underline{\boldsymbol{Y}}_j\to\underline{\boldsymbol{Z}}_k$。

定理 6.15 （见参考文献[39]）退化的 MIMO 复合搭线窃听信道的保密容量由下式给出

$$C = \max_{Q:Q \geqslant 0, \mathrm{Tr}(Q) \leqslant P} \min_{j,k} \frac{1}{2} \log \frac{|\boldsymbol{I} + \boldsymbol{H}_j \boldsymbol{Q} \boldsymbol{H}_j^{\mathrm{T}}|}{|\boldsymbol{I} + \boldsymbol{G}_k \boldsymbol{Q} \boldsymbol{G}_k^{\mathrm{T}}|} \tag{6.58}$$

上述保密容量可以通过选择高斯输入 $\boldsymbol{X} \sim \mathcal{N}(0, \boldsymbol{Q})$ 获得。显然，根据定理 6.9 通过选择 $\boldsymbol{U} = \boldsymbol{X} \sim \mathcal{N}(0, \boldsymbol{Q})$，上述速率对于一般 MIMO 复合搭线窃听信道也是可达的。

引理 6.2　对于一般的 MIMO 复合搭线窃听信道，一个可以实现的保密速率为

$$R_e = \max_{Q:Q \geqslant 0, \mathrm{Tr}(Q) \leqslant P} \min_{j,k} \frac{1}{2} \log \frac{|\boldsymbol{I} + \boldsymbol{H}_j \boldsymbol{Q} \boldsymbol{H}_j^{\mathrm{T}}|}{|\boldsymbol{I} + \boldsymbol{G}_k \boldsymbol{Q} \boldsymbol{G}_k^{\mathrm{T}}|} \tag{6.59}$$

一般来说，式(6.59)的最大化问题是很难求解的。参考文献[39]进一步研究了 s. d. o. f.，其与式(6.50)定义类似，只是 $\mathrm{SNR} = P/R_T$。下文考虑 $J=1$ 的特例，对于一般情况的推导可参见参考文献[39]。

定理 6.16　当 $J=1$ 时，MIMO 复合搭线窃听信道的可以实现的 s. d. o. f. 为

$$\text{s. d. o. f.} = \min_k \{\mathrm{Rank}(\boldsymbol{H}) - \mathrm{Rank}(\boldsymbol{G}_k \Sigma)\} \tag{6.60}$$

其中，Σ 是矩阵，其列矢量是矩阵 $\boldsymbol{H}^{\mathrm{T}} \boldsymbol{H}$ 非零特征值对应的特征矢量。

为达到上述 s. d. o. f.，信道输入的波束成型方向为 $\boldsymbol{H}^{\mathrm{T}} \boldsymbol{H}$ 非零特征值对应的特征矢量，即矩阵 Σ 的列矢量。式(6.60)的 $\mathrm{Rank}(\boldsymbol{H})$ 和 $\mathrm{Rank}(\boldsymbol{G}_k \Sigma)$ 可分别看作信号接收者和窃听者 k 观测到的信号维数，因此，可达 s. d. o. f. 是由这两个维度之间的差异决定的。

6.5　带边信息的窃听信道

如图 6.5 所示，带有边信息的搭线窃听信道模型中，从发送者到接收者和窃听者可以是其中的多种状态中的一种。该信道用信道转移概率 $P_{YZ|XS}$ 表示，其中 $\mathcal{S}$ 是信道状态变量。在每个符号时间内的信道状态 S_n 属于一个有限符号字符集 S，且 S_n 随符号变化而变化。状态序列 S^n 在发送者是已知的。因此，在发送者的随机编码器 $f: \mathcal{W} \times \mathcal{S}^n \to \mathcal{X}^n$，将 $w \times s^n \in (\mathcal{W}, \mathcal{S}^n)$ 映射到一个经过传输的码字 x^n。引入一个窃听者后，该模型可视为 Gel'fand 和 Pinsker 在参考文献[77]所提模型的推广。参考文献[24,48]研究了该信道。以下定理给出了一个可达保密速率。

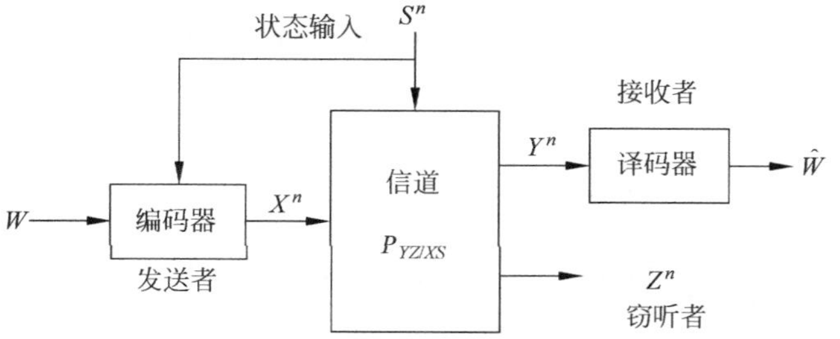

图 6.5　带边信息的窃听信道

定理 6.17　（见参考文献[24]）在有边信息的搭线窃听信道中，一个可达保密速率为

$$R_e = \max_{R_{U,SX} P_{YZ|XS}} \min\{I(U;Y) - I(U;Z), I(U;Y) - I(U;S)\} \tag{6.61}$$

其中，最大化由信道输入 X、边信息 S 和一个满足马尔可夫链条件 $U \to (X,S) \to (Y,Z)$ 的

辅助随机变量 U 中的所有联合分布式 P_{USX} 决定。

注意，由于状态序列对于窃听者未知，有可能会提高保密速率。带边信息的高斯搭线窃听信道下这一点是肯定的，本节后续部分将深入讨论。

下面的定理给出了保密容量的两个上界。

定理 6.18 带有边信息的窃听信道，保密容量的两个上界由下式给出

$$\bar{R}_{1e} = \max_{P_{USX}P_{YZ|XS}} I(U;Y) - I(U;S) \tag{6.62}$$

$$\bar{R}_{2e} = \max_{P_{USX}P_{YZ|XS}} I(U;Y) - I(U;Z) \tag{6.63}$$

其中，式(6.62)和式(6.63)的最大化由信道输入 X、边信息 S 和一个满足马尔可夫链条件 $U \to (X,S) \to (Y,Z)$ 的辅助随机变量 U 间的所有联合分布式 P_{USX} 决定。

第一个上限是不受安全约束的带有边信息的信道容量(见参考文献[77])，显然是存在保密约束时的上限。第二个上限是信道输入为(X,S)的搭线窃听信道保密容量，与带有边信息的原窃听信道相比，这是一个增强的信道，因此是原始信道保密容量的上限。

参考文献[24,48]研究了带有边信息的高斯搭线窃听信道模型，且状态变量对接收者和窃听者处的信道输出是一种加性干扰。该模型是对引入窃听者的参考文献[78]中研究模型的推广。一次信道使用过程的输入输出关系为

$$\begin{cases} Y = X + S + V_R \\ Z = X + S + V_E \end{cases} \tag{6.64}$$

其中，状态序列 S^n 由独立同分布的元素组成，且每个元素服从分布$\mathcal{N}(0,P_S)$，V_R 和 V_E 是零均值方差为 μ^2 和 υ^2 的独立高斯随机变量。信道输入受平均功率 P 约束，即

$$\frac{1}{n}\sum_{i=1}^{n} E[X_i^2] \leqslant P \tag{6.65}$$

其中，i 是时间序号。

定理 6.19 (见参考文献[24])对有边信息的高斯窃听信道，可达保密速率为

$$R_e = \max_{\alpha} \min\{I(U_\alpha;Y) - I(U_\alpha;S), I(U_\alpha;Y) - I(U_\alpha;Z)\} \tag{6.66}$$

其中，α 是一个实数，$U_\alpha = X + \alpha S$，$X \sim \mathcal{N}(0,P)$。

参考文献[24]进一步分析了式(6.66)的优化，目的是更明确地表示保密速率。令

$$R(\alpha) = I(U_\alpha;\ Y) - I(U_\alpha;\ S) \tag{6.67}$$

和

$$R_Z(\alpha) = I(U_\alpha;Y) - I(U_\alpha;Z) \tag{6.68}$$

函数 $R(\alpha)$ 在 $\alpha = \alpha^* = \dfrac{P}{P+\mu^2}$ 和式(6.69)的条件下取得最大值

$$R(\alpha^*) = \frac{1}{2}\log(1 + P/\mu^2) \tag{6.69}$$

函数在 $\alpha = 1$ 和式(6.70)条件下 $R_Z(\alpha)$ 取得最大值

$$R_Z(1) = \frac{1}{2}\log\left(\frac{(P + P_S + \mu^2)\upsilon^2}{\mu^2(P + P_S + \upsilon^2)}\right) \tag{6.70}$$

同样地，当

$$\alpha_0 = \frac{PP_S + P\sqrt{(P+P_S+\nu^2)}}{P(P+\nu^2)}$$

时，$R(\alpha_0)=R_Z(\alpha_0)$。

令

$$P_{\text{low}} = -\mu^2 - \frac{P_S}{2} + \frac{\sqrt{P_S^2 + 4P_S(\nu^2-\mu^2)}}{2} \tag{6.71}$$

和

$$P_{\text{low}} = -\frac{P_S}{2} + \frac{\sqrt{P_S^2 + 4P_S\nu^2}}{2} \tag{6.72}$$

根据参考文献[24,48]可得，式(6.66)给出的保密速率可以写为

$$R_e = \begin{cases} R(\alpha^*) & P \leqslant P_{\text{low}} \\ R(\alpha_0) & P_{\text{low}} \leqslant P \leqslant P_{\text{high}} \\ R_Z(1) & P \geqslant P_{\text{high}} \end{cases} \tag{6.73}$$

以上三种情况对应最优化问题 $\max_\alpha \min\{R(\alpha),R_Z(\alpha)\}$的三种可能情况：(1)取 $\alpha=\alpha^*$，则 $R(\alpha^*)<R_Z(\alpha^*)$时，$R(\alpha)$最优；(2)取 $\alpha=1$，则 $R(1)>R_Z(1)$时，$R_Z(\alpha)$最优；(3)$R(\alpha)$的最优取值受 $R(\alpha)=R_Z(\alpha)$约束。

由式(6.73)可得，带有边信息的高斯窃听信道具有比高斯窃听信道更大的保密容量，因此，边信息有助于提高保密容量。该结论与没有保密约束的信道中边信息并不影响容量(见参考文献[78])的结论不同。

参考文献[48]指出，当 $P\leqslant P_{\text{low}}$ 或 $P\geqslant P_{\text{high}}$ 时，式(6.73)所得的保密速率达到保密容量。前一种情况下的保密速率是没有保密约束且发送者和接收者已知状态序列条件下的信道容量。后一种情况下的保密速率是增强型搭线窃听信道的保密容量，其中状态变量被用作信道输入而非信道干扰。两种保密容量，都是原始的带有边信息窃听信道保密容量的上限。因此，达到这两个界意味着达到保密容量。

6.6 小　　结

本章讨论了在信道状态不确定情况下搭线窃听信道的开放问题。对于衰落搭线窃听信道，显然 CSI 对于发送者的保密传输方案设计是至关重要的。然而，在许多通信场景中，由于缺乏窃听者的反馈信息，很难获取或估计窃听者的信道。只有少量研究(如参考文献[31,71,80])涉及发送者未知 CSI 的情形下的衰落搭线窃听信道。该情形下 MIMO 衰落搭线窃听信道的进一步研究是必要的。在发送者不知道 CSI 的情况下，衰落搭线窃听信道的中断性能也是一个开放问题。参考文献[21]研究了存在估计误差时，衰落搭线窃听信道的中断性能。但是，当存在估计误差条件时，MIMO 衰落搭线窃听信道的各态历经和中断性能仍需进一步研究。

复合搭线窃听信道仍然是一个具有挑战性的课题，这是由于一般情况下并不知道其保密容量。而进一步理解广义复合搭线窃听信道保密容量的实现方案和上界是必要的。对于并行高斯复合搭线窃听信道，多个接收者和多个窃听者场景下的保密容量问题仍

然是开放的。对于这个一般性的场景,理解 s. d. o. f. 的含义可能是有益的第一步。此外,并行高斯复合搭线窃听信道的深入学习将有利于 MIMO 复合搭线窃听信道的研究。

带有边信息窃听信道的保密容量一般是未知的。参考文献[24,48]在特定条件下得到带有边信息高斯窃听信道的保密容量,该成果表明在某些特殊情况下能够获取 MIMO 保密容量。在多用户通信中边信息可解释为,来自其他发送者或来自同一个发送者发送其他源信息时所带来的干扰。当有保密性能约束时,带有边信息的搭线窃听信道中的编码技术适用于多用户情景。

本章只考虑保密容量作为性能指标,重点研究了完美保密情况。更一般地用来权衡通信的可靠速率和安全水平(疑义度)的容量疑义区域(capacity-equivocation region)需要进一步研究。此外,具有多源信息的更一般的场景,也需要进行研究。已有一些成果对上述问题进行研究,包括带有保密信息和公共消息的广播信道([见参考文献 59])、衰落广播信道(见参考文献[42]),以及存在多个个体信息的衰落广播信道(见参考文献[22,31,45,47,79])情况下的容量疑义区域。但是复合搭线窃听信道和有边信息的搭线窃听信道条件下的容量疑义度仍然是一个开放问题。

致谢 作者衷心感谢得克萨斯州农工大学的 Tie Liu 教授和阿肯色州立大学的 Lifeng Lai 博士关于本章观点的建设性讨论和建议。Yingbin Liang 的工作是由美国国家科学基金会职业奖(编号:CCF-08-46028)支持。H. Vincent Poor 的工作由美国国家科学基金会(编号:CNS-06-25637)支持。Shlomo Shamai 的工作得到了欧盟委员会框架下的 FP7 卓越网络无线通信中的 NEWCOM++的资助。

参考文献

[1] C. E. Shannon. Communication theory of secrecy systems. *Bell Syst. Tech. J.*, 28:656–715, 1949.

[2] A. D. Wyner. The wire-tap channel. *Bell Syst. Tech. J.*, 54(8):1355–1387, October 1975.

[3] R. Ahlswede and I. Csiszár. Common randomness in information theory and cryptography-Part I: Secret sharing. *IEEE Trans. Inf. Theory*, 39(4):1121–1132, July 1993.

[4] R. Ahlswede and I. Csiszár. Common randomness in information theory and cryptography-Part II: CR capacity. *IEEE Trans. Inf. Theory*, 44(1):225–240, January 1998.

[5] I. Csiszár and P. Narayan. Common randomness and secret key generation with a helper. *IEEE Trans. Inf. Theory*, 46(2):344–366, March 2000.

[6] I. Csiszár and P. Narayan. Secrecy capacities for mulitple terminals. *IEEE Trans. Inf. Theory*, 50(12):3047–3061, December 2004.

[7] I. Csiszár and P. Narayan. Secrecy capacities for multiterminal channel models. *IEEE Trans. Inf. Theory, Special Issue on Information Theoretic Security*, 54(6):2437–2452, June 2008.

[8] A. A. Gohari and V. Anantharam. Information-theoretic key agreement of multiple terminals-Part I: Source model. *IEEE Trans. on Inf. Theory*, submitted. Available at http://www.eecs.berkeley.edu/~aminzade/SourceModel.pdf.

[9] A. A. Gohari and V. Anantharam. Information-theoretic key agreement of multiple terminals-Part II: Channel model. *IEEE Trans. on Inf. Theory*, submitted. Available at http://www.eecs.berkeley.edu/~aminzade/ChannelModel.pdf.

[10] A. A. Gohari and V. Anantharam. Communication for omniscience by a neutral observer and information-theoretic key agreement of multiple terminals. In *Proc. IEEE Int. Symp. Inf. Theory (ISIT)*, Nice, France, June 2007.

[11] A. A. Gohari and V. Anantharam. New bounds on the information-theoretic key agreement of multiple terminals. In *Proc. IEEE Int. Symp. Inf. Theory (ISIT)*, Toronto, ON, Canada, July 2008.

[12] A. Khisti, S. Diggavi, and G. W. Wornell. Secret key generation with correlated sources and noisy channels. In *Proc. IEEE Int. Symp. Inf. Theory (ISIT)*, Toronto, ON, Canada, July 2008.

[13] U. M. Maurer. Secrete key agreement by public discussion based on common information. *IEEE Trans. Inf. Theory*, 39(5):733–742, May 1993.

[14] U. M. Maurer and S. Wolf. Unconditionally secure key agreement and the intrinsic conditional information. *IEEE Trans. Inf. Theory*, 45(2):499–514, February 1999.

[15] U. M. Maurer and S. Wolf. From weak to strong information-theoretic key agreement. In *Proc. IEEE Int. Symp. Inf. Theory (ISIT)*, p. 18, Sorrento, Italy, June 2000.

[16] M. Naito, S. Watanabe, R. Matsumoto, and T. Uyematsu. Secret key agreement by reliability information of signals in Gaussian Maurer's model. In *Proc. IEEE Int. Symp. Inf. Theory (ISIT)*, Toronto, ON, Canada, July 2008.

[17] S. Nitinawarat, C. Ye, A. Barg, P. Narayan, and A. Reznik. Secret key generation for a pairwise independent network model. In *Proc. IEEE Int. Symp. Inf. Theory (ISIT)*, Toronto, ON, Canada, July 2008.

[18] V. Prabhakaran, K. Eswaran, and K. Ramchandran. Secrecy via sources and channels: A secret key-secret message rate trade-off region. In *Proc. IEEE Int. Symp. Inf. Theory (ISIT)*, Toronto, ON, Canada, July 2008.

[19] R. Renner and S. Wolf. New bounds in secret key agreement: The gap between formation and secrecy extraction. In *Adv. Cryptol.-EUROCRYPT*, 2656:562–577, 2003.

[20] E. Ardestanizadeh, M. Franceschetti, T. Javidi, and Y.-H. Kim. Wiretap channel with rate-limited feedback. In *Proc. IEEE Int. Symp. Inf. Theory (ISIT)*, Toronto, ON, Canada, July 2008.

[21] M. Bloch, J. Barros, M. R. D. Rodrigues, and S. W. McLaughlin. Wireless information-theoretic security. *IEEE Trans. Inf. Theory*, 54(6):2515–2534, June 2008.

[22] Y. Cao and B. Chen. An achievable rate region for discrete memoryless broadcast channels with confidential messages. In *Proc. IEEE Int. Symp. Inf. Theory (ISIT)*, Toronto, ON, Canada, July 2008.

[23] A. Carleial and M. Hellman. A note on Wyner's wiretap channel. *IEEE Trans. Inf. Theory*, 23(3):387–390, May 1977.

[24] Y. Chen and A. J. H. Vinck. Wiretap channel with side information. *IEEE Trans. Inf. Theory*, 54(1):395–402, January 2008.

[25] G. Cohen and G. Zemor. The wire-tap channel applied to biometrics. In *Proc. Int. Symp. Inf. Theory App. (ISITA)*, Parma, Italy, October 2004.

[26] E. Ekrem and S. Ulukus. Effects of cooperation on the secrecy of multiple access channels with generalized feedback. In *Proc. Conf. Inf. Sci. Syst. (CISS)*, Princeton, NJ, USA, March 2008.

[27] E. Ekrem and S. Ulukus. Secrecy in cooperative relay broadcast channels. In *Proc. IEEE Int. Symp. Inf. Theory (ISIT)*, Toronto, ON, Canada, July 2008.

[28] M. Hayashi. General nonasymptotic and asymptotic formulas in channel resolvability and identification capacity and their application to the wiretap channel. *IEEE Trans. Inf. Theory*, 52(4):1562–1575, April 2006.

[29] X. He and A. Yener. The role of an untrusted relay in secret communication. In *Proc. IEEE Int. Symp. Inf. Theory (ISIT)*, Toronto, ON, Canada, July 2008.

[30] X. He and A. Yener. Secrecy when the relay is the eavesdropper. In *Proc. Inf. Theory and Appl. Workshop (ITA)*, San Diego, CA, USA, January 2008.

[31] A. Khisti, A. Tchamkerten, and G. Wornell. Secure broadcasting. *IEEE Trans. Inf. Theory, Spec. Issue on Information Theoretic Security*, 54(6):2453–2469, June 2008.

[32] H. Koga and N. Sato. On an upper bound of the secrecy capacity for a general wiretap channel. In *Proc. IEEE Int. Symp. Inf. Theory (ISIT)*, pp. 1641–1645, Adelaide, Australia, September 2005.

[33] O. O. Koyluoglu, H. El Gamal, L. Lai, and H. V. Poor. On the secure degrees of freedom in the *K*-user Gaussian interference channel. In *Proc. IEEE Int. Symp. Inf. Theory (ISIT)*, Toronto, ON, Canada, July 2008.

[34] L. Lai and H. El Gamal. The relay-eavesdropper channel: Cooperation for secrecy. *IEEE Trans. Inf. Theory*, 54(9):4005–4019, September 2008.

[35] L. Lai, H. El Gamal, and H. V. Poor. The wiretap channel with feedback: Encryption over the channel. *IEEE Trans. Inf. Theory*, 54(11):5059–5067, November 2008.

[36] S. K. Leung-Yan-Cheong. On a special class of wire-tap channels. *IEEE Trans. Inf. Theory*, 23(5):625–627, September 1977.

[37] Z. Li, R. D. Yates, and W. Trappe. Secrecy capacity region of a class of one-sided interference channel. In *Proc. IEEE Int. Symp. Inf. Theory (ISIT)*, Toronto, ON, Canada, July 2008.

[38] Y. Liang, H. V. Poor, and S. Shamai, "Information Theoretic Security." in *Foundat. Trends in Commun. Inf. Theory*. 5(4-5):355–580, 2008.

[39] Y. Liang, G. Kramer, H. V. Poor, and S. Shamai (Shitz). Compound wire-tap channels. In *Proc. 45th Annu. Allerton Conf. Commun. Control Comput.*, Monticello, IL, USA, September 2007.

[40] Y. Liang, G. Kramer, H. V. Poor, and S. Shamai (Shitz). Recent results on compound wire-tap channels. In *Proc. IEEE Int. Symp. Pers. Indoor Mobile Radio Commun. (PIMRC)*, Cannes, France, September 2008.

[41] Y. Liang and H. V. Poor. Multiple access channels with confidential messages. *IEEE Trans. Inf. Theory*, 54(3):976–1002, March 2008.

[42] Y. Liang, H. V. Poor, and S. Shamai (Shitz). Secure communication over fading channels. *IEEE Trans. Inf. Theory, Special Issue on Information Theoretic Security*, 54(6):2470–2492, June 2008.

[43] Y. Liang, A. Somekh-Baruch, H. V. Poor, S. Shamai (Shitz), and S. Verdú. Capacity of cognitive interference channels with and without secrecy. *IEEE Trans. Inf. Theory*, 55(2):604–619, February 2009.

[44] R. Liu, Y. Liang, H. V. Poor, and P. Spasojevic. Secure nested codes for type II wire-tap channels. In *Proc. IEEE Inf. Theory Workshop (ITW)*, Lake Tahoe, CA, USA, September 2007.

[45] R. Liu, I. Maric, P. Spasojevic, and R. Yates. Discrete memoryless interference and broadcast channels with confidential messages: Secrecy rate regions. *IEEE Trans. Inf. Theory, Special Issue on Information Theoretic Security*, 54(6):2493–2507, June 2008.

[46] R. Liu, I. Maric, R. Yates, and P. Spasojevic. The discrete memoryless multiple access channel with confidential messages. In *Proc. IEEE Int. Symp. Inf. Theory (ISIT)*, Seattle, WA, USA, July 2006.

[47] R. Liu and H. V. Poor. Secrecy capacity region of a multi-antenna Gaussian broadcast channel with confidential messages. *IEEE Trans. Inf. Theory*, 55(3):1235–1249, March 2009.

[48] C. Mitrpant, A. J. H. Vinck, and Y. Luo. An achievable region for the Gaussian wiretap channel with side information. *IEEE Trans. Inf. Theory*, 52(5):2181–2190, May 2006.

[49] Y. Oohama. Relay channels with confidential messages. *IEEE Trans. Inf. Theory*, Submitted 2007. Available at http://arxiv.org/PS_cache/cs/pdf/0611/0611125v7.pdf.

[50] Y. Oohama. Coding for relay channels with confidential messages. In *Proc. IEEE Inf. Theory Workshop (ITW)*, Cairns, Australia, pp. 87–89, September 2001.

[51] X. Tang, R. Liu, P. Spasojevic, and H. V. Poor. The Gaussian wiretap channel with a helping interferer. In *Proc. IEEE Int. Symp. Inf. Theory (ISIT)*, Toronto, ON, Canada, July 2008.

[52] E. Tekin and A. Yener. The Gaussian multiple access wire-tap channel. *IEEE Trans. Inf. Theory*, 54(12):5747–5755, December 2008.

[53] E. Tekin and A. Yener. The general Gaussian multiple access and two-way wire-tap channels: Achievable rates and cooperative jamming. *IEEE Trans. Inf. Theory, Special Issue on Information Theoretic Security*, 54(6):2735–2751, June 2008.

[54] A. Thangaraj, S. Dihidar, A. Calderbank, S. McLaughlin, and J.-M. Merolla. Application of LDPC codes to the wiretap channel. *IEEE Trans. Inf. Theory*, 53(8):2933–2945, August 2007.

[55] M. van Dijk. On a special class of broadcast channels with confidential messages. *IEEE Trans. Inf. Theory*, 43(2):712–714, March 1997.

[56] H. Yamamoto. Coding theorem for secret sharing communication systems with two noisy channels. *IEEE Trans. Inf. Theory*, 35(3):572–578, May 1989.

[57] R. D. Yates, D. Tse, and Z. Li. Secret communication on interference channels. In *Proc. IEEE Int. Symp. Inf. Theory (ISIT)*, Toronto, ON, Canada, July 2008.

[58] M. Yuksel and E. Erkip. Secure communication with a relay helping the wiretapper. In *Proc. IEEE Inf. Theory Workshop (ITW)*, Lake Tahoe, CA, September 2007.

[59] I. Csiszár and J. Körner. Broadcast channels with confidential messages. *IEEE Trans. Inf. Theory*, 24(3):339–348, May 1978.

[60] S. K. Leung-Yan-Cheong and M. E. Hellman. The Gaussian wire-tap channel. *IEEE Trans. Inf. Theory*, 24(4):451–456, July 1978.

[61] A. Khisti and G. Wornell. The MIMOME channel. In *Proc. Annu. Allerton Conf. Commun. Control Comput.*, Monticello, IL, USA, September 2007.

[62] F. Oggier and B. Hassibi. The secrecy capacity of the MIMO wire-tap channel. In *Proc. Annu. Allerton Conf. Commun. Control Comput.*, Monticello, IL, USA, September 2007.

[63] S. Shafiee, N. Liu, and S. Ulukus. Towards the secrecy capacity of the Gaussian MIMO wire-tap channel: The 2-2-1 channel. *IEEE Trans. Inf. Theory*, 55(9):4033–4039, September 2009.

[64] H. Sato. An outer bound to the capacity region of broadcast channels. *IEEE Trans. Inf. Theory*, 24(3):374–377, May 1978.

[65] T. Liu and S. Shamai (Shitz). A note on the secrecy capacity of the multi-antenna wire-tap channel. *IEEE Trans. Inf. Theory*, 55(11), November 2009.

[66] H. Weingarten, Y. Steinberg, and S. Shamai (Shitz). The capacity region of the Gaussian multiple-input multiple-output broadcast channel. *IEEE Trans. Inf. Theory*, 52(9):3936–3964, September 2006.

[67] T. Liu and P. Viswanath. An extremal inequality motivated by multiterminal information-theoretic problems. *IEEE Trans. Inf. Theory*, 53(5):1839–1851, May 2007.

[68] H. Weingarten, T. Liu, S. Shamai (Shitz), Y. Steinberg, and P. Viswanath. The capacity region of the degraded MIMO compound broadcast channel. In *Proc. IEEE Int. Symp. Inf. Theory (ISIT)*, Nice, France, June 2007.

[69] Z. Li, R. Yates, and W. Trappe. Secrecy capacity of independent parallel channels. In *Proc. Annu. Allerton Conf. Commun. Control Comput.*, Monticello, IL, USA, September 2006.

[70] Y. Liang and H. V. Poor. Secure communication over fading channels. In *Proc. 44th Annu. Allerton Conf. Commun. Control Comput.*, Monticello, IL, USA, September 2006.

[71] P. Gopala, L. Lai, and H. El Gamal. On the secrecy capacity of fading channels. *IEEE Trans. Inf. Theory*, 54(10):4687–4698, October 2008.

[72] P. Parada and R. Blahut. Secrecy capacity of SIMO and slow fading channels. In *Proc. IEEE Int. Symp. Inf. Theory (ISIT)*, Adelaide, Australia, pp. 2152–2155, September 2005.

[73] G. Caire, G. Taricco, and E. Biglieri. Optimal power control over fading channels. *IEEE Trans. Inf. Theory*, 45(5):1468–1489, July 1999.

[74] T. Liu, V. Prabhakaran, and S. Vishwanath. The secrecy capacity of a class of parallel Gaussian compound wiretap channels. In *Proc. IEEE Int. Symp. Inf. Theory (ISIT)*, Toronto, ON, Canada, July 2008.

[75] H. Yamamoto. A coding theorem for secret sharing communication systems with two Gaussian wiretap channels. *IEEE Trans. Inf. Theory*, 37(3):634–638, May 1991.

[76] P. Wang, G. Yu, and Z. Zhang. On the secrecy capacity of fading wireless channel with multiple eavesdroppers. In *Proc. IEEE Int. Symp. Inf. Theory (ISIT)*, Nice, France, June 2007.

[77] S. I. Gelfand and M. S. Pinsker. Coding for channel with random parameters. *Probl. Contr. Inf. Theory*, 9(1):19–31, 1980.

[78] M. H. M. Costa. Writing on dirty paper. *IEEE Trans. Inf. Theory*, 29(3):439–441, May 1983.

[79] Y. Liang, H. V. Poor, and L. Ying. Wireless broadcast networks: Reliability, security and stability. In *Proc. of 3rd Inf. Theor. Appl. Workshop (ITA)*, La Jolla, CA, USA, May 2008.

[80] Y. Liang, L. Lai, H. V. Poor and S. Shamai (Shitz). The broadcast approach to fading wiretap channels. In *Proc. of Inf. Theory Workshop (ITA)*, Taormina, Sicily, Italy, October 2009.

第7章

无线通信中的协作安全*

Ersen Ekrem, Sennur Ulukus

7.1 引　　言

无线通信的广播特性使得无线安全受到严重威胁，也使得无线协作安全成为可能。非期望方能够方便地接收到其他通信链路的信息，这既是协作的前提，也是窃听的基础。用户之间可以巧妙地利用接收到的对方链路信息提高其通信速率，而由此带来的信息泄露同样会造成保密性能和安全性能的降低。过去三十年来，协作与安全是各自独立展开研究的：Meulen(见参考文献[1])首先提出中继信道(relay channel)，这是协作通信最简单的模型；Wyner(见参考文献[2])首先提出了搭线窃听信道，这是研究通信安全的最简单模型。有趣的是，这两个模型都是简单的三节点网络：前者中第三方节点(中继方)的唯一目的是通过转发信号提高收发节点间单用户信道的可达速率；后者中第三方节点(窃听者)被动接收，从接收信号中尽可能多地提取收发节点间单用户信道中传输的信息。本章将总结协作和安全方面的文献。

近年来，一些学者将协作和安全进行联合研究，并开展了一些初步工作，引起了学术界极大的兴趣。该方面的文献可以分为两类：第一类的信道模型中包括一组协作伙伴(处于一个基本中继网络或一个多址接入信道中)和一个外部窃听者。显然，用户间协作可以同时增加发送用户的通信速率和安全性。正如下面将看到的那样，当安全性成为协作的目标之一时，会产生一系列的用户协作方式。例如，协作节点可以中继/转发相互之间的信息或者直接对外部窃听者实施干扰，两种方式都会使主信道的通信质量优于窃听信道。本章将对现有利用协作技术在有窃听者存在时提高安全性的文献进行总结。

对于协作和安全联合研究的场景，更复杂也更切合实际的情况是潜在的协作节点可能同时也是潜在的窃听者。在这一模型中，每个节点都是网络中的主动参与者，都致力于提高互相的通信速率，但是也都希望能保障自己的信息在传输过程中不被窃取。例如，在

Sennur Ulukus (✉)
电气与计算机工程系，马里兰大学学院园分校，马里兰州 20742，美国
电子邮件：ulukus@umd.edu

* 本章部分内容来自于 Secrecy in Cooperative Relay Broadcast Channels, Proceedings of the IEEE International Symposium on Information Theory, 2008 © IEEE 2008.

通过协作提高通信速率的广播网络中，要求保证只有某些认证节点(可能是已为该服务付费的用户)才能获取消息的内容。问题的关键是，协作和安全之间是此消彼长的还是双赢的？也就是说，协作是否会带来额外的信息泄露(除了无线信道已有的信息泄露外)？或者协作是否可以通过限制或抵消已有的信息泄露来提高安全性？虽然联合协作和安全的研究范围还未完全明确，但有一个共识：协作和安全之间到底是此消彼长的还是双赢的，取决于采用的协作协议。简要地讲，如果使用译码转发方式，协作节点可以解调它要转发的信息，协作和安全可能是相冲突的；如果使用压缩转发或放大转发方式，即协作节点不对信息进行解调，而是直接转发，则通过协作可以提高安全性。这主要是因为，通过使用压缩转发或放大转发的协作方案，协作节点可以将主信道的传输速率提高到一个协作节点自身无法译码的水平。本章将对协作和安全相关联的研究中合法用户可能作为潜在窃听者的文献进行综述。

7.2 协　　作

早在三十多年前，Van Der Meulen(见参考文献[1])就引入了协作网络中最简单的模型——中继信道模型。如图 7.1 所示，中继信道模型包含三个节点：发送者、中继和接收者。在该文中，中继的目的仅仅是提高发送者与接收者之间的通信速率。中继信道模型虽然简单，但其信道容量的计算仍然有待进一步研究。关于中继信道具有里程碑意义的论文由 Cover 和 El Gamal 在 1979 年发表，其中提出了两个最基础的中继策略：译码转发(decode and forward，DAF)和压缩转发(compress and forward，CAF)。

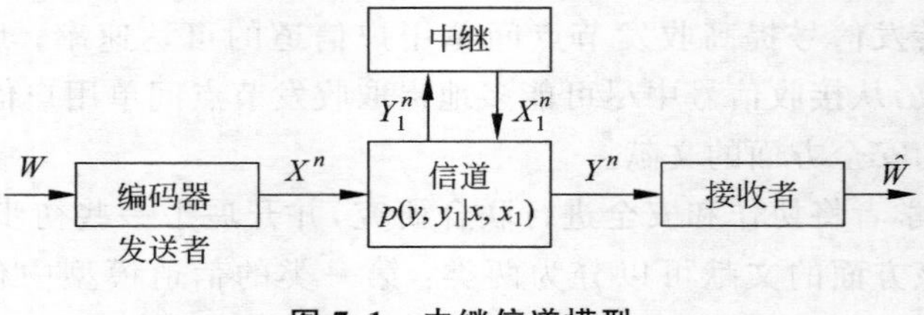

图 7.1　中继信道模型

DAF 和 CAF 都是一种分组编码方案。采用 DAF 时，中继将当前分组的信息完全译码，并在下一分组中发送这一信息，协助接收者对发送者在前一分组中发送的信息进行译码。Cover 和 El Gamal 在最初的文献中采用了不规则编码(即在发送者和中继采用不同的码长)、分组马尔可夫重叠编码、随机划分以及连续译码。随后，Carleial(见参考文献[4])和 Willems(见参考文献[5])分别证明，发送者和中继采用相同的码长，采用滑动窗口译码或反向译码时，系统也可以获得相同的速率。DAF 最大可获得的速率为

$$\max_{p(x,x_l)}\min\{I(X;Y_1 \mid X_1),I(X,X_1;Y)\} \tag{7.1}$$

大括号内的第一项是表示中继需要完全译码，第二项可以看作一个多址接入信道(发送者和中继均向接收者传输相同的信息)的速率。DAF 的主要缺点是系统整体的速率受限于发送-中继链路的速率。为了克服这一缺点，参考文献[3]提出了 CAF 方案。

CAF 方案中，中继并不对信息进行译码，而是将收到的信号做量化压缩处理后发送

给接收者。接收者根据它与中继的信道输出的统计相关性对发送给它的信息进行译码。在这种情况下，中继的量化压缩质量扮演一个很重要的角色。而量化压缩质量反过来依赖于中继-接收信道的速率。例如，如果中继能将其接收的信息完好无损地发送给接收者(即中继-接收信道容量无限)，则系统可获得的最大速率为

$$\max_{p(x)} I(X;Y,Y_1) \tag{7.2}$$

这同样是接收者采用两根天线时系统可获得的速率。由于中继-接收信道有噪声，CAF系统可获得的速率应该是

$$\max_{p(x)p(x_1)} I(X;\hat{Y}_1,Y \mid X_1) \tag{7.3}$$

其中的随机变量满足

$$I(X_1;Y) \geqslant I(\hat{Y}_1;Y_1 \mid X_1,Y) \tag{7.4}$$

其中，$\hat{Y}_1$ 指中继接收信号 Y_1 的量化压缩信号。式(7.4)中的约束条件将量化压缩的质量与中继-接收之间的速率联系起来。之前提到，CAF的主要优势是中继不需要对信息进行译码。当对中继强加一个安全约束时，CAF中继不需要对信息进行译码就显得至关紧要。

在基本中继网络中，中继的唯一目的是利用它与发送消息相关的观测信号帮助发送者提高传输速率。这一基本思路可以扩展到大规模网络中，其中所有节点都有自己要发送的信息，并且都能接收到其他用户的信息。这一场景最简单的例子是带广义反馈的多址接入信道(multiple access channel with generalized feedback，MAC-GF)，如图7.2所示，其中每个用户的反馈信号(即转发信号)不同，但该信号与其他用户的信息相关。这一信道模型采用类似于DAF和CAF的策略，仅仅做简单的修改使得用户的信息与协作信号重叠。King在参考文献[6]中、Cover和Leung在参考文献[7]中分别研究了这一模型，其中各个用户采用相同的反馈，即 $Y_1=Y_2=Y^*$；Carleial(见参考文献[4])和Willems(见参考文献[5])则研究了这一模型的一般形式——两个发送者反馈不同的信号。参考文献[4-7]中采用的策略均基于参考文献[3]中DAF的思想，其中每个用户均对协作信号进行译码(部分或完全)。这些参考文献的不同点在于其编译码的方式不同。例如，Carleial使用规则编码和滑动窗口译码，Willems则使用规则编码和反向译码。与DAF相比，CAF在MAC-GF中研究的较少。参考文献[8]和[9]在MAC-GF中研究了CAF策略。MAC-GF中DAF和CAF的性能依赖于很多因素。一般来说，如果用户间链路要好于用户-接收链路，则DAF性能要好于CAF；而用户-接收链路好于用户间链路时，CAF性能要好于DAF。

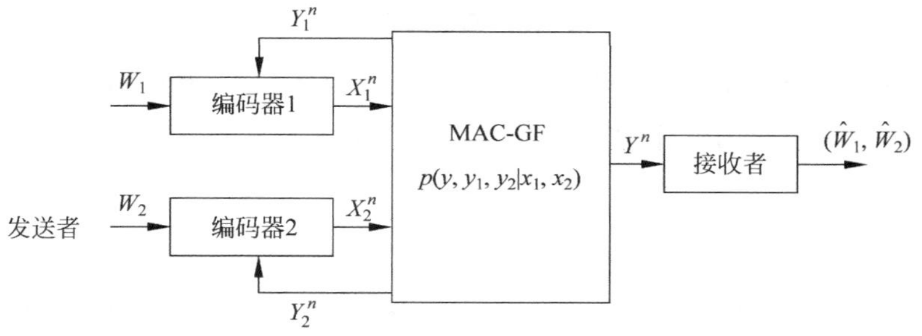

图7.2 MAC-GF模型

近年来,Sendonaris、Erkip 和 Aazhang 在参考文献[10]中将 MAC-GF 中采用的基于 DAF 的编码方案用于衰落蜂窝无线通信系统中,证明其可以带来速率上极大的提升,并引入了用户协作分集的概念。参考文献[11]将用户协作分集和功率控制的概念结合起来,进一步提高了系统速率。其中用户协作挖掘了无线信道的空间多样性,而功率控制利用了无线信道的时间多样性。

MAC-GF 模型的对偶形式是协作广播信道,其中协作在接收端完成,使用的是各个接收者之间的链路,即所谓的协作中继广播信道(cooperative relay broadcast channel, CRBC),如图 7.3 所示。图 7.3 仅仅显示了接收者之间的单边协作链路,实际上可以直接扩展到双边协作的场景。参考文献[12-14]对这一模型进行了深入的研究。与基本的中继信道模型类似,由于每个用户接收到的信号中包含发送到其他用户的一些信息,这些用户可以作为其他用户的中继。因此,基本的 DAF 和 CAF 方案可适当做些修改,从而在这一模型中获得可观的速率提升。

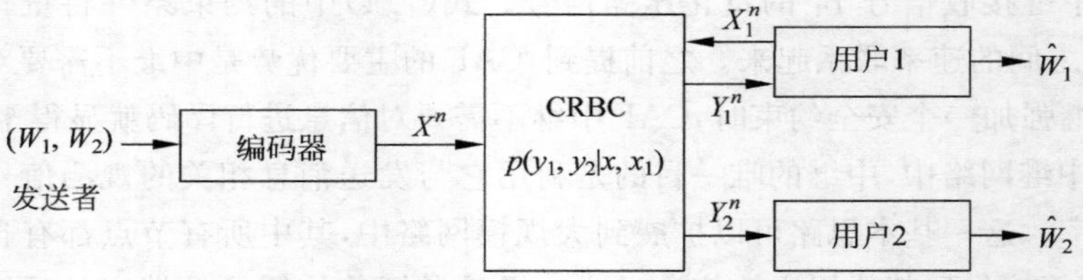

图 7.3　CRBC 模型

7.3　信息论安全

将信息论方法引入到通信安全应当归功于 Wyner,他在参考文献[2]中引入了搭线窃听信道模型,如图 7.4 所示。其中包含一个发送者 Alice,一个接收者 Bob 和一个窃听者 Eve。Eve 试图从正在进行的合法通信中获取尽可能多的信息。

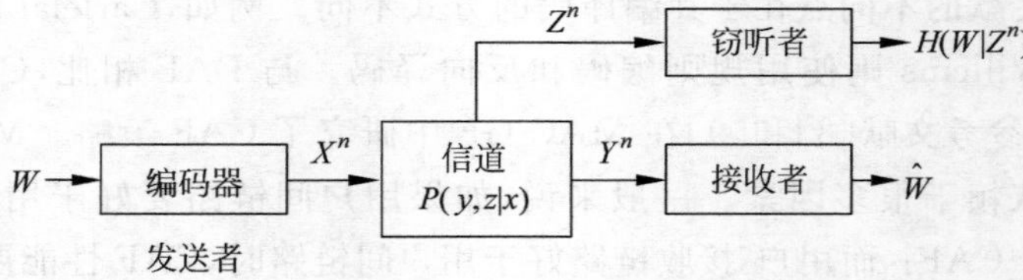

图 7.4　窃听信道模型

Wyner 考虑的是一种特殊的窃听信道——退化窃听信道,其中窃听者接收到的信号是接收者所接收到信号的退化版本。Wyner 在已知窃听者信道输出的情况下利用信息的条件熵来衡量通信安全。这一安全性的量化值可以定义为疑义度,表示为

$$\frac{1}{n}H(W_1 \mid Z^n) \tag{7.5}$$

疑义度反映在已知窃听信道的输出情况下,Eve 对保密信息存在的剩余不确定度。速率对(R_1, R_e)在 R_1 可以以较小的错误概率获得,且 R_e 满足式(7.6)的情况下获得。

$$\lim_{n\to\infty}\frac{1}{n}H(W_1 \mid Z^n) \geqslant R_e \tag{7.6}$$

当疑义度与信息速率相同，即 $R_1=R_e$ 时，可以在安全的情况下达到该速率值。这一速率的最大值称为保密容量。Wyner 窃听信道模型是一个退化窃听信道，其中涉及的随机变量满足下述马尔可夫链

$$X \to Y \to Z \tag{7.7}$$

对这一信道模型，Wyner 给出了速率-疑义度域，也即所有可得到的 (R_1,R_e) 集合。这一信道模型的保密容量即最大可获得的 R_1（如 $R_1=R_e$）可表示为

$$C^S = \max_{p(x)} I(X;Y \mid Z) = \max_{p(x)}[I(X;Y) - I(X;Z)] \tag{7.8}$$

其中，第二个等式表示式(7.7)中的退化条件。式(7.8)中的保密容量可以定义为 Bob 与 Eve 可达速率的最大差值。因此，Alice 为了使自己传输的信息保密，需要从主信道速率 $I(X;Y)$ 中牺牲一部分作为窃听信道的速率，即 Alice 为了保密传输而付出的代价，这部分代价正好是 Eve 可以译码的速率，即式(7.9)。

$$I(X;Z) \tag{7.9}$$

在 Wyner 之后，Csiszar 和 Korner 在参考文献[15]中考虑了更为一般的非退化窃听信道模型，并推导出了速率-疑义度域。Csiszar 和 Korner 考虑了一种更为普遍适合的场景，其中发送者不仅向其中一个接收者发送保密信息，还同时向两个接收者广播公共信息。在这种情况下，窃听者可能是系统中另一个授权用户。参考文献[15]除了给出这一窃听信道的容量域以外，还首次采用了逆推(converse)技术，这一技术后来成为很多安全问题中逆推的标准方法。参考文献[15]的另一个重要贡献是引入了辅助随机变量，这在一般性非退化窃听信道中发挥着至关重要的作用。在证明

$$I(X;Y) - I(X;Z) \tag{7.10}$$

所示的保密速率对所有输入分布 $p(x)$ 是可达的之后，Csiszar 和 Korner 引入一种无记忆信道，其输入为 V，输出为 Y 和 Z。因为任意可用于这一信道的编码器均可用 X 的条件分布 V 来表示，则这一新的信道可以获得如下所示的保密速率

$$I(V;Y) - I(V;Z) \tag{7.11}$$

考虑到从 V 到 Y 和 Z 的信道特性，建立如下马尔可夫链

$$V \to X \to (Y,Z) \tag{7.12}$$

V 的构造过程称为信道前缀(channel prefixing)，从承载信息的信号 V 到信道输入 X 的处理称为预处理。

式(7.11)与式(7.8)的含义是相同的：二者均可看作接收者和窃听者之间可达速率差的最大值，其不同点在于式(7.11)中的这一最大值是从所有的信道输入分布 $p(x)$ 和预处理 $p(x|v)$ 中获得。这一从承载信息的信号 V 到信道输入 X 的随机编码可以解释为向主信道和窃听信道均引入了额外的随机性。显然，这一额外的随机性会减小二者的可达速率，因为对于式(7.12)的马尔可夫链，$I(V;Y)\leqslant I(X;Y)$，$I(V;Z)\leqslant I(X;Z)$。引入辅助随机变量 V 后，若由于 V 的存在窃听信道可达速率的减小比主信道可达速率的减小严重，则 V 的引入将对安全性保障具有极大的好处。

注意到取 V 为 X（即不做任何预处理）是一种次优的选择。然而，对于所有保密容量

已被确定的信道模型，如标量高斯信道（见参考文献[17]）、并行高斯信道、衰落高斯窃听信道（所有节点了解其瞬时衰落信道增益）（见参考文献[18,19]）和 MIMO 高斯信道（见参考文献[20-22]），这一选择已被证明是最优的。然而，存在一些信道使得 $V=X$ 是次优的，如发送者未知窃听信道状态信息的衰落高斯窃听信道（见参考文献[23]）。对于一些信道，如标量高斯信道（见参考文献[17]），最大化保密容量的输入分布与最大化主信道和窃听信道的容量的输入分布相同，即最大化式(7.8)的 $p(x)$ 与最大化 $I(X;Y)$ 和 $I(X;Z)$ 的 $p(x)$ 相同。但是这一结论对 MIMO 高斯信道（见参考文献[20-22]）并不成立。

继参考文献[2,15]之后，多用户系统安全方面的研究直到最近才出现。尽管有很多多用户安全方面的文章，这里仅讨论将协作与安全联系起来的参考文献。这些工作基本上可以分为三类。

第一类中，协作节点并不使用它接收到的信息，这与传统协作通信的原理——协作节点使用接收信息来“增强”主链路不同。在第一类研究中，协作节点通过恶化窃听信道的传输质量，从而相对地增强主信道的传输质量。这种协作被称为盲协作（oblivious cooperation），因为协作节点没有利用其接收信息。进一步将这一类协作分为两个子类：第一个子类中，协作节点从码本中发送“哑码”，这与 Wyner 将多个码字关联到一个消息的思想类似。将在 7.4.1 节隐性协作与噪声转发中论述这种协作方式。第二个子类中，协作节点发送外部干扰信号，这种思想与 Csiszar 和 Korner 的引入辅助随机变量的信道前缀思想类似。在高斯信道中，由 V 到 X 引入的额外的随机性可以看作是干扰。在 7.4.2 节协作干扰与人工噪声中将对这种协作方式进行详细论述。盲协作的例子包括含有外部窃听者的多址接入信道（MAC-WT）、干扰信道、含有外部窃听者的中继-窃听信道（中继并不直接利用其接收到的信息）等。上述两种盲协作方式将在 7.4 节中进行详细介绍。

第二类研究主要是协作节点以传统的协作方式帮助主信道，即通过转发其所接收到的信息来改善主信道的传输质量。这一类研究采用的基本模型是中继-窃听信道，包含一个标准的中继信道和一个外部窃听。这种情况下，中继使用 DAF、CAF 等协作方案帮助改善 Alice 与 Bob 的通信。这些方案同时提高了可达速率和疑义度。将在 7.5 节中对这种主动协作进行详细论述。

第三类研究主要协作节点自身存在安全约束的问题。这一问题的核心是：窃听者能否通过发射协作信号帮助提高发送者的安全性？这似乎与中继的目标相矛盾，研究该问题所采用的信道模型包括中继信道模型、MAC-GF 及 CRBC。将在 7.6 节中对这种协作和安全结合的方式进行重点关注。

7.4 用于保密的盲协作

本节讨论的协作策略中协作方（helper，也称协作节点）不需要拥有任何有关传输消息的信息。这时的协作节点没有信道输出（如 MAC-WT），或者即使有也被忽略（如中继-窃听信道模型）。下面将讨论两种不同的协作策略。

第一种策略中，协作节点发送一部分哑码，这些哑码本来是发送者为保证安全性而必须发送的。该做法类似于 Wyner 将多个码字与一个消息关联的思想。既然发送哑码的代价是使发送者的通信速率降低，那么如果由协作节点负责发送这些哑码，则发送者的保密速率就可以得到提升，所提升的量取决于协作节点-接收者链路和协作节点-窃听者链路之间的相对大小。如果协作节点-接收者链路相对较强，则发送者的保密速率可以得到提高；反之，如果协作节点-窃听者链路更好，则 Eve 就能对这些哑码进行译码，而协作节点便不能提高发送者的保密速率。

第二种盲协作策略可以克服这一缺点。如果协作节点-窃听者信道质量更好一些，协作节点应该更显性地“攻击“窃听者。然而，当协作节点对窃听者进行攻击时，由于无线通信的广播特性，也会攻击到接收者。协作节点期望即便它会对接收者和窃听者同时实施攻击，窃听者受到的攻击效果更强。在高斯信道模型中，这一攻击可以视为在信道中添加额外的噪声。用一种更为抽象的方法来说明，这一攻击可以看作发送接收者和窃听者均无法译码的码字。除此之外，这一干扰攻击可以视为在可达速率中添加了一个外部的辅助随机变量，类似于 Csiszar 和 Korner 想法中的信道前缀。就像之前提到的，辅助随机变量的效果是在主信道和窃听信道中均引入额外的随机性；在高斯信道中，干扰可以对应为某种辅助随机变量的选取，后续小节将详细描述。

7.4.1　隐形协作与噪声转发

本节讨论的协作策略是协作节点发送一部分不承载信息的码字来提高发送者的安全性。该策略可以用在 MAC-WT 模型(协作节点没有信道输出)或中继-窃听信道模型(协作节点不需要使用它所接收到的信息)中。下面将从图 7.5 所示的 MAC-WT 模型中开始论述。

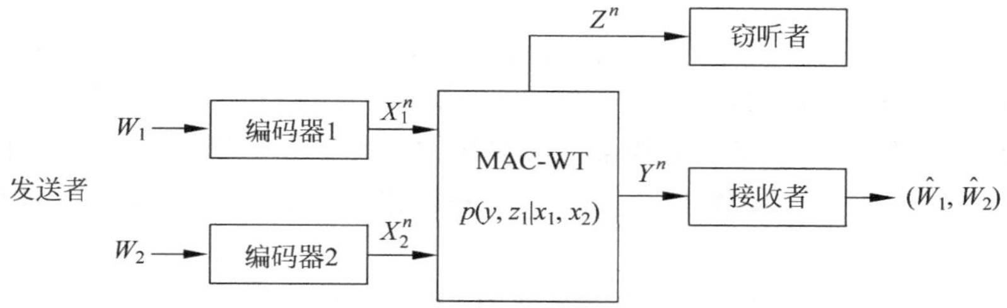

图 7.5　MAC-WT 模型

参考文献[24,25]首先对这一模型进行了研究。在该模型中，除了使用疑义度对每个用户各自的安全性进行度量，还需要一个联合的疑义度对窃听者使用联合译码策略时安全性的损失进行度量。该联合译码策略可用式(7.13)表示如下

$$\frac{1}{n}H(W_1 \mid Z^n),\quad \frac{1}{n}H(W_2 \mid Z^n),\quad \frac{1}{n}H(W_1,W_2 \mid Z^n) \tag{7.13}$$

最后一项指出信息对(W_1,W_2)应该无法被窃听者通过联合译码获取。利用这些安全约束，可得如下所示的完美保密速率可达域：

$$R_1 \leqslant [I(V_1;Y \mid V_2) - I(V_1;Z)]^+ \tag{7.14}$$

$$R_2 \leqslant [I(V_2;Y \mid V_1) - I(V_2;Z)]^+ \tag{7.15}$$

$$R_1 + R_2 \leqslant [I(V_1,V_2;Y) - I(V_1,V_2;Z)]^+ \tag{7.16}$$

对于如下形式的任何分布

$$p(v_1)p(v_2)p(x_1 \mid v_1)p(x_2 \mid v_2)p(y,z \mid x_1,x_2) \tag{7.17}$$

其中$(x)^+$表示$\max(0,x)$，这些速率在速率R_1、R_2可达且满足疑义度$R_{e,1}=R_1$、$R_{e,2}=R_2$时都是完美保密速率。式(7.14)~式(7.16)中的完美保密速率是MAC-WT模型中至今为止最具一般性的可达速率。这些速率可以使用参考文献[24,25]中的方法获得，该方法使用了信道前缀的思想，并且为用户1和用户2分别引入了独立的辅助随机变量V_1和V_2。辅助随机变量的引入在接下来的讨论中起着至关重要的作用。

从协作的角度看，式(7.14)~式(7.16)中一个有趣的结论是它表示了一种用户间的“隐性协作”。为了说明这一结论，假设速率对(R_1,R_2)在和速率线上。对于在这条线上操作的用户，他们需要从原来本可以达到的和速率$I(V_1,V_2;Y)$中共同“牺牲”掉一个总速率

$$I(V_1,V_2;Z) \tag{7.18}$$

然而，这一总速率如何在用户中分配，也就是每个用户应该放弃多少速率并不清楚。为了解该速率如何在用户中分配，首先注意到和速率线位于下面两点之间：

$$\text{点 A}: R_1 = [I(V_1;Y \mid V_2) - I(V_1;Z)] \tag{7.19}$$

$$R_2 = [I(V_2;Y) - I(V_2;Z \mid V_1)] \tag{7.20}$$

$$\text{点 B}: R_1 = [I(V_1;Y) - I(V_1;Z \mid V_2)] \tag{7.21}$$

$$R_2 = [I(V_2;Y \mid V_1) - I(V_2;Z)] \tag{7.22}$$

如果系统在点A处，用户1假定它在一个单用户窃听信道中操作，并“牺牲”如下所示的速率

$$I(V_1;Z) \tag{7.23}$$

该速率也是窃听者在不抵消用户2的信号时可译码的最大速率。然而，用户2除了将其可达速率从$I(V_2;Y|V_1)$减为$I(V_2;Y)$外，也会以速率$I(V_2;Z|V_1)$在信道中传输更多的哑码，从而保障满足和速率安全的约束。如果用户1开始在信道中传输更多的哑码，用户2的保密速率会开始增加，操作点将会从点A开始移动并最终移动到点B，此时两个用户的角色将颠倒过来。

为进一步验证这一思想，引入了高斯MAC-WT模型

$$Y = X_1 + X_2 + N_1 \tag{7.24}$$

$$Z = \sqrt{h_1}X_1 + \sqrt{h_2}X_2 + N_2 \tag{7.25}$$

其中：N_1和N_2分别为独立零均值单位方差高斯随机变量；h_1、h_2表示窃听信道的信道增益。这里，假设h_1和h_2满足

$$h_1 \leqslant \frac{1}{1+P_2},\quad h_2 \leqslant \frac{1}{1+P_1} \tag{7.26}$$

这样保障两个用户在其各自的单用户信道中均具有正的保密速率，且式(7.14)~式(7.16)中的域是一个非退化五边形的形式。此外，给X_1和X_2各添加一个功率限制：$E[X_1^2]\leqslant P_1$和$E[X_2^2]\leqslant P_2$。

式(7.14)~式(7.16)中随机变量V_1、V_2、X_1、X_2的选择是一个需要进一步研究的问题。如果选择$V_1=X_1$、$V_2=X_2$(也就是没有进行预处理)，且X_1和X_2均为零均值高斯

随机变量，方差分别为 P_1 和 P_2，此时式(7.14)～式(7.16)所示速率域变为

$$R_1 \leqslant \frac{1}{2}\log(1+P_1) - \frac{1}{2}\log\left(1+\frac{h_1 P_1}{h_2 P_2 + 1}\right) \tag{7.27}$$

$$R_2 \leqslant \frac{1}{2}\log(1+P_2) - \frac{1}{2}\log\left(1+\frac{h_2 P_2}{h_1 P_1 + 1}\right) \tag{7.28}$$

$$R_1 + R_2 \leqslant \frac{1}{2}\log(1+P_1+P_2) - \frac{1}{2}\log(1+h_1 P_1 + h_2 P_2) \tag{7.29}$$

对于这种随机变量选择方式，点 A 为

$$\text{点 } A: R_1 \leqslant \frac{1}{2}\log(1+P_1) - \frac{1}{2}\log\left(1+\frac{h_1 P_1}{h_2 P_2 + 1}\right) \tag{7.30}$$

$$R_2 \leqslant \frac{1}{2}\log\left(1+\frac{P_2}{P_1 + 1}\right) - \frac{1}{2}\log(1+h_2 P_2) \tag{7.31}$$

其中，用户 2 需要多传输的速率为

$$\frac{1}{2}\log(1+h_1 P_1 + h_2 P_2) \tag{7.32}$$

因此，当系统位于点 A 时，用户 1 得益于用户 2 的存在。如果第二个用户不存在于该系统中，则用户 1 可获得的最大保密速率为

$$\frac{1}{2}\log(1+P_1) - \frac{1}{2}\log(1+h_1 P_1) \tag{7.33}$$

式(7.33)的取值严格小于式(7.30)。这个结果表明，虽然用户 2 并不了解用户 1 的任何信息，但是它仍然可以通过发送独立的哑码来提高用户 1 的保密容量。用户 2 的哑码实际上用于“加大”用户 1 附加到信息上的哑码长度，符合 Wyner 的原始思路。

在上面的例子中，根据式(7.26)假设 h_1、$h_2<1$，即使没有另外一个用户的帮助，每个用户仍然具有正的保密速率。现在讨论另一种情况，即其中一个用户在没有其他用户的情况下不具有正的保密速率。特别地，假设 $h_1>1$。根据式(7.33)可知，用户 1 在它对应的单用户信道中不可能具有正的保密速率。这是因为用户 1 为了保证完美安全而必须牺牲的速率，即 $\frac{1}{2}\log(1+h_1 P_1)$，大于它的主接收者可以“承受”的速率，即 $\frac{1}{2}\log(1+P_1)$。然而，如果用户 2 可以承受一部分需要“牺牲”的速率，则用户 1 就可以得到正的保密速率。

为证明这一点，假设 $h_2<1$，也就是说，用户 2 在没有用户 1 的情况下拥有正的保密速率。由于用户 2 的信道比用户 1 的好，用户 2 可以牺牲一部分速率。更进一步，如果 h_1、h_2 满足

$$h_1 \leqslant 1 + h_2 P_2, \quad h_2 \leqslant \frac{1}{1+P_1} \tag{7.34}$$

式(7.30)和式(7.31)中的两个速率都是正的。这个例子证明，即使用户 1 在它对应的单用户信道中无法获得正的保密速率，也可以通过用户 2 扰乱接收者帮助它获得。注意到，要使这种协作方式生效，协作节点到接收者的信道质量应该好于它到窃听者的信道质量。此外，如果 h_1、$h_2>1$，这种方案下和速率会变为 0，没有用户能够拥有正的保密速率。

在上述例子中，假设 $V_1=X_1$、$V_2=X_2$ 且 X_1 和 X_2 为高斯随机变量。对于更一般的

情形，认为对于每个 V_2，如果

$$I(V_2;Y) \leqslant I(V_2;Z) \tag{7.35}$$

则窃听者可以译码用户 2 发送的任何信号，这样用户 2 帮助用户 1 发送的哑码不能再为用户 1 提供任何安全增益。尽管如此，为总结上述讨论，根据式(7.14)～式(7.16)中的可达速率，以及 $V_1=X_1$、$V_2=X_2$ 且 X_1 和 X_2 为高斯随机变量的条件(次优的选择)，系统中用户 2 的存在可能提高用户 1 的单用户完美保密速率(如第一个例子所示)，即使用户 1 的单用户完美保密速率为 0(如第二个例子所示)，也能为用户 1 提供安全性。

参考文献[26]中提出一种噪声转发(noise forwarding)技术：在图 7.6 所示的中继-窃听信道模型中，中继者并不考虑自己接收到的信号，而是从一个码本中选择哑码发送。接收者进行序贯译码，即首先对中继的哑码进行译码，再对发送者的信息译码。参考文献[26]还指出式(7.36)所示的完美保密速率是可达的

$$\begin{aligned}&I(V_1;Y \mid V_2)+\min[I(V_2;Y),I(V_2;Z \mid V_1)]-\\&\min[I(V_2;Y),I(V_2;Z)]-I(V_1;Z \mid V_2)\end{aligned} \tag{7.36}$$

其中，随机变量满足式(7.37)所示的联合分布。

$$p(v_1)p(v_2)p(x \mid v_1)p(x_1 \mid v_2)p(y,y_1,z \mid x,x_1) \tag{7.37}$$

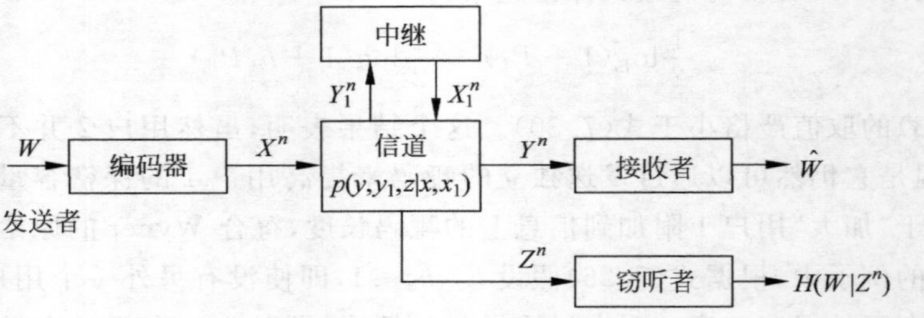

图 7.6 中继-窃听信道模型

接收者另一种可选的译码方式是联合译码，在这种情况下，对于任意类似式(7.37)的联合分布，可达的完美保密速率为

$$R_1 \leqslant I(V_1;Y \mid V_2)-I(V_1;Z) \tag{7.38}$$

$$R_2 \leqslant I(V_1,V_2;Y)-I(V_1,V_2;Z) \tag{7.39}$$

将式(7.14)～式(7.16)中的 R_2 设为 0，即可得到式(7.38)和式(7.39)。综上所述，参考文献[26]提出的噪声转发方案可看作是一种隐性协作方案。参考文献[27,28]将隐性协作与下一节将要介绍的干扰型协作相结合，提出一种针对图 7.7 所示中干扰信道模型的协作方案，其中的用户之一不发送消息，只为接收者发送干扰。

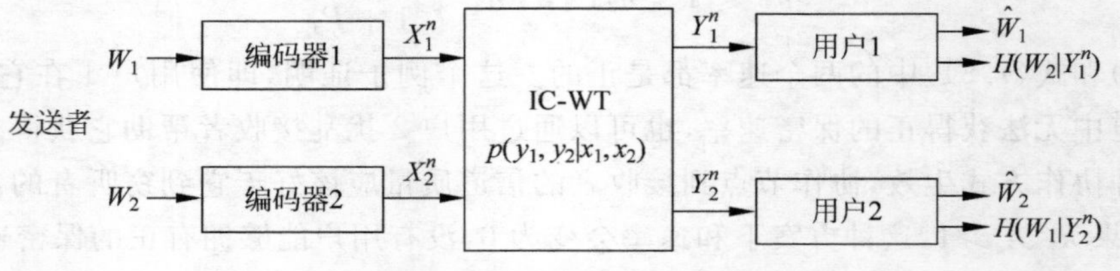

图 7.7 有保密消息的干扰信道模型

为了使式(7.36)、式(7.38)和式(7.39)中的速率大于式(7.40)中的速率[式(7.40)中的速率在接收者和窃听者均能对中继发出的哑码译码时获得],需要满足式(7.41)。

$$I(V_1;Y \mid V_2) - I(V_1;Z \mid V_2) \tag{7.40}$$

$$I(V_2;Z) \leqslant I(V_2;Y) \tag{7.41}$$

这等价于要求协作-接收信道质量要好于协作-窃听信道质量。因此,如果协作-窃听信道质量好于协作-接收信道质量,隐性协作方案将不能提高保密速率。在这种情况下,需要更加显性的协作方案,也就是下一节将要详细讨论的干扰方案。

7.4.2 协作干扰与人工噪声

前一节中假设至少一个用户到接收者的信道质量相对较好,这有助于帮助其他用户发送哑码并最终加大被帮助用户的哑码长度。现在考虑相反的场景,即主信道条件较弱的用户帮助其他用户。为进一步讨论,考虑高斯 MAC-WT 模型,使 $h_1<1<h_2$,这里用户2表示两个用户中主信道条件较弱的一方。使用 MAC-WT 模型中式(7.14)~式(7.16)中的可达保密速率的设置,设随机变量为 $X_1=V_1$、$X_2=U_2$,其中 V_1、U_2 分别为零均值高斯随机变量,方差分别为 P_1、P_2,并且与 V_2 独立。在这一设置下,式(7.14)所示用户1的可达保密速率为

$$\frac{1}{2}\log\left(1+\frac{P_1}{P_2+1}\right)-\frac{1}{2}\log\left(1+\frac{h_1P_1}{h_2P_2+1}\right) \tag{7.42}$$

而它的单用户完美保密速率为

$$\frac{1}{2}\log(1+P_1)-\frac{1}{2}\log(1+h_1P_1) \tag{7.43}$$

注意,对于 h_1 和 h_2 在某个范围的取值,式(7.42)的速率严格大于式(7.43)。更进一步,如果信道增益满足 $1<h_1<h_2$,则式(7.43)的速率是负的,而式(7.42)的速率则可能是正的。

这一策略是在参考文献[25]中提出的,称为协作干扰。参考文献[25]中并没有使用辅助随机变量,而是使用高斯信号来实现类似 Wyner 的方案。在 $h_2>1$ 的情况下,用户2不可能拥有正的保密速率,因此参考文献[25]提出用户2可以发送高斯噪声干扰窃听者,达到帮助用户1的目的,这就是协作干扰。由于无线通信的广播特性,这一干扰将同时对窃听者和接收者产生影响,如果干扰对窃听者影响更大,将有助于提高用户1的保密速率。由上面的讨论可知,协作干扰实际上可以通过从式(7.14)~式(7.16)中所示的可达保密速率中选择一个特殊的辅助随机变量实现。

进一步扩展,可以考虑一种混合的辅助随机变量选择方案,即选择 $X_1=V_1+U_1$、$X_2=V_2+U_2$,其中 V_1、U_1、V_2 和 U_2 分别为独立高斯随机变量,方差分别为 αP_1、$(1-\alpha)P_1$、βP_2 和 $(1-\beta)P_2$,其中 $0\leqslant\alpha,\beta\leqslant1$。$X_1$ 和 X_2 的功率分别为 P_1 和 P_2。在这样的选择方案下,每个发送者将其信号分为两部分:一部分承载信息(V_i),一部分作为干扰(U_i)。目前,所有的传输方案都可以看作这一方案的特例,即将其中的 α、β 分别置为0或1。需要注意,这一联合信号传输和干扰的混合策略并不能提高式(7.14)~式(7.16)中所示的速率。也就是说,如果将这些混合随机变量代入式(7.14)~式(7.16)所示的速率中,并在

α、β 在[0,1]中变化的条件下对速率进行优化，会发现应该选择 α、β 为 0 或者 1。这意味着每个用户应该仅发送未做任何预处理的信息信号，或者应该发送不含任何信息的干扰信号(见参考文献[25])。

对具有保密约束的干扰信道条件下同样可以得到类似的结论。考虑图 7.7 所示的干扰信道，其中有两个发送者和两个接收者，每个发送者与其中一个接收者进行通信，并将另一个接收者看作窃听者。参考文献[29]指出系统满足完美安全时，可以达到如下所示的速率集

$$R_1 \leqslant I(V_1;Y_1) - I(V_1;Y_2 \mid V_2) \tag{7.44}$$

$$R_2 \leqslant I(V_2;Y_2) - I(V_2;Y_1 \mid V_1) \tag{7.45}$$

其中随机变量满足式(7.46)所示的联合分布。

$$p(v_1)p(v_2)p(x_1 \mid v_1)p(x_2 \mid v_2)p(y_1,y_2 \mid x_1,x_2) \tag{7.46}$$

为了说明上述协作策略如何有效地应用于该信道中，引入高斯干扰信道

$$Y_1 = X_1 + \sqrt{\alpha_1} X_2 + N_1 \tag{7.47}$$

$$Y_2 = \sqrt{\alpha_2} X_1 + X_2 + N_2 \tag{7.48}$$

其中：N_1、N_2 为零均值单位方差的高斯随机变量；X_1、X_2 的功率限制为 $E[X_1^2]\leqslant P_1$ 和 $E[X_2^2]\leqslant P_2$。

为了说明这种情况下干扰策略能够提高速率，首先假设两个用户都使用高斯码本并且只发送自己的保密信息，即令 $V_1=X_1$、$V_2=X_2$，且 X_1、X_2 为零均值，方差分别为 P_1、P_2 的高斯随机变量，可得如下速率域

$$R_1 = \frac{1}{2}\log\left(1+\frac{P_1}{\alpha_1 P_2+1}\right) - \frac{1}{2}\log(1+\alpha_2 P_1) \tag{7.49}$$

$$R_2 = \frac{1}{2}\log\left(1+\frac{P_2}{\alpha_2 P_1+1}\right) - \frac{1}{2}\log(1+\alpha_1 P_2) \tag{7.50}$$

假设用户 2 的信号有一部分干扰分量，这可以通过下面的假设得到：令 $X_1=V_1$、$X_2=V_2+U_2$，其中 V_1、V_2 和 U_2 为互相独立的零均值高斯随机变量，方差分别为 P_1、βP_2、$(1-\beta)P_2$，$0\leqslant\beta\leqslant 1$。此时，可达速率域为

$$R_1 = \frac{1}{2}\log\left(1+\frac{P_1}{\alpha_1 P_2+1}\right) - \frac{1}{2}\log\left(1+\frac{\alpha_2 P_1}{(1-\beta)P_2}\right) \tag{7.51}$$

$$R_2 = \frac{1}{2}\log\left(1+\frac{\beta P_2}{(1-\beta)P_2+\alpha_2 P_1+1}\right) - \frac{1}{2}\log\left(1+\frac{\alpha_1 P_2}{(1-\beta)P_2+1}\right) \tag{7.52}$$

可以发现，用户 2 使用这一随机变量选择策略可以提高用户 1 的保密速率。然而，用户 2 是通过干扰自身的接收者达到这一目的的。参考文献[29]的作者将这一方案称为人工噪声。

协作干扰方案和人工噪声方案均可以推广到任意信道(不一定是高斯信道)(见参考文献[27,28])。事实上，可以认为向高斯信道中加入加性高斯噪声是在发送码率大于窃听者和接收者译码能力的哑码。因为接收者无法从接收信号中对该哑码进行译码或将其消除，这一方案的最终结果是使两个信道的噪声比真实情况更大。

本节介绍了两种盲协作方案，其中协作节点帮助提高另一个节点的保密速率，而不需要对节点发送的信息做任何了解。在第一种方案中，协作节点从一个码本中选择哑码发

送，该哑码码率的选择应该使接收者可以正确译码。因此，这一方案在协作节点-接收者链路比协作节点-窃听者链路质量好时，可以改善用户的安全性。第二种方案中，协作节点发送显性干扰信号。这一方案相当于协作者发送码率大于窃听者和接收者译码能力的哑码，因此在协作节点-窃听者链路质量比协作节点-接收者链路质量好时更为有效。

7.5 用于保密的主动协作

前面章节中介绍的协作方案主要通过恶化窃听信道质量来帮助接收者，而无须知道发送者传输的信息。本节将介绍一种协作方案，其中协作节点通过转发信息来改善主信道质量，从而达到帮助接收者的目的。因此，这种协作方案是主动的，并且利用了协作方的接收信息。

为实现主动协作，使用与参考文献[26,30]相同的中继-窃听信道模型，如图7.6所示。在中继-窃听信道模型中，中继将使用DAF或CAF方案来改善主信道质量。当使用DAF方案时，可以得到如式(7.53)所示的保密速率。

$$\min[I(V_1,V_2;Y),I(V_1;Y_1\mid V_2)]-I(V_1,V_2;Z) \tag{7.53}$$

其中随机变量满足式(7.54)所示的联合分布。

$$p(v_1,v_2)p(x,x_1\mid v_1,v_2)p(y,y_1,z\mid x,x_1) \tag{7.54}$$

式(7.53)中的第一项是中继使用*DAF*时中继信道的可达速率，而第二项是窃听者同时从中继和发送者提取信息的速率。

与不存在窃听者的中继信道相同，DAF的效率取决于发送-中继信道的质量，因为系统的整体速率受限于该链路的速率。除此之外，在中继-窃听信道模型中，中继-接收信道质量与中继-窃听信道质量之间的相对强弱关系愈发重要。例如，如果中继-窃听信道质量比中继-接收信道质量好时，中继传输的所有信息均可被窃听者译码。在这种情况下，中继不可能改善发送者的安全性。因此，对于中继-窃听信道模型中的DAF策略，不仅要求发送-中继信道质量比发送-接收信道好，而且要求中继-接收信道质量要比中继-窃听信道质量好。

假设对于满足马尔可夫链(见式(7.55))的每一个V_2

$$V_2\to(X,X_1)\to(Y,Y_1,Z) \tag{7.55}$$

可以得到式(7.56)

$$I(V_2;Y)\leqslant I(V_2;Z) \tag{7.56}$$

该式与参考文献[15]中低噪信道的定义类似。这一条件说明中继-窃听信道质量应该好于中继-接收信道质量。对这种信道，可以给式(7.53)所示的可达保密速率一个上界

$$\min[I(V_1,V_2;Y),I(V_1;Y_1\mid V_2)]-I(V_1,V_2;Z)\leqslant I(V_1,V_2;Y)-I(V_1,V_2;Z) \tag{7.57}$$

$$\leqslant I(V_1;Y\mid V_2)-I(V_1;Z\mid V_2) \tag{7.58}$$

式(7.58)中的上界对应于窃听者和接收者均可对中继的信号进行译码的情况。因此，对于中继-窃听信道质量相对较好的情况，如式(7.56)所示，DAF将不能改善发送者的安全

性。这表明 DAF 对于安全性的效果取决于中继在相应网络拓扑中的位置。

CAF 方案也可以用于中继-窃听链路中，按照参考文献[26]的方式改善主信道的质量。众所周知，当发送-中继信道质量不如发送-接收信道质量时，对于中继信道模型而言，CAF 方案要好于 DAF 方案。为了验证中继-窃听信道模型中 CAF 方案的有效性，仍需要考虑中继-接收信道质量和中继-窃听信道质量的相对强弱。如果中继-窃听信道质量更好，CAF 方案可能和 DAF 方案一样无法增强安全性。在这种情况下，噪声转发方案也无法改善安全性。此时，中继可以采取的最有效的方案是协作干扰，因为这种情况下中继对窃听者接收质量的恶化相对于对接收者造成的影响会更多。

为举例说明上述结论，引入高斯中继-窃听信道模型

$$Y = X + X_1 + N_1 \tag{7.59}$$

$$Y_1 = \sqrt{h_1}\,X + X_1 + N_2 \tag{7.60}$$

$$Z = \sqrt{h_2}\,X + \sqrt{h_3}\,X_1 + N_3 \tag{7.61}$$

其中 h_1、h_2、h_3 为信道增益，N_1、N_2、N_3 为互相独立的零均值、单位方差的高斯随机变量。假设 $h_1 \leqslant 1 \leqslant h_2 \leqslant h_3$，即发送-中继信道质量比发送-接收信道质量差，并且窃听者距发送者和中继距离较近。

首先，注意到如果中继并不传输任何信号，则发送者的保密速率为 0，因为 $h_2 \geqslant 1$。现在考察中继是如何起到协作作用的。取 $V_1 = X$、$V_2 = X_1$，并取 X 和 X_1 为零均值、方差为 P_1 和 P_2 的高斯随机变量，两者之间相关系数为 ρ，计算 DAF 方案可达的保密速率，可得

$$\frac{1}{2}\log(1 + h_1(1-\rho^2)P_1) - \frac{1}{2}\log(1 + h_2P_1 + h_3P_2 + 2\rho\sqrt{h_2h_3}\sqrt{P_1P_2}) \tag{7.62}$$

注意到式(7.62)中的表达式小于 0。因此，DAF 方案对上述这种随机变量的分配并不能提供一个正的保密速率。除此之外，如果使用噪声转发方案，并将式(7.36)中的随机变量选为 $V_1 = X$、$V_2 = X_1$，取 X 和 X_1 为零均值、方差为 P_1 和 P_2 的高斯随机变量，也不能获得正的保密速率。

另外，如果选择 $V_1 = X$、$X_1 = U$，且 X 和 U 均为独立的零均值、方差分别为 P_1 和 P_2 的高斯随机变量(且与 V_2 独立)，则无论对于 DAF 还是噪声转发，保密速率均为

$$\frac{1}{2}\log\left(1 + \frac{P_1}{1+P_2}\right) - \frac{1}{2}\log\left(1 + \frac{h_2P_1}{1+h_3P_2}\right) \tag{7.63}$$

上式在中继的功率满足式(7.64)时是正的。

$$P_2 \geqslant \frac{h_2 - 1}{h_3 - h_2} \tag{7.64}$$

因此，这一辅助随机变量的选择方案，本质上相当于在中继-窃听信道模型中实施协作干扰，能够达到正的保密速率。

到目前为止，本节讨论的都是中继可以通过使用 DAF 或 CAF 方案改善主信道的传输质量来增强发送者的安全性。然而正如参考文献[31]所述，中继可能被窃听者俘获并被迫帮助窃听者。这种情况下仍可以找出相应的协作方案。此外，如参考文献[32]所述，中继-窃听信道模型可以简化为一个双边协作信道模型，即在 MAC-GF 中存在一个外部窃听者。参考文献[32]中使用的是参考文献[5]中用于 MAC-GF 中的协作方案，是 DAF

的一个简化方案。

7.6　不可信的协作节点

前面章节中讨论的都是存在一个外部窃听者的情况下节点间协作的有效性。本节将讨论窃听者不再是一个外部节点时，协作和安全两个方面的相互影响。本节中窃听者将会是网络中的一员，将讨论把窃听者作为协作节点是否会减弱主信道的安全性。

该问题的基本模型仍是简单的三节点中继信道模型，或者 MAC-GF 和 CRBC。在中继信道模型中，中继同时是一个窃听者，需要研究中继通过转发信号能否提高中继处测量的发送者疑义度。在该信道模型中，可以评估中继的行为对发送者安全性的影响。在 MAC-GF 模型和 CRBC 模型中，不仅可以研究中继的行为对发送者疑义度的影响，也可以研究其对中继自身疑义度的影响。特别地，在 MAC-GF 模型中，两个用户均将对方同时看作协作节点和窃听者。因此，可以研究用户 1 的行为对用户 2 和用户 1 自身安全性的影响。在 CRBC 模型中，由于协作节点(同时是窃听者)位于接收者位置，场景正好相反。同样地，可以研究接收者 1(它会同时向接收者 2 转发信号)的行为对接收者 2 以及对接收者 1 自己的安全性的影响。

7.6.1　存在安全约束的中继信道模型

这里考虑图 7.1 所示的基本的三节点中继网络。发送者希望以尽可能高的可靠传输速率 R_1 与接收者通信。中继的目标是辅助这一通信，同时扮演窃听者的角色。因此，使用中继处测量到的信息疑义度来衡量通信的安全性

$$\frac{1}{n}H(W \mid Y_1^n, X_1^n) \tag{7.65}$$

最终目标是通过跟踪中继所有可能的行为，找出所有可能的(R_1，R_e)对。这个问题较难求解，仅给出一部分结果。

参考文献[33]首先提出这一问题。在参考文献[33]的模型中，发送者使用的是基于 DAF 技术的方案向接收者和中继均发送一个普通消息，并向接收者发送一个秘密消息。中继使用部分 DAF 方案，将普通消息和部分秘密消息译码转发给接收者。该方案的可达保密速率为

$$I(V;Y \mid X_1) - I(V;Y_1 \mid X_1) \tag{7.66}$$

其中，V 是一个随机变量，满足如下所示的马尔可夫链

$$V \rightarrow (X, X_1) \rightarrow (Y, Y_1) \quad \text{且} \quad X_1 \rightarrow V \rightarrow X \tag{7.67}$$

实际上式(7.66)中的速率就是这一窃听信道的可达保密速率，因为两个项中的条件概率 X_1 具有移除接收信号 Y 和 Y_1 中的中继的信号的功能，这相当于移除了中继信道的输入，从而使信道模型变为典型的窃听信道模型。因此，只要中继使用 DAF 类型的协作方案，即使它可以提高发送者的可达速率，也不能提高发送者的保密速率。这个结论很直观，因为即使中继能够提高发送者的速率，也并不能增加超出中继译码能力的那一部分速率。所以，中继使用 DAF 类型的协作策略时，保密速率，即接收者和窃听者(即中继)之

间的速率差，并不能得到提高。

为了能够更进一步地理解这一结论，考虑如下所示的高斯中继信道

$$Y = X + X_1 + Z_1 \tag{7.68}$$

$$Y_1 = X + Z_2 \tag{7.69}$$

其中，Z_1，Z_2 分别为相互独立的零均值、方差为 N_1，N_2 的高斯随机变量。除此之外，还满足功率限制：$E[X^2]\leqslant P_1$、$E[X_1{}^2]\leqslant P_2$。则式(7.66)中的可达速率应用到参考文献[33]中为

$$\frac{1}{2}\log\left(1+\frac{P_1}{N_1}\right)-\frac{1}{2}\log\left(1+\frac{P_1}{N_2}\right) \tag{7.70}$$

这正好是下面的窃听信道的可达保密速率，即中继不转发信息时的可达保密速率。可以看出，当 $N_1>N_2$，即发送-中继(窃听)信道质量好于发送-接收信道质量时，这一速率变为 0。因此，当考虑安全性时，DAF 类型的中继方案没有帮助作用。

参考文献[33]同时给出保密容量的一个外界(outer bound)。对于高斯中继信道，其中给出的保密速率的上界为

$$\frac{1}{2}\log\left(1+\frac{P_1}{N_1}+\frac{P_1}{N_2}\right)-\frac{1}{2}\log\left(1+\frac{P_1}{N_2}\right) \tag{7.71}$$

注意到当 $N_1>N_2$ 时，这一速率并未变为 0。虽然这个界并不能展示一个极限的可达保密速率，至少这个界表明在发送-中继(窃听)信道质量更好时发送者仍可以实现安全通信。因此，这一结论给出了中继使用除 DAF 外其他协作方案时安全通信的可能性。

参考文献[34]针对两类特殊的中继信道模型，进一步研究了协作和安全间相互影响的问题。第一类中，发送者和中继之间存在一个正交子信道，并且从发送者及中继到接收者存在一个多址接入信道。参考文献[35]找到了这一中继信道的容量。参考文献[34]确定了该信道的保密速率。由于发送者到中继之间的正交子信道并不干扰其他信道，参考文献[34]发现所有的保密信息不应该使用这一正交子信道传输。因此，对于这一信道模型，从安全性的角度考虑，中继是无用的。

第二类特殊中继信道模型中中继和接收者之间存在一个正交子信道，发送者与中继、接收者之间形成一个广播信道模型。参考文献[34]提出对于这一信道模型应该使用 CAF 方案，并分析了该方案的性能。CAF 方案的可达保密速率为

$$I(X;Y,\hat{Y}_1 \mid X_1) - I(X;Y_1 \mid X_1) \tag{7.72}$$

其中的随机变量满足如下所示的约束

$$I(X_1;Y) \geqslant I(\hat{Y}_1;Y_1 \mid Y,X_1) \tag{7.73}$$

并且 X 和 X_1 相互独立。式(7.72)中的保密速率可以分解为

$$[I(X;Y \mid X_1) - I(X;Y_1 \mid X_1)] + I(X;\hat{Y}_1 \mid X_1,Y) \tag{7.74}$$

其中第一项可以看作模型中窃听信道的保密速率，而第二项可以解释为 CAF 协作方案提供的额外的保密速率。因此，如果第二项非负，则中继通过采用 CAF 方案不仅可以提高发送者的传输速率，还可以提高它的保密速率。

为了进一步验证这一结论，考虑参考文献[34]中的特殊高斯中继信道模型。在该模

型中，接收者接收到的信息为 $Y=(Y_t,Y_r)$，其中

$$Y_t = X + Z_t \tag{7.75}$$

$$Y_r = bX_1 + Z_r \tag{7.76}$$

$$Y_1 = aX + Z_1 \tag{7.77}$$

其中 Z_t,Z_r,Z_1 都是相互独立的零均值、单位方差的高斯随机变量，并假设 $E[X^2]\leqslant P$、$E[X_1^2]\leqslant P$。对这一模型，CAF 方案可以得到下述保密速率

$$\frac{1}{2}\log\left(1+P+\frac{a^2P}{1+N_c}\right)-\frac{1}{2}\log(1+a^2P) \tag{7.78}$$

其中

$$N_c = \frac{(a^2+1)P+1}{b^2P(P+1)} \tag{7.79}$$

式(7.78)中的速率是使用独立高斯信道输入从式(7.72)和式(7.73)中获得的。设中继的压缩信号为$\hat{Y}_1=Y_1+Z_c$，其中 Z_c 是零均值、方差为 N_c 的高斯压缩噪声，N_c 满足式(7.73)的限制。现在将式(7.78)中的速率与对应的窃听信道进行对比，其中中继不转发信息。注意，在对应的窃听信道模型中，当 $a>1$ 时保密速率为 0。然而，当 b 非常大，即中继-接收信道足够好时，即使 $a>1$，式(7.78)中的速率仍可能是正的。虽然这个例子考虑的是中继信道模型的一类特殊情况，但对于式(7.68)和式(7.69)，在一般高斯中继信道条件下仍可得到相同的结论。特别地，这一结论同样适用于下面两节将要介绍的高斯 MAC-GF 和 CRBC 中的例子，因为这些信道包含高斯中继信道。

总之，对于下面的窃听信道模型，CAF 方案可以提高保密速率。因为中继采用 CAF 方案时可以提高网络的整体可达速率，该速率可以达到中继不可译码的水平。这实际上增加了发送-中继信道和发送-接收信道的速率差，即保密速率。

7.6.2　存在秘密消息的 MAC-GF 模型

本节将针对图 7.2 中 MAC-GF 模型展开讨论，其中两个用户均有发送信息的需求，并且他们都会接收到与另一个用户消息相关的反馈信号，这些信号可以用于进行协作从而增加速率。然而，这些信号同时也会损失安全性。本节场景中每个用户对于另一个用户都同时是协作节点和窃听者。这一信道模型可以看作中继信道模型的双边版本，其中中继同时也有自己要传输的信息。这里涉及两个速率 R_1 和 R_2，以及两个疑义度 $R_{e,1}$ 和 $R_{e,2}$。研究这一信道模型的主要动机是为了研究其中一个用户的行为(协作行为)对另一个用户的速率和安全性的影响，以及对他自己的速率和安全性的影响。传统的中继信道模型无法研究这一问题，因为中继没有传输自身信息的需求，也就没有速率和疑义度的概念。

参考文献[36～38]均从安全性的角度对 MAC-GF 进行了研究。参考文献[36,37]的研究没有考虑在用户的编码方案中使用反馈信号，即用户并不参与协作。因此其中反馈信号的唯一效果是损失了安全性。参考文献[38]中的编码方案也是依赖反馈信号完成的，即其中的用户参与协作。文中还对协作对用户安全性的效果进行了研究。DAF 和 CAF 均可以用在协作方案中，并且均可以提高可达速率。但是，如中继信道模型所示，

DAF 并不能提高保密速率，而 CAF 则可以。如果两个用户均使用 CAF 协作方案，可得如下保密速率

$$R_1 \leqslant R_1' - I(X_1;Y_2,\hat{Y}_1 \mid U_1,U_2,X_2) \tag{7.80}$$

$$R_2 \leqslant R_2' - I(X_2;Y_1,\hat{Y}_2 \mid U_1,U_2,X_1) \tag{7.81}$$

其中随机变量满足式(7.82)所示的联合分布。(R_1',R_2')满足

$$\mathcal{C}_2(R_1,R_2) = \begin{cases} R_1' \leqslant I(X_1;Y,\hat{Y}_1,\hat{Y}_2 \mid U_1,U_2,X_2) \\ R_2' \leqslant I(X_2;Y,\hat{Y}_1,\hat{Y}_2 \mid U_1,U_2,X_1) \\ R_1' + R_2' \leqslant I(X_1,X_2;Y,\hat{Y}_1,\hat{Y}_2 \mid U_1,U_2) \end{cases} \tag{7.82}$$

$$p(u_1)p(x_1 \mid u_1)p(\hat{y}_1 \mid u_1,x_1,y_1)p(u_2)p(x_2 \mid u_2)$$
$$p(\hat{y}_2 \mid u_2,x_2,y_2)p(y,y_1,y_2 \mid x_1,x_2) \tag{7.83}$$

式(7.80)和式(7.81)所示的保密速率受限于以下三式

$$I(\hat{Y}_1;Y_1 \mid U_1,X_1) \leqslant I(U_1,\hat{Y}_1;Y \mid U_2) \tag{7.84}$$

$$I(\hat{Y}_2;Y_2 \mid U_2,X_2) \leqslant I(U_2,\hat{Y}_2;Y \mid U_1) \tag{7.85}$$

$$I(\hat{Y}_1;Y_1 \mid U_1,X_1) + I(\hat{Y}_2;Y_2 \mid U_2,X_2) \leqslant I(U_1,U_2;Y) + I(\hat{Y}_1;Y \mid U_1,U_2) + I(\hat{Y}_2;Y \mid U_1,U_2) \tag{7.86}$$

为了验证该方案能否扩大不使用反馈信号情况下(用户不协作)MAC-GF 的安全域，可对高斯 MAC-GF 模型评估式(7.80)～式(7.86)给出的域进行研究。

$$Y_1 = X_1 + X_2 + Z_1 \tag{7.87}$$

$$Y_2 = X_1 + X_2 + Z_2 \tag{7.88}$$

$$Y = X_1 + X_2 + Z \tag{7.89}$$

其中 Z_1、Z_2、Z 为相互独立的零均值高斯随机变量，方差分别为 N_1、N_2、N、X_1、X_2 分别满足功率不超过 P_1、P_2 的限制。

对上述高斯信道，如果 $N_2 < N$(或者 $N_1 < N$)，且用户之间不协作，则用户 1(或者用户 2)不会得到正的保密速率。考虑 MAC 信道模型，其中包括用户到接收者的信道和用户 1 到用户 2 的信道。这一模型可以看作是用户 2 作为窃听者的高斯窃听信道。所以，如果窃听信道(用户 1 到用户 2 的信道)比主信道噪声低，即 $N_2 < N$，则所有用户 1 发送到接收者的信息均可被用户 2 译码。这样用户 1 的保密速率变为 0。考虑下面这种特殊的例子：$N_1 = N_2 = 0.75$、$N = 1$，根据式(7.80)～式(7.86)中的可达域画出保密速率曲线，如图 7.8 所示。

由于采用了 CAF 协作方案，两个用户都可以获得正的保密速率，并且当一个用户不发送任何秘密信息而是作为一个纯粹的中继存在时，另一个用户才可以获得最大的保密速率。对于 $N_1 = N_2 = 1.25$、$N = 1$ 的情况，即使用户间没有协作，两个用户仍可以获得正的保密速率。图 7.9 显示 CAF 协作可以扩大这一安全域。

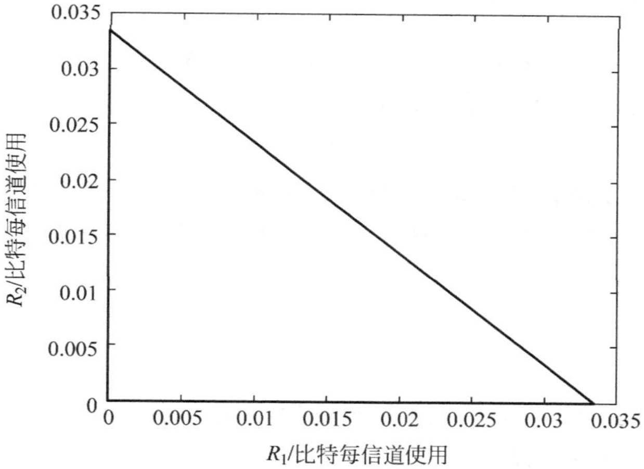

图 7.8　CAF 对 MAC-GF 的安全性的影响

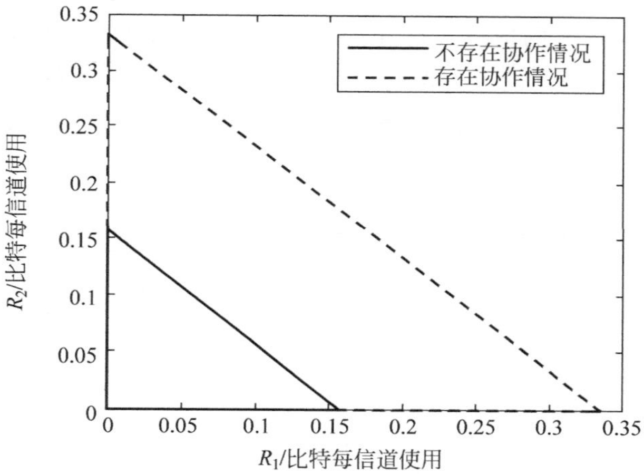

图 7.9　MAC-GF 中存在协作和不存在协作的比较

7.6.3　存在秘密消息的 CRBC 模型

本节考虑图 7.3 所示的 CRBC 模型，其中发送者向两个接收者都发送信息，并且存在一个从用户 1 到用户 2 的单边协作链路。对于用户 2 来说，用户 1 既是协作节点，也是窃听者，而用户 1 将用户 2 看作窃听者。如 7.6.2 节介绍的 MAC-GF 模型所示，这一信道模型也有两个速率和两个疑义度。本节研究用户 1 的行为（协作、干扰等）对两个用户的速率和安全性的影响。

参考文献[39]指出，在用户 1 处使用 CAF 协作策略时，可以达到下面的保密速率

$$R_1 \leqslant I(V_1;Y_1 \mid X_1) - I(V_1;Y_2,\hat{Y}_1 \mid V_2,X_1) - I(V_1;V_2) \tag{7.90}$$

$$R_2 \leqslant I(V_2;Y_2,\hat{Y}_1 \mid X_1) - I(V_2;Y_1 \mid V_1,X_1) - I(V_1;V_2) \tag{7.91}$$

其中涉及的随机变量满足如下限制

$$I(\hat{Y}_1;Y_1 \mid X_1,V_1) \leqslant I(\hat{Y},X_1;Y_2) \tag{7.92}$$

且随机变量满足式(7.93)所示的联合分布。

$$p(v_1,v_2)p(x_1)p(x \mid v_1,v_2)p(\hat{y}_1 \mid x_1,y_1,v_1)p(y_1,y_2 \mid x,x_1) \tag{7.93}$$

在这一方案中，发送者使用参考文献[40]中 Marton 提出的方案并用于广播信道，且用户 1 使用 CAF 方案转发信息。为检验这一方案是否能够提高保密速率，考虑如下所示的高斯 CRBC 模型

$$Y_1 = X + Z_1 \tag{7.94}$$

$$Y_2 = X + X_1 + Z_2 \tag{7.95}$$

其中，Z_1、Z_2 为相互独立的零均值高斯随机变量，方差分别为 N_1、N_2。对 X,X_1 分别施以功率不得超过 P 及 aP 的限制。

如果用户 1 不发送信号，即 $X_1=\phi$，此时信道变为高斯广播信道，并且向其中一个方向退化。因此，在这个广播信道模型中，两个用户不能同时获得正的保密速率。然而，如果在 $N_1=1$、$N_2=2$、$P=8$ 的情况下对 a 的多个值按式(7.90)～式(7.93)计算可达速率域，可以获得如图 7.10 所示的可达保密速率域。可以发现，尽管在广播信道中由于 $N_1<N_2$，用户 2 不能获得正的保密速率，但是用户 1 的协作仍然可以帮助用户 2 获得正的保密速率。

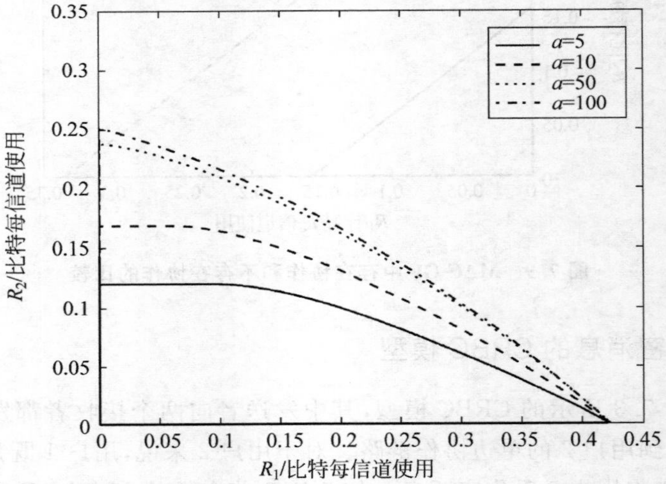

图 7.10 CRBC 模型：保密速率域(© IEEE 2008)

上述实现方案和高斯信道模型的例子证明通过协作可获取正的保密速率。上面提到的方案假设协作用户(用户 1)是两个用户中信道质量较好的用户，这样，面临的问题是如果协作用户是信道质量较差的那个用户，所得的结论能否成立？如果用户 1 并不传输任何信息，那么它不可能得到正的保密速率。这里的问题是用户 1 是否能帮助自己获得正的保密速率？如果用户 1 使用协作链路干扰用户 2，那么这个问题的答案是肯定的。一

个更有趣的问题是，当用户 1(协作用户)是两个用户中信道质量较差的那个时，两个用户能否同时获得正的保密速率？为使获得正的保密速率成为可能，参考文献[39]提出一个将干扰和中继联合进行的方案。该方案可达保密速率满足

$$R_1 \leqslant I(V_1;Y_1 \mid X_2,U) - I(V_1;\hat{Y}_1,Y_2 \mid U,V_2) - I(V_1;V_2) \tag{7.96}$$

$$R_2 \leqslant I(V_2;Y_2,Y_1 \mid U) - I(V_2;\hat{Y}_1 \mid U,V_1,X_2) - I(V_1;V_2) \tag{7.97}$$

其中涉及的随机变量满足如下限制

$$I(\hat{Y}_1;Y_1 \mid U,V_1) \leqslant I(U,\hat{Y}_1;Y_2) \tag{7.98}$$

且随机变量满足式(7.99)所示的联合分布。

$$p(v_1,v_2)p(x \mid v_1,v_2)p(u)p(\hat{y}_1 \mid u,v_1,y_1)p(x_1 \mid u) \tag{7.99}$$

首先，根据式(7.90)～式(7.93)，通过使用另一个信道输入 U 给用户 1 的输入 X_1 加前缀，可以得到这一可用方案。其中，U 代表用户 2 为了得到用户 1 的协作信号 $\hat{Y}_1$ 的压缩版而进行译码的实际协作信号，而与 U 相关的 X_1 则包含干扰攻击。因此，由于用户 2 的信道被攻击，用户 2 从 V_1 观测值中获取的信息量将减少，从而使得用户 1 在信道条件相对较差时也可以获得正的保密速率。

其次，给出 $N_1>N_2$ 时的高斯信道方案，即用户 1 是两个用户中信道条件较弱的一个。在这一模型中，所提方案整体工作流程如下所示：首先，用户 1 使用加性高斯噪声干扰用户 2 的信道，从而为自己提供安全性。假设用户 1 有足够大的功率，这样可以完美地改变两个信道的强弱对比情况，即用户 1 的信道成为两者之间质量较好的一个。然后，用户 1 将它接收到的信息转发给用户 2，在被攻击的信道中为用户 2 提供安全性。在 $N_1=2$、$N_2=1$ 时，这一方案的数值结果如图 7.11 所示。结果表明，由于联合使用了中继与干扰两种协作方案，两个用户均可以获得正的保密速率。

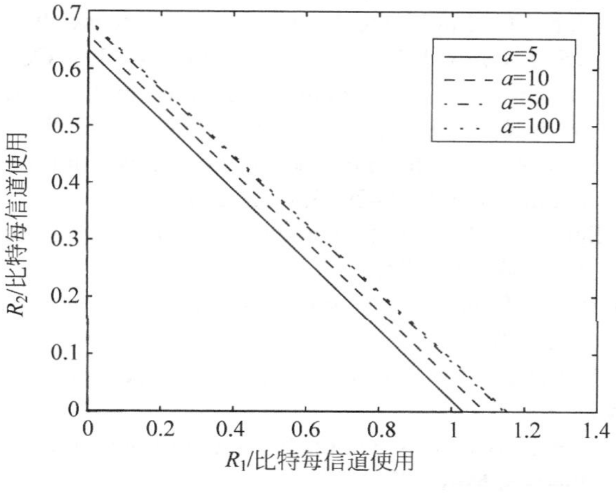

图 7.11　CRBC 信道模型：中继和干扰联合的情况(© IEEE 2008)

7.7 小 结

本章回顾了协作、安全以及将两者相结合的文献,重点在于研究协作如何提高安全性。本章对用户之间互相协作对抗外部窃听者的信道模型,以及协作节点之间互为窃听者的信道模型进行了研究。结果表明,用户间可以通过多种协作方案提高安全性;用户间可以在相互不知道对方消息的情况下进行协作(盲协作),通过转发对方的消息进行协作(主动协作),或在他们之间互为窃听者时提高发送节点的安全性(不可信协作节点的情况)。

参考文献

[1] E. C. van der Meulen. Three-terminal communication channels. *Adv. Appl. Probab.*, 3:120–154, 1971.

[2] A. Wyner. The wire-tap channel. *Bell Syst. Tech. J.*, 54(8):1355–1387, Jan. 1975.

[3] T. M. Cover and A. El Gamal. Capacity theorems for the relay channel. *IEEE Trans. Inf. Theory*, IT-25(5):572–584, Sep. 1979.

[4] A. Carleial. Multiple access channels with different generalized feedback signals. *IEEE Trans. Inf. Theory*, 28(6):841–850, Nov. 1982.

[5] F. Willems, E. van der Meulen, and J. Schalkwijk. Achievable rate region for the multiple access channel with generalized feedback. In *41st Asilomar Conf. Signals, Syst. Comp.*, Nov. 1983.

[6] R. C. King. *Multiple access channels with generalized feedback*. PhD thesis, Stanford Univ., Stanford, CA, Mar. 1978.

[7] T. Cover and C. Leung. An achievable rate region for the multiple access channel with feedback. *IEEE Trans. Inf. Theory*, 27(5):292–298, May 1981.

[8] M. A. Khojastepour, A. Sabharwal, and B. Aazhang. Improved achievable rates for user cooperation and relay channels. In *IEEE Int. Symp. Inf. Theory*, Jun. 2004.

[9] L. Ong and M. Motani. Coding strategies for multiple-access channels with feedback and correlated sources. *IEEE Trans. Inf. Theory*, 53(10):3476–3497, Oct. 2007.

[10] A. Sendonaris, E. Erkip, and B. Aazhang. User cooperation diversity-part I: System description. *IEEE Trans. Commun.*, 51(11):1927–1938, Nov. 2003.

[11] O. Kaya and S. Ulukus. Power control for fading cooperative multiple access channels. *IEEE Trans. Wireless Commun.*, 6(8):2915–2923, Aug. 2007.

[12] R. Dabora and S. Servetto. Broadcast channels with cooperating decoders. *IEEE Trans. Inf. Theory*, 52(12):5438–5454, Dec. 2006.

[13] Y. Liang and G. Kramer. Rate regions for relay broadcast channel. *IEEE Trans. Inf. Theory*, 53(10):3517–3535, Oct. 2007.

[14] Y. Liang and V. V. Veeravalli. Cooperative relay broadcast channels. *IEEE Trans. Inf. Theory*, 53(3):900–928, Mar. 2007.

[15] I. Csiszar and J. Korner. Broadcast channels with confidential messages. *IEEE Trans. Inf. Theory*, IT-24(3):339–348, May 1978.

[16] T. Cover and J. Thomas. *Elements of Information Theory*. Wiley & Sons, 2006. 2nd edition.

[17] S. K. Leung-Yan-Cheong and M. E. Hellman. The Gaussian wire-tap channel. *IEEE Trans. Inf. Theory*, 24(4):451–456, Jul. 1978.

[18] Z. Li, R. Yates, and W. Trappe. Secrecy capacity of independent parallel channels. In *44th Annu. Allerton Conf. Commun. Control Comput.*, Sep. 2006.

[19] Y. Liang, H. V. Poor, and S. Shamai. Secure communication over fading channels. 54(6):2470–2492, Jun. 2008.

[20] A. Khisti and G. Wornell. Secure transmission with multiple antennas: The MISOME wiretap channel. Submitted to *IEEE Trans. Inf. Theory*, Aug. 2007.

[21] F. Oggier and B. Hassibi. The secrecy capacity of the MIMO wiretap channel. Submitted to *IEEE Trans. Inf. Theory*, Oct. 2007.

[22] S. Shafiee, N. Liu, and S. Ulukus. Towards the secrecy capacity of the Gaussian MIMO wire-tap channel: The 2-2-1 channel. *IEEE Trans. Inf. Theory*, 55(9):4033–4039, Sep. 2009.

[23] Z. Li, R. Yates, and W. Trappe. Secure communication with a fading eavesdropper channel. In *IEEE ISIT*, Jun. 2007.

[24] E. Tekin and A. Yener. The Gaussian multiple access wire-tap channel. *IEEE Trans. Inf. Theory*, 54(12):5747–5755, Dec. 2008.

[25] E. Tekin and A. Yener. The general Gaussian multiple access and two-way wire-tap channels: Achievable rates and cooperative jamming. *IEEE Trans. Inf. Theory*, 54(6):2735–2751, Jun. 2008.

[26] L. Lai and H. El Gamal. The relay-eavesdropper channel: Cooperation for secrecy. *IEEE Trans. Inf. Theory*, 54(9):4005–4019, Sep. 2008.

[27] X. Tang, R. Liu, P. Spasojevic, and H. V. Poor. Interference-assited secrect communication. In *IEEE Inf. Theory Workshop*, May 2008.

[28] X. Tang, R. Liu, P. Spasojevic, and H. V. Poor. The Gaussian wiretap channel with a helping interferer. In *IEEE Int. Symp. Inf. Theory*, Jul. 2008.

[29] R. Liu, I. Maric, P. Spasojevic, and R. D. Yates. Discrete memoryless interference and broadcast channels with confidential messages: Secrecy capacity regions. *IEEE Trans. Inf. Theory*, 54(6):2493–2507, Jun. 2008.

[30] M. Yuksel and E. Erkip. The relay channel with a wire-tapper. In *41st Annu. Conf. Inf. Sci. Syst.*, Mar. 2007.

[31] M. Yuksel and E. Erkip. Secure communication with a relay helping the wiretapper. In *IEEE Inf. Theory Workshop*, Sep. 2007.

[32] X. Tang, R. Liu, P. Spasojevic, and H. V. Poor. Multiple access channels with generalized feedback and confidential messages. In *IEEE Inf. Theory Workshop Front. Coding Theory*, Sep. 2007.

[33] Y. Oohama. Relay channels with confidential messages. Submitted to *IEEE Trans. Inf. Theory*, Mar. 2007.

[34] X. He and A. Yener. On the equivocation region of relay channels with orthogonal components. In *41st Asilomar Conf. Signals Syst. Comp.*, Nov. 2007.

[35] A. El Gamal and S. Zahedi. Capacity of a class of relay channels with orthogonal components. *IEEE Trans. Inf. Theory*, 51(5):1815–1817, May 2005.

[36] Y. Liang and H. V. Poor. Multiple access channels with confidential messages. *IEEE Trans. Inf. Theory*, 54(3):976–1002, Mar. 2008.

[37] R. Liu, I. Maric, R. D. Yates, and P. Spasojevic. The discrete memoryless multiple access channel with confidential messages. In *IEEE Int. Symp. Inf. Theory*, Jul. 2006.

[38] E. Ekrem and S. Ulukus. Effects of cooperation on the secrecy of multiple access channels with generalized feedback. In *CISS*, Mar. 2008.

[39] E. Ekrem and S. Ulukus. Secrecy in cooperative relay broadcast channels. In *IEEE Int. Symp. Inf. Theory*, Jul. 2008.

[40] K. Marton. A coding theorem for the discrete memoryless channels. *IEEE Trans. Inf. Theory*, 25(1):306–311, May 1979.

第8章

安全约束下的信源编码*

Deniz Gunduz, Elza Erkip, H. Vincent Poor

8.1 引　言

分布式压缩通常是指利用空间分离的、非协作编码器中数据源潜在的基础相关结构来压缩多个数据源，并在一个译码器处进行联合译码。近年来，对分布式源编码的理论和实践方面的研究越来越多。这些成果广泛应用于分布式音像压缩、P2P(peer to peer)数据分布式系统和无线传感器网络(见参考文献[1-3])。在许多实际应用场景中，有限的网络资源(例如功率和带宽)或物理受限的器件(如无线传感器节点)，为网络性能和安全带来了新的挑战。通常，在分布式压缩系统中，有些数据具有商业价值，例如仓库存货监控系统；有些数据包括敏感信息，例如分布式视频监控系统；有些数据涉及个人隐私，例如人体传感器测量的人体健康指标。在这些场景中，必须开发分布式压缩和通信协议，以高效利用有限的功率和带宽资源并满足网络安全需求。本章主要研究在综合考虑质量与安全的前提下，影响整体性能优化的基本约束条件与折中设计方法。

无线网络中有两种基本的安全手段：基于计算复杂度的安全手段与基于香农信息论安全的安全手段。基于计算复杂度的安全手段(见参考文献[4])是许多实际密码学应用的基础支撑，其安全性取决于诸如质因数分解等难题假设。而基于香农信息论安全的手段(见参考文献[5])所强调的则是无条件的安全，要求即使窃听者拥有无限时间、计算资源且已知加密算法，也不能从截获的加密密文中译出任何私密信息。参考文献[6]给出了信息论安全方面的详细综述。尽管基于计算复杂度的方法已经满足了诸如因特网等许多实际网络的安全需求，但是无线网络带来的额外限制和安全威胁不能通过加密技术解决。无线信道的广播特性使无线网络更容易受窃听和认证攻击，并且无线设备的功率与带宽受限制约了其计算能力，使得高复杂度加密技术效果差强人意。尤其是在无线传感网络

Deniz Gunduz (✉)
电气工程系，普林斯顿大学，普林斯顿，新泽西州 08544，美国
电子邮件：dgunduz@princeton.edu
电气工程系，斯坦福大学，斯坦福，加利福尼亚州 94305，美国

* 本章部分内容来自于：(1) Lossless compression with security constraints, Proceedings of the IEEE Int'l Symposium on Information Theory (ISIT), 2008 © IEEE 2008; (2) Secure lossless compression with side information, Proceedings of the IEEE Information TheoryWorkshop, 2008 © IEEE 2008.
该研究成果由美国国家自然科学基金(编号：0635177)资助。

中，传感节点分布范围广且易受干扰，很难实施安全密钥在线分发和认证管理。移动性和基础设施缺乏带来的问题(如移动自组织网络)对基于传统密钥的安全手段提出了挑战。在这类应用中，基于香农信息论安全的安全手段能够支撑并加强基于计算复杂度的安全手段。

本章研究分布式信源压缩的信息论安全，特别是如何从信息论安全的角度进行压缩和通信。考虑一个无线传感网络，相关的传感器观测数据是在接入点处以无损方式或者在失真容限范围内进行重建。一些传感器能够安全连接(例如有线连接)到接入点，另一些传感器节点在无线传输过程中可能受到窃听攻击，造成信息泄露。此外，非法方还很可能对主信源具有一定的观测能力。本章的目标是探索上述场景下基于信息论的安全分布式信源压缩和通信问题。

实际通信中，加密作为一个独立模块存在于信源压缩和信道传输之间的协议栈中。因此，通过安全信源或信道编码，或信源信道联合编码获得基于信息论的无条件安全，可以与现有加密计算方案并行使用，以提高整体安全级别。为了充分利用这种信息论安全的概念，需要开发实用的安全信源编码和安全信道编码。虽然目前有许多关于安全信道编码的研究(见参考文献[7-9])，但关于安全压缩的研究却很少。这种安全信源编码的设计虽然超越了本章的范围，却是一个很有意义的研究方向。

本章结构安排如下：8.2 节回顾香农模型及信息论安全基础；8.3 节在安全约束下分析分布式无损压缩，并提出基本结论；8.4 节关注合法接收者的有损重建，并分析在给定的安全约束和通信速率约束下的失真情况；8.5 节重点研究安全联合信源信道编码；8.6 节为小结；8.7 节为附录部分。

8.2　预备知识

信息论安全基础理论可以追溯到香农 1949 年的研究(见参考文献[5])。图 8.1 给出了香农加密系统模型，由两个合法的用户 Alice 和 Bob 以及一个窃听者 Eve 组成。Alice 要把私密信息 A 传递给 Bob，同时不能将其泄露给 Eve。加密后的信息即密文 W 在 Alice 和 Bob 之间的公共信道上传输，同时被 Eve 和 Bob 收到。系统的安全性依赖于共享安全密钥 W_k。在这个模型中，香农将完美安全定义为

$$H(A \mid W) = H(A)$$

其中，$H(X)$是随机变量 X 的熵，定义为

$$H(X) \triangleq -\sum_{x \in \mathcal{X}: P_X(x) \neq 0} P_X(x) \log P_X(x)$$

这使得窃听者获取加密信息 W 对恢复私密信息 A 没有任何帮助。香农指出了由 Vernam 提出的“一次一密”方法(见参考文献[10])可以达到完美安全。在 Vernam 的加密体系中，二进制信息 A 通过与一个随机的等概率分布的二元密钥 W_k 模二加实现加密。这需要 Alice 和 Bob 共享一个至少与消息等长的安全密钥。

香农同样证明了只有在共享安全密钥速率不小于加密信息熵时才可能实现完美安全，即 $H(W_k) \geqslant H(A)$。然而，协商这样一个密钥需要完美安全信道，在许多情况下，尤其当所需密钥速率很高的时候，这样的信道假设是不实际的。

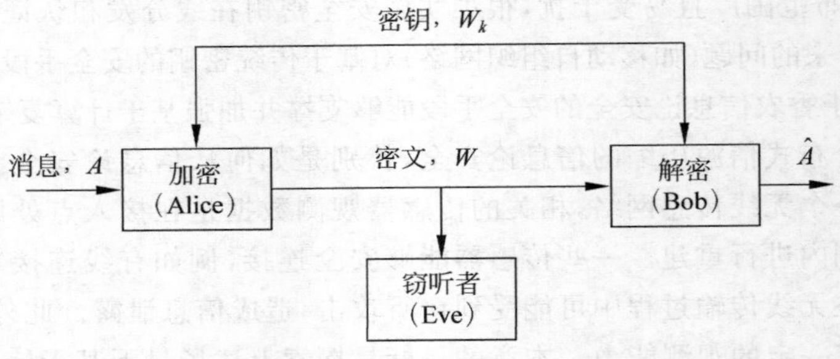

图 8.1 香农加密系统模型

香农的结果看起来比较悲观，而 Wyner 指出可以在没有共享安全密钥的前提下，利用信道噪声来实现完美安全。他在参考文献[11]中提出，如果 Eve 信道比 Bob 信道要差，可以利用 Eve 接收机处的不确定度来保证安全通信。安全级别由疑义度来衡量，可以理解为窃听者在接收到信号后关于源信息的不确定度。完美安全时，疑义度等于信息的传输速率。完美安全条件下的最高通信速率称为保密容量。参考文献[12]将 Wyner 的结论推广到更一般的广播信道模型中，证明即使窃听信道衰减不够严重，系统也能实现非零的保密容量。同时，Csiszar 和 Korner 也考虑了接收端信息相关的情况。参考文献[13]中给出，高斯窃听信道的完美保密速率是合法者和窃听者的信道容量的差。随着搭线窃听信道的不断发展，以及对无线网络的安全需求越来越紧迫，近年来大量研究工作将搭线窃听信道模型扩展到多用户场景及衰落信道(见参考文献[14-18])。

另一个信息论安全的概念是密钥共享，指在合法用户处生成共享随机序列，同时不向窃听者泄露信息。随机序列的生成不仅在安全通信方面扮演很重要的角色，在任意时变信道上的通信(见参考文献[19,20])以及在辨识容量(见参考文献[21])等方面也很重要。安全密钥容量是指在保证泄露给 Eve 的信息速率任意小时，Alice 和 Bob 对密钥 S 的最大协商速率①。Wyner 窃听信道模型中的噪声信道能用于产生随机序列，帮助合法通信双方获得一个安全密钥，此时保密容量就是安全密钥容量。安全密钥一旦产生，就可用于在公共信道上传输其他独立信息。

参考文献[22,23]中首次提出 Alice 和 Bob 间的相关观测也能被用于产生安全密钥。在该场景下，不同的相关信源可以通过公共通信的方式产生安全密钥，即这些终端能产生共同的随机序列，且仅泄露给窃听者一些可忽略不计的信息。此时，安全密钥容量是指 Alice 和 Bob 通过一个无噪的、已认证的公共信道产生安全密钥的最大速率。安全密钥容量在参考文献[23]和[24]的两终端模型中进行了研究。参考文献[25]研究了协作节点对系统的影响，该协作节点能够观察到产生安全密钥的相关源的输出。参考文献[26]研究了在多终端通信场景中，假设窃听者可观测所有终端间的通信，但自身没有任何边信息时的安全密钥容量。然而，当窃听者能进行相关观测时，密钥容量的单字符特性仍然是个开放问题。

本章考虑安全分布式压缩场景，合法用户可以访问相关数据源。与参考文献[22,23]

① 该定义是弱安全密钥容量，与之相对应，强安全密钥容量定义中规定泄露给 Eve 的信量总量任意小。

不同，本章的研究目标不是安全密钥生成，而是如何把与合法用户相关的信源保密地传输至目的节点。根据 Slepian-Wolf 理论（见参考文献[27]）可知，数据之间的相关性可以用来减少从源到目的端数据无损重建所需的通信率。8.3 节显示，以 Slepian-Wolf 速率传输时数据的相关性还可以用来增加传输安全。安全密钥生成的目标是避免窃听者获取密钥，而并不限制窃听者对与观测源有关的知识的获取。参考文献[28]显示，这里考虑的安全信源传输模型对应安全密钥容量的一个下界，但该下界并不是普适意义上的紧的下界。

上述安全的分布式无损压缩的场景可以很自然地扩展到合法接收端有损重建的情形。关于安全的有损信源编码的综述将在 8.4 节给出。

除了保密要求外，认证是安全通信领域的另一个重要概念。通常情况下，窃听者会主动攻击而不只是简单的窃听，他们会冒充合法用户发送虚假信息（假冒攻击），或者截断合法传输并用其他信息代替（替换攻击）。对于认证系统的信息论分析已经在参考文献[29，30]中说明。在本章的场景中，合法接收端获取边信息可以增强对上述攻击的检测能力；攻击者获得边信息可以增加攻击的成功概率。虽然对联合认证和安全压缩的分析研究十分必要，但超越了本章的研究范围，这里假设所有的传输都已经通过认证，即窃听者均处于被动窃听模式。

8.3　安全的分布式无损压缩

本节的主要目标是分析安全分布式无损压缩的性能界。对于任意网络，即使在没有安全约束的情况下，用信息论表征压缩的性能界也是非常困难的。本章从一个简单网络入手，该网络有两个发送节点分别称为 Alice 和 Charlie，他们想要把自己的信息传送到目的节点 Bob。同时，网络中存在一个窃听者 Eve，她仅对 Alice 所发的信息感兴趣，因此对 Alice 与 Bob 间的通信链路进行窃听（见图 8.2）。本节将研究通过 Charlie 相关观测值的保密传输，来增强 Alice 信息传输的安全性。本章还研究了边信息对保密传输的影响，以及扩展到多个接收者或多个窃听者的场景。证明详见参考文献[31，32]。

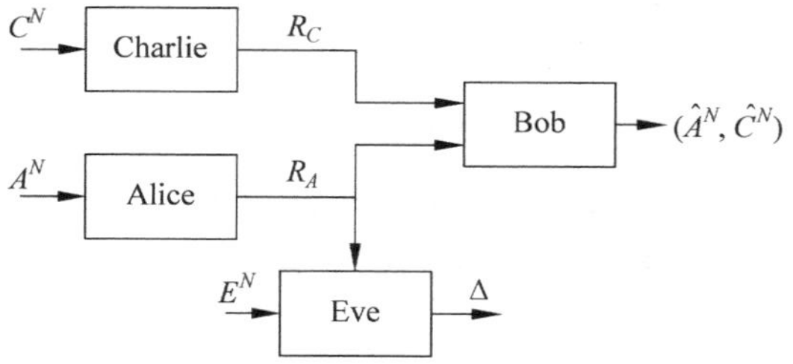

图 8.2　两终端分布式安全压缩。窃听者 Eve 对 A^N 信息感兴趣，且只能接入 Alice 与 Bob 间的通信链路（© IEEE 2008）

为突出含有安全约束的压缩与不含安全约束的压缩之间的区别，我们给出了以下例子。

例 8.1　考虑如下场景，Alice 观测到了一个随机二进制序列 $A \sim \text{Bernoulli}(1/2)$，想将其传递给 Bob。Charlie 也对该环境进行感知得到了随机序列 C，C 与 A 相关。假设

$C=A\oplus Z_C$，其中$\oplus$表示模 2 加，二进制序列 Z_C 与 A 独立且服从 Bernoulli(p)分布，即 $Z_C=1$ 的概率为 p，$0\leqslant p\leqslant 1/2$。窃听者 Eve 得到的相关观测结果 $E=A\oplus Z_E$，其中 Z_E 服从 Bernoulli(q)分布，$q<p$，且 Z_E 与(A,Z_C)相互独立。假设 Charlie 与 Bob 间存在一条安全链路，容量为 1 b/使用一次信道，即 C 可以安全、无差错地传输给 Bob。不考虑安全约束时，根据 Slepian-Wolf 定理可知，Alice 平均利用 $h(p)$个比特可以将随机序列 A 传递给 Bob，其中 $h(p)=-p\log p-(1-p)\log(1-p)$。但当存在窃听者 Eve 时，由于 $q<p$，平均意义上序列 E 与序列 A 一致的情形出现得更多，这使得即便存在 Charlie 到 Bob 的安全链路，Alice 也不可能在不泄露任何信息的条件下将随机序列 A 传递给 Bob。

现假设 Alice 同样可以对 Charlie 与 Bob 间的安全链路进行观测，即 Alice 可以获知 Charlie 的信息。就压缩率而言，Charlie 的信息对 Alice 的信息发送并没有任何帮助，因为 Alice 仍然需要以最小速率 $h(p)$将 $Z_C=A\oplus C$ 传递给 Bob，以保证 Bob 能够可靠地重构信息。然而，即使 Eve 能够完美恢复出 Z_C，该信息对她也是完全无用的，因为 Z_C 与 A 和 Z_E 独立。由此实现了完美安全压缩，即没有泄露任何信息给 Eve。

这个简单的例子给出一些重要的启示：(1)若不利用 Charlie 与 Bob 间的安全链路，Alice 无法将自身的观测值安全地传递给 Bob；(2)与通常 Slepian-Wolf 压缩不同，安全约束下若 Alice 已知边信息 C，则能够提高压缩率。

8.3.1 两个发送节点的分布式安全压缩

图 8.2 中给出了两个发送节点和一个接收节点的模型。假设 Alice 和 Charlie 分别观测到长度为 N 的相关源序列 A^N 和 C^N，他们想将观测序列通过各自无噪、有限容量的信道可靠地传递给 Bob。其中 Alice 的传输内容能够被窃听者 Eve 完美接收到。假设 Eve 也观测到了相关边信息 E^N。根据有限字符集$\mathcal{A}\times\mathcal{C}\times\mathcal{E}$上的联合概率分布 $P_{ACE}(a,c,e)$，将 A^N、C^N 和 E^N 建模为独立同分布的。在保证无损传输的同时，目标是最大化 Eve 端的疑义度，即 Eve 将自身边信息 E^N 与窃听到的 Alice 信息相结合后仍存在的、对 A^N 的不确定程度。

该过程中的安全信源压缩编码(M_A,M_C,N)分别由 Alice 端的编码函数、Charlie 端的编码函数和 Bob 端的译码函数组成，分别表示为

$$f_A:\mathcal{A}^N\to I_{M_A}$$

$$f_C:\mathcal{C}^N\to I_{M_C}$$

$$g:I_{M_A}\times I_{M_C}\to\mathcal{A}^N\times\mathcal{C}^N$$

其中，I_k 表示集合$\{1,\cdots,k\}$，$k\in\mathbb{Z}^+$。该编码的疑义度定义为

$$\frac{1}{N}H(A^N\mid f_A(A^N),E^N)$$

错误概率定义为

$$P_e^N\triangleq\Pr\{g(f_A(A^N),f_C(C^N))\neq(A^N,C^N)\}$$

这里为简化分析，假设采用确定性编码。随机编码的证明过程与之类似，随机编码模型中假设终端侧随机变量是独立的，编码函数是这些随机变量的确定函数。

定义 8.1 如果对于任意 $\epsilon>0$，存在一个编码(M_A,M_C,N)满足：

$$\log(M_A) \leqslant N(R_A + \varepsilon)$$
$$\log(M_C) \leqslant N(R_C + \varepsilon)$$

则称(R_A, R_C, Δ)是可达的。此时，疑义度和错误率分别满足

$$\begin{cases} H(A^N \mid f_A(A^N), E^N) \geqslant N(\Delta - \varepsilon) \\ P_e^N < \varepsilon \end{cases} \tag{8.1}$$

用$\mathcal{R}$表示所有可达的(R_A, R_C, Δ)三元组。

当不考虑安全约束时，上述问题简化为众所周知的 Slepian-Wolf 相干信源编码，(R_A, R_C)速率域表示为

$$R_A \geqslant H(A \mid C)$$
$$R_C \geqslant H(C \mid A)$$
$$R_A + R_C \geqslant H(A, C)$$

尽管 Slepian-Wolf 编码给出了(R_A, R_C, Δ)域的一个内界(inner bound)，但在一般意义上仍有优化的余地，而且考虑安全约束时分布式压缩的解并不是对 Slepian-Wolf 定理进行直接的扩展。

下面给出上述分布式安全压缩问题的一个可达的压缩-疑义度域。首先介绍一些用于描述比率域的定义。

定义 8.2　令 U 和 V 是两个随机变量，其分布是 A、C、E 的联合分布，并从有限字符$\mathcal{U}$和$\mathcal{V}$中取值。定义$\mathcal{P}_{in}$为所有联合分布为 $p_{ACE}p_{U|A}p_{V|C}$且满足 $H(C|A,V)=0$ 的(U,V)所构成的集合。

定义 8.3　定义$\mathcal{R}_{in}$为所有满足下面条件的(R_A, R_C, Δ)所构成的集合的凸包络

$$R_C \geqslant I(C;V) \tag{8.2}$$
$$R_A \geqslant H(A \mid V) \tag{8.3}$$
$$\Delta \leqslant [I(A;V \mid U) - I(A;E \mid U)]^+ \tag{8.4}$$
$$\Delta \leqslant \min\{R_C - H(C \mid A), I(A;C)\} \tag{8.5}$$
$$\Delta \geqslant [H(A \mid E) - R_A]^+ \tag{8.6}$$

其中，$(U,V) \in \mathcal{P}_{in}$，$[x]^+ = \max\{x, 0\}$。

定理 8.1　$\mathcal{R}_{in} \subseteq \mathcal{R}$。

证明：附录给出了参考文献[32]对定理 8.1 的详细证明，感兴趣的读者可以查阅。

参考文献[31]还考虑了 Bob 仅关注重构 Alice 的信息 A^N 的情形。此时，Charlie 与 Bob 间的安全链路为 Alice 的信源压缩和保密传输提供了帮助。读者可通过参考文献[31]了解压缩-疑义度域的相关内容。

8.3.2　Bob 端的未编码边信息

考虑上述场景的一个特例 $R_C \geqslant H(C)$，此时 Bob 能以任意小的错误概率恢复出 C^N。等价地，假设 Bob 可以直接得到边信息序 $B^N = C^N$，这对应于 Bob 已知关于 Alice 观测值的边信息的场景，可以根据参考文献[31]描述压缩-疑义度域如下。不考虑压缩率约束的结果由参考文献[28]给出。

定理 8.2 对于 Bob 端的未编码边信息 B^N，当且仅当下式满足时，(R_A, Δ) 是一个可达的速率-疑义对

$$R_A \geqslant H(A \mid B) \tag{8.7}$$

$$\Delta \leqslant \max\{I(A;B \mid U) - I(A;E \mid U)\} \tag{8.8}$$

$$R_A + \Delta \geqslant H(A \mid E) \tag{8.9}$$

其中，最大化通过遍历辅助随机变量 U 实现，以使 $U-A-(B,E)$ 构成一个马尔可夫链。

证明：将 $C=V=B$ 代入定理 8.1 即可证明。逆命题的证明详见附录。

注意，定理 8.1 和定理 8.2 中描述的速率域需要一个由 U 生成的码本辅助才能实现对窃听者隐藏源信息。这可以解释为一种压缩预编码，首先利用 U 生成的辅助码本对信息进行量化发送，然后传输剩余信息。通过选择合适的辅助码本，可使剩余信息正交于窃听者的边信息。通常情况下需要选择一个特别的辅助码本才能满足条件，但有时候普通的 Slepian-Wolf 装箱法(binning)也能够达到以疑义度衡量的高安全级别。先给出一些定义以区分这类情况。

定义 8.4 当对形式为 $p(a,b,e,u)=p(a,b,e)p(u|a)$ 的任意分布都满足

$$I(I;E) \leqslant I(U;B) \tag{8.10}$$

时，称边信息 B 相对于边信息 E 是低噪的。

定义 8.5 当 $A-B-E$ 构成马尔可夫链时，称边信息 E 是边信息 B 的物理退化(physically degraded)。当存在一个联合概率分布 $p_{A\tilde{B}\tilde{E}}$ 使得 $p_{A\tilde{B}}=p_{AB}$、$p_{A\tilde{E}}=p_{AE}$ 且 $A-\tilde{B}-\tilde{E}$ 构成马尔可夫链时，称边信息 E 是边信息 B 的随机退化(stochastically degraded)。

低噪条件严格弱于随机退化条件(见参考文献[33])，此外，压缩-疑义度域取决于与联合分布 p_{ABE} 相关的边缘分布 p_{AB} 和 p_{AE}。因此，物理退化和随机退化在这种情况下是等价的。

推论 8.1 对于 Bob 端的未编码边信息，如果 Bob 的边信息噪声小于 Eve 的边信息噪声，那么当且仅当满足

$$R_A \geqslant H(A \mid B) \tag{8.11}$$

$$\Delta \leqslant I(A;B) - I(A;E) = H(A \mid E) - H(A \mid B) \tag{8.12}$$

时，(R_A, Δ) 速率对是可达的。

证明：可达性的证明只需令定理 8.2 中的 U 为常量即可。对于逆命题，考虑任意服从 $p(u,a,b,e)=p(a,b,e)p(u|a)$ 的联合分布的 U，可以得到

$$\begin{aligned}
&[I(A;B) - I(A;E)] - [I(A;B \mid U) - I(A;E \mid U)] \\
&= [I(A;B) - I(A;E)] - [I(A,U;B) - \\
&\quad I(B;U) - I(A,U;E) + I(E;U)] \\
&= I(B;U \mid E) - I(E;U \mid B) \\
&= I(B;U) - I(E;U) \\
&\geqslant 0
\end{aligned} \tag{8.13}$$

其中，最后的不等式是由低噪条件造成的。

这一结果表明，在假设 Bob 的边信息噪声小于 Eve 的边信息噪声时，常规的 Slepian-

Wolf 装箱方案能够满足对安全保密的所有要求。下面的推论给出了不存在正疑义度时的条件。

推论 8.2 如果 Bob 的边信息是 Eve 边信息的随机退化版本，则正疑义度不存在且 $\Delta=0$。

证明：首先，假设 Bob 的边信息是 Eve 边信息的物理退化，此时有

$$\begin{aligned}I(A;B\mid U)-I(A;E\mid U)&=I(A;B,E\mid U)-I(A;E\mid B,U)-I(A;E\mid U)\\&=I(A;B\mid E,U)-I(A;E\mid B,U)-I(A;E\mid B,U)\\&\leqslant 0\end{aligned}$$

那么，对于物理退化的 Bob 端观测，有 $\Delta=0$。但因为物理退化与随机退化是等价的，所以 $\Delta=0$ 对于随机退化依然成立。

为了进一步阐明这些结论，在此给出了参考文献[28]中的一个例子，即对于例 8.1 中的二进制信源，Bob 和 Eve 端的边信息序列是相互独立的 Alice 信源的擦除版本。

例 8.2 令 Alice 获得的原始源序列 $A^N=(A_1,\cdots,A_N)$ 是一个 $A_i\sim\text{Bernoulli}(1/2)$ 的独立同分布二进制序列。将 A^N 中每个元素独立地以概率 p_B 擦除，即 $B_i=A_i$ 的概率为 $1-p_B$，$B_i=e$ 的概率为 p_B，得到 Bob 的观测序列 $B^N=(B_1,\cdots,B_N)$。类似地，将 A^N 中每个元素独立地以概率 p_E 删除，得到 Eve 的观测序列 $E^N=(E_1,\cdots,E_N)$，$E_i=A_i$ 的概率为 $1-p_E$，$E_i=e$ 的概率为 p_E。

当 $p_E>p_B$ 时，Eve 的边信息是 Bob 边信息的随机退化。根据推论 8.3 可知，存在常数 U 达到最优解，最优疑义度为 $\Delta=I(A;B)-I(A;E)=(1-p_B)-(1-p_E)=p_E-p_B$。

当 $p_B\geqslant p_E$ 时，B^N 是 E^N 的随机退化版本，根据推论 8.4 得 $\Delta=0$。

8.3.3 Alice 端的边信息

由 Slepian-Wolf 信源编码可知，Alice 获取 Bob 的边信息对于减小压缩率并没有帮助，然而例 8.1 表明其对增大 Eve 的疑义度有帮助。在实际系统中，这可以通过 Alice 和 Bob 间的安全反馈信道来实现。本节中，考虑 Alice 可以获知 Bob、Eve 边信息，并对压缩-疑义度域进行描述。Alice 端边信息能否得到由图 8.3 中的状态开关决定。

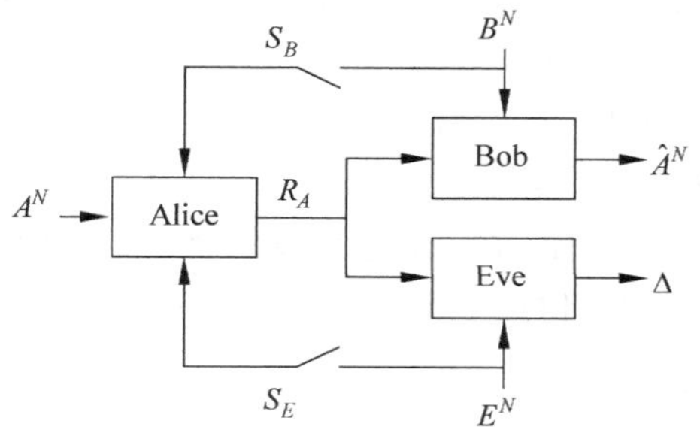

图 8.3 Bob 端的未编码边信息。开关 S_B 和 S_E 根据编码器的边信息状态模拟不同场景(© IEEE 2008)

定理 8.3 考虑图 8.3 中对 Bob 端未编码边信息的安全信源压缩，当且仅当

$$R_A\geqslant H(A\mid B) \tag{8.14}$$

$$0 \leqslant \Delta \leqslant [I(A;B \mid U) - I(A;E \mid U)]^+ \tag{8.15}$$

$$R_A + \Delta \geqslant H(A \mid E) \tag{8.16}$$

时，(R_A, Δ) 速率对是可达的。其中，U 是一个辅助随机变量，下面给出不同开关闭合状态下的联合分布 $p(u,a,b,e)$。

闭合开关	$p(u,a,b,e)$
S_B	$p(a,b,e)p(u\|a,b)$
S_E	$p(a,b,e)p(u\|a,e)$
S_B 和 S_E	$p(a,b,e)p(u\|a,b,e)$

当只有开关 S_E 闭合时，速率域可以显性表示为

$$R_A \geqslant H(A \mid B) \tag{8.17}$$

$$0 \leqslant \Delta \leqslant I(A;B \mid E) \tag{8.18}$$

$$R_A + \Delta \geqslant H(A \mid E) \tag{8.19}$$

证明：证明类似于定理 8.1，这里不再赘述。

注意，发送者获取 Bob 和(或)Eve 的边信息时，扩大了辅助随机变量 U 的空间范围，从而增大了窃听者的疑义度。接下来，在例 8.2(续)中考虑边信息是否可得。

例 8.2(续) 假设 Alice 也能获得 Bob 的观测信息 B^N，Alice 只传输 Bob 的擦除比特位，以此来减少对 Eve 的信息泄露。当 Bob 存在擦除时，最优辅助随机变量 U 满足 $U=A$，否则 U 为常量。这种情况下的最优疑义度为 $\Delta=p_E(1-p_B)$。可以看出，这个疑义度严格大于没有边信息时的疑义度。此外，尽管 Bob 的边信息是 Eve 边信息的随机退化版本(即 $p_B>p_E$)，只要 Alice 可以获得该边信息，仍旧可以得到非零的疑义度。

当 Alice 只能获得 Eve 的观测信息 E^N 时，由式(8.18)得到最优疑义度由 $I(A;B|E)$ 决定。在擦除的例子中，最优疑义度为 $\Delta=p_E(1-p_B)$，这与只有开关 S_B 闭合的情况结果一样。由此可知，在这种对 Bob 和 Eve 观测值存在擦除的特例中，无论 Alice 是获取 Bob 的边信息还是获取 Eve 的边信息，所带来的好处是一样的。该例也表明，即使 Alice 可获得二者的观测序列，最优疑义度仍为 $\Delta=p_E(1-p_B)$。

当考虑 Alice 边信息的情况时，“当两个开关都打开时，物理退化观测和随机退化观测是等价的”这一结论将不再成立。下面的推论表明，当 Eve 端为(Bob 的)物理退化观测时，获得 E^N 对 Alice 没有帮助；然而当 E^N 为(Bob 的)随机退化观测时，如上述例子所述，Alice 获得 E^N 能够增加疑义度。

推论 8.3 如果 Eve 观测到的是 Bob 边信息的物理退化版本，即 $A-B-E$ 构成一个马尔可夫链，那么将这一观测提供给 Alice 不会提高疑义度。

8.3.4 多合法接收者/窃听者

前面考虑了存在一个合法接收者 Bob 和一个窃听者 Eve 的情况，且 Eve 仅对 Alice 的信息感兴趣并只窃听 Alice 的信道。本节对多窃听和多接收模型进行研究。

参考文献[34]考虑了两个非合作窃听者 Eve 和 Dave 分别对 Alice 和 Charlie 与 Bob 之间的信道进行窃听的场景，如图 8.4 所示。其中窃听者 Eve 和 Dave 分别窃听 Alice 与

Bob 和 Charlie 与 Bob 的通信链路，分别对 A^N 和 C^N 感兴趣。Eve 和 Dave 的疑义度分别记为 Δ_A 和 Δ_C。参考文献[34]给出了当 Dave 和 Eve 都没有自己的边信息时的压缩-疑义度域。

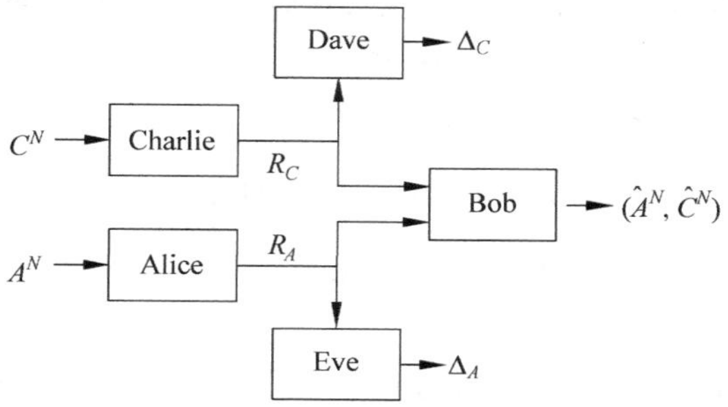

图 8.4　两窃听者时的安全分布式压缩。Eve 和 Dave 分别观测一个链路，并只对各自的源感兴趣

定理 8.4　上述场景的压缩-疑义度域是满足下列条件的所有元组 $(R_A, R_C, \Delta_C, \Delta_A)$ 联合构成的封闭区域。

$$R_A \geqslant H(A \mid C) \tag{8.20}$$

$$R_C \geqslant H(C \mid A) \tag{8.21}$$

$$R_A + R_C \geqslant H(A, C) \tag{8.22}$$

$$R_A + \Delta_A \geqslant H(A) \tag{8.23}$$

$$R_C + \Delta_C \geqslant H(C) \tag{8.24}$$

$$\Delta_C + \Delta_A \leqslant I(A; C) \tag{8.25}$$

证明：可达性部分的证明应用 Slepian-Wolf 信源压缩原理即可完成。由于窃听者无法获得相关边信息，Slepian-Wolf 压缩可以得到最优疑义度和压缩率。附录给出了逆命题的证明框架。

现在考虑将一些敏感信息广播给 $K \geqslant 1$ 个接收者，每个接收者都有其自身获得的相关观测 $B_K, k=1,\cdots,K$。假设只存在一个窃听者 Eve 具有边信息 E^N（见参考文献[35]）。当不存在窃听者时，速率 $\max_k H(A \mid B_k)$ 是保证所有接收者均能可靠接收的充分必要条件（见参考文献[36]）。

根据定理 8.2，分别考虑每个接收者时，疑义度的界可以表示为 $\Delta \leqslant \max\{H(A \mid E, U_k) - H(A \mid B_k, U_k)\}$，其中最大化是对所有满足马尔可夫链约束 $U_k - A - (B_k, E)$ 的 U_k 进行的，$k=1,\cdots,K$。所有这些接收者各自疑义度界中的最小值，是整体（多接收者）疑义度的上界；然而，疑义度的可达性以及 $R_A \geqslant \max_k H(A \mid B_k)$ 并不简单地遵循上述关系。附录对单接收者的可达性证明中要求接收者必须对辅助码字进行正确译码。然而，在多接收者场景下，用于接收者 k 疑义度最大化时的辅助码本 U_k 可能无法被另一个用户译码。该译码约束条件要求的总传输速率 $\max_k I(A; U_k \mid B_k) + \max_k H(A \mid B_k, U_k)$，可能会大于不考虑安全约束时的速率 $\max_k H(A \mid B_k)$。

现在我们能够在两个特例中刻画压缩-疑义度域。首先是推论 8.8 中，考虑窃听者的边信息是每个接收者边信息的物理退化的情形。因为此时 Slepian-Wolf 压缩分别对每个接收者是最优的，所以对整个系统也是最优的。第二个场景在推论 8.9 中描述，假设接收者们的边信息与 Alice 的信源构成一个马尔可夫链。在这个场景中，边信息质量最差的接收者需要的压缩率最高且可达疑义度最低，从而决定了总体性能的可达界。

推论 8.4 如果 $A-B_k-E, k=1,\cdots,K$ 构成一个马尔可夫链，当且仅当

$$R_A \geqslant \max_k H(A \mid B_K)$$
$$\Delta \leqslant \min_k \{H(A \mid E) - H(A \mid B_K)\}$$
$$R_A + \Delta \geqslant H(A \mid E)$$

时，(R_A, Δ)是可达的。

推论 8.5 如果 $A-B_1-\cdots-B_K$，构成一个马尔可夫链，当且仅当

$$R_A \geqslant H(A \mid B_K)$$
$$\Delta \leqslant \max\{I(A, B_K \mid U) - I(A; E \mid U)\}$$
$$R_A + \Delta \geqslant H(A \mid E)$$

时，(R_A, Δ)是可达的。其中，最大化是对所有构成马尔可夫链 $U-A-(B_1,\cdots,B_K,E)$的辅助随机变量 U 进行的。

类似地，可能存在一个单合法接收者和多个具有相关边信息的非合作窃听者的场景。假设有 K 个窃听者，窃听者 k 具有边信息 E_k，因此可以得到 K 个窃听者的疑义度表示为

$$\Delta_k \triangleq \frac{H(A^N \mid f_A(A^N), E_k^N)}{N}, \quad k = 1,\cdots,K$$

在此选择可以同时达到各自疑义度的辅助码本。

推论 8.6 在多窃听者场景中，当且仅当

$$R_A \geqslant H(A \mid B)$$
$$\Delta_k \leqslant [H(A \mid E_k, U) - H(A \mid B, U)]^+,$$
$$R_A + \Delta_k \geqslant H(A \mid E_k)$$

时，(R_A, Δ_k)是可达的。其中，$k=1,\cdots,K$，辅助随机变量满足马尔可夫链约束 $U-A-(B,E_1,\cdots,E_K)$。

8.4 安全约束下的有损压缩

上一节讨论了安全分布式无损压缩，然而在许多实际应用中压缩往往不可避免地存在一定的失真。例如，信源为连续随机变量，无法以有限速率进行可靠传输；无损重建需要非常高的传输速率，而实际系统无法实现。

从压缩的角度看，速率与失真度之间存在折中，并且这种折中关系可以用信源序列的速率-失真函数来衡量。

考虑 8.2 节中的香农加密系统，在原始的香农条件下，接收者需要在无损恢复源信息的同时不向窃听者泄露出任何信息。另一个极端情况是无保真情形，即接收者对源信息只能靠猜，因此发送者不需要在非安全链路上发送任何信息。此时，不会有任何信息泄露给窃听者，从而实现了完美安全。对于具有合理失真约束的一般情形，可以对保真度和安

全性进行折中。

参考文献[38]中，Yamamoto 放宽了对可靠传输的假设，允许对信源信息恢复存在一定的失真。在参考文献[38]给出的模型中，考虑具有相关信源输出的点对点系统，其一个信源输出在规定的失真范围内发送，另一个信源输出对窃听者保密。Yamamoto 定义并评估了速率-失真-疑义度函数，该函数是满足模型中疑义度和失真度要求所需的最小速率。随后，Yamamoto 又在参考文献[39]中研究了模型的变形，两信源都发送或者其中一个发送，两信源都保证安全或者其中一个是安全的。在参考文献[40]中，用窃听端的失真来衡量系统的保密性，因此发送端试图在最大化窃听端失真的同时使合法接收端的失真最小。

注意，疑义度也可看作是对失真程度的一种衡量方式。因此，安全约束下的有损编码可以看作多重失真约束下的信源编码问题(见参考文献[41])。但是，疑义度并不是对单字符的失真度衡量，参考文献[41]的结论并未扩展到这一情形。

参考文献[42]中，Luh 和 Kundur 将参考文献[34]中利用无损压缩进行有损重建的工作进行了拓展，研究存在两个窃听者时的分布式信源有损压缩情况，如图 8.4 所示。他们给出了可达失真度-疑义度域的内界和外界。

参考文献[43]研究了接收端有损重建中的密钥共享和窃听信道建模问题。其主要结论是，先采用有损信源压缩，再用密钥对压缩位加密，最后将该加密信息进行最优搭线窃听信道编码后通过搭线窃听信道传输，这对系统的最优性没有影响。

本节中，重点关注加密系统的有损压缩，在合法用户间共享安全密钥且链路为无噪有限容量的假定下描述了参考文献[43]的结论。扩展到有噪信道的情形将在 8.5 节进行讨论。

考虑图 8.1 中的基本香农加密系统，源序列$\{A_m\}_{m=1}^{\infty}$是由集合 A 以分布 P_A 产生的独立同分布序列。密钥 W_k 是一个与 A 相互独立的随机变量，且在集合 $I_{M_k}=\{0,1,\cdots,M_k-1\}$上均匀分布。假设 Alice 和 Bob 分别生成随机变量 M_A 和 M_B，仅考虑编译码函数为确定性函数。注意，M_A 和 M_B 独立于信息 A^N 和密钥 W_k。

该加密系统的一个(R_A,R_k,N)码由编码函数 f 和译码函数 g 构成，其定义为

$$f: A\times I_{M_k}\times M_A\to I_M$$

$$g: I_{M_k}\times I_M\times M_B\to \hat{A}^N$$

其中，$R_A=\dfrac{1}{N}\log M$ 是传输消息速率，而

$$R_k=\frac{1}{N}\log M_k$$

是密钥速率。

允许 Bob 端存在重建失真，且失真$\hat{A}^N$ 由下式衡量

$$E[d(A^N,\hat{A}^N)]\triangleq\frac{1}{N}\sum_{m-1}^{N}Ed(A_m,\hat{A}_m) \tag{8.26}$$

其中，$d: A\times\hat{A}\to[0,\infty)$是每字符失真度。与之前相同，系统的安全性由窃听者的疑义度

衡量

$$\frac{1}{N}H(A^N \mid f(A^N, W_k, M_A))$$

另一种方法是以窃听者的可达失真度来衡量安全性，参考文献[40,43]就采用了此方法。

定义 8.6 如果对于任意 $\varepsilon>0$，均存在一个 (R_A, R_k, D, Δ) 码，使得 $\frac{1}{N}H(A^N \mid f(A^N, W_k, M_A))\geqslant\Delta-\varepsilon$ 且 $E[d(A^N, \hat{A}^N)]\leqslant D+\varepsilon$，则称 (R_A, R_k, D, Δ) 是可达的。

本节的主要结论为下面的定理 8.11，该定理描述了所有可达 (R_A, R_k, D, Δ) 元组所构成的集合。

定理 8.5 (R_A, R_k, D, Δ) 是可达的，当且仅当

$$R_A \geqslant R(D)$$
$$0\leqslant\Delta\leqslant H(A)-[R(D)-R_k]^+$$

其中 $R(D)$ 为速率-失真函数(见参考文献[37])。

证明详见附录。

注意，对于无损重建情形，上述定理退化为香农的结果，即当 $R(D)=H(A)$ 时，当且仅当 $R_k\geqslant H(A)$ 才能达到完美安全。但对于有损重建情形，当且仅当 $R_k\geqslant R(D)$ 时才能达到完美安全，所需的密钥速率更低。因此，该定理指出了在完美安全条件(或另一个固定疑义度)下，重建的失真度与密钥速率间存在一个性能折中。

考虑 Bob 可以获知相关边信息 B^N 的场景。在该场景中，用 Wyner-Ziv 速率-失真函数 $R_{A|B}^{WZ}(D)$ 代替速率-失真函数 $R(D)$(见参考文献[44])，可得到与定理 8.11 相似的结论。其中，重建函数为 $g: I_{M_k}\times I_M\times B_N\rightarrow\hat{A}^N$，其余部分不变。该定理的证明可作为特例参见参考文献[45]。

定理 8.6 (R_A, R_k, D, Δ) 是可达的，当且仅当

$$R_A\geqslant R_{A|B}^{WZ}(D)$$
$$0\leqslant\Delta\leqslant H(A)-[R_{A|B}^{WZ}(D)-R_k]^+$$

8.5 联合信源-信道的安全通信

在前面的章节中，主要关注安全通信中的信源编码。然而，在分析端到端安全时，同时考虑信道传输和信源压缩是一个更为普遍的问题，即搭线窃听信道编码与安全信源压缩问题的结合与推广。在该过程中，合法接收者的相关边信息以及噪声信道都可以用来提高整个系统的安全性。当仅考虑信源或信道模型时，最优安全性能可以由许多简单模型描述，然而，安全意义下信源和信道的最佳相互关系还远未明晰。

如 8.4 节所述，参考文献[43]中 Yamamoto 考虑了一个合法用户间共享安全密钥的有噪广播信道。对于该系统，Yamamoto 证明：通过串接一个最优有损信源编码器、一个使用安全密钥的最优加密器和一个最优搭线窃听信道编码器，能够使系统性能达到最优。

参考文献[45]中，Merhav 对上述结果进行了扩展，研究合法接收者和窃听者都具有

相关边信息的场景。Merhav 指出，当窃听者的信道和边信息都是合法接收者的物理退化版本时，用一个最优 Wyner-Ziv 编码器替代上述结论中的有损信源编码器能够得到相似的结论。但是，对于任意合法接收者和窃听者的相关边信息，无法得出一般性的结论。

参考文献[46-48]涉及安全密钥生成的问题，其中合法接收者除了有一个噪声信道外还观测相关信源。文中给出了当相关信源或噪声信道输出不足以满足它们自身的安全密钥生成时的最优系统性能。一般情况下，正如 8.1 节中所述，对于噪声信道模型或者相关观测模型，安全密钥容量都有许多结果。但是，同时存在噪声信道和相关观测时，安全密钥生成的最优速率仍是一个开放性问题。

8.6 小　结

信息论安全是对现有基于计算复杂度的加密系统的潜在补充，提供了加强通信安全的新思路。合法用户间共享安全密钥的可行性、窃听者信道中噪声的存在性，以及合法用户相关观测信息的可用性，已经在目前防窃听的物理层安全通信文献中做了相应研究。利用相关信源观测以及噪声信道来提高安全的方法尤其适用于传感器网络，这是因为无线介质所具有的广播特性使其特别容易受到窃听者的攻击，传感节点的低复杂性又限制了加密技术的应用。同时，节点的分布特性使得高速率密钥分发难以实现。

本章总结了一些简单网络中安全分布式压缩的基本结论。结论表明，与接入点间具有安全链路的网络节点侧的相关观测信息，或者接入点自身的相关边信息，可以用来实现脆弱的网络节点间敏感信息的保密传输。本章给出了各种简单模型下压缩-疑义度域的描述，其中合法发送者可以利用合法接收者和/或窃听者的边信息。同时，我们也将结论拓展到多个合法接收者和多个窃听者的场景。此外，本章还对安全的有损重建场景中的相关结果进行了总结，安全密钥速率与重建失真度之间存在折中。最后，对安全约束下联合信源-信道编码的研究结果进行了概述，这些结果证明了在一些特例中单独考虑信源压缩或信道编码时的最优性。

8.7 附　录

定理 8.1 的证明

对于给定的 p_{ACE}，固定概率分布 $p_{U|A}$ 和 $p_{V|C}$ 满足定理的条件。然后，生成 $2^{N(I(A;U)+\epsilon_1)}$ 个长为 N、分布为 $\prod_{i=1}^{N} p(u_i)$ 的独立码字 $U^N(w_1)$，$w_1 \in \{1,\cdots,2^{N(I(A;U)+\epsilon_1)}\}$。随机将所有 $U^N(w_1)$ 个序列装入 $2^{N(I(A;U|V)+\epsilon_2)}$ 个箱中，称它们为辅助比特。对于每个码字 $U^N(w_1)$，定义相应的辅助装箱索引为 $a(w_1)$。另外，随机将所有 A^N 个序列装入 $2^{N(H(A|V;U)+\epsilon_3)}$ 个箱中，称它们为信源比特，并定义相应的装箱索引为 $s(A^N)$。同样地，生成 $2^{N(I(C;V)+\epsilon_4)}$ 个长为 N、分布为 $\prod_{i=1}^{N} p(v_i)$ 的独立码字 $V^N(w_2)$，$w_2 \in \{1,\cdots,2^{N(I(C;V)+\epsilon_4)}\}$。

对 A^N 的每个典型输出，Alice 都能找到一个对应的联合典型序列 $U^N(w_1)$，并将

$U^N(w_1)$的随机装箱索引$a(w_1)$及A^N的信源装箱索引$s(A^N)$发送给Bob和Eve。也就是说，Alice的编码函数f_A由$(a(w_1),s(A^N))$构成。通过使用标准技术，能够以很高概率获取这样的唯一索引对。Charlie观测到其信源输出为C^N，并根据C^N得到一个联合典型序列$V^N(w_2)$，通过私有信道将V^N的索引w_2传递给Bob。存在唯一的w_2的概率很高，使得C^N和$V^N(w_2)$是联合典型(jointly typical)的。

Bob可以得到w_2和随机装箱索引$a(w_1)$，并能以很高概率正确获得联合典型$U^N(w_1)$。然后，根据U^N、信源装箱索引$s(A^N)$和$V^N(w_2)$，Bob可以以很高概率获得正确的C^N。令$\varepsilon_i \to 0(i=1,2,3,4)$，可以使Alice的总通信速率任意接近于$I(A;U|V)+H(A|U,V)=H(A|V)$，Charlie的速率任意接近于$I(C;V)$。由于式(8.2)和式(8.3)成立，对于足够大的N，在该速率下能以任意小的错误概率与Bob通信。

疑义度的下界可定义为

$$\begin{aligned}
H(A^N \mid a(w_1),s(A^N),E^N) &= H(A^N) - I(A^N;a(w_1),E^N) - \\
&\quad I(A^N;s(A^N) \mid E^N,a(w_1)) \\
&\geqslant H(A^N) - I(A^N;U^N,E^N) - H(s(A^N)) \qquad (8.27)\\
&\geqslant H(A^N \mid U^N,E^N) - NH(A \mid V,U) - N\varepsilon_3 \qquad (8.28)\\
&= N[H(A \mid U,E) - H(A \mid V,U) - \varepsilon_3] \\
&= N[I(A;V \mid U) - I(A;E \mid U) - \varepsilon_3]
\end{aligned}$$

其中，式(8.27)是由数据处理过程中的不等式造成的，式(8.28)是由于$s(A^N)$是大小为$2^{N(H(A|V,U)+\varepsilon_3)}$的集合定义的随机变量。

对于$(U,V)\in \mathcal{P}_{\text{in}}$，可知

$$I(A;V \mid U) - I(A;E \mid U) \leqslant I(A;C)$$

$$I(A;V \mid U) - I(A;E \mid U) \leqslant R_C - H(C \mid A)$$

因此，式(8.5)在内界中无效。

最后有

$$\begin{aligned}
\frac{1}{N}H(A^N \mid a(w_1),s(A^N),E^N) &= \frac{1}{N}[H(A^N \mid E^N) - I(A^N;a(w_1),s(A^N) \mid E^N)] \\
&\geqslant H(A \mid E) - \frac{1}{N}H(a(w_1),s(A^N)) \\
&\geqslant H(A \mid E) - R_A
\end{aligned}$$

定理8.2的证明

这里证明定理的逆命题部分。首先，定义

$$J \triangleq f_A(A^N)$$

由Fano不等式，可得

$$H(A^N \mid J,B^N) \leqslant N\delta(P_e^N) \tag{8.29}$$

其中$\delta(\cdot)$是一个满足$\lim\limits_{x\to 0}\delta(x)=0$的非负函数。同样定义

$$U \triangleq (J,A^{i-1},E^{i-1})$$

注意到$U_i \to A_i \to (C_i,E_i)$是一个马尔可夫链。利用以上结论，可以得到下面不等式

$$NR_A \geqslant H(J)$$

$$
\begin{aligned}
&\geqslant H(J \mid B^N) \\
&= H(A^N, J \mid B^N) - H(A^N \mid J, B^N) \\
&\geqslant H(A^N \mid B^N) - N\delta(P_e^N) &(8.30)\\
&= \sum_{i=1}^{N} H(A_i \mid B_i) - N\delta(P_e^N) &(8.31)\\
&= N[H(A \mid B) - \delta(P_e^N)] &(8.32)
\end{aligned}
$$

其中,式(8.30)是由式(8.29)的Fano不等式和熵的非负性得到的,式(8.31)是由于$A_i \to B_i \to (A^{i-1}, B^{i-1}, B_{i+1}^N)$是一个马尔可夫链。

对于疑义度的逆命题,可得

$$
\begin{aligned}
N\Delta &= H(A^N \mid J, E^N) \\
&= H(A^N \mid J) - I(A^N; E^N \mid J) \\
&= H(A^N \mid J, B^N) + I(A^N; B^N \mid J) - H(E^N \mid J) + H(E^N \mid A^N, J) &(8.33)\\
&\leqslant N\delta(P_e^N) + \sum_{i=1}^{N} I(A_i; B^N \mid J, A^{i-1}) - \sum_{i=1}^{N} I(E_i \mid J, E^{i-1}) + H(E^N \mid A^N, J) &(8.34)\\
&\leqslant N\delta(P_e^N) + \sum_{i=1}^{N} I(A_i; B^N \mid J, A^{i-1}, E^{i-1}) - \sum_{i=1}^{N} H(E_i \mid J, E^{i-1}, A^{i-1}) + H(E^N \mid A^N) &(8.35)\\
&= \sum_{i=1}^{N} [I(A_i; B_i \mid U_i) - H(E_i \mid U_i) + H(E_i \mid A_i)] + N\delta(P_e^N) &(8.36)\\
&= \sum_{i=1}^{N} [I(A_i; B_i \mid U_i) - I(A_i; E_i \mid U_i)] + N\delta(P_e^N) &(8.37)
\end{aligned}
$$

其中,式(8.33)是由链式法则决定的;式(8.34)是由式(8.29)的Fano不等式以及链式法则决定的;式(8.35)是由信源和边信息序列的无记忆特性及条件能减小熵的特性决定的;式(8.36)是由U_i和信源及边信息序列的无记忆特性决定的;最后,式(8.37)是由马尔可夫链$U_i \to A_i \to E_i$得出的。

最终可得

$$
\begin{aligned}
H(A \mid E) &= \frac{1}{N} H(A^N \mid E^N) &(8.38)\\
&\leqslant \frac{1}{N} H(A^N, J \mid E^N) &(8.39)\\
&= \frac{1}{N} [H(J \mid E^N) + H(A^N \mid E^N, J)] \\
&\leqslant \frac{H(J)}{N} + \Delta &(8.40)\\
&\leqslant R_A + \Delta &(8.41)
\end{aligned}
$$

其中,式(8.38)是由信源和边信息序列的无记忆特性决定的;式(8.39)是由条件能减小熵的特性决定的;式(8.40)是由条件能减小熵的特性以及疑义度的定义决定的。

现在,定义一个新的独立随机变量Q,其均匀分布于集合$\{1,2,\cdots,N\}$上。由式(8.32)、式(8.37)和式(8.41)可得以下不等式

$$R_A \geqslant H(A \mid B) + \delta(P_e^N)$$
$$\Delta \leqslant I(A;B \mid U) - I(A;E \mid U) + \delta(P_e^N) \quad (8.42)$$
$$R_A + \Delta \geqslant H(A \mid E)$$

其中，$A \triangleq A_Q, B \triangleq B_Q, E \triangleq E_Q, U \triangleq (U_Q, Q)$，且 $U \to A \to (B,E)$ 满足马尔可夫链条件。

最后，令 $N \to \infty, P_e^N \to \infty$，逆命题得证。

定理 8.4 的证明

定理 8.4 的逆命题证明与经典的 Slepian-Wolf 逆命题（见参考文献[37]）以及定理 8.2 的逆命题的证明相似。由 Slepian-Wolf 逆命题可以得到式(8.20)～式(8.22)，式(8.20)和式(8.24)的获得类似于式(8.38)～式(8.41)。下面证明式(8.25)中条件的必要性。

首先，定义 Alice 的码字为 J，Charlie 的码字为 K。分别考虑确定性编码函数 f_A 和 f_C，由此得到 $J=f_A(A^N), K=f_C(C^N)$。由 Fano 不等式，得

$$H(A^N, C^N \mid J, K) \leqslant N\delta(P_e^N) \quad (8.43)$$

随后可得

$$\begin{aligned} N\Delta_A + N\Delta_C &= H(A^N \mid J) + H(C^N \mid K) \\ &= H(A^N \mid J,K) + I(A^N;K \mid J) + H(C^N \mid K,J) + I(C^N;J \mid K) \\ &= H(A^N,C^N \mid J,K) + I(A^N;C^N \mid J,K) + I(A^N;K \mid J) + I(C^N;J \mid K) \\ &\leqslant N\delta(P_e^N) + I(A^N;C^N) - I(J;K) \\ &\leqslant N[I(A;C) + \delta(P_e^N)] \end{aligned}$$

其中使用了 Fano 不等式和链式规则。逆命题得证。

定理 8.5 的证明

为了证明可达性，将有损信源编码器与“一次一密”加密机串接。固定一个任意小的 $\varepsilon>0$，使 D 满足 $R(D)<R_A-\varepsilon$。对于足够大的 N，在失真度 D 下 A^N 的有噪量化输出可以表示为 $NR(D)+\varepsilon$ 比特。令 $\bar{A}$ 为量化信息的二进制表示，W_k 为保密密钥的二进制表示，且 W_k 满足 Bernoulli(1/2)，长为 NR_k。加密映射定义为

$$W = \bar{A} \oplus W_k$$

其中，$\oplus$表示模二加。加密密文 W 以速率 R_A 传递给 Bob，Bob 可以根据 W 获得 $\bar{A}$。由此，Bob 以失真度 D 恢复出 A。

若 $R_k \geqslant R(D)$，那么 W 的所有比特都满足 Bernoulli(1/2)；由加密引理（见参考文献[49]）得，Eve 无法获得任何私密信息，因此有 $\Delta=H(A)$。若 $R_k<R(D)$，那么 W 有 NR_k 比特满足 Bernoulli(1/2)，Eve 至多收到 $N(R(D)-R_k)$ 比特信息。疑义度为 $H(A)-R(D)+R_k$。

下面证明逆命题。令 $J \triangleq f(A^N, W_K)$，有

$$\begin{aligned} I(A^N;J \mid W_k,M_A,M_B) &= H(J \mid W_k,M_A,M_B) - H(J \mid A^N,W_k,M_A,M_B) \\ &= H(J \mid W_k,M_A,M_B) \quad (8.44) \\ &\leqslant H(J) \\ &\leqslant NR_A \quad (8.45) \end{aligned}$$

其中，式(8.44)是因为 J 是(A^N, W_k, M_A)的确定性函数。

另外

$$I(A^N;J \mid W_k, M_A, M_B) = H(A^N \mid W_k, M_A, M_B) - H(A^N \mid J, W_k, M_A, M_B)$$

$$= H(A^N) - H(A^N \mid J, W_k, M_A, M_B, \hat{A}^N) \tag{8.46}$$

$$\geqslant H(A^N) - H(A^N \mid \hat{A}^N) \tag{8.47}$$

$$\geqslant \sum_{m=1}^{N} [H(A_m) - H(A_m \mid \hat{A}_m)] \tag{8.48}$$

$$= \sum_{m=1}^{N} I(A_m;\hat{A}_m) \tag{8.49}$$

其中，式(8.46)是因为 A^N 与(W_k, M_A, M_B)相互独立，且$\hat{A}^N$ 是(J, W_k, M_B)的确定性函数；式(8.47)是由条件能减小熵的特性决定的；式(8.48)是由信源的无记忆假设决定的。

结合式(8.45)和式(8.49)，令 $D_m = E[d(A_m, \hat{A}_m)]$，可以得到

$$R_A \geqslant \frac{1}{N}\sum_{m=1}^{N} I(A_m;\hat{A}_m) \tag{8.50}$$

$$\geqslant \frac{1}{N}\sum_{m=1}^{N} R(D_m) \tag{8.51}$$

$$\geqslant R\left(\frac{1}{N}\sum_{m=1}^{N} D_m\right) \tag{8.52}$$

$$\geqslant R(D+\varepsilon) \tag{8.53}$$

其中，式(8.51)是由速率失真函数决定的；式(8.52)是因为 $R(D)$是 D 的凸函数；式(8.53)是因为 $R(D)$是 D 的非增函数以及 $E[d(A^N | \hat{A}^N)] \leqslant D+\varepsilon$。

关于保密密钥速率，可以得到以下关系

$$NR_k \geqslant \log M_k \geqslant H(W_k)$$

$$\geqslant H(W_k \mid J, M_B) - H(W_k \mid J, \hat{A}^N, M_B)$$

$$= H(\hat{A}^N \mid J, M_B) - H(\hat{A}^N \mid J, W_k, M_B)$$

$$= H(\hat{A}^N \mid J, M_B) \tag{8.54}$$

$$\geqslant N(\Delta - \varepsilon) - H(A^N \mid J) + H(\hat{A}^N \mid J, M_B) \tag{8.55}$$

$$\geqslant N(\Delta - \varepsilon) - NH(A) + I(A^N;J) - I(\hat{A}^N;J, M_B) + I(A^N;\hat{A}^N) + H(\hat{A}^N \mid A^N) \tag{8.56}$$

$$\geqslant N(\Delta - H(A) - \varepsilon) + \sum_{m=1}^{N} I(A_m;\hat{A}_m) + I(A^N;J, M_B) - I(\hat{A}^N;J, M_B) + H(\hat{A}^N \mid A^N) \tag{8.57}$$

$$\geqslant N(\Delta - H(A) - \varepsilon) + \sum_{m=1}^{N} I(A_m;\hat{A}_m) + H(A^N \mid A^N, J, M_B) + I(\hat{A}^N; J, M_B \mid \hat{A}^N) \tag{8.58}$$

$$\geqslant N(\Delta - H(A) - \varepsilon) + \sum_{m=1}^{N} I(A_m;\hat{A}_m) \tag{8.59}$$

$$\geqslant N(\Delta - H(A) + R(D+\varepsilon) - \varepsilon) \tag{8.60}$$

其中，式(8.54)是因为$\hat{A}^N$是(J, W_k, M_B)的确定性函数；式(8.55)是因为(R_A, R_k, D, Δ)是可达的；式(8.56)是由链式法则得到；式(8.57)是由信源无记忆假设和M_B与(J, A^N)相互独立决定的；式(8.60)是由式(8.53)决定的。

令$N\to\infty$，$\varepsilon\to 0$，结合上界$\Delta\leqslant H(A)$可得定理8.11的逆命题结论。

参考文献

[1] Pradhan, S.S., Ramchandran, K.: Distributed source coding using syndromes (DISCUS): Design and construction. IEEE Trans. Inf. Theory **49**(3), 626–643 (2003).

[2] Xiong, Z., Liveris, A., Cheng, S.: Distributed source coding for sensor networks. IEEE Signal Process. Mag. **21**, 80–94 (2004).

[3] Girod, B., Aaron, A., Rane, S., Rebollo-Monedero, D.: Distributed video coding. Proceedings of the IEEE, Special Issue on Video Coding and Delivery **93**(1), 71–83 (2005).

[4] Diffie, W., Hellman, M.: New directions in cryptography. IEEE Trans. Inf. Theory **22**(6), 644–654 (1976).

[5] Shannon, C.E.: Communication theory of secrecy systems. Bell Syst. Tech. J. **28**, 656–715 (1949).

[6] Liang, Y., Poor, H.V., Shamai, S.: Information Theoretic Security. In Found. Trends Commun. Inf. Theory **5**(4–5), 355–580 (2008).

[7] Thangaraj, A., Dihidar, S., Calderbank, A.R., McLaughlin, S., J.-M. Merolla: On the application of LDPC codes to a novel wiretap channel inspired by quantum key distribution. http://arxiv.org/abs/cs/0411003 (2005).

[8] Bloch, M., Thangaraj, A., McLaughlin, S.W., Merolla, J.M.: LDPC-based secret key agreement over the Gaussian wiretap channel. In: Proc. IEEE Int. Symp. Inf. Theory (ISIT), pp. 1179–1183. Seattle, WA (2006).

[9] Liu, R., Liang, Y., Poor, H.V., Spasojevic, P.: Secure nested codes for type II wiretap channels. In: Proc. IEEE Inf. Theory Workshop (ITW). Lake Tahoe, CA (2007).

[10] Vernam, G.S.: Cipher printing telegraph systems for secret wire and radio telegraphic communications. J. Am. Inst. Electr. Eng. **55**, 109–115 (1926).

[11] Wyner, A.D.: The wire-tap channel. Bell Syst. Tech. J. **54**(8), 1355–1387 (1975).

[12] Csiszár, I., Körner, J.: Broadcast channels with confidential messages. IEEE Trans. Inf. Theory **24**(3), 339–348 (1978).

[13] Leung-Yan-Cheong, S.K., Hellman, M.E.: The Gaussian wire-tap channel. IEEE Trans. Inf. Theory **24**(4), 51–456 (1978).

[14] Tekin, E., Yener A.: The Gaussian multiple access wire-tap channel, IEEE Trans. Inf. Theory **54**(12), 5747–5755 (2008).

[15] Liu, R., Maric, I., Spasojevic, P., Yates, R.: Discrete memoryless interference and broadcast channels with confidential messages: Secrecy rate regions. IEEE Trans. Inf. Theory **54**(6), 2493–2507 (2008).

[16] Liang, Y., Poor, H.V.: Multiple access channels with confidential messages. IEEE Trans. Inf. Theory **54**(3), 976–1002 (2008).
[17] Liang, Y., Poor, H.V., Shamai (Shitz), S.: Secure communication over fading channels. IEEE Trans. Inf. Theory **54**(6), 2470–2492 (2008).
[18] Lai, L., El Gamal, H.: The relay-eavesdropper channel: Cooperation for secrecy. IEEE Trans. Inf. Theory **54**(9), 4005–4019 (2008).
[19] Ahlswede, R.: Elimination of correlation in random codes for arbitrarily varying channels. Z. Wahrsch. Verw. Gebiete **44**(2), 159–175 (1978).
[20] Csiszár, I., Narayan, P.: The capacity of the arbitrarily varying channel revisited: Positivity, constraints. IEEE Trans. Inf. Theory **34**(2), 181–193 (1988).
[21] Ahlswede, R., Dueck, G.: Identification via channels. IEEE Trans. Inf. Theory **35**(1), 15–29 (1989).
[22] Maurer, U., Wolf, S.: Information-theoretic key agreement: From weak to strong secrecy for free. In: Proc. EUROCRYPT, L. N. C. S. Bruges, Belgium (2000).
[23] Ahlswede, R., Csiszár, I.: Common randomness in information theory and cryptography part I: Secret sharing. IEEE Trans. Inf. Theory **39**(4), 1121–1132 (1993).
[24] Maurer, U.: *Secret key agreement by public discussion.* IEEE Trans. Inf. Theory **39**(3), 733–742 (1993).
[25] Csiszár, I., Narayan, P.: Common randomness and secret key generation with a helper. IEEE Trans. Inf. Theory **46**(2), 344–366 (2000).
[26] Csiszár, I., Narayan, P.: Secrecy capacities for multiple terminal. IEEE Trans. Inf. Theory **50**(12), 3047–3061 (2004).
[27] Slepian, D., Wolf, J.K.: Noiseless coding of correlated information sources. IEEE Trans. Inf. Theory **19**(4), 471–480 (1973).
[28] Prabhakaran, V., Ramchandran, K.: On secure distributed source coding. In: Proc. IEEE Inf. Theory Workshop. Lake Tahoe, CA (2007).
[29] Simmons, G.J.: Authentication theory/coding theory. In: Proc. CRYPTO 84 Adv. Cryptol., pp. 411–431. Springer-Verlag, New York, NY (1985).
[30] Simmons, G.J.: A cartesian product construction for unconditionally secure authentication codes that permit arbitration. J. Cryptol. **2**(2), 77–104 (1990).
[31] Gündüz, D., Erkip, E., Poor, H.V.: Secure lossless compression with side information. In: Proc. IEEE Inf. Theory Workshop. Porto, Portugal (2008).
[32] Gündüz, D., Erkip, E., Poor, H.V.: Lossless compression with security constraints. In: Proc. IEEE Int. Symp. Inf. Theory. Toronto, Canada (2008).
[33] Körner, J., Marton, K.: A source network problem involving the comparison of two channels. In: Trans. Colloq. Inf. Theory. Keszthely, Hungary (1975).
[34] Luh, W., Kundur, D.: Separate enciphering of correlated messages for confidentiality in distributed networks. In: Proc. IEEE Global Commun. Conf. Washington, DC (2007).
[35] Grokop, L., Sahai, A., Gastpar, M.: Discriminatory source coding for a noiseless broadcast channel. In: Proc. IEEE Int. Symp. Inf. Theory (ISIT), pp. 77–81. Adelaide, Australia (2005).
[36] Sgarro, A.: Source coding with side information at several decoders. IEEE Trans. Inf. Theory **23**(2), 179–182 (1977).
[37] Cover, T., Thomas, J.: Elements of Information Theory. John Wiley Sons, Inc., New York (1991).
[38] Yamamoto, H.: A source coding problem for sources with additional outputs to keep secret from the receiver or wiretappers. IEEE Trans. Inf. Theory **29**(6), 918–923 (1983).
[39] Yamamoto, H.: Coding theorems for shannon's cipher system with correlated source outputs, and common informations. IEEE Trans. Inf. Theory **40**(1), 85–95 (1994).

[40] Yamamoto, H.: A rate-distortion problem for a communication system with a secondary decoder to be hindered. IEEE Trans. Inf. Theory **34**(4), 835–842 (1988).

[41] Gray, R.M.: Conditional rate distortion theory. In: Technical Report 6502-2. Information Systems Laboratory, Stanford, CA (1972).

[42] Luh, W., Kundur, D.: Distributed keyless security for correlated data with applications in visual sensor networks. In: Proc. ACM Multimedia and Security. Dallas, TX (2007).

[43] Yamamoto, H.: Rate-distortion theory for the Shannon cipher system. IEEE Trans. Inf. Theory **43**(3), 827–835 (1997).

[44] Wyner, A.D., Ziv, J.: The rate-distortion function for source coding with side information at the decoder. IEEE Trans. Inf. Theory **22**(1), 1–10 (1976).

[45] Merhav, N.: Shannon's secrecy system with informed receivers and its application to systematic coding for wiretapped channels. IEEE Trans. Inf. Theory **54**(6), 2723–2734 (2008).

[46] Prabhakaran, V., Ramchandran, K.: A separation result for secure communication. In: Proc. 45th Annual Allerton Conference on Communication, Control, and Computing. Monticello, IL (2007).

[47] Prabhakaran, V., Eswaran, K., Ramchandran, K.: Secrecy via sources and channels: A secret key-secret message rate trade-off region. In: Proc. IEEE Int. Symp. Inf. Theory. Toronto, Canada (2008).

[48] Khisti, A., Diggavi, S., Wornell, G.: Secret key generation using correlated sources and noisy channels. In: Proc. IEEE Int. Symp. Inf. Theory. Toronto, Canada (2008).

[49] Forney, G.D.: On the role of MMSE estimation in approaching the information-theoretic limits of linear Gaussian channels: Shannon meets Wiener. In: Proc. Allerton Conference on Communication, Control, and Computing. Monticello, IL (2003).

第 9 章 非认证无线信道的 Level-Crossing 密钥提取算法*

Suhas Mathur, Wade Trappe, Narayan Mandayam, Chunxuan Ye, Alex Reznik

9.1 引 言

无线系统的安全威胁许多都源于其通信环境的移动性，例如缺乏有安全防护的基础设施、通信实体易被窃听等。传统的网络安全机制依赖密钥来支持加密与认证服务，然而在动态移动无线环境中，移动节点间通过空中接口实现对等连接，认证授权或密钥管理中心的有效性将很难保证。鉴于此类移动场景十分普遍，因此有必要研究在不借助固定基础设施的条件下无线节点间的密钥生成方案。

这里研究一种借助无线信道自身特点来建立加密业务的方法。即使在有窃听者的情况下，两个无线设备间无线信道的唯一性以及与距离的去相关性仍可提供建立共享秘密信息的基本要素，例如密钥。在典型的多径场景中（见图 9.1），两个用户 Alice 和 Bob 间的无线信道会在发射和接收信号间产生时变、随机的映射。该映射随时间变化，且与收发双方的具体位置相关，并具有互易性，即无论 Alice 和 Bob 谁接收谁发送，映射相同。通常，时变映射称为衰落，并且只要两节点距离大于半个波长（$\lambda/2$）其衰落就不相关。因此，当敌意的 Eve 与 Alice 和 Bob 的距离均大于 $\lambda/2$ 时，Eve 与 Alice 和 Eve 与 Bob 间的信道衰落特性与 Alice 与 Bob 间的信道衰落是统计独立的。正是这些特性保证了 Alice 和 Bob 间可以建立共享、保密的密钥，同时使 Eve 无法获取任何密钥的信息。例如，如果信号频率是 2.4 GHz，只需使窃听者 Eve 与收发双方 Alice 和 Bob 的距离大约在 $\lambda/2=6.25$ cm 以上，就可以保证 Eve 无法获取任何有用信息。因此，虽然衰落对通信一般是不利的，但本章发掘了其有益的一面，能够不向窃听者泄露任何信息，使合法用户实现完美的保密。

Suhas Mathur(✉)

无线信息网络实验室，罗格斯大学，北布伦瑞克，新泽西州 08902，美国

电子邮件：suhas@winlab.rutgers.edu

* 本章部分内容来自于 Radio-telepathy: Extracting a Cryptographic Key from an Unauthenticated Wireless Channel, Proceedings of the 14th Annual International Conference on Mobile Computing and Networking, © ACM, 2008. http://doi.acm.org/10.1145/1409944.1409960.

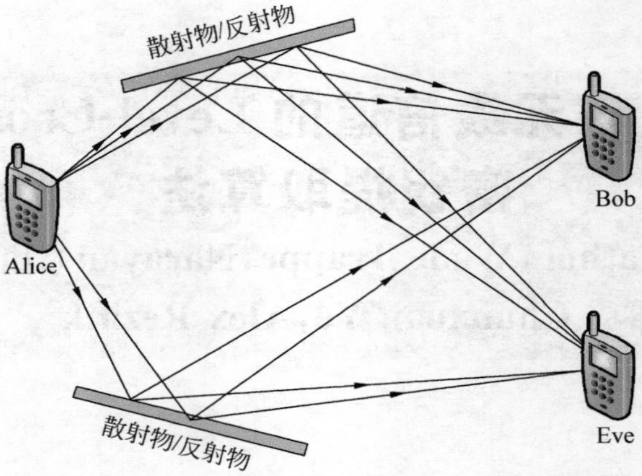

图 9.1　Alice 和 Bob 之间的多径衰落与 Alice 和 Eve 之间的多径衰落的差异

从无线信道中获取密钥比特的过程可看成一个“黑匣子”，可以充分利用信道中现成的信息，在多方面具有优势。例如，在目前 IEEE 802.11i 标准中，节点和接入点 AP 间通信的会话密钥是通过将身份认证证书与明文中交换的随机数一起进行哈希运算后得到的。这一方案将信息的私密性和身份认证证书紧密绑定在一起。然而，如果这些认证信息曾经泄露过，那么窃听者将有可能获取会话密钥并破解加密信息。如果按信息论安全方式从信道中提取双方的随机数，那么即使窃听者获取了身份认证证书也无法获取会话密钥(见参考文献[1])。另外，会话密钥可以通过提取信道中的密钥比特进行更新(见参考文献[1])，而不是总依赖旧密钥，从而保证了每个新会话与先前会话的机密性是被独立防护的。

IEEE 802.11i 协议的另一个弱点源于建立节点和 AP 间的保密链接过程中，包括管理数据帧在内的所有信息交换都是在无线环境中完成的。这些信息一直以非加密的形式发送，直到通信双方都获得会话密钥[参考 IEEE 802.11 中的临时密钥(temporal key, TK)]，因此容易被窃听或是被其他用户用来进行欺骗攻击。虽然 IEEE 802.11w 在保护管理帧应对攻击方面做了一些修补，但依然没能保护临时密钥建立前的初始会话。不幸的是，若要保护初始会话的安全性则需通信双方协商一个密钥，而该密钥恰恰只能在初始会话后才能获得。本章的密钥生成机制提供了合适的解决方案，它允许通信双方建立临时密钥来保护正式密钥生成前的数据交换。

该方案的优势能够在无线自组织网和对等网中得到充分发挥。如果 Alice 只想向外发数据，那么 Alice 可以不用关注 Bob 的身份认证问题。在这一场景下，Alice 利用无线信道特征预生成一个密钥，保护后续数据安全，从而建立起与 Bob 间的安全链路，防止窃听者窃听。

信息论方面的研究成果已经证实了利用无线信道产生共享密钥比特的可能性(详见 9.7 节)，但这些工作只是关注于计算的理论性，并未提出实用的算法或是可展示、可量化的保密性能度量方法。本章的贡献可以归纳为：

(1) 将信息论的思想应用于实际无线信道协议中；

(2) 不同于已有方案，本章提出一种不需要认证信道的密钥获取算法，并研究了在典型衰落信道中的性能。

(3) 在基于 FPGA 的 IEEE 802.11 定制开发平台上，利用 IEEE 802.11a 的包前缀来测量信道冲激响应(channel impulse responses，CIR)进行算法验证；另外，通过商用 IEEE 802.11 平台获得粗略的数据包接收信号强度指示(received signal strength indicator，RSSI)信息进行算法验证。

现有的无线移动平台实际上已经提供了所需的信息，但这些本来可以用于提高安全性的信息在经过物理层处理后通常都被丢弃了。这里提出的新方法是为了增强而非替代现有的密码安全机制，能够在没有密钥管理设施时建立密钥。

9.2 节介绍了本方法的系统模型和相关的设计问题；9.3 节详细阐述了改进的密钥提取算法；9.4 节对算法性能进行评估；9.5 节借助 IEEE 802.11 硬件设备进行了两次实验，验证本文算法；9.6 节讨论了算法的代价以及改进的密钥提取算法的安全性；9.7 节归纳了其他相关的研究成果；9.8 节对本章进行小结。

9.2　系统模型和设计问题

利用无线信道生成密钥的关键在于，不同收发双方间的信道都是唯一的，因此信号经过信道后的畸变与发送者、接收者和散射体的位置密切相关。通常情况下，接收者的物理层可以估计这类畸变，关联的畸变信息通过可靠的物理层译码进行处理。由于这种信息总是存在的，且与发送者-接收者一一对应，因此提供了利用这种畸变生成 Alice 与 Bob 间密钥比特的私密手段。

现在着重讨论如何利用无线信道的随机性来生成密钥比特，把问题分为几个方面讨论：①多径衰落信道模型；②从信道响应中提取密钥比特的方法；③针对生成密钥比特的需求确立设计目标。为了阅读方便，把使用到的符号列表如下(见表 9.1)。同时也对攻击者做了一些假设，这些攻击者既可以扮演窃听者的角色，也可以模仿 Alice 或 Bob 发送虚假信息。9.6 节将阐述更多可能的攻击行为。

表 9.1　使用的符号总结

符　号	意　义
h	感兴趣的随机信道参数
$h(t)$	t 时刻随机过程 h 的值
$s(t)$	用于估计 $h(t)$ 的导频信号
f_d	最大多普勒频移(Hz)
f_s	每个用户发送导频信号的速率(Hz)
q_+, q_-	量化边界(上界、下界)
m	同一偏移中的最少估计值数目
N	密钥长度(比特)
R_k	密钥比特生成速率(s-b/s)
P_e	比特错误概率
P_k	密钥失配概率 $1-(1-p_e)^N$

9.2.1 信道模型

用 $h(t)$ 表示一个 Alice 与 Bob 间无线信道时变参数的随机过程。$h(t)$ 有多种表示方式可以选择，在以下讨论中假设 $h(t)$ 表示固定频率 f_0 下的收发双方多径信道转移函数的值。由于电磁波传播的互易性，在给定时刻上 Alice 与 Bob 和 Bob 与 Alice 的信道传输函数相同；这与加性噪声或干扰的性质不能混淆，不同接收者的噪声和干扰不同。为区分信道参数和某时刻信道参数的数值，用 h 表示参数，用 $h(t)$ 表示其数值。为了估计参数 h，Alice 和 Bob 必须互发已知的导频信号。然后，双方可以根据各自的接收信号和导频信号计算出 h 的估计值 $\hat{h}$。由于硬件限制，实际的无线设备都是半双工的，发送者只有在接收到来自接收者的导频信号后才能发送自己的导频信号，反之亦然。在两个连续的导频信号之间，$h(t)$ 的数值会略有变化，变化的规律可以通过适当的概率分布来建模。收发双方接收到的信号可以表示为

$$r_a(t_1) = s(t_1)h(t_1) + n_a(t_1) \tag{9.1}$$

$$r_b(t_2) = s(t_2)h(t_2) + n_b(t_2) \tag{9.2}$$

其中，$s(t)$ 表示已知的导频信号；n_a 和 n_b 分别表示收发双方的噪声，且两者相互独立；t_1 和 t_2 表示两个前后相连的导频信号分别到达 Alice 和 Bob 的时刻。利用上述两个接收信号表达式，分别得到 h 的估计值为

$$\hat{h}_a(t_1) = h(t_1) + z_a(t_1) \tag{9.3}$$

$$\hat{h}_b(t_2) = h(t_2) + z_b(t_2) \tag{9.4}$$

其中 z_a 和 z_b 分别表示 n_a 和 n_b 经过 h 的估计函数处理后的噪声项。关于如何设计 h 的估计器见参考文献[4]。受到独立噪声和时间延迟 τ 的影响，估计值 $\hat{h}_a$ 和 $\hat{h}_b$ 很可能不等。但如果 Alice 和 Bob 互发导频信号的速率足够快(即 $\tau = t_1 - t_2$ 很小)，这两个估计值是强相关的。收发双方通过在时变信道中重复交替发送导频信号，可以分别得到由 n 个估计值组成的序列 $\underline{\hat{\boldsymbol{h}}}_a = \{\hat{h}_a[1], \hat{h}_a[2], \cdots, \hat{h}_a[n]\}$ 和 $\underline{\hat{\boldsymbol{h}}}_b = \{\hat{h}_b[1], \hat{h}_b[2], \cdots, \hat{h}_b[n]\}$，且这两个序列是强相关的(见图 9.2)。即使窃听者 Eve 能够窃听到由每个用户发出的导频信号，接收到的信号也完全不同。

$$r_e^b(t_1) = s(t_1)h_{be}(t_1) + n_e(t_1) \tag{9.5}$$

$$r_e^a(t_2) = s(t_2)h_{ae}(t_1) + n_e(t_2) \tag{9.6}$$

其中 h_{be} 和 h_{ae} 分别表示 Bob 和 Eve、Alice 和 Eve 之间的信道，n_e 则表示 Eve 受到的噪声干扰。如果 Eve 与 Alice、Bob 之间的距离均大于 $\lambda/2$，那么 h_{be} 和 h_{ae} 与 h 都是不相关的(见参考文献[5])。因此，即使已知导频信号 $s(t)$，Eve 也无法利用接收信号对 Alice 与 Bob 间的信道 h 进行有效估计。

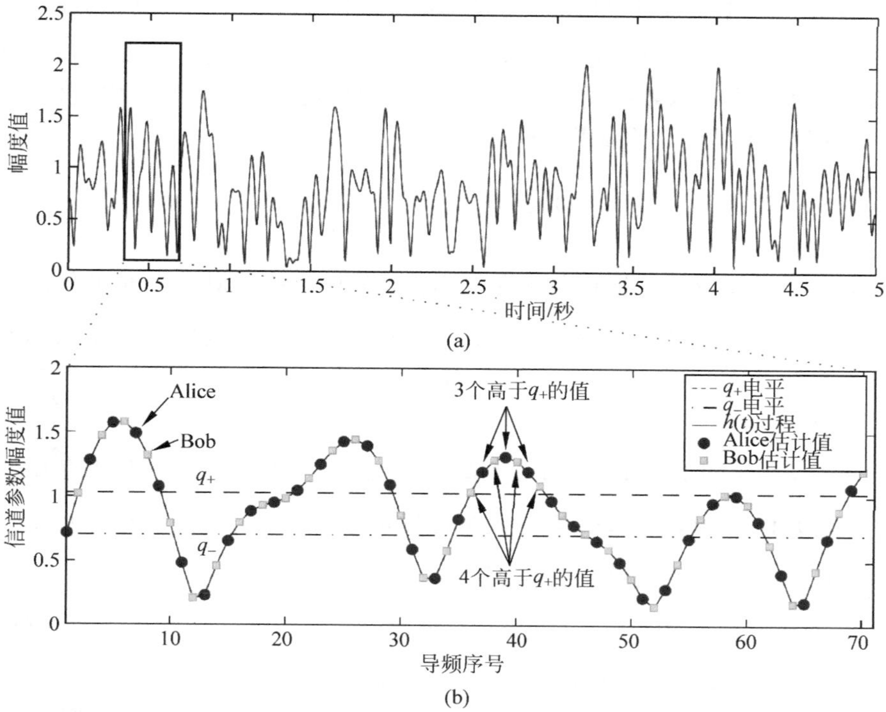

图 9.2　(a)瑞利衰落随机过程的实际采样；(b)(a)的局部放大图，Alice 和 Bob 信道估计中大于 q_+ 或小于 q_- 的游程

9.2.2　信道到比特的转换

Alice 和 Bob 必须分别将各自的信道估计序列转换成同一形式的比特流，作为加密密钥。密钥生成需满足如下要求。

(1) 长度合适：对称加密算法中常用的密钥长度通常为 128～512 b。因此密钥生成算法在一定时间内生成的比特数不能少于该值。

(2) 统计随机：生成比特应该是随机的，并满足“1”“0”等概率。此外，比特序列不能存在可能被攻击者利用的统计缺陷。

第 2 项要求保证了生成的密钥具有理想的安全性能。也就是说，对于仅知道密钥生成算法的攻击者，N 比特的密钥能够提供 N 比特的不确定性。

现在，简要说明如何从信道估计值$\hat{\boldsymbol{h}}_a$ 和$\hat{\boldsymbol{h}}_b$ 中获取所需比特$\hat{\boldsymbol{h}}_a$ 和$\hat{\boldsymbol{h}}_b$，具体推导参见 9.4 节。信道的估计序列$\hat{\boldsymbol{h}}_a$ 和$\hat{\boldsymbol{h}}_b$ 是从基础概率分布中得到的随机序列，该分布刻画了信道参数 h。为便于讨论，假设 $h(t)$是高斯随机变量，随机过程 h 服从平稳高斯过程。例如，通过将 Alice 和 Bob 间瑞利衰落信道的同相分量(I 路)的幅度作为 h，可以得到 h 的高斯分布(见参考文献[2])。注意，这里虽然为了便于讨论而假定 h 服从高斯分布，但算法对更一般的情形同样适用。

由于通过 Alice 和 Bob 计算出的信道估计值是连续随机变量，需要使用量化器 $Q(\cdot)$将估计值量化以提取所需比特。但不能对$\hat{\boldsymbol{h}}_a$ 和$\hat{\boldsymbol{h}}_b$ 直接量化，因为这不能保证两个用户生成相同的比特序列。在本章算法中，Alice 和 Bob 利用信道的统计特性决定量化尺度，引入 q_+ 和 q_- 作为量化器 $Q(\cdot)$的参考阈值，准则如下

$$Q(x)=\begin{cases}1 & x>q_+\\ 0 & x<q_-\end{cases} \tag{9.7}$$

当 x 的值处于 q_+ 和 q_- 之间时，量化器不输出任何比特。Alice 从信道估计序列$\hat{\boldsymbol{h}}_a$ 中找出长度不小于 m 的游程(指序列$\hat{\boldsymbol{h}}_a$ 中 m 个连续高于 q_+ 或连续低于 q_- 的段)，并记录这些游程出现的位置，m 由协议给定。Alice 通过公共信道向 Bob 发送包含 k 个游程位置的数组 $L=\{l_1,l_2,\cdots,l_k\}$。

Bob 对照 L 中给出的位置，检查序列$\hat{\boldsymbol{h}}_b$ 对应位置上(即$\hat{h}_b(l_i)$处)是否存在长度大于等于 $m-1$ 的游程，$i=1,2,\cdots,l_k$，若是则将位置记录到数组$\tilde{L}$中。照此遍历 L 中的每个 l，得到数组$\tilde{L}$，并通过公共信道发送给 Alice。

双方将 L 中有但 $\tilde{L}$ 中没有的数值删除，再通过量化器来计算出比特序列 $Q(\hat{h}_a(\tilde{L}))$和 $Q(\hat{h}_b(\tilde{L}))$。若 $Q(\hat{h}_a(\tilde{L}))$和 $Q(\hat{h}_b(\tilde{L}))$相等，则 Alice 和 Bob 成功地生成了$|\tilde{L}|$个相同比特。通过下文中的介绍可知，如若选择合适的量化阈值 q_+ 和 q_- 以及参数 m，通信双方能以很高的概率生成相同的比特序列。9.3.1 节将详细介绍本方法在防欺骗攻击协议中的改进。

9.2.3 设计目标

密钥生成速率是人们感兴趣的重要指标之一，表示每秒生成的密钥比特数，即 s-b/s。显然，人们希望 Alice 和 Bob 具有较高的密钥速率。根据 802.1x 的建议，主密钥至少要每小时更新一次(见参考文献[6])。以该建议和 128b 的 AES 密钥为指导，密钥速率至少要达到 0.1b/s，当然更高些最好。同时，需要特别警惕错误比特，哪怕序列 $Q(\hat{h}_a(\tilde{L}))$和 $Q(\hat{h}_b(\tilde{L}))$只有一个比特不同，那么这两个数组就无法作为密钥，只能丢弃。因此，希望比特错误概率 p_e 非常低，以保证两个用户产生的密钥失配概率 p_k 在可接受的范围内。例如，假设密钥长度为 128b，为满足密钥失配概率 $p_k=10^{-6}$，我们必须保证比特错误概率 $p_e=10^{-8}$，两者的计算关系为

$$p_k=1-(1-p_e)^{128} \tag{9.8}$$

比特错误定义为 Alice 和 Bob 在利用$\tilde{L}$中的位置索引 l_i 生成比特时，由于产生了不同比特而停止的事件，即$\hat{\boldsymbol{h}}_a$ 和$\hat{\boldsymbol{h}}_b$ 在 l_i 处均存在游程，但$\hat{\boldsymbol{h}}_a$ 的游程与$\hat{\boldsymbol{h}}_b$ 的游程量化后的值相反(即一组被量化为比特“0”，而另一组被量化为比特“1”)。

从信道中产生密钥的速率本质上受信道时变速率的限制，用最大多普勒频移 f_d 来量化这一时变特性。在衰落信道中，f_d 不仅决定了信道的变化速率，也决定了摆动的幅度。

在无线环境中，估计最大多普勒频移的方法是利用 $f_d=\frac{v}{\lambda}$ 这一公式，其中 v 表示用户移动和用户环境的动态变化，单位为 m/s，λ 表示载波波长，满足 $\lambda=\frac{c}{f_0}$，c 表示光速。

显而易见，增加 m 或提高量化阈值 q_+ 和 q_- 虽然降低了密钥速率，但比特错误概率也会随之降低。从直观上看，这是由于提高量化阈值 q_+ 和 q_- 或增加 m，使 Alice 和 Bob 间信道量化后游程符号不一致的可能性下降，从而降低了比特错误概率。同时，产生符合要求的游程的频率也同样降低了，导致每秒产生的密钥比特数减少。

因此，密钥速率和比特错误概率是折中的关系，通过调整 q_+、q_- 和 m 可以很方便地选择一个平衡点。除了密钥速率和健壮性，还要求这些比特的分布是随机的，且没有统计上的缺陷，这些内容将在 9.4.3 节中讨论。

基于 Alice 和 Bob 间相关信息源生成密钥的方法有很多，关键是不能让 Eve 猜出任何有用信息。例如一种可能的密钥提取方案是让每个用户都利用 $\underline{\hat{\boldsymbol{h}}}_a$ 和 $\underline{\hat{\boldsymbol{h}}}_b$ 对信道统计量(例如平均信号强度或估计方差)进行估计，如果信道是随机平稳的，那么信道估计将在一定时间内收敛到真值上。运用这一思路，Alice 和 Bob 同样不需要无线信道上的信息交互，就能从大量数据中获得对信道的认知，继而通过这些测量统计值的量化得到所需比特。然而，问题在于 Eve 同样可以通过对 Alice 和 Bob 位置及环境信息的认知获取这些信道的统计特性。事实上，通过使用一些可公开获得的工具，例如 WISE 射线追踪器(见参考文献[7])，在已知收发双方位置和建筑结构等先验知识的条件下，可以很容易地预测到接收者信号的统计特性。因此，必须认识到使用统计手段生成密钥可能相当危险，所提的算法正是通过衰落过程的瞬间采样避免了这一风险。

9.3　Level-Crossing 算法

本节详细描述所提出的 Level-Crossing 密钥提取算法。假设运行这一算法时，Alice 和 Bob 可以通过交替探测信道收集到足够多的信道估计 $\underline{\hat{\boldsymbol{h}}}_a$ 和 $\underline{\hat{\boldsymbol{h}}}_b$。同时，假设向量 $\underline{\hat{\boldsymbol{h}}}_a$ 和 $\underline{\hat{\boldsymbol{h}}}_b$ 等长，向量的元素 $\underline{\hat{h}}_a(j)$ 和 $\underline{\hat{h}}_b(j)$ 是与 Bob 和 Alice 互发的相连导频对应的信道响应，这里 $j=1,\cdots,\text{length}(\underline{\hat{\boldsymbol{h}}}_a)$。

算法 9.1 描述了这一过程，具体步骤如下：

(1) Alice 通过分析信道估计向量 $\underline{\hat{\boldsymbol{h}}}_a$，找到所有长度不少于 m 的游程的位置。

(2) Alice 从步骤(1)中找到的位置集合中随机选取一个子集，向 Bob 发送子集中对应游程的中心位置，这些位置构成序列 L。即，对于一串 $i=i_{\text{start}},\cdots,i_{\text{end}}$，若 $\underline{\hat{h}}_a(i)$ 连续大于 q_+ 或小于 q_-，则 Alice 将位置索引 $i_{\text{center}}=\left\lfloor\frac{i_{\text{start}}+i_{\text{end}}}{2}\right\rfloor$ 发送给 Bob。

(3) Bob 根据 Alice 发来的序列 L 中的每个位置索引，在 Bob 的估计向量 $\underline{\hat{\boldsymbol{h}}}_b$ 中检查，看是否存在长度不少于 $m-1$ 的游程。即对每个 $l\in L$，检查 $\left\{l-\left\lfloor\frac{m-2}{2}\right\rfloor,\cdots,l+\left\lceil\frac{m-2}{3}\right\rceil\right\}$

对应的每个$\hat{\underline{h}}_a$是否均大于q_+或小于q_-。

(4) 对于L中的一些位置索引，Bob在$\hat{\underline{h}}_b$中可能找不到满足要求的游程，Bob只把所有满足步骤(3)游程要求的位置索引组成序列$\tilde{L}$，发送给Alice。

(5) Bob和Alice利用$\tilde{L}$中的数值，分别计算$Q(\hat{\underline{h}}_a)$和$Q(\hat{\underline{h}}_b)$，依次生成一串比特序列。

算法9.1：Level-Crossing算法

输入：$\hat{\underline{h}}_a$和$\hat{\underline{h}}_b$

输出：在Alice和Bob端生成加密密钥$K_a = K_b$

Alice：

```
for i = 1 to length(ĥ_a) − m do
    if Q(ĥ_a[i]) = Q(ĥ_a[i+1]) ··· = Q(ĥ_a[i+m−1]) then
        i_end ← 游程中最后一项索引
        L' ← [L'; ⌊(i + i_end)/2⌋]
        i ← i_end + 1
    else
        i ← i + 1
    end
end
L = L' 的随机子集
Alice通过公共信道向Bob发送L
```

Bob：

```
for l ∈ L do
    if Q(ĥ_b[l − ⌈(m−2)/2⌉]) = ··· = Q(ĥ_b[l + ⌈(m−2)/2⌉]) then
        L̃ ← [L̃; l]
    end
end
K_b = Q(ĥ_b(L̃))
Bob通过公共信道向Alice发送L̃
```

Alice：

```
K_a = Q(ĥ_a(L̃))
```

上述过程中，Eve通过信道探测获取的观测值无法提供任何关于$\hat{\underline{h}}_a$和$\hat{\underline{h}}_b$的有效信息，L和$\tilde{L}$也同样无法提供任何有用信息，因为尽管生成的密钥来源于这些位置索引对应的信道估计值，但Eve获取的仅仅是索引而已。此外，步骤(2)中从符合条件的索引中随机选择子集的过程，也保证了Eve靠L和$\tilde{L}$无法推断出Alice和Bob用了哪些索引对应的信道估计值。

下面主要介绍防止欺骗攻击。

由于Alice和Bob共享的是一个非认证信道，Eve可以在上述算法的步骤(2)中扮演Alice或是在步骤(4)中扮演Bob。这种攻击方式使得Eve可以将假信息L或是$\widetilde{L}$插入，以此欺骗授权用户、破坏握手流程，还不会暴露自己。因此，需要设计一个数据原始性认证的流程，保证每个用户的信息L或$\widetilde{L}$均来自合法发送者。

设计的协议可以检测以下两种情形中是否有攻击者存在。首先考虑Eve发送虚假L信息的情况。由于Eve无法从自己的L中获取满足要求的信道探测位置，她只能随机猜测可能的位置，并将由此产生的L发送给Bob。当Eve将特定数量的随机猜测值放入虚假的L信息中发给Bob时，Bob可以通过计算L中可用位置信息的比例来判断Eve是否存在。由于Eve只能做随机猜测，Bob计算出的这一比例会比从Alice发送的合法L中计算出的结果低得多。对于每一次猜测，Eve只有很低的概率能选中一个位置索引，使得该值在Bob的$\underline{\hat{\boldsymbol{h}}}_b$中能找到长度不小于$(m-1)$的游程。显然，那些找不到合适游程的位置索引会被Bob抛弃，而那些恰好满足要求的位置索引会被认为符合量化条件并装入$\widetilde{L}$发送给Alice。因此，无效的猜测值对Eve起不到任何作用，而那些几乎不可能存在的有效猜测值，也会因为在$\widetilde{L}$中出现了而在L中没有出现使Alice产生警觉。因此，Eve也必须在Alice收到$\widetilde{L}$之前删除这些索引。所提协议通过使用消息认证码(message authentication code，MAC)来对抗这种信息篡改，具体步骤如下：

(1) 为确保接收到的L来自Alice，Bob会计算L中可以保证$\underline{\hat{\boldsymbol{h}}}_b$中能够找到长度至少为$(m-1)$的游程的位置索引所占的比例。如果这一比例因子小于$\frac{1}{2}+\varepsilon$，这里$\varepsilon$的取值范围是$0<\varepsilon<\frac{1}{2}$，则Bob认定这一信息不是由Alice发出，即表明有攻击者在发送虚假的L信息。

(2) 如果通过了步骤(1)中的检查，Bob将向Alice回复$\widetilde{L}$信息，其中包含L中可以保证$\underline{\hat{\boldsymbol{h}}}_b$中能够找到长度至少为$(m-1)$的游程的所有位置索引。Bob计算$k_b=Q(\underline{\hat{h}}_b(\widetilde{L}))$可以提取出$N$个比特，这$N$个比特中的前$N_{au}$个比特将用作计算$\widetilde{L}$消息认证码(MAC)的认证密钥，剩余的$N-N_{au}$个比特将用作提取的密钥。因此，Bob发送的全部信息是$\{\widetilde{L}, \mathrm{MAC}(K_{au}, \widetilde{L})\}$。

在接收到Bob发送的信息后，Alice用$\widetilde{L}$生成比特序列$k_a=Q(\underline{\hat{h}}_a(\widetilde{L}))$。$K_a$的前$N_{au}$个比特将用作认证密钥$K_{au}=K_a(1,\cdots,N_{au})$，$K_{au}$用作验证MAC信息以确认数据确实从Bob发送。由于Eve无法获取由Bob产生的K_{au}，她无法在通过Alice的MAC认证后实现对$\widetilde{L}$信息的篡改。

这样，即使在没有建立认证信道的条件下，只要没有比特错误，Alice和Bob也能够在主动窃听者存在的条件下建立相同的密钥。这也解释了为什么在9.2.3节中要求比特错误概率非常低。进一步讲，由于 N_{au} 个比特是一次性开销，用于 Alice 和 Bob 的初始认证阶段，长时间运行该协议造成的密钥速率的降低可以忽略不计。上述改进算法如算法 9.2 所示（见图 9.3）。

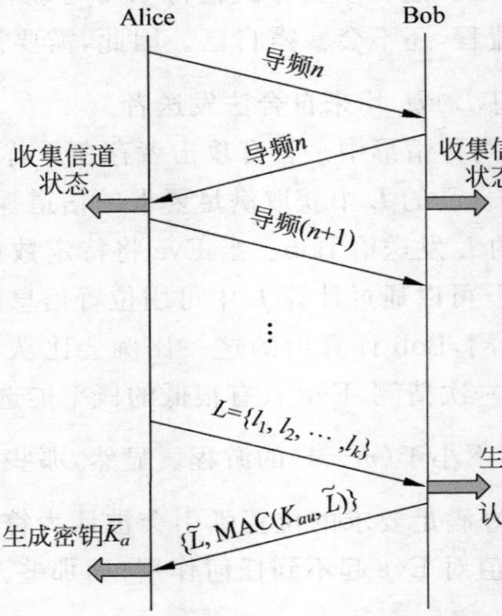

图 9.3　密钥生成协议时序图

另一种主动攻击方式是 Eve 在信道探测阶段扮演 Alice 或是 Bob，即 Eve 会假扮 Alice 向 Bob 发送导频信息，反之亦然。这种攻击可以利用授权用户最近接收的导频信息历史记录进行假设检验（见参考文献[8,9]）。该技术的基础是当导频信号的发送频率足够快时，用户成功接收到的导频信号不同的概率很小。9.6 节将对这一部分内容做进一步讨论。

算法9.2：改进的Level-Crossing算法，包含原始数据认证和对抗主动攻击

输入：$\hat{\underline{h}}_a$ 和 $\hat{\underline{h}}_b$

输出：在Alice和Bob端生成加密密钥 $\bar{K}_a = \bar{K}_b$

Alice:

for $i = 1$ to length($\hat{h}_a$) $- m$ do

　　if $Q(\hat{h}_a[i]) = Q(\hat{h}_a[i+1]) \cdots = Q(\hat{h}_a[i+m-1])$ then

　　　　$i_{\text{end}} \leftarrow$ 游程中最后一项索引

　　　　$L' \leftarrow \left[L';\ \left\lfloor \frac{i+i_{\text{end}}}{2} \right\rfloor\right]$

　　　　$i \leftarrow i_{\text{end}} + 1$

　　else

　　　　$i \leftarrow i+1$

　　end

end

$L = L'$ 的随机子集

Alice通过公共信道向Bob发送 L

Bob：

```
for l∈L do
    if Q(ĥb[l−⌊(m−2)/2⌋]) = ⋯ = Q(ĥb[ + ⌈(m−2)/2⌉]) then
        L̃ ←[L̃ ; l]
    end
end

if {|L̃/L| < 0.5 + ε} then
    判断存在主动攻击
else
    Kb = Q(ĥb(L̃))
    Kau = Kb(1,⋯,Nau)
    Kb = Kb(Nau + 1,⋯,N)
    Package = {L̃,MAC(Kau, L̃)}
    Bob 通过公共信道向Alice发送Package
end
```

Alice：

```
Ka = Q(ĥa(L̃))
Kau = Ka(1,⋯,Nau)
K̄a = Ka(Nau + 1,⋯,N)
if 使用Kau进行的MAC认证失败 then
    判断存在主动攻击
end
```

9.4 性能估计

协议指标的评估主要关注密钥生成速率、比特错误概率和生成比特的随机性。可以调控的参数是 q_+、q_-、m 以及 Alice 与 Bob 间信道探测的速率 f_s。假设信道是不受控制的(见 9.2.3 节中的描述)，信道变化的速率可以用最大多普勒频移 f_d 表示。室内无线环境下，载频为 2.4 GHz 时的典型多普勒频移为 $f_d=\frac{v}{\lambda}=\frac{2.4\times10^9}{3\times10^8}\text{Hz}=8\ \text{Hz}$，假设速度为 $v=1$ m/s。我们粗略假定室内环境下，载频为 2.4 GHz 左右时多普勒频移为 10 Hz、载频为 5 GHz 左右时为 20 Hz。在车载场景中，可以假定载频 2.4 GHz 左右时多普勒频移约为 200 Hz。

9.4.1 比特错误概率

上述协议需要严格地限制比特错误概率 p_e。为获得满意的密钥失配率 p_k，比特错误概率 p_e 必须低于 p_k。密钥长度为 $N=128$ b 时期望的比特错误概率为 $p_e=10^{-8}\sim10^{-7}$。

在9.2.3节已经解释了选择 q_+、q_-、m 等参数时的基本开销，这些开销都会对密钥速率和比特错误概率造成一定影响。

比特错误概率 p_e 表示由 Alice 和 Bob 分别产生的比特不相同的概率。由于 h 分布的对称性，可以在计算 p_e 时只考虑一种错误类型，以 Alice 生成比特“1”而 Bob 在 Alice 给定的位置索引处却生成比特“0”的概率为例进行讨论。根据参数 h 和估计值 $\hat{\boldsymbol{h}}_a$ 和 $\hat{\boldsymbol{h}}_b$ 服从高斯分布的假设，上述概率为

$$P(B=0\mid A=1)=\frac{P(B=0,A=1)}{P(A=1)}=\frac{\underbrace{\int_{q_+}^{\infty}\int_{-\infty}^{q_-}\cdots\int_{q_+}^{\infty}}_{(2m-1)\text{项}}\frac{(2\pi)^{(1-2m)/2}}{|K_{2m-1}|^{1/2}}\exp\left\{-\frac{1}{2}\boldsymbol{x}^{\mathrm{T}}\boldsymbol{K}_{2m-1}^{-1}\boldsymbol{x}\right\}\mathrm{d}^{(2m-1)}\boldsymbol{x}}{\underbrace{\int_{q_+}^{\infty}\cdots\int_{q_+}^{\infty}}_{m\text{项}}\frac{(2\pi)^{-m/2}}{|K_m|^{1/2}}\exp\left\{-\frac{1}{2}\boldsymbol{x}^{\mathrm{T}}\boldsymbol{K}_m^{-1}\boldsymbol{x}\right\}\mathrm{d}^{(m)}\boldsymbol{x}} \tag{9.9}$$

这里 $\boldsymbol{K}_m$ 表示 Alice 的 m 个连续高斯信道估计值的协方差矩阵，$\boldsymbol{K}_{2m-1}$ 是高斯向量 $(\hat{h}_a[1],\hat{h}_b[1],\hat{h}_a[2],\cdots,\hat{h}_b[m-1],\hat{h}_a[m])$ 的协方差矩阵，这个向量由 Alice 的 m 个信道估计值和 Bob 的 $m-1$ 个信道估计值按时间顺序组合而成。式中的分子表示获得 $2m-1$ 个信道估计值的概率，其中 m 个由 Alice 生成、$m-1$ 个由 Bob 生成，而且所有 Alice 生成的 m 个估计值均大于 q_+，所有 Bob 生成的 $m-1$ 个估计值均小于 q_-。分母表示 Alice 的 m 个估计值均大于 q_+ 的概率。

计算出 m 取不同值时的概率 p_e，如图 9.4 所示。结果表明，m 取较大值时可以获得较低的比特错误概率，因为较大的 m 使得 Alice 和 Bob 的信道估计值不同的概率较小。注意，在某一位置上只要有一个用户的游程长度无法满足要求，该位置索引就会被双方丢弃，因此这时不可能产生比特错误。

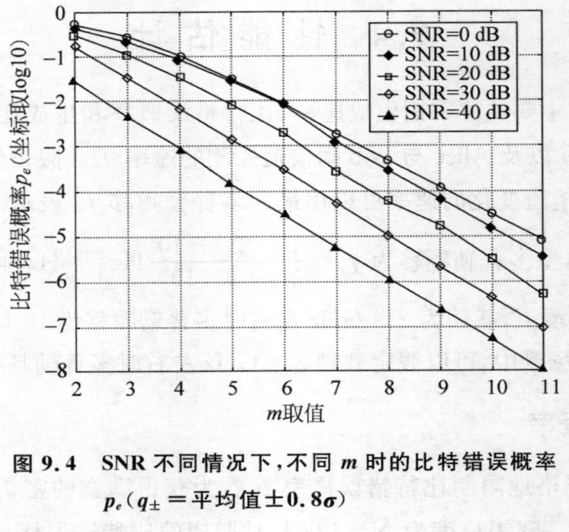

图 9.4　SNR 不同情况下，不同 m 时的比特错误概率 p_e（$q_\pm$ = 平均值 ± 0.8σ）

9.4.2 密钥速率

解决比特错误概率和密钥速率折中问题的正确方法是给定可容忍比特错误概率的上界,然后推导出最大的可达密钥速率。那么,我们能够从时变信道中获得多大的密钥速率呢?对瑞利衰落过程的 level-crossing 速率(level-crossing rate, LCR)可以用 $\mathrm{LCR}=\sqrt{2\pi}f_d\rho \mathrm{e}^{-\rho^2}$ 进行近似分析(见参考文献[2]),f_d 表示最大多普勒频移,ρ 是被均方根信号电平归一化的量化阈值;若设 $\rho=1$,则有 $\mathrm{LCR}\sim f_d$。

上述计算表明,不能奢望密钥速率大于 f_d 的数量级。在实际操作中,密钥速率也与信道探测速率 f_s 有关,即 Alice 和 Bob 间导频信号的发送频率。在图 9.5 中,分别画出多普勒频移为 $f_d=10$ Hz 和 $f_d=100$ Hz 时密钥速率随信道探测速率变化的曲线。和预想的一样,密钥速率会随着信道探测速率的增加而增加,但会在增加到 f_d 后趋于稳定。更准确地说,密钥速率是每次从观测中提取的密钥比特数乘以探测速率。因此

$$R_k = H(\text{bins})\times p(A=B)\times \frac{f_s}{m} \tag{9.10}$$

$$= 2\frac{f_s}{m}\times p(A=1,B=1) \tag{9.11}$$

$$= 2\frac{f_s}{m}\underbrace{\int_{q_+}^{\infty}\int_{-\infty}^{q_-}\cdots\int_{q_+}^{\infty}}_{(2m-1)\text{项}}\frac{(2\pi)^{(1-2m)/2}}{|\boldsymbol{K}_{2m-1}|^{1/2}}\exp\left\{-\frac{1}{2}\boldsymbol{x}^{\mathrm{T}}\boldsymbol{K}_{2m-1}^{-1}\boldsymbol{x}\right\}d^{(2m-1)}\boldsymbol{x} \tag{9.12}$$

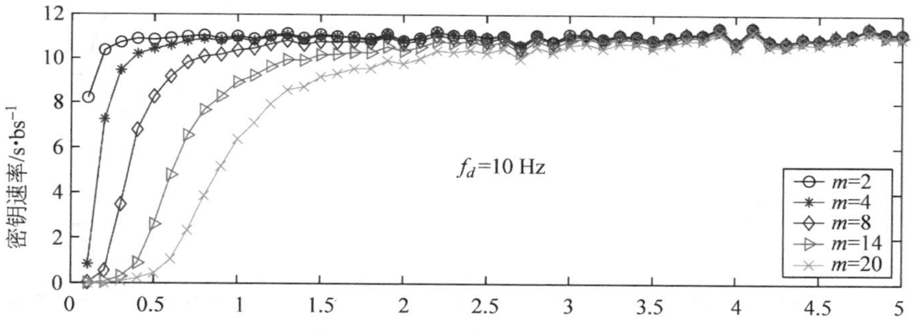

(a) 探测速率/kHz

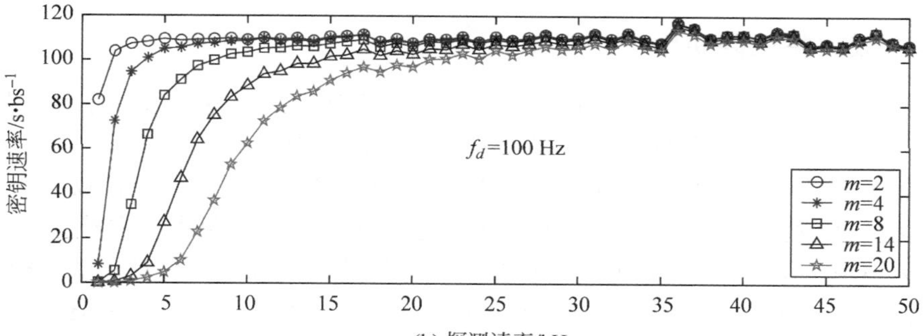

(b) 探测速率/kHz

图 9.5 m 取不同值时密钥速率和信道探测速率的关系。(a)中取 $f_d=10$ Hz; (b)中取 $f_d=100$ Hz($q_{\pm}$=平均值±0.8σ)

上式中，H(bins)表示随机变量的熵，这个随机变量表示信道观测值落入量化器的哪个区域($>q_+$或是$<q_-$)，如果落入这两个区域是等概率①的，那么 $H(\text{bins})=1$。由于算法中“一次观测”表示的是 m 长的信道估计序列，所以这里用 m 对探测速率 f_s 进行归一化。式(9.12)源于比特错误概率表达式(9.9)，结果如图 9.5 所示。

图 9.5 证实了密钥速率随着 m 的增加而降低的猜想，这是由于 m 越大，长度为 m 的信道估计量化值游程出现的概率越低。

图 9.6(a)显示了密钥速率 R_k 如何随着最大多普勒频移 f_d 的变化而变化，即随信道的时变而变化。可以看出，当信道探测速率是固定的时候(这里，$f_s=4000$ probes/s)，f_d 增加会导致密钥速率增加，但到达某一最大值后开始下降。因此，除非能相应地提高探测指针的速率 f_s，“快速移动”并不能保证密钥速率增加。由此可知，为获取最大可能的密钥速率，每个信道都有最优的最小探测速率，同时，每个探测速率都对应其最“有效”的最大多普勒频移。图 9.6(b)表明，量化阈值 q_+ 和 q_- 数值的增加会导致密钥速率的下降。图中的 α 表示量化阈值偏离均值的标准差(σ)数目。

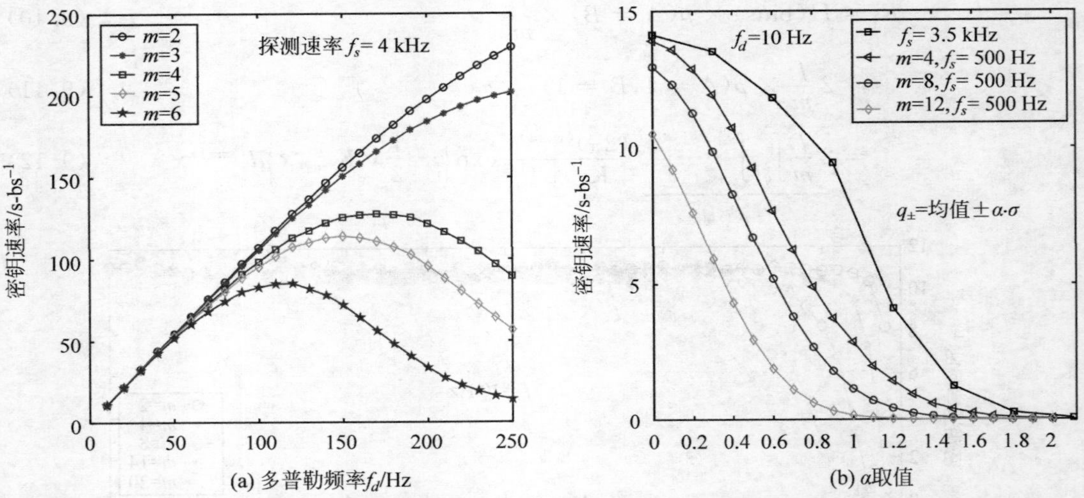

图 9.6 (a) f_s 固定，m 取不同值时，密钥速率和多普勒频移 f_d 之间的变化关系；(b) 速率和量化水平 q_+、q_- 之间的函数关系，函数的变量是 α，且 $q_\pm=$ 均值 $\pm\alpha\sigma$

9.4.3 生成比特的随机性

考虑到产生的比特将用作密钥，其随机性至关重要。由于假设算法对攻击者是完全公开的，因此产生比特的任何一点非随机特性都会降低攻击者破解密钥的时间复杂度。例如，如果算法生成的比特中“1”的比例比“0”大，攻击者的实际搜索空间就会大大缩小。为此，设计了大量统计学实验来检测上述缺陷造成的各种影响(见参考文献[10])。最终，发现 Level-Crossing 算法生成序列的随机性与衰落过程分布的是否对称密切相关，而源自散射丰富、多径繁杂环境的衰落模型(即瑞利信道和莱斯信道)恰好具备这一性质，所以

① 通过合理选择 q_+ 和 q_- 能够保证等概率量化。

该算法最适合这类无线环境。

采用 Maurer 通用统计检测(见参考文献[11])对本章算法产生的比特序列的随机性进行评估,这是一种被广泛接受的随机性检测标准。检测统计量和序列中每个比特的熵密切相关,以此可衡量与攻击者最优密钥搜索策略的运行时间相关的实际加密缺陷(见参考文献[11])。

同时,还使用 NIST 公开测试包(见参考文献[12])进行了其他测试,结果在表 9.2 中列出。感兴趣的读者可以查询参考文献[13],以获取这些测试的详细描述和每个测试的 p 值定义。检测得到了相似的结果,这也证明了算法确实可以保证比特的随机性。需要指出的是,Maurer 的检测结果表明本章生成的序列的平均熵和期望的真随机序列的熵非常接近。这仅在相连比特几乎完全独立的条件下有可能,要求这些比特至少具有一个"相干时间"时间间隔。由于信道的相干时间和多普勒频移成反比,对本章的算法而言,以明显高于 f_d 的速率从信道中获取比特是不太可能保证比特的随机性的。通过 9.4.2 节的讨论,算法产生的密钥速率的上限基本上等于最大多普勒频移 f_d。最后,通过研究发现 Alice 选择随机子集的做法可以有效地对其产生的最终密钥施加某种控制,因此即使 Alice 产生的序列分布具有统计缺陷,某种程度上她也可以在通过选择合适的子集组成 L 来弥补这一缺陷。

表 9.2　算法生成序列的随机性检测($f_d=10$ Hz,$f_s=30$ Hz,$m=5$,$q_{\pm}=$均值$\pm0.2\sigma$)

检　测	p　值
Maurer 检测	0.8913
Momobit 频率	0.9910
Runs 检测	0.1012
熵约值	0.8721
随机偏移	0.5829
Lempel Ziv	1.0000

注:每个检测中,p 值大于 0.01 即证明序列具有随机性。

9.5　使用 IEEE 802.11a 进行验证

考虑在典型室内环境下对本文算法进行实验验证。实验分成两部分:首先,仔细研究 IEEE 802.11 协议的数据包结构,并利用接收信号和前导序列计算出 64 点的信道冲击响应(channel impulse response,CIR),CIR 结果显示存在一个或多个分离的峰值,代表可以分辨的主要传播路径。将 CIR 中最大幅度的峰值(占统治地位的传播路径)作为关注的信道参数。为获取信号的采样数据,使用 IEEE 802.11 开发平台,其中包括定制的基于 FPGA 的 CIR 处理逻辑模块。实验结果显示,该算法在静态和移动场景中都有较好的性能,室内测试环境中无差错密钥速率可以达到约 1s · b/s。

在上述成果的激励下,本章转而在未改动的商用 IEEE 802.11 硬件平台上进行试验,看看是否也能达到类似性能。因此,在第二项实验中,在商用 IEEE 802.11a 无线电台上,使用 IEEE 802.11 数据包的 Prism 报头中提供的粗略接收信号强度指示(RSSI)作为信道的参数。其中 Alice 被配置为接入点(AP)模式,Bob 被配置为用户(station)模式,同时引入可以对两个授权用户的通信进行监听(station 模式)的第三方。

9.5.1 使用 IEEE 802.11a 实现 CIR 方法

9.5.1.1 实验配置

实验平台(见图 9.7(a))由一块带商用 IEEE 802.11 a/b/g 调制解调器 IP 核的 IEEE 802.11 开发板组成,其中增加了一些定制的逻辑模块从接收的数据包中获取信道冲击响应,这样提取接收信号信息的开发工作量比使用一般的 IEEE 802.11 硬件及驱动要小。把两块开发板作为 Alice 和 Bob,另一块作为 Eve。其中 Alice 被配置成接入点(AP)模式 Bob 被配置成用户(station)模式。实验中,Bob 向 Alice 发送探测请求,Alice 向 Bob 回复探测响应信息,如图 9.7(b)所示。开发板的局限性使得 Eve 只可以窃听到 Alice 或 Bob 其中一方的信息。第一个实验中,Alice 和 Eve 放在实验室中,Bob 放在实验室外的办公隔间内,如图 9.8 所示。第二个实验中,Alice 和 Eve 的位置保持不变,Bob 装在小推车中围绕办公隔间区域沿着图示路线运动。

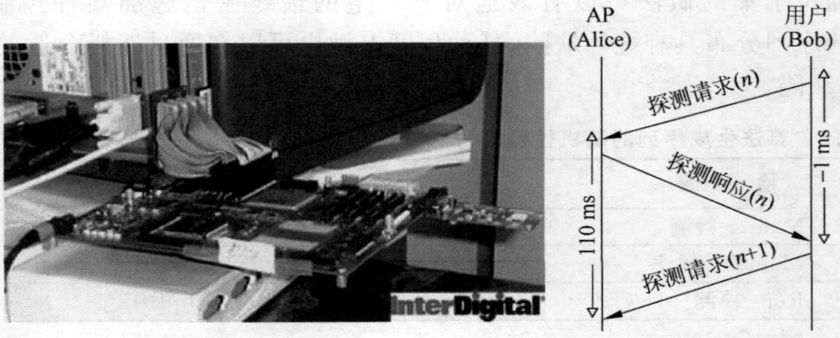

(a) (b)

图 9.7 (a) 实验平台——在带商用 IEEE 802.11a/b/g 调制解调 IP 核的开发板上加入定制逻辑电路处理 CIR 信息;(b) 用 PROBE 包获取 CIR 信息的定时流程图

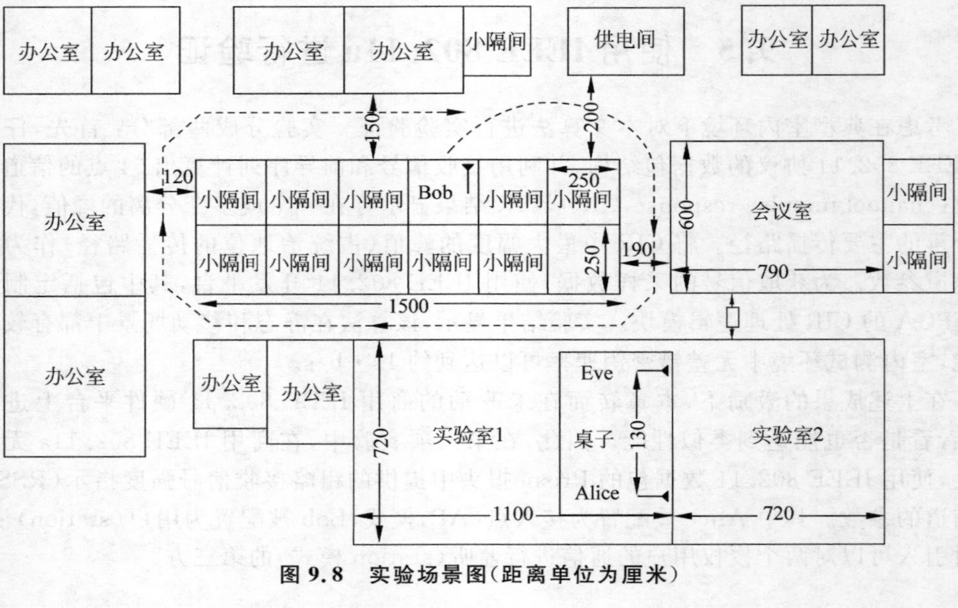

图 9.8 实验场景图(距离单位为厘米)

图 9.9 所示的是从 Alice 接收到的一个 IEEE 802.11a 探测请求数据包中提取的 64 点 CIR 信息和 Bob 从接收到的探测响应数据包中计算出的 CIR 信息。图中同时给出了 Eve 通过窃听 Alice 发出的探测响应获得的 CIR 信息。这里只用到 CIR 中主峰幅值代入本章算法中产生密钥。

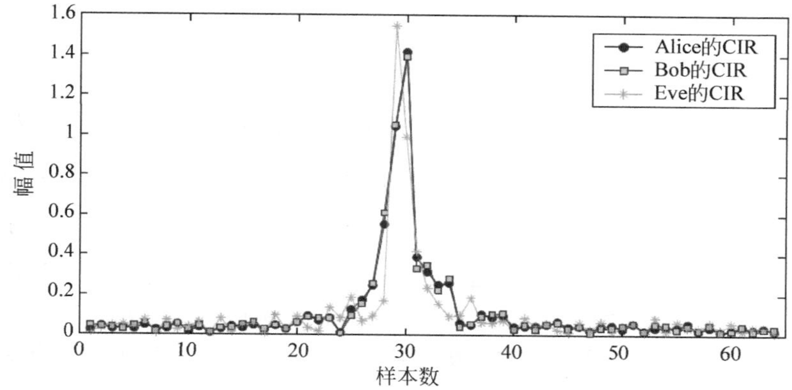

图 9.9　从一个 IEEE 802.11 数据包中得到的 64 点 CIR。该方案中利用主峰幅值提取密钥

图 9.10 中给出的是第一次试验中 Alice 和 Bob CIR 峰值的部分数据。当实验运行了约 22 min 后，收集到了持续时间超过 77 s 的约 700 个 CIR 数值。从图中可以看出，Alice 和 Bob 所处环境(见图 9.8)的无线信道时变性导致平均功率变化剧烈。如果每个

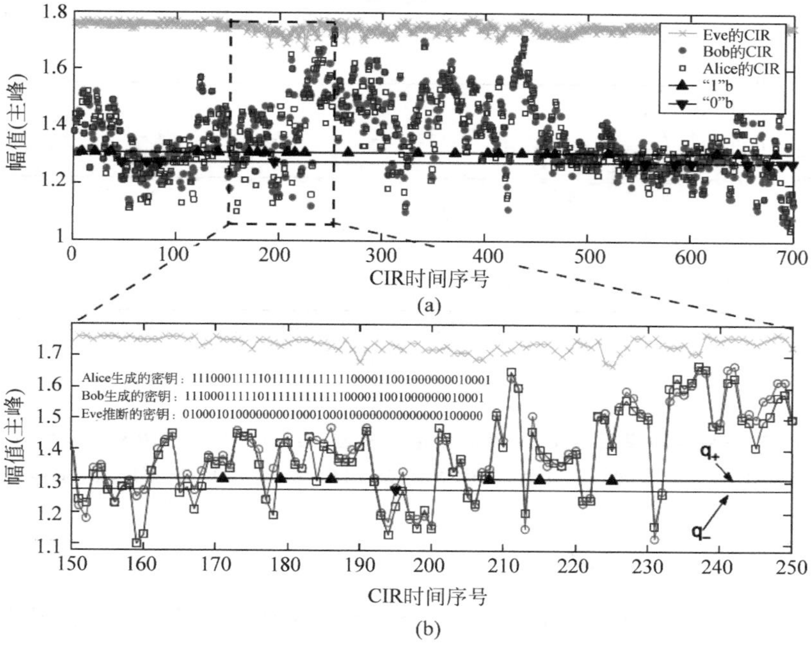

图 9.10　(a) Alice、Bob 和 Eve 的信道 CIR 峰值幅度的变化轨迹，平均功率的变化产生了长串的"0"和"1"；(b) 轨迹的局部放大图

用户直接应用这些数据到 Level-Crossing 比特提取算法中，产生的密钥中会含有较长的连续“1”或“0”(见图 9.10)。这是因为信道数据受到阴影衰落(大尺度衰落)的影响(见参考文献[2])，导致用于密钥生成算法的信号平均功率会有较大但缓慢的摇摆。也即图 9.10 中的信道是非平稳的。每个用户通过下式计算 q_+ 和 q_-

$$q_+^u = \mathrm{mean}(\underline{\tilde{\boldsymbol{h}}}_u) + \alpha \cdot \sigma(\underline{\tilde{\boldsymbol{h}}}_u) \tag{9.13}$$

$$q_-^u = \mathrm{mean}(\underline{\tilde{\boldsymbol{h}}}_u) - \alpha \cdot \sigma(\underline{\hat{\boldsymbol{h}}}_u) \tag{9.14}$$

其中，u 可以是 Alice 或 Bob，$\underline{\tilde{\boldsymbol{h}}}_u$ 表示 u 获取的 CIR 峰值部分的系列数值，$\sigma(\underline{\tilde{\boldsymbol{h}}}_u)$表示$\underline{\tilde{\boldsymbol{h}}}_u$ 的标准差。通过改变因子 α 的取值可以调整量化阈值，本实验中选取 $\alpha=\frac{1}{8}$。将原始接收数据减去其滑动平均值来消除阴影衰落影响，这样就只剩下小尺度衰落，这正是本算法所期望的。结果如图 9.11 所示。通过这种方法，不仅避免了长串连续“1”或“0”的出现，同时也避免了平均功率对密钥生成过程产生的风险。使用这种含有小尺度衰落的数据，算法可以在 110 s 内生成 $N=125$ b 的密钥比特($m=4$)，密钥速率为 1.13 s-b/s。

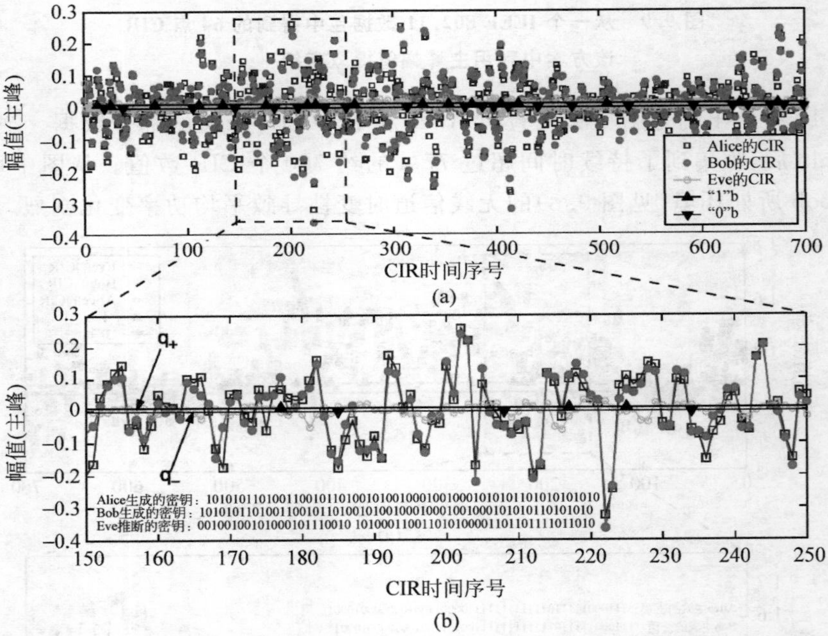

图 9.11 (a) 减去平均功率后 Alice 和 Bob 信道的轨迹。当 $m=5$ 时，110 s 内产生 $N=59$ b 密钥($R_k=0.54$ s-b/s)；当 $m=4$ 时，产生 $N=125$ b($R_k=1.13$ s-b/s)。(b) 对(a)中局部进行放大

9.5.1.2 对抗 Eve 的攻击

图 9.10 同时给出了 Eve 通过窃听 Alice 测得的 CIR 值的峰值部分，图 9.11 中则给出了 Eve 利用密钥生成算法生成的密钥。Eve 获得的数据和 Bob 的数据之间的互信息(mutual information，MI)(见参考文献[15])可以作为衡量 Eve 获得 Bob 估计值$\underline{\tilde{\boldsymbol{h}}}_b$ 的量

化标准，可以与 Alice 的信道估计信息$\tilde{\boldsymbol{h}}_a$ 和 Bob 的信道估计信息$\tilde{\boldsymbol{h}}_b$ 之间的互信息进行比较。表 9.3 给出了使用参考文献[16]中的方法计算出的上述互信息值。作为数据处理不等性(见参考文献[15])的结果，Eve 对接收数据的任何处理都只会降低其获得关于 Alice 与 Bob 信道的信息量。因此，表 9.3 中的互信息值也给出了 Eve 可以获得的关于 Alice 与 Bob 信道的信息量上限。

第二个实验中使用了移动的 Bob，其结果和第一个实验结果是相似的，只是产生的比特数有所降低。由于篇幅有限，没有给出第二个实验的数据详图，主要结果在表 9.3 中给出。由表 9.3 中的数据不难看出，在静态场景(实验一)中，Eve 和 Bob 之间的互信息比 Alice 和 Bob 之间的互信息小了几个数量级，而且数值上接近于 0，这表明 Eve 几乎不可能获得 Alice 与 Bob 信道的密钥。另外，移动场景(实验二)中 Eve 与 Bob 的互信息要比静态场景中的互信息值还小，这说明移动性能够增强密钥的安全性。

表 9.3　实验结果，$I(u_1;u_2)$表示 u_1 和 u_1 之间的互信息

基于 CIR 方式	
使用的 m 值	**4**
选择 q_+，q_-	均值±0.125δ
实验持续时间	1326 s(约 22 min)
探测间隔	110 ms
静止场景	
平均私密比特率	1.28 s-b/s
I(Alice;Bob)	3.294 b
I(Bob;Eve)	0.0468 b
移动场景	
平均私密比特率	1.17 s-b/s
I(Alice;Bob)	1.218 b
I(Bob;Eve)	0.000 b
基于 RSSI 方式	
使用的 m 值	**4**
选择 q_+，q_-	均值±0.5δ
平均私密比特率	1.3 s-b/s
探测间隔	50 ms
实验持续时间	400 s
I(Alice;Bob)	0.78 b
I(Alice;Eve)	0.00 b
I(Bob;Eve)	0.07 b

9.5.2　使用 RSSI 进行粗略测量

9.5.2.1　实验设置

本实验中使用三个 IEEE 802.11 无线电台的商用产品。Alice 被配置为 AP 模式，带有虚拟监控接口可以对接收数据抓包。Bob 作为用户，配置为 station 模式，由一个配备了 IEEE 802.11a 网卡的笔记本构成，同样带有接收数据抓包的虚拟监控接口。Eve 是第三个 IEEE 802.11a 节点，与 Bob 有相同的配置，但可以接收 Alice 和 Bob 的数据包。实验中，Alice 是静止的，Bob 和 Eve 沿着固定预设的轨迹运动。每个终端都配有基于 5212 芯片组的 Atheros（见参考文献[17]）WiFi 网卡，同时搭载带有 Madwifi 驱动（见参考文献[18]）的 Linux 系统。实验使用的频率为 5.26 GHz。AP 的配置保证了两个节点的 MAC 层时钟是同步的。图 9.12 给出了实验办公楼的构造、固定 AP 的位置和移动节点的运动路线。Alice 以每秒 20 个数据包的速率向 Bob 发送 ICMP PING 数据包。Bob 接收到每个 PING 请求数据包后，都会生成一个 MAC 层的确认数据包，连同 PING 响应数据包发送给 Alice。Alice 接收到 PING 响应数据包后，同样也会向 Bob 发送一个 MAC 层确认数据包。

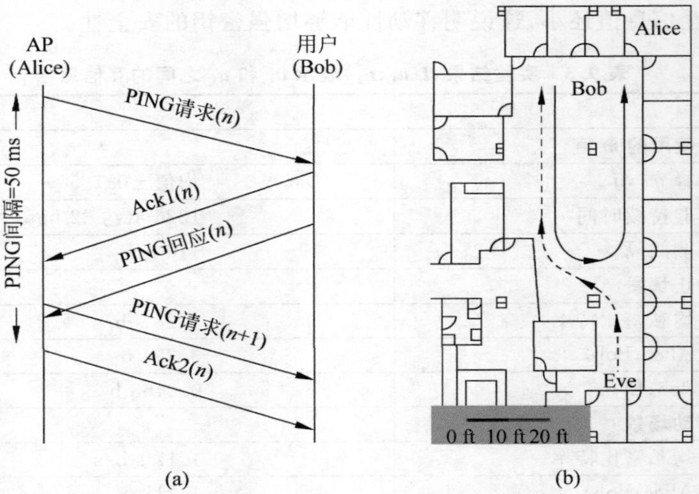

图 9.12 (a) 在 RSSI 方式下同规格 PING 包收集 RSSI 信息的时序图；(b) 基于 RSSI 方式的实验布局，展示了 Bob 和 Eve 的移动路径，而 Alice 保持静止

图 9.12 显示了这些数据中的发送次序。运行在 Alice 和 Bob 侧的时间戳（见参考文献[19]）应用会记录每个用户监控接口的接收数据包并打上时间戳。实验中 Alice 向 Bob 发送了 8000 个数据包。时间戳利用 MAC 层地址进行筛选，只保留上述提及的四种类型的数据包。同时，从每个数据包中提取出 RSSI 和 MAC 时间戳以构成一个（时间戳，RSSI）轨迹图。

9.5.2.2 有关时间戳的算法改进

注意，Alice 接收 PING 响应和 Bob 接收 PING 请求消息的精确时间无法控制，因此在时间上不能保证 Bob 接收到相连的 PING 请求消息之间一定有一个 Alice 接收的 PING 响应消息。因此，由于没有对应 RSSI 值的参照序号，必须靠 MAC 层时间戳在 Alice 和 Bob 端标记 RSSI 信息的时间顺序。这样一来，要求对算法略微进行改进，以时间戳代替 Alice 和 Bob 之间的消息序号。这里，Alice 不是向 Bob 发送序号值，而是通过消息 L（参见第 9.3 节的算法 9.1）发送 MAC 层时间戳。对于 Alice 发送的每个时间戳，

Bob 在自己的数据中查找时间上与 Alice 发送时间戳最接近的 MAC 层时间戳。前述的算法步骤(2)中 Bob 把时间戳当作位置索引使用，在此位置上检查自己的数据中是否存在 q_+ 和 q_- 的游程(如算法 9.1 中所述)。

在 IEEE 802.11 数据包 Prism 报头的 RSSI 域中，RSSI 是以整数形式上报的，因此这只是对信道信息的粗略估计。此外，Alice 和 Bob 的 IEEE 802.11 网卡可能没有相互校准，因此上报的 RSSI 数值可能不一样。在这个实验中，虽然没有校准，Alice、Bob 数据的 RSSI 在时间上的变化趋势是一致的，所以可以参照 CIR 中的办法进行解决，即减去各自的平均值以降低缓慢变化的信号平均功率的影响。图 9.13 为 Alice 和 Bob 接收的 RSSI 与 MAC 层时间戳的对应关系图。和 CIR 方法一样，这个图像中的信号平均功率的变化较大。通过取平均消除大尺度效应，而保留小尺度衰落效应。图 9.14 表明了实验结果。算法生成的密钥速率可以达到约 1.3 s-b/s，这里 $m=4$，q_+ 和 q_- 利用式(9.13)和式(9.14)计算，$a=\frac{1}{2}$。

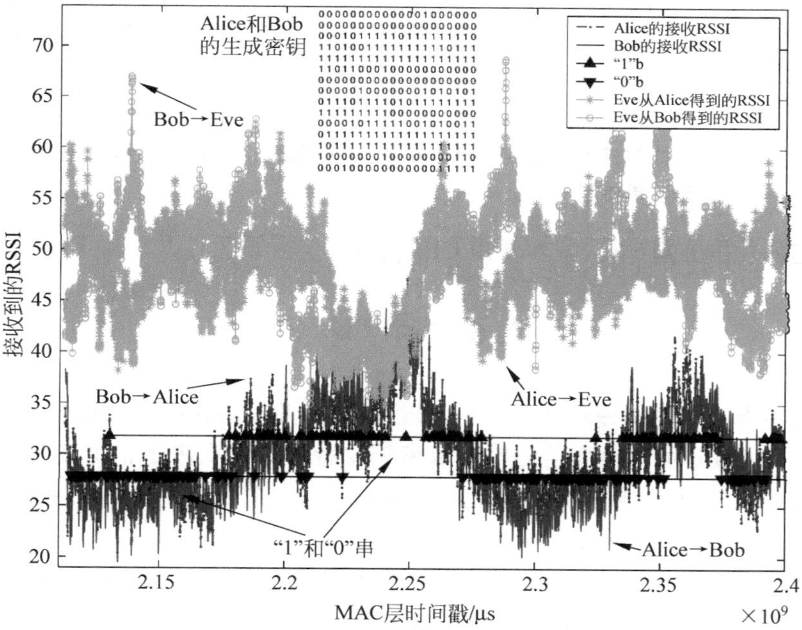

图 9.13　Alice 和 Bob 的 RSSI 轨迹，包括了阴影衰落影响

9.5.2.3　对抗 Eve 的攻击

图 9.13 同时画出了 Eve 获取的 RSSI 轨迹。图 9.14 是 Alice 和 Bob 的数据减去加窗平均值之后的曲线。尽管整个 802.11 信道带宽上各数据包的平均接收信号功率是依靠粗略的 RSSI 测量得到的，但 Alice 和 Bob 还是能很好地利用彼此信道的互易性以一个相对较好的速率产生密钥。表 9.3 给出了 Eve、Alice 和 Bob 两两之间接收数据的互信息值。和 CIR 方法一样，此时 Eve 几乎获取不到任何关于 Alice 与 Bob 的信道信息。最后，结果表明使用 RSSI 方法保证密钥的随机性是可行的，但 RSSI 可能无法抵抗 Eve 操纵环

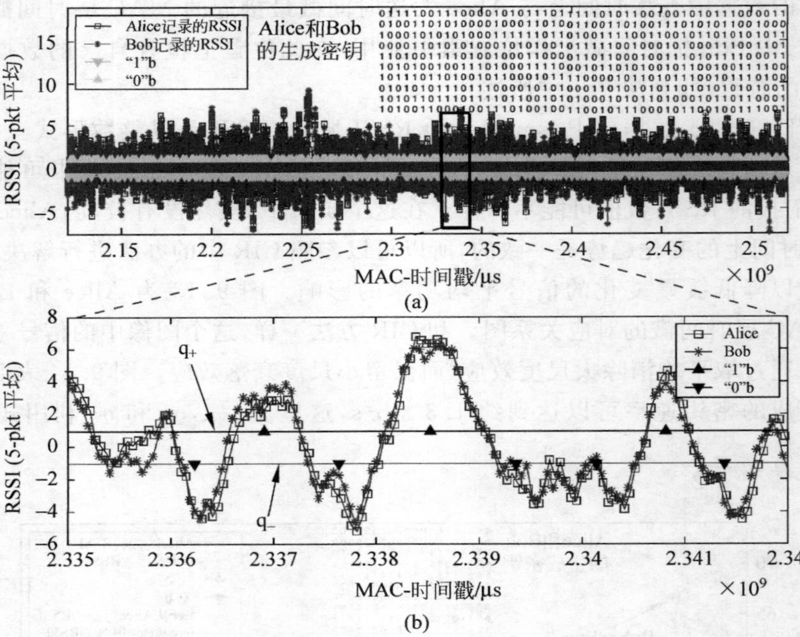

图 9.14　减掉加窗平均后 Alice 和 Bob 的 RSSI 轨迹。当 $m=4$ 时，在 392 s 中无差错得到 511 b($R_k=1.3$ s-b/s)

境因素发起的攻击。基于此，推荐使用 CIR 信息。

9.6　讨　　论

在此对本方案的基本原理及性能折中进行总结，并对潜在的安全威胁进行讨论。9.4 节讨论了 Alice 和 Bob 从时变信道中获取密钥比特的速率受限于信道变化速率的问题。为获取最大的密钥速率，必须更加频繁地探测信道。当探测速率最快时，可以通过权衡参数 m，q_+ 和 q_- 的选择来保证比特错误概率在可以接受的范围内。增加 m 或者提高 q_+ 和 q_- 的数值可以降低比特错误概率，但也会导致密钥速率降低。信道时变性的增加可以使密钥速率达到一个峰值，若随后再进一步增加则会导致密钥速率降低，但这一点可以通过提高信道探测速率来弥补。

利用衰落过程的去相关特性，本章的算法可以有效抵抗窃听攻击行为。通过系统实现进行算法验证。标准随机性检测表明，算法可以很好地对抗攻击者利用随机性缺陷进行的攻击。同时需要指出的是，如果密钥速率明显大于最大多普勒频移，那么密钥比特的随机性将无法得到保证。因此，建议根据衰落环境的动态变化来设置合适的信道探测速率。除了被动攻击者，本章还讨论了主动攻击者扮演 Alice 或 Bob 时的威胁。对抗欺骗性探测，可以用类似于参考文献[9]中的技术。本章提出了一种对抗这种欺骗性探测的改进算法，即采用一些共享的密钥比特进行数据原始性的检测。这样一来，Eve 不可能在不被发现的情况下扮演任何一方合法通信者来破坏密钥生成。

类似于其他密钥生成算法，本章讨论了如何对抗中间人攻击的算法。针对本章的算法，除非中间人攻击使 Alice 和 Bob 无法响应导频信号（即 Alice 和 Bob 都不在通信范围内或是 Eve 分别和 Alice 和 Bob 通信），否则 Eve 的攻击造成的差异都会被 Alice 和 Bob 轻易检测到。如果 Alice 和 Bob 确实遭受到中间人攻击，那么可以通过下面基于身份认证的机制检测发现：Alice 向 Bob 发送一个问题，要求 Bob 回传对应答案的 Hash 值，且 Hash 加密函数用双方共享的密钥做输入。如果 Eve 将这一问题中继转发给 Bob，那么 Bob 的回复对 Eve 将是无用的（假设只有 Alice 和 Bob 知道问题的答案）。注意到这种方法需要 Alice 和 Bob 共享一些只有彼此知晓的秘密信息。为了对抗中间人攻击，每个用户有必要对对方的身份进行认证，这一点即便在诸如 Diffie-Hellman 等经典密钥交换方法中也是很必需的。

最后，一些敏锐的读者也许会质询，环境中不同位置所具有的不同干扰水平是否会对所想的密钥生成过程造成影响。为此本章也给出了在各向同性噪声下关于信噪比水平和量化器参数选择的基本讨论，通过合理选择算法中的参数（例如选择较大的 m（详见 9.4 节）），能够以一定程度降低密钥速率为代价，来换取密钥生成算法的健壮性。

9.7 相关工作

信息论方面的参考文献讨论了如何利用物理层信息获取安全增益的问题。参考文献[20,21]中，作者介绍了一种利用通信双方有效的互信息生成密钥的方法，这种方法可以保证窃听者无法获取密钥生成的任何信息。他们的研究结果表明，如果 Alice 和 Bob 间共享了一个已认证的公共信道，那么两者可以生成相同密钥。在该假设下，Alice 和 Bob 间的密钥生成由三个基本阶段完成，并已经被应用到许多系统中（见参考文献[22-24]）。在优势萃取阶段（见参考文献[20,25]），授权用户 Alice 和 Bob 在存在窃听者 Eve 的情况下仍可以获得互信息，这是因为 Alice 与 Bob 间的互信息大于 Alice 与 Eve 或 Bob 与 Eve 间的互信息①，Alice 和 Bob 可以将这些互信息优势转化为产生密钥的比特；在信息求同阶段，Alice 和 Bob 通过已认证的公共信道交换纠错信息，生成相同的比特流，但同时也向 Eve 泄露了部分信息；在私密放大阶段（见参考文献[26]），Alice 和 Bob 有意丢弃一些共享比特，以减少泄露给 Eve 的比特信息。参考文献[23,27]②给出的方法可以有效地保证在生成密钥的同时不向窃听者泄露信息。

上述内容都基于一个重要假设，即在密钥生成前 Alice 和 Bob 间就已经存在一个可用的已认证信道，这一点在实际中往往是不现实的，因为存在认证信道就意味着 Alice 和 Bob 一开始就已经具备了共享的密钥！因此，产生公共密钥的目的没有达到。

在参考文献[29]中，Maurer 和 Wolf 证明了只要 Eve 无法向 Bob（或 Alice）发送一个与 Alice（或 Bob）所发信号在统计上不可分的信号，那么 Alice 和 Bob 就能在没有共享认证信道的条件下生成密钥。该思想还未在实际算法中实现。本文首次将该思想应用于实

---

① 两个观测值 X 和 Y 之间的信息量由互信息 $I(X;Y)$ 衡量。

② 大部分工作是在量子密钥分发背景下进行的。

际算法中：利用无线信道进行密钥生成，使 Eve 无法获取足够的信息干预密钥生成过程。

最近，参考文献[30]对无线系统中基于物理层的认证和加密进行了研究。参考文献[8,9]针对收发双方间使用信道签名实现认证的方法进行了讨论。而我们的工作则和参考文献[30]最为接近，该参考文献提出了在时分双工（TDD）的场景中，利用深衰落（deep fading）的相关观测值获取密钥比特的方法。其工作的重点在于利用通用哈希方法对密钥提取的随机性进行了理论推导，但缺乏对通信双方探测深衰落无线信道能力的证明或估计，也没有讨论其方案中对 TDD 场景的具体要求。同时，他们的研究中也没有对衰落过程及其参数与密钥速率的量化关系进行讨论，而且其算法主要关注的是被动窃听者。该算法对深衰落的依赖性可能会被主动攻击者加以利用，攻击者可以用远高于合法通信者的发送功率向授权用户发送干扰信号，这样一来，通信一方的检测信道为深衰落而另一方则不是。参考文献[32]中，作者提出了一种使用超宽带（ultra-wideband，UWB）信道获取信道互易性从而生成密钥比特的方案。参考文献[33]则提出了一种采用特殊电调天线（electronically steerable antennas）并利用信道互易性获取密钥比特的方案。总之，参考文献[31-33]中的方案沿用了常规密钥一致性协商的思路，因此都要求合法通信双方有已认证的信道。参考文献[34,35]提出了基于频率选择衰落信道中相位互易性的密钥生成算法，但在第三方主动攻击场景下，由于目前硬件平台难以保证相位信息的精度，该算法难以实现。

对比先前的工作，本章的算法不需要通信双方预先共享认证信道，同时对硬件设备也没限制，也没有局限于 UWB（超宽带）信道中。本章分析了算法性能与基本参数间的关系，这些参数可以应对衰落和调控量化。另外，本章在真实环境中实际实现了算法的两次实验验证，实验表明现有移动平台已经具备为密钥生成提供足够信息的能力。本章还对生成密钥的随机性进行了讨论，证明了生成的比特可以用作加密密钥，这也是先前许多工作中被忽略的部分。最后将提出的技术和经典的密钥生成技术（例如 Diffie-Hellman）进行对比，这些经典算法往往建立在较大规模的计算复杂度上，例如离散对数或大素数质因数分解等，而本算法在没有假设攻击者计算能力受限的情况下，实现了信息论意义上的安全，并提出了实际可行的方案。算法利用信道探测收集相关信息，所需参数在现有实际系统中很容易获取。从这个意义上说，本章提出的方案能够在无线网络中达到与光纤链路中量子密码同样的效果。

9.8 小　结

本章提出了一种利用通信双方无线多径信道传递函数的互易性生成密钥的方法。该方法利用通信双方间信道响应随距离的改变而迅速不相关的性质来获取安全优势，不仅保证了被动窃听者存在时的通信安全，同时也可以有效对抗主动欺骗攻击。本章分析了所提方案的性能，讨论了信道探测速率、量化器参数等因素与最终密钥速率间的内在关系。

本章还通过实验验证了利用无线信道生成的密钥性能。首先，在定制的 IEEE 802.11 开发平台上搭建了提取信道冲击响应的系统，采用 IEEE 802.11a 的前导序列计算每个数据包的信道冲击响应。然后，使用商用的IEEE 802.11a网卡采集RSSI测量值。这两种方案中，算法均能以可用速率无差错地生成密钥比特。最后，证明了窃听者与合法通信者间仅具有极小的互信息，这一点也为本算法对抗窃听者提供了保证。本章证明，在任何无线通信系统中，固有的多径信息可以有效保证密钥生成，遗憾的是这些信息经物理层处理后往往被丢弃了。更重要的是，所提的方案不仅可以在定制的平台上实现，同样也能在通用的无线电处理平台上应用，因此本方案能对提升常用无线通信系统的安全性产生深远的影响。通过对算法的基本讨论和可行性分析可知，本算法对使用MIMO或OFDM等技术的系统具有天然的适用性，这些技术中具有的多条不相关信道不仅可以提升数据传输速率，也可以提高密钥速率。

致谢 作者特此向提供宝贵意见和深入讨论的Yogendra Shah致以诚挚的谢意，并感谢美国国家自然科学基金委员会和美国国防部高级研究计划局(编号：CNS-0626439和W31P4Q-07-1-0002)对本项研究的支持。

参考文献

[1] M. Rudolf and R. P. Mukherjee, *Method and system for deriving an encryption key using joint randomness not shared by others*. US Patent Application Publication US2007/0058808A1, 2007.

[2] T. S. Rappaport, *Wireless Communications: Principles and Practice*. Upper-Saddle River, Prentice Hall PTR., 2001.

[3] A. Goldsmith, *Wireless Communications*. New York, NY, USA: Cambridge University Press, 2005.

[4] J. K. Tugnait, L. Tong, and Z. Ding, "Single-user channel estimation and equalization," *IEEE Signal Processing Magazine*, vol. 17, pp. 16–28, 2000.

[5] W. C. Jakes, *Microwave Mobile Communiations*. New York: Wiley, 1974.

[6] T. Moore, "IEEE 802.11-01/610r02: 802.1x and 802.11 key interactions," *Microsoft Research*, 2001.

[7] S. Fortune, D. M. Gay, B. Kernighan, O. Landron, R. A. Valenzuela, and M. Wright, "Wise design of indoor wireless systems: Practical computation andoptimization," *Computational Science and Engineering, IEEE*, vol. 2, no. 1, pp. 58–68, Apr. 1995.

[8] N. Patwari and S. K. Kasera, "Robust location distinction using temporal link signatures," in *MobiCom '07: Proceedings of the 13th annual ACM international conference on Mobile computing and networking*, pp. 111–122, 2007.

[9] L. Xiao, L. Greenstein, N. Mandayam, and W. Trappe, "Fingerprints in the ether: Using the physical layer for wireless authentication," in *Proceedings of the IEEE International Conference on Communications*, pp. 4646–4651, 2007.

[10] A. J. Menezes, P. C. van Oorschot, and S. A. Vanstone, *Handbook of Applied Cryptography*. CRC Press, 1996.

[11] U. M. Maurer, "A universal statistical test for random bit generators," *Journal of Cryptology*, vol. 5, pp. 89–105, 1992.

[12] "http://csrc.nist.gov/groups/st/toolkit/rng/."

[13] NIST, "A statistical test suite for the validation of random number generators and pseudo random number generators for cryptographic applications," 2001.

[14] "IEEE standard 802.11a: Part 11 wireless LAN medium access control (MAC) and physical layer (PHY) specifications: High-speed physical layer in the 5 GHz band."

[15] T. M. Cover and J. A. Thomas, *Elements of Information Theory*. New York: John Wiley, 1991.

[16] Q. Wang, S. R. Kulkarni, and S. Verdu, "A nearest-neighbor approach to estimating divergence between continuous random vectors," in *International Symposium on Information Theory*, pp. 242–246, 2006.

[17] "http://www.atheros.com/."

[18] "http://www.madwifi.org/."

[19] "http://www.tcpdump.org."

[20] U. Maurer, "Secret key agreement by public discussion from common information," *IEEE Transactions on Information Theory*, vol. 39, no. 4, pp. 733–742, 1993.

[21] R. Ahlswede and I. Csiszar, "Common randomness in information theory and cryptography – Part I: Secret sharing," *IEEE Transactions on Information Theory*, vol. 39, no. 4, pp. 1121–1132, 1993.

[22] J. Cardinal and G. V. Assche, "Construction of a shared secret key using continuous variables," *Information Theory Workshop*, 2003.

[23] G. Brassard and L. Salvail, "Secret key reconciliation by public discussion," *Advances in Crytology Eurocrypt '93, Lecture Notes in Computer Science*, vol. 765, pp. 410–423, 1994.

[24] C. Ye, A. Reznik, and Y. Shah, "Extracting secrecy from jointly Gaussian random variables," in *Proceedings of IEEE International Symposium on Information Theory*, Jul. 2006, pp. 2593–2597.

[25] C. Cachin and U. M. Maurer, "Linking information reconciliation and privacy amplification," *Journal of Cryptology: The Journal of the International Association for Cryptologic Research*, vol. 10, no. 2, pp. 97–110, Spring 1997.

[26] C. H. Bennett, G. Brassard, and J.-M. Robert, "Privacy amplification by public discussion," *SIAM Journal on Computing*, vol. 17, no. 2, pp. 210–229, 1988.

[27] W. T. Buttler, S. K. Lamoreaux, J. R. Torgerson, G. H. Nickel, C. H. Donahue, and C. G. Peterson, "Fast, efficient error reconciliation for quantum cryptography," *Physical Review A*, vol. 67, pp. 052 303.1–052 303.8, 2003.

[28] G. V. Assche, *Quantum Cryptography and Secret Key Distillation*. New York: Cambridge University Press, 2006.

[29] U. Maurer and S. Wolf, "Secret key agreement over a non-authenticated channel – Part II: The simulatability condition," *IEEE Transactions on Information Theory*, vol. 49, no. 4, pp. 832–838, Apr. 2003.

[30] Z. Li, W. Xu, R. Miller, and W. Trappe, "Securing wireless systems via lower layer enforcements," in *WiSe '06: Proceedings of the 5th ACM workshop on Wireless security*, pp. 33–42, 2006.

[31] B. Azimi-Sadjadi, A. Kiayias, A. Mercado, and B. Yener, "Robust key generation from signal envelopes in wireless networks," in *CCS '07: Proceedings of the 14th ACM conference on Computer and communications security*, pp. 401–410, 2007.

[32] R. Wilson, D. Tse, and R. Scholtz, "Channel identification: Secret sharing using reciprocity in UWB channels," *IEEE Transactions on Information Forensics and Security*, vol. 2, no. 3, pp. 364–375, 2007.

[33] T. Aono, K. Higuchi, T. Ohira, B. Komiyama, and H. Sasaoka, "Wireless secret key generation exploiting reactance-domain scalar response of multipath fading channels," *IEEE Transactions on Antennas and Propagation*, vol. 53, no. 11, pp. 3776–3784, Nov. 2005.

[34] A. Hassan, W. Stark, J. Hershey, and S. Chennakeshu, "Cryptographic key agreement for mobile radio," *Digital Signal Processing*, vol. 6, pp. 207–212, 1996.

[35] H. Koorapaty, A. Hassan, and S. Chennakeshu, "Secure information transmission for mobile radio," *IEEE Communication Letters*, vol. 4, no. 2, Feb. 2000.

第 10 章

多终端密钥生成及其在无线系统中的应用*

Chunxuan Ye,Alex Reznik

10.1 引 言

目前大部分加密系统的安全性取决于(未经证明的)计算复杂度,如大数分解或离散对数计算(见参考文献[1])。假设窃听者计算能力有限和缺乏有效算法的安全被称为计算复杂度安全。然而,随着高效算法的发展和现代计算机(如量子计算机)计算能力的不断提高,该假设正在被弱化。

香农提出了无条件安全或信息论安全的基本概念(见参考文献[2])。在香农的安全模型中,密文 C 是相应明文 M 和密钥 K 的函数,被合法用户和窃听者同时接收。在没有密钥 K 的情况下,为了确保窃听者获取不到明文 M 的任何信息,C 和 M 的互信息必须是零。香农证明,要想获得完美安全,密钥 K 的熵必须不小于明文 M 的熵。

需要指出的是,这种悲观结论是假设窃听者与合法用户接收相同信息的情况下取得的,且要求 M 和 C 的互信息必须等于零。但是,如果放宽这些严格的约束条件,或者假设信息论密码学有额外资源存在时,则信息论安全更容易实现。例如在无线通信系统中,无线衰落信道的时变性就放宽了香农模型中严格的约束条件,同时还提供了额外的安全资源。上述两点认识导致了两种不同的加密技术。在无线网络环境中,探讨这些技术之前,先对每种技术进行简要说明。

在研究如何利用无线衰落信道放松香农模型的严格约束条件方面,Wyner(见参考文献[3])首先提出了搭线窃听信道模型。该模型下,合法发送者通过一个离散无记忆信道(即主信道)将信息发送给合法接收者。窃听者可以通过一个独立的离散无记忆信道(即搭线窃听通道)观测合法接收者的接收信号。合法发送者和窃听者的整个窃听信道,是主

Chunxuan Ye(✉)
因特尔数字,普鲁士国王第三大道 781 号,宾夕法尼亚州 19406,美国
电子邮件:Chunxuan.Ye@InterDigital.com

* 本章部分内容来自于:(1)Secret key generation for a pairwise independent network model,Proceedings of the IEEE International Symposium on Information Theory,2008 © IEEE 2008;(2)Extracting secrecy from jointly Gaussian random variables,Proceedings of the IEEE International Symposium on Information Theory,2007 © IEEE 2007;(3)The private key capacity region for three terminals,Proceedings of the IEEE International Symposium on Information Theory,2004 © IEEE 2004;(4)The secret key-private key capacity region for three terminals,Proceedings of the IEEE International Symposium on Information Theory,2005 © IEEE 2005.

信道和搭线窃听信道的级联信道。在给定窃听者接收信号的条件下，保密速率被定义为合法接收者译码信息的条件熵。最大保密速率称为保密容量。如果主信道和窃听信道都是二进制对称信道，保密容量等于主信道容量减去窃听信道容量(见参考文献[3])。如果主信道和窃听信道都是加性高斯白噪声(AWGN)信道，上述结论同样成立(见参考文献[4])。

Csiszar 和 Korner(见参考文献[5])把 Wyner 的窃听信道模型推广到离散无记忆广播信道。在该模型下，窃听信道不需要是主信道的退化信道，只要主信道的噪声弱于窃听信道，保密容量就大于零(见参考文献[5])。

近年来，人们研究了搭线窃听信道模型的多种扩展模型。例如，多接入搭线窃听信道模型(见参考文献[6-8])，带有边信息的搭线窃听信道模型(见参考文献[9,10])，有噪声反馈的搭线窃听信道模型(见参考文献[11])，以及半正定条件下的搭线窃听信道模型(见参考文献[12])等。

如果考虑信道衰落因素，无线通信系统中的搭线窃听信道模型就变得非常有趣。Barros 和 Rodrigues(见参考文献[13])的研究引发了大家在该问题上的兴趣，出现了不少研究成果。例如，参考文献[14]分析了用中断概率表示的保密容量，并得到有意思的结论：即使窃听信道的平均信噪比(signal to noise ratio，SNR)好于主信道，也有可能实现保密通信。参考文献[15]考虑了两种慢衰落信道的保密容量：①发送者已知主信道和窃听信道的信道状态信息(channel state information，CSI)；②发送者只知道主信道的 CSI。参考文献[16]提供了快衰落信道在上述条件下的结果。参考文献[17]研究了发送者和两个接收者均已知 CSI 的情况下可传输保密信息的衰落广播信道。参考文献[18-21]研究了各种多天线条件下搭线窃听信道模型的安全通信。参考文献[23-25]探讨了有协作节点的搭线窃听信道模型。

除了在各种假设前提下研究保密容量的特性，也有学者研究搭线信道模型中实现保密通信的编码方案。Thangaraj 证明了通过可达容量编码能够在任何搭线窃听信道模型下取得保密容量(见参考文献[26])。参考文献[27]研究了在高斯和准静态衰落搭线窃听信道模型中将 LDPC 码用于密钥生成。参考文献[28]研究了嵌套编码用于搭线窃听信道模型的保密通信，其中主信道是无噪的、窃听信道是一个通用的二进制对称输入输出无记忆信道。

综上所述，搭线窃听信道模型的保密通信是基于主信道的噪声弱于窃听信道的假设，否则保密容量为零(见参考文献[5])，这对模型的适用性来说是一个难题。由于没法确定潜在窃听者到底满足哪些假设条件，这给保密通信带来很多麻烦。在无线信道衰落场景下，是否达到保密容量取决于主信道优于窃听信道的那些频点。要想获取这些知识通常需要窃听者(如实地)提供它与发送者之间的信道信息，而这个假设通常是不合理的。实际上，只有在网络终端先验信息已知的场景下搭线窃听信道才能生成有实际意义的信道模型，才能在合理假设下提供可靠的安全服务。参考文献[5,17,29]给出了该方向上一些初步的研究结果，10.5 节将对该概念进行进一步阐述。

在条件允许的情况下，利用无线信道实现数据安全的另一种方法是把信道当成一种资源来直接生成密钥，该方法分为源型和信道型两种模型。

源型模型的密钥生成问题是 Maurer(见参考文献[30])和 Ahlswede Csiszar(见参考

文献[31])最先研究的。在基本源型模型中,合法双方能够观测共同的随机源,而窃听者无法访问该随机源。由于观测噪声,合法双方的观测结果相关但不完全相同。基于该观测结果,双方通过一个公共无差错信道进行信息交互后,生成一个相同的密钥。窃听者能够观测公共信道上传输的信息,但无法对其进行篡改。合法双方生成的密钥必须对窃听者保密,换句话说,密钥和公共信道传输信号的互信息必须(渐近地)趋近于零。密钥的最大可达熵率被称为密钥容量。从经典的一次一密的角度看,源型模型的密钥容量可对应看作是搭线窃听信道模型的保密容量。

与搭线窃听信道模型相比,源型模型不要求主信道的噪声小于窃听信道,但要求存在一个公共无差错信道和一个公共随机源,合法终端可以访问该随机源但窃听者不能。有噪信道在纠错编码协助下可以看作无差错信道,因此,源型模型可以通过公共无差错信道实现。由于公共随机源作为天然资源必须事先存在,源型模型主要受限于公共随机源的选择。

量子密码(见参考文献[32])就是将天然的安全源作为密钥源用于实际安全系统的例子。其实无线衰落信道也是一个类似的资源(见参考文献[33,34]),而这一点过去认识得不够。在无线通信系统中,假如两个终端在同一频点上相互通信,则接收信号是发送信号经无线信道的一个映射,该映射称为信道冲激响应(channel impulse response,CIR)。CIR 随着位置和时间变化而变化,并且在相干时间内具有互易性,即相干时间内该映射在收发两个方向上高度相关。因此,如果通信双方能够在大致相同的时间内观测彼此间的衰落信道,则它们的测量结果在统计上高度相关。而且,移动几个波长量级的距离后,测量的无线信道几乎完全不相关。因此,通信双方的共享信道可以很好地建模为独立于窃听者的观测值。

值得注意的是,相对于搭线窃听模型,源型模型的安全约束条件更适合于无线场景,只需假设窃听者不在合法终端几个波长范围内即可。对于现代无线通信,波长只有厘米量级,大部分情况下这样的假设很容易满足,因此在实际系统中是可行的。

在源型模型的推广模型中,假定两个终端观测的共同随机源也能被窃听者访问。Maurer 等为这个更一般的源型模型提出了一个三阶段密钥生成协议。

第一阶段称为优势萃取(advantage distillation)(见参考文献[30,35])。目的是提取合法信道相对于窃听信道的优势。由于该阶段的公开通信会泄漏一部分相关信息,使密钥的生成速率降低,因此,只有当合法信道相对于窃听信道不具有优势时才需要该阶段。在上述基本源型模型中就省略了该阶段,因为窃听者得不到任何相关的观测值,通信双方相对于窃听者的优势已经存在。

第二阶段称为信息调和(information reconciliation)(见参考文献[32,36,37]),目的是利用公共信道在两个通信终端之间产生一个相同的随机序列。为了提高密钥速率,应最大化该随机序列的熵,最小化公共信道上传递的信息量。显然,误差校正技术可以实现该目的。参考文献[38]强调了信息调和与 Slepian-Wolf 数据压缩的先天性关联,随着 Slepian-Wolf 数据压缩和信道编码之间对偶性的发现,Turbo 码或 LDPC 码等容量可达信道编码可以实现 Slepian-Wolf 数据压缩的界。目前已经研究出一些实用的 Slepian-Wolf 编码(见参考文献[40-43])。容量可达信道编码以及对应的界可达 Slepian-Wolf 编码有利于信息调和。

最后阶段称为保密增强(privacy amplification)(见参考文献[44,45]),目的是从信息调和阶段通信双方协商的一致序列中提取密钥。需要注意的是,窃听者通过对公共信道和随机源的观测,可以获取合法终端共享随机序列的部分信息。保密增强阶段要求生成的密钥与窃听者获取的信息基本上是统计独立的。保密增强可以通过线性映射和通用散列函数(见参考文献[45-48]),或提取器(见参考文献[48-52])来实现。参考文献[31,35,53,54]将信息调和阶段和保密增强阶段相结合。

上面提到的源型模型均在被动窃听条件下,即被动窃听者不在公共信道上通信,或等效地说公共信道是需要认证过的。Maurer 和 Wolf(见参考文献[48,55-57])对存在一个主动攻击者的源型模型的密钥容量进行了研究。参考文献[56]验证了:只要两个通信终端和主动攻击者观测到的随机变量不满足某些相关条件,那么主动攻击模型的密钥容量与被动窃听模型的相同,或者合法双方能够检测出主动攻击者的存在。除此之外,没有密钥能在主动攻击模型中生成。参考文献[57]分析了检测可模拟条件(simulatability condition)的准则。参考文献[48]提出了一种主动攻击模型中保密增强的实现方法。

源型模型的扩展性研究有许多成果。例如,参考文献[31,58]对有一个协作终端的源型模型进行了研究;参考文献[58]对约束公共信道速率的源型模型进行了研究。

源型模型可方便地推广到两个以上终端间生成密钥的情形,其中每个终端对公共随机源的观测值各不相同。参考文献[58]首先研究了三个终端情况下密钥的生成问题,参考文献[38,59]将其推广到任意多个终端。在多终端源型模型中,终端群组的一个子集可作为"助手"帮助其他终端生成密钥。参考文献[38]根据窃听者获取信息的不同程度考虑了三种不同类型的密钥:公用密钥(secret key)、私用密钥(private key)和搭线窃听密钥(wiretap secret key)。公用密钥是多终端在一组协作节点帮助下(即以附加相关信息的形式)生成的,期间必须要对窃听者接入公共信道的能力加以限制。私用密钥必须在对协作终端额外保密下生成。搭线窗听密钥的生成条件更加严格,必须对窃听者可观测的公共随机源进行保护。参考文献[38]给出了公用密钥容量和私用密钥容量的单字符特性以及搭线窃听密钥容量的上界。10.2 节将对这些结果进行详细描述。参考文献[60,61]详细研究了多终端源型模型在无线网络中的应用。

在典型的源型模型中,合法终端和窃听者观测到的随机变量的联合分布是固定的。对于更一般的情况,参考文献[31,62]中称之为信道型模型,其中任一终端能够用以下方式控制随机变量的联合分布:任一终端通过控制保密广播信道的输入,导致其他所有终端对该保密广播信道有不同但相关的输出观测结果。所有终端通过一个公共无差错信道通信后,基于保密广播信道输入以及输出的相关观测生成密钥。窃听者能够观测到公共信道的所有通信,可能观测到也可能观测不到保密广播信道的输出。需要注意的是,典型的源型模型中对公共随机源的观测值,在信道型模型中被保密广播信道的输入值和输出的观测值所代替,这里保密广播信道的输入受某个终端的控制。

需要指出的是,信道型模型和存在一个额外公共无差错信道的搭线窃听信道模型是等价的,参考文献[30]表明搭线窃听信道模型的保密容量能够通过终端间的公共会话协商得到提升。因此,与典型搭线窃听信道模型不同,在信道型模型中,即使窃听者相比于合法终端有更低的观测噪声，合法双方也可获得正的保密速率。参考文献[62,63]讨论了多终端信道型模型的密钥容量。10.2节中对参考文献[62]的结果进行了详细描述。

在所有源型模型中，通信终端仅生成一个密钥。然而在群组通信等需求中，多终端网络要生成多个密钥。每个密钥只为一个特定的终端群组服务，对不属于该群组的终端和窃听者来说是保密的，可用于群组内的保密通信。由于允许群组存在交集，一些终端可能会产生多个密钥。参考文献[64,65]研究了三个终端网络内同时生成多个密钥的问题。参考文献[64]研究了同时生成两个私用密钥的问题，参考文献[65]研究了同时产生一个公用密钥和一个私用密钥的问题。10.4节给出了这些成果的详细描述。

除了各种源型模型密钥容量的研究外，最近还有一些实用的密钥构造方法方面的研究。例如，参考文献[53]证明了密钥生成可以由一对线性矩阵导出。参考文献[54]讨论了源型模型中公用密钥和私用密钥的生成，这里终端群组观测到的随机变量通过二进制对称信道相连。参考文献[34,66]为源型模型提供了简单的密钥生成方案，该模型中终端观测的随机变量服从联合高斯分布。因为(窄带)无线信道通常会经历瑞利衰落或莱斯衰落，这种联合高斯分布的假设对于无线信道而言是合理的。参考文献[67]对超宽带无线信道的密钥构造方案进行了研究。参考文献[68]提出了一个简单而健壮的密钥构造方案。参考文献[69,70]也对无线信道的密钥构造方案进行了研究。除此之外，人们还尝试了一些利用无线信道提高保密性的其他方法。例如，利用无线信道的互易性进行保密数据变换(见参考文献[71])。参考文献[72]讨论了基于接收信号相位信息的密钥提取方案；参考文献[73]研究了将无线信道的互易性用于终端认证。

在进行多终端安全讨论之前，需要指出本章重点在于多终端安全理论模型。在决定如何组织内容时，本章考虑了基础模型在无线通信中的适用性，并且在必要的地方强调了这一联系。

10.2 多终端密钥生成的一般结论

本节给出了多终端间密钥生成的一般结论。10.2.1节将对源型模型进行讨论，10.2.2节将对多终端信道型模型进行讨论。

10.2.1 多终端源型模型的密钥生成

假设有 $m\geqslant 2$ 个终端，分别对独立同分布的随机变量 $(X_1,\cdots,X_m)$ 重复观测 n 次，记作 $(X_1^n,\cdots,X_m^n)$，其中 $X_i^n=(X_{i,1},\cdots,X_{i,n})$。终端群组 $\mathcal{A}\subseteq\mathcal{M}=\{1,\cdots,m\}$ 希望根据相关观测，在其他终端的帮助下生成一个公用密钥。为生成该密钥，这 m 个终端可以通过一个无差错的公共信道进行通信，期间可能经过了多轮交互。所有终端，包括潜在的、不破坏通信的被动窃听者，都可以观测到公共信道上的通信信息。F 表示公共信道上的所有通信信息。

任意给定 $\varepsilon>0$ 及随机变量 U 和 V，如果对于 V 的某个函数 $f(V)$，满足 $\Pr\{U\neq f(V)\}\leqslant\varepsilon$，则称 U 从 V 中 ε-可恢复。

若满足下列条件，则作为 $(X_1^n,\cdots,X_m^n)$ 的函数、值域为 $\mathcal{K}$ 的随机变量 K 表示终端群组

$\mathcal{A}\subseteq\mathcal{M}$从 F 中获取的 ε-密钥(记为 ε-SK):

- 对每个 $i\in\mathcal{A}$,K 从(F,X_i^n)中 ε-可恢复;
- K 满足保密条件

$$\frac{1}{n}I(K\wedge F)\leqslant\varepsilon \tag{10.1}$$

- K 满足均匀条件

$$\frac{1}{n}H(K)\geqslant\frac{1}{n}\log|\mathcal{K}|-\varepsilon \tag{10.2}$$

上述条件表明,在群组$\mathcal{A}^c=\mathcal{M}\backslash\mathcal{A}$中的终端提供额外关联信息的帮助下,群组$\mathcal{A}$中的终端可生成一个公用密钥 K;如式(10.2)所示,该密钥近似服从均匀分布,而且如式(10.1)所示,该密钥对于观测 F 的被动窃听者是不可见的。

群组$\mathcal{A}$的某个 ε-SK 密钥 K 称为对某子终端群组$\mathcal{D}\subseteq\mathcal{A}^c$保密的 ε-私用密钥(记为 ε-PK),若它满足一个更加严格的保密条件

$$\frac{1}{n}I(K\wedge F,X_{\mathcal{D}}^n)\leqslant\varepsilon \tag{10.3}$$

其中 $X_{\mathcal{D}}^n=\{X_i^n:i\in\mathcal{D}\}$。式(10.3)表明私用密钥受到额外保护,使之对辅助终端群组$\mathcal{D}$保密。

定义 10.1 (见参考文献[38]):如果对于任意 $\varepsilon_n>0$ 和足够大的 n,密钥 $K^{(n)}$ 是通过适当的通信过程获取的 ε_n-SK 密钥且$\frac{1}{n}H(K^{(n)})\geqslant R-\varepsilon_n$,则非负数 R 构成群组$\mathcal{A}$的可达密钥速率。$\mathcal{A}$的最大可达密钥速率称为密钥容量,记为$\mathcal{C}_{\mathrm{SK}}(\mathcal{A})$。

如果上述 ε_n 随着 n 的增大而以指数趋于零,则称终端群组$\mathcal{A}$的可达密钥速率为强可达的,最大的强可达密钥速率称为群组$\mathcal{A}$的强密钥容量。

子终端群组$\mathcal{D}\subseteq\mathcal{A}^c$的(强)可达私用密钥速率也可采用类似的定义,即$\mathcal{D}$的最大(强)可达私用密钥速率为(强)私用密钥容量,记作 $C_{\mathrm{PK}}(\mathcal{A}|\mathcal{D})$。

备注:由于 K 与 $\boldsymbol{F}$(或与$(\boldsymbol{F},X_{\mathrm{D}}^n)$)间的互信息不一定会随 n 趋于无穷而趋于 0,所以保密条件式(10.1)、式(10.3)还不足以用来加密。参考文献[74,75]指出忽略式(10.1)和式(10.3)中的因子$\frac{1}{n}$对密钥速率没有任何影响。需要注意的是上述强可达概念的要求更加严格。

定理 10.1 (见参考文献[38])(强)密钥容量 $C_{\mathrm{SK}}(\mathcal{A})$由下式给出

$$C_{\mathrm{SK}}(\mathcal{A})=H(X_{\mathcal{M}})-R_{\min}(\mathcal{A}) \tag{10.4}$$

其中

$$R_{\min}(\mathcal{A})=\min_{(R_1,\cdots,R_m)\in\mathcal{R}(\mathcal{A})}\sum_{i=1}^{m}R_i$$

$$\mathcal{R}(\mathcal{A})=\left\{(R_1,\cdots,R_m):\sum_{i\in\mathcal{B}}R_i\geqslant H(X_{\mathcal{B}}\mid X_{\mathcal{B}^c}),\mathcal{B}\subset\mathcal{M},\mathcal{A}\not\subset\mathcal{B}\right\}$$

$$X_{\mathcal{B}}=\{X_j:j\in\mathcal{B}\}$$

定理 10.1 给出了密钥容量的单字符特性。$\mathcal{M}=\mathcal{A}=\{1,2\}$时,参考文献[30,31]首次证明了定理 10.1 中的结果可简化为互信息 $I(X_1\wedge X_2)$。$\mathcal{M}=\mathcal{A}=\{1,2,3\}$时,密钥容

量可以表示为如下形式

$$C_{\mathrm{SK}}(\{1,2,3\}) = \min\begin{bmatrix} I(X_1 \wedge X_2, X_3), I(X_2 \wedge X_1, X_3), I(X_3 \wedge X_1, X_2), \\ \frac{1}{2}[H(X_1)+H(X_2)+H(X_3)-H(X_1,X_2,X_3)] \end{bmatrix} \tag{10.5}$$

但当$|\mathcal{M}|\geqslant 4$时，密钥容量的计算就不那么简单了，它涉及下面的线性过程。

令$B(\mathcal{A})=\{\mathcal{B}\subset\mathcal{M}:\mathcal{B}\neq\varnothing,\mathcal{A}\not\subset\mathcal{B}\}$是$\mathcal{M}$的子集的集合，$B_i(\mathcal{A}),i\in\mathcal{M}$，表示$B(\mathcal{A})$的一个所有包含$i$的$\mathcal{B}\in B(\mathcal{A})$组成的子集，$\Lambda(\mathcal{A})$表示所有$\mathcal{B}$的权重集$\lambda=\{\lambda_{\mathcal{B}}:\mathcal{B}\in B(A)\}$组成的集合，其中$0\leqslant\lambda_{\mathcal{B}}\leqslant 1$，且满足

$$\sum_{\mathcal{B}\in B_i(A)}\lambda_{\mathcal{B}}=1,\quad i\in\mathcal{M}$$

根据对偶定理(见参考文献[76])，定理 10.1 中的密钥容量可以写成(见参考文献[62])

$$C_{\mathrm{SK}}(\mathcal{A}) = H(X_{\mathcal{M}}) - \max_{\lambda\in\Lambda(\mathcal{A})}\sum_{\mathcal{B}\in B(\mathcal{A})}\lambda_{\mathcal{B}}H(X_{\mathcal{B}}\mid X_{\mathcal{B}^c}) \tag{10.6}$$

除了式(10.6)准确描述的密钥容量之外，参考文献[38]从另一个视角给出了密钥容量的上界。令$(\mathcal{P}_1,\cdots,\mathcal{P}_k)$为$\mathcal{M}$的$k$部分分割，每个元素$\mathcal{P}_l$，$1\leqslant l\leqslant k$，都与$\mathcal{A}$相交。令$\mathcal{P}^k(\mathcal{A})$表示所有这些$k$部分分割组成的集合，则密钥容量的上界是

$$C_{\mathrm{SK}}(\mathcal{A}) \leqslant \min_{2\leqslant k\leqslant|\mathcal{A}|}\frac{1}{k-1}I_k(\mathcal{A}) \tag{10.7}$$

其中

$$\begin{aligned} I_k(\mathcal{A}) &= \min_{(\mathcal{P}_1,\cdots,\mathcal{P}_k)\in\mathcal{P}^k(\mathcal{A})}\sum_{l=1}^{k}H(X_{\mathcal{P}_l}) - H(X_{\mathcal{M}}) \\ &= \min_{(\mathcal{P}_1,\cdots,\mathcal{P}_k)\in\mathcal{P}^k(\mathcal{A})} D(P_{X_{\mathcal{M}}}\parallel P_{X_{\mathcal{P}_1}}\cdot\cdots\cdot P_{X_{\mathcal{P}_k}}) \end{aligned}$$

$D(P_{X_{\mathcal{M}}}\parallel P_{X_{\mathcal{P}_1}}\cdot\cdots\cdot P_{X_{\mathcal{P}_k}})$是所有随机变量联合分布和对应$k$部分分割分布的乘积之间的 Kullback-Leibler 散度。在某些特殊情况下，该上界是紧的，而一般情况下，该上界是否是紧的仍是一个待研究的问题。

定理 10.2　(强)私用密钥容量$C_{\mathrm{PK}}(\mathcal{A}|\mathcal{D})$由下式给出

$$C_{\mathrm{PK}}(\mathcal{A}\mid\mathcal{D}) = H(X_{\mathcal{M}}\mid X_{\mathcal{D}}) - R_{\min}(\mathcal{A}\mid\mathcal{D}) \tag{10.8}$$

其中

$$R_{\min}(\mathcal{A}\mid\mathcal{D}) = \min_{\{R_i:i\in\mathcal{D}^c\}\in\mathcal{R}(\mathcal{A}|\mathcal{D})}\sum_{i\in\mathcal{D}^c}R_i$$

$$\mathcal{R}(\mathcal{A}\mid\mathcal{D}=)\left\{\{R_i:i\in\mathcal{D}^c\}:\sum_{i\in\mathcal{B}}R_i\geqslant H(X_{\mathcal{B}}\mid X_{\mathcal{B}^c}),\mathcal{B}\subset\mathcal{D}^c,\mathcal{A}\not\subset\mathcal{B}\right\}$$

对于$\mathcal{M}=\{1,2,3\}$，$\mathcal{A}=\{1,2\}$和$\mathcal{D}=\mathcal{A}^c=\{3\}$的情况，私用密钥容量的表达式为

$$I(X_1\wedge X_2\mid X_3) \tag{10.9}$$

参考文献[31]首先对其进行了证明。

私用密钥容量的计算涉及如下线性规划问题。令$B(\mathcal{A}|\mathcal{D})=\{\mathcal{B}\subset\mathcal{D}^c:\mathcal{B}\neq\varnothing,\mathcal{A}\not\subset\mathcal{B}\}$为$\mathcal{D}^c$的子集的集合，$B_i(\mathcal{A}|\mathcal{D}),i\in\mathcal{D}^c$，表示$B(\mathcal{A}|\mathcal{D})$的子集，它由所有包含$i$的$\mathcal{B}\in B(\mathcal{A}|\mathcal{D})$组成。$\Lambda(\mathcal{A}|\mathcal{D})$表示所有$\mathcal{B}$的权重集$\lambda=\{\lambda_{\mathcal{B}}:\mathcal{B}\in B(\mathcal{A})\}$组成的集合，其中$0\leqslant\lambda_{\mathcal{B}}\leqslant 1$，且满足

$$\sum_{B \in B_i(\mathcal{A}|\mathcal{D})} \lambda_B = 1, \quad i \in \mathcal{D}^c$$

则私用密钥容量可以表示如下(见参考文献[62])

$$C_{\mathrm{PK}}(\mathcal{A} \mid \mathcal{D}) = H(X_{\mathcal{M}} \mid X_{\mathcal{D}}) - \max_{\lambda \in \Lambda(\mathcal{A}|\mathcal{D})} \sum_{B \in B(\mathcal{A}|\mathcal{D})} \lambda_B H(X_B \mid X_{B^c})$$

对定理 10.1 的结果可以做如下诠释：密钥容量等于这些终端可获得的共享公共随机性的最大速率 $H(X_{\mathcal{M}})$，减去使终端群组$\mathcal{A}$中的每个终端都可以获取的终端间数据压缩通信的最小总速率 $R_{\min}(\mathcal{A})$。同样可以对私用密钥容量 $C_{\mathrm{PK}}(\mathcal{A}|\mathcal{D})$进行类似的诠释，不同之处在于，作为辅助方但不知道生成密钥的群组$\mathcal{D}$中的终端可以“公开”它们的观察值。因此，式(10.4)中计算熵的项需要附件条件 $X_{\mathcal{D}}$，用式(10.8)代替。值得注意的是，$R_{\min}(\mathcal{A})$和 $R_{\min}(\mathcal{A}|\mathcal{D})$是作为多终端 Slepian-Wolf 数据压缩问题的解获得的，不涉及任何保密约束。依上述分解的密钥容量和私用密钥容量的特性也反映了用于建立这些结果的随机编码参数的连续阶段(见参考文献[54])。

上述讨论中，不允许终端具有随机性。假设每个终端可以生成一个与 $X_{\mathcal{M}}^n$ 独立的随机变量，且不同终端产生的随机变量也相互独立，则某个终端生成的随机变量不仅可以用于它的公共信道传输，也可以用于最终密钥或私用密钥的生成。参考文献[38]证明了终端具有的随机性不会增加密钥容量或私用密钥容量。此外，参考文献[38,62]证明了式(10.4)表示的密钥容量和式(10.8)表示的私用密钥容量可以通过非交互式通信达到，只需要每个终端发送一条消息即可，这里终端 $i \in \mathcal{D}$发送的消息只是与它相关的观测值 X_i^n。

上述多终端源型模型均假设窃听者除了可以观测到公共信道上终端间相互通信外，无法获取 $X_{\mathcal{M}}^n$ 的任何相关信息。但在许多实际情况下，除了监听公共信道传输外，窃听者也可以像其他终端一样，窃听到相关源 $X_{\mathcal{M}}^n$ 的一些边信息(side information)。这时建模为：被动窃听者可以观测到随机变量 Z 的 n 个独立同分布的样本，记为 $Z^n=(Z_1,\cdots,Z_n)$，对于所有 $1 \leqslant i \leqslant n$，$(X_{1,i},\cdots,X_{m,i},Z_i)$的联合分布相同。此时，终端生成的密钥应满足一个更加严格的保密条件

$$\frac{1}{n} I(K \wedge F, Z^n) \leqslant \varepsilon \tag{10.10}$$

如果$\mathcal{A}$的一个 ε-SK 的 K 满足式(10.10)，且对搭线窃听者是保密的，则称之为$\mathcal{A}$的 ε-搭线窃听密钥(记作 ε-WSK)。

$\mathcal{A}$的对于窃听者保密的(强)可达搭线窃听密钥速率的定义与定义 10.1 类似，称$\mathcal{A}$的最大的(强)可达搭线窃听密钥速率为$\mathcal{A}$的(强)搭线窃听密钥容量，记为 $C_{\mathrm{WSK}}(\mathcal{A})$。

定理 10.3 $\mathcal{A}$的(强)搭线窃听密钥容量 $C_{\mathrm{WSK}}(\mathcal{A})$的上界由下式给出(见参考文献[38])

$$C_{\mathrm{WSK}}(\mathcal{A}) \leqslant \inf_{U \leftrightarrow Z \leftrightarrow X_{\mathcal{M}}} C_{\mathrm{PK}}(\mathcal{A} \mid \{U\}) \tag{10.11}$$

其中 $C_{\mathrm{PK}}(\mathcal{A}|\{U\})$是终端群组$\mathcal{A}$对窃听者保密的密钥容量，对于一些满足马尔科夫条件 $U \leftrightarrow Z \leftrightarrow X_{\mathcal{M}}$ 的随机变量 U，可以用$\{1,\cdots,m+1\}$和$(X_1,\cdots,X_m,U)$代替$\mathcal{M}=\{1,\cdots,m\}$和 $X_{\mathcal{M}}=(X_1,\cdots,X_m)$。

需要注意的是，即使在两个合法终端的情况下，搭线窃听密钥容量的计算也没有完全解决，且一般情况下式(10.11)描述的上界也不是紧的(见参考文献[77])。参考文献[77]

通过减少内在信息的方法对在$\mathcal{A}=\mathcal{M}=\{1,2\}$的情况下提高了式(10.11)描述的上界。最近的参考文献[59]在$\mathcal{A}=\mathcal{M}$的情况下，对式(10.11)描述的上界进行了更进一步的提升，但该成果仅限于非单字符特性。

另一方面，参考文献[30]给出了$\mathcal{A}=\mathcal{M}=\{1,2\}$情况下的搭线窃听密钥容量的下界

$$I(X_1 \wedge X_2)-\min[I(X_1 \wedge Z),I(X_2 \wedge Z)] \tag{10.12}$$

在满足马尔科夫链 $X_1\leftrightarrow X_2\leftrightarrow Z$ 或 $X_2\leftrightarrow X_1\leftrightarrow Z$ 的条件下，该下界是紧的。参考文献[31]针对$\mathcal{A}=\mathcal{M}=\{1,2\}$的情况，通过引入辅助随机变量，给出了更低的下界

$$\max_{\substack{V_1\leftrightarrow U_1\leftrightarrow X_1\leftrightarrow X_2 Z\\ V_2\leftrightarrow U_2\leftrightarrow X_2\leftrightarrow X_1 Z}}\begin{bmatrix} I(U_1 \wedge X_2 \mid V_1)-I(U_1 \wedge Z \mid V_1), \\ I(U_2 \wedge X_1 \mid V_2)-I(U_2 \wedge Z \mid V_2) \end{bmatrix} \tag{10.13}$$

若 $V_1=V_2$ 且为常数，$U_1=X_1$，$U_2=X_2$，则式(10.13)可简化为式(10.12)。参考文献[59]进一步降低了式(10.13)描述的下界，并在任意多个终端的情况下把其结论推广到$\mathcal{A}=\mathcal{M}$的情况。

10.2.2　多终端信道型模型的密钥生成

考虑一个有 $m\geqslant 2$ 个终端的网络，每个终端能生成一个随机变量，不同终端产生的随机变量相互独立，终端 i 生成的随机变量记作 U_i。

通过一个离散无记忆广播信道(discrete memoryless broadcast channel，DMBC)将这 m 个终端连接起来，终端 1 控制该 DMBC 的输入，其他终端分别观测该 DMBC 的不同输出，同时所有这些终端之间可以通过一个无差错的公共信道互相通信。

假设该 DMBC 能被利用 n 次，即终端 1 发送 n 个符号 $X_1^n=(X_{1,1},\cdots,X_{1,n})$，终端 i 对应的观测记作 $X_i^n=(X_{i,1},\cdots,X_{i,n})$，$2\leqslant i\leqslant m$。每次在 DMBC 上发送后，这些终端可以在公共信道上进行多轮交互通信。终端 i 传输的数据是该终端上所有信息的函数，包括本地随机变量 U_i、所有之前公共信道上传输的信息，以及所有之前 DMBC($i\neq 1$)上的观测数据。此外，DMBC 上传输的信息 $X_{1,j}$，$1\leqslant j\leqslant n$ 是 U_1 和所有之前在公共信道上传输信息的函数。将公共信道上传输的所有信息记作 F。

与多终端源型模型相应的容量定义类似，$\mathcal{A}$的(强)密钥容量记作 $C_{\mathrm{SK}}(\mathcal{A})$，$\mathcal{A}$对于终端群组$\mathcal{D}\subseteq\mathcal{A}^c$保密的(强)私用密钥容量记作 $C_{\mathrm{PK}}(\mathcal{A}|\mathcal{D})$。

定理 10.4　(见参考文献[62])(强)密钥容量 $C_{\mathrm{SK}}(\mathcal{A})$由下式给出

$$\begin{aligned} C_{\mathrm{SK}}(\mathcal{A}) &= \max_{Q}\min_{\lambda\in\Lambda(\mathcal{A})}\left[H(X_{\mathcal{M}})-\sum_{B\in B(\mathcal{A})}\lambda_B H(X_B \mid X_{B^c})\right] \\ &= \min_{\lambda\in\Lambda(\mathcal{A})}\max_{Q}\left[H(X_{\mathcal{M}})-\sum_{B\in B(\mathcal{A})}\lambda_B H(X_B \mid X_{B^c})\right] \end{aligned} \tag{10.14}$$

(强) 私用密钥容量 $C_{\mathrm{PK}}(\mathcal{A}|\mathcal{D})$由下式给出

$$\begin{aligned} C_{\mathrm{PK}}(\mathcal{A}\mid\mathcal{D}) &= \max_{Q}\min_{\lambda\in\Lambda(\mathcal{A}|\mathcal{D})}\left[H(X_{\mathcal{M}} \mid X_{\mathcal{D}})-\sum_{B\in B(\mathcal{A}|\mathcal{D})}\lambda_B H(X_B \mid X_{B^c})\right] \\ &= \min_{\lambda\in\Lambda(\mathcal{A}|\mathcal{D})}\max_{Q}\left[H(X_{\mathcal{M}} \mid X_{\mathcal{D}})-\sum_{B\in B(\mathcal{A}|\mathcal{D})}\lambda_B H(X_B \mid X_{B^c})\right] \end{aligned} \tag{10.15}$$

其中最大值通过遍历保密广播信道输入信息的所有概率密度函数 Q 取得。

参考文献[62]证明了每次在 DMBC 上的通信完成后利用公共信道上传输信息，式(10.14)描述的密钥容量和式(10.15)描述的私用密钥容量是可达的，要求终端 1 不在公共信道上进行通信，其他终端只在公共信道上通信一次，且是非交互或随机选择的通信。参考文献[62]讨论了终端 1 选取 DMBC 输入的策略，以达到密钥容量和私用密钥容量。

在多终端信道型模型中，如果窃听者也能观测到 DMBC 的输出，记作 $Z^n=(Z_1,\cdots,Z_n)$，那么此时终端群组$\mathcal{A}$生成的密钥应该满足式(10.10)。该密钥被称为搭线窃听密钥，搭线窃听密钥容量的定义与源型模型中的定义类似。与式(10.11)类似，参考文献[62]给出了搭线窃听密钥容量的上界。参考文献[63]针对$\mathcal{A}=\mathcal{M}$情况下的上界进行了改进。在$\mathcal{A}=\mathcal{M}=\{1,2\}$的情况下，搭线窃听密钥容量的下界可以通过在式(10.12)和式(10.13)前添加$\max_Q$ 获得，其中最大值通过遍历所有保密广播信道输入信息的概率密度函数 Q 获得。参考文献[63]进一步降低了这些下界，并将结论推广到任意多个终端且$\mathcal{A}=\mathcal{M}$的情况。

10.3 成对独立模型

本节讨论成对独立模型，它是 10.2.1 节中多终端源型模型的一个特例，该模型的产生来自于无线通信应用的推动。

为验证该模型，考虑各终端在同一频点上进行通信的无线网络。如上所述，如果成对终端能够在信道相干时间内观测其共有的无线衰减信道，由于信道的短时互易性，它们的观测结果在统计上高度相关。但该观测结果的相关性随着距离的增加而迅速衰减，因此，如果第三个终端距离前述两个通信终端几个波长远，那么它的信道观测值与前两个终端的信道观测值几乎是独立的。如果无线网络中每对通信终端都能观测到相互间的无线信道，那么与信道关联的观测值之间是成对独立的。基于这些成对独立观测值，终端群组可以在剩余其他终端的帮助下生成一个公用密钥。为了生成这样的密钥，群组终端可以在一个公共无差错信道上广播通信。成对独立网络的正规描述如下。

考虑一个包含 $m\geqslant 2$ 个终端的网络，每个终端对独立同分布的随机变量进行 n 次重复观测，得到$(X_1,\cdots,X_m)$。终端 i 的观测值 X_i 有 $m-1$ 个分量$(Y_{i,1},\cdots,Y_{i,i-1},Y_{i,i+1},\cdots,Y_{i,m})$。每个分量 $Y_{i,j}$表示仅终端i 和终端j 可获得的源的观测值。在上述无线网络的例子中，每对终端间的无线信道作为生成密钥的源。此外，还假设

$$I(Y_{i,j},Y_{j,i}\wedge\{Y_{k,l}:(k,l)\neq(i,j),(j,i)\})=0 \tag{10.16}$$

这意味着每个终端对获得的源与其他所有终端对获得的源是相互独立的，因此该网络被称为成对独立网络。基于成对独立观测值，经过在一个认证过的公共无差错信道上相互通信后，这 m 个终端组成的终端群组$\mathcal{A}$生成一个公用密钥。该密钥还需要满足式(10.1)和式(10.2)描述的保密条件和均匀条件。$\mathcal{A}$的密钥容量的定义在定义 10.1 中给出。

下面成对独立模型的命题是根据式(10.6)描述的密钥容量推导出的。

命题 10.1 (见参考文献 [61])成对独立模型的密钥容量 $C_{\mathrm{SK}}(\mathcal{A})$由下式给出

$$C_{\mathrm{SK}}(\mathcal{A})=\min_{\lambda\in\Lambda(\mathcal{A})}\left[\sum_{1\leqslant i<j\leqslant m}\left(\sum_{\substack{B\in B(\mathcal{A}):\\ i\in B,j\in B^c}}\lambda_B\right)I(Y_{i,j}\wedge Y_{j,i})\right] \tag{10.17}$$

下面成对独立模型的命题是根据式(10.7)描述的密钥容量的上界推导出的。

命题 10.2 (见参考文献[60])成对独立模型的密钥容量 $C_{SK}(\mathcal{A})$的上界如下式所示

$$C_{SK}(\mathcal{A}) \leqslant \min_{2\leqslant k\leqslant|\mathcal{A}|} \frac{1}{k-1} I'_k(\mathcal{A}) \tag{10.18}$$

其中

$$I'_k(\mathcal{A}) = \min_{(\mathcal{P}_1,\cdots,\mathcal{P}_k)\in\mathcal{P}^{k}(\mathcal{A})} \sum_{\substack{i,j:i\in\mathcal{P}_l;\\ j\in\mathcal{P}_r;l<r}} I(Y_{i,j} \wedge Y_{j,i})$$

式(10.17)和式(10.18)的结果表明成对独立模型的密钥容量取决于优化条件中随机变量的联合概率分布,这在式(10.18)中成对互易的互信息项中得以体现。由此可得出两步生成密钥的方案:第一步,每对终端利用它们的相关观测值生成一对密钥(不需要其他终端的帮助),根据式(10.16)的独立性假设,这些成对密钥是相互独立的;第二步,基于第一步生成的成对密钥,终端群组$\mathcal{A}$生成一个公用密钥。该分层架构的密钥生成过程的优点在于:第一步不需要了解网络的拓扑信息;第二步不需要知道密钥源的统计信息。

成对终端(没有协作终端)的密钥生成问题已经得到了广泛研究,如参考文献[30,31]等,特别是参考文献[34,53,54,66-70]等提出了多种成对密钥的生成方案。参考文献[34,54,66]的研究与这里讨论的成对密钥生成尤其相关,它们提出了可达容量的密钥生成方案。参考文献[54]提出了成对终端的密钥生成方案,其中成对终端观测的随机变量通过一个二进制对称信道(虚拟)相连。参考文献[34]提出了简单的成对终端的密钥生成方案,该成对终端所观测的随机变量服从联合高斯分布。因为(窄带)无线衰落信道一般服从瑞利或莱斯分布,所以该联合高斯分布的假设对于无线信道来说是可行的。根据参考文献[34],终端 i 首先等概率量化它观测的高斯随机变量 $Y_{i,j}^n$,并利用格雷码将这个量化输出转换为比特串 Y_b;接着依据给定的 LDPC 码,将比特串 Y_b 的伴随式(syndrome)通过无差错公共信道发送给终端 j;然后终端 j 基于接收到的 Y_b 伴随式以及自身的高斯随机变量 $Y_{j,i}^n$,采用改进的置信传输算法对 Y_b 进行译码,该算法中的对数似然率是软编码的;最后,两个终端从共享的比特流 Y_b 中哈希出公共泄露的信息(也就是 Y_b 的综合特征),剩下的 $K_{i,j}$ 就是完全私密的比特流。参考文献[34]给出在容量为 $I(Y_{i,j}\wedge Y_{j,i})$时此方案生成的密钥速率最高可达 1.2 b/s。参考文献[66]进一步提升了该方案的性能。

群组终端间基于相互独立的成对私密比特的密钥生成问题涉及图论的相关知识,因此下面给出了关于图的一些定义。多图(multi-graph)是允许有平行边(具有相同端节点的边)的无向图。令$\mathcal{G}=(\mathcal{N},\mathcal{E})$是一个多图,其中$\mathcal{N}$为节点集合,$\mathcal{E}$是边集合。对于节点子集$\mathcal{N}_1\subseteq\mathcal{N}$,$\mathcal{G}$关于$\mathcal{N}_1$的一个斯坦树(Steiner tree)是$\mathcal{G}$的一个子图,其节点集合包含$\mathcal{N}_1$。如果$\mathcal{N}_1=\mathcal{N}$,则该斯坦树称为张成树(spanning tree)。$\mathcal{G}$关于$\mathcal{N}_1$的一个斯坦包(Steiner packing)是$\mathcal{G}$关于$\mathcal{N}_1$的非连接斯坦树的任一集合,将这些包的最大斯坦树数目记为 $\mu(\mathcal{N}_1,\mathcal{G})$。

不失一般性,假设在成对密钥生成过程中,每对终端(i,j)利用标准技术生成$\lfloor nI(Y_{i,j}\wedge Y_{j,i})\rfloor$比特成对私密比特流(见参考文献[30,31])。考虑一个有 m 个节点的多图 G,每个节点对应网络中一个终端,连接节点(i,j)的平行边的数目等于$\lfloor nI(Y_{i,j}\wedge Y_{j,i})\rfloor$。

通过利用 G 关于$\mathcal{A}$的斯坦树的边上的每两个节点共享的一位成对私密比特,$\mathcal{A}$中的终端能产生一位公共私密比特,这可以通过参考文献[38](定理 10.5 的证明)和参考文献[60]中的密钥传播方案实现。因此，在其他终端的帮助下，$\mathcal{A}$中的终端可以产生的私密比特总数不小于G关于$\mathcal{A}$的斯坦包的最大斯坦树数目，这证明了下面的命题。

命题 10.3 （见参考文献[61]）成对独立模型的密钥容量$C_{SK}(\mathcal{A})$的下界如下

$$C_{SK}(\mathcal{A}) \geqslant \sup_n \frac{1}{n}\mu(\mathcal{A}, G)$$

根据 Nash-Williams（见参考文献[78]）和 Tutte（见参考文献[79]）的定理，在$\mathcal{A}=\mathcal{M}$的情况下，命题 10.2 的上界和命题 10.3 的下界是一致的，这阐明了成对独立模型中所有终端的密钥生成的上下两个界的紧度。参考文献[61]进一步研究了寻找不相连生成树的最大集合的多项式时间算法（见参考文献[80]），从而得到了一个多项式时间的密钥构造算法，以达到成对独立模型在$\mathcal{A}=\mathcal{M}$时的密钥容量。

此外，命题 10.2 中的上界在$|\mathcal{A}|=2$时是紧的（见参考文献[60]），其证明是基于最大流最小分割定理（见参考文献[81]）。因此，一些在有向图中获得最大流的著名多项式时间算法（例如，Dinits 算法、Karzanov 算法、Goldberg 算法）构成了多项式时间的密钥构造算法，这些算法可以在$|\mathcal{A}|=2$时达到成对独立模型的密钥容量。很明显，把最大流中的每个流路径（或流单元）当成一个连接$\mathcal{A}$中两个节点的斯坦树，则命题 10.3 中的下界在$|\mathcal{A}|=2$时也是紧的。

综上所述，可以推测出命题 10.2 中的上界和命题 10.3 中的下界对于成对独立模型都是紧的。

10.4 三个终端间的多密钥生成

如前所述，在有些情况下（例如群组通信）要求不同终端群组必须采用统一的方式同时生成多个密钥。每个终端群组生成的密钥不仅对窃听者保密，而且对群组外的其他终端保密，这些群组范围内的密钥能够应用于对应群组内的保密通信。

一般地，在一个有m个终端的网络中，所有终端共享一个公用密钥，每个子群组内的终端共享一个私用密钥。这些情形引出了许多密钥生成问题，目前针对只有三个终端的情况，已经开展了很多以信息理论为支撑的研究。

假设三个终端分别对独立同分布的随机变量(X_1, X_2, X_3)进行n次重复观测，记作(X_1^n, X_2^n, X_3^n)，其中$X_i^n=(X_{i,1}, \cdots, X_{i,n})$，$1 \leqslant i \leqslant 3$。各个终端之间可以通过一个无差错的公共广播信道互相通信，通信过程可能会有多轮交互。将公共信道上传输的所有信息记为F。

设分别取自有限字符集$\mathcal{K}_{1,2,3}$、$\mathcal{K}_{1,2}$、$\mathcal{K}_{1,3}$与$\mathcal{K}_{2,3}$中的随机变量$K_{1,2,3}$、$K_{1,2}$、$K_{1,3}$与$K_{2,3}$均是(X_1^n, X_2^n, X_3^n)的函数。若满足下列条件：

- $K_{1,2,3}$从任一(F, X_1^n)，(F, X_2^n)，(F, X_3^n)中ε-可恢复；
- $K_{1,2,3}$满足保密条件和均匀条件

$$\frac{1}{n}I(K_{1,2,3} \wedge F) \leqslant \varepsilon$$

$$\frac{1}{n}H(K_{1,2,3}) \geqslant \frac{1}{n}\log|\mathcal{K}_{1,2,3}|-\varepsilon$$

- $K_{i,j}$，$1\leqslant i<j\leqslant 3$ 从任一(F,X_i^n)，(F,X_j^n)中 ε-可恢复；
- $K_{i,j}$，$1\leqslant i<j\leqslant 3$ 满足保密条件和均匀条件

$$\frac{1}{n}I(K_{i,j}\wedge F,X_k^n)\leqslant\varepsilon \tag{10.19}$$

$$\frac{1}{n}H(K_{i,j}) \geqslant \frac{1}{n}\log|\mathcal{K}_{i,j}|-\varepsilon$$

其中式(10.19)中的索引 k 由$\{1,2,3\}\backslash\{i,j\}$得出，则称随机变量 $K_{1,2,3}$、$K_{1,2}$、$K_{1,3}$与 $K_{2,3}$是一个满足 ε-密钥及 3 私用密钥(ε-(SK,3-PKs))条件的四元组，其中 $K_{1,2,3}$是所有三个终端共享的公用密钥，$K_{i,j}$，$1\leqslant i<j\leqslant 3$，是终端 i 和 j 共享的对第三个终端保密的私用密钥，以上密钥均通过公共信道上的通信 F 协商获得。

上述条件表明所有终端产生一个近乎均匀分布的公用密钥 $K_{1,2,3}$，其对可以观测到公共信道通信 F 的窃听者来说是保密的。基于相同的公共信道通信，每对终端在第三个终端的辅助下产生一个私用密钥，该私用密钥近似服从均匀分布，且对窃听者和协作终端都是保密的。值得注意的是，上述条件很容易表明这四个密钥都是近似统计独立的。

定义 10.2　给定一个非负四元组$(R_{1,2,3},R_{1,2},R_{1,3},R_{2,3})$，对任意的 $\varepsilon>0$、足够大的 n 和通过适当的协商可达的 ε-(SK,3-PKs)四元组$(K_{1,2,3},K_{1,2},K_{1,3},K_{2,3})$，如果 $\frac{1}{n}H(K_{1,2,3})\geqslant R_{1,2,3}-\varepsilon$，$\frac{1}{n}H(K_{i,j})\geqslant R_{i,j}-\varepsilon$，$1\leqslant i<j\leqslant 3$，则$(R_{1,2,3},R_{1,2},R_{1,3},R_{2,3})$组成一个可达的(SK,3-PKs)速率四元组。所有可达的(SK,3-PKs)速率四元组的集合称为(SK,3-PKs)容量域。

注释：

(1) (SK,3-PKs)容量域是一个封闭的凸集。封闭性可以明显地从定义中看出，凸性来自于时间共享参数(见参考文献[82])。

(2) 如果上述定义中的私用密钥为常量，即所有终端只生成一个公用密钥，那么该公用密钥的熵率是可达的密钥速率，最大可达密钥速率是密钥容量。式(10.5)给出了这三个终端的密钥容量。

(3) 如果上述定义中的公用密钥和两个私用密钥(例如 $K_{1,3}$和 $K_{2,3}$)均为常量，即只有一个终端 1 和终端 2 在终端 3 的帮助下生成的私用密钥，那么该私用密钥的熵率即为可达的私用密钥速率，最大可达私用密钥速率即为私用密钥容量。式(10.9)给出了三个终端情况下的私用密钥容量。

尽管只有两个密钥(四个密钥中的两个)时容量域的一些结果是已知的(见参考文献[64,65])，上述定义的(SK,3-PKs)容量域仍然是一个开放性课题。10.4.1 节将对参考文献[64]的结果进行讨论，10.4.2 节将对参考文献[65]的结果进行讨论。

10.4.1　2-PKs 容量域

假设三个终端用户中只有终端对(1,2)和(1,3)分别生成私用密钥 $K_{1,2}$和 $K_{1,3}$，而不需要生成公用密钥和其他私用密钥。

ε-PK 对的定义与前述定义类似，其中将另外两个密钥 $K_{1,2,3}$ 和 $K_{2,3}$ 设为常量。可达私用密钥速率对的定义服从定义 10.2，其中 $R_{1,2,3}$ 和 $R_{2,3}$ 均为 0。私用密钥容量域是所有可达私用密钥速率对的集合，记作 $\mathcal{C}_{\text{PK}}$。

定理 10.5 （$\mathcal{C}_{\text{PK}}$ 的外界）：若($R_{1,2}$，$R_{1,3}$)是一个可达私用密钥速率对，则有

$$R_{1,2} \leqslant I(X_1 \wedge X_2 \mid X_3), \quad R_{1,3} \leqslant I(X_1 \wedge X_3 \mid X_3) \tag{10.20}$$

$$R_{1,2} + R_{1,3} \leqslant \min_U I(X_1 \wedge X_2, X_3 \mid U) \tag{10.21}$$

其最小值通过遍历所有满足马尔科夫条件 $U \leftrightarrow X_2 \leftrightarrow X_1 X_3$ 和 $U \leftrightarrow X_3 \leftrightarrow X_1 X_2$ 的随机变量 U 取得。

注意，尽管式(10.20)中描述的单个最大可达私用密钥速率的界由式(10.9)给出，但式(10.21)表明这两个速率之和受到额外的约束。

如果 X 和 Y 条件独立，则 X 的函数是 X 关于 Y 的充分统计量。如果一个充分统计量是 X 关于 Y 的所有其他充分统计量的函数，则该充分统计量是 X 关于 Y 的最小充分统计量，记为 $U_{\text{mss}(X,Y)}$。

定理 10.6 （$\mathcal{C}_{\text{PK}}$ 的内界）：私用密钥容量域 $\mathcal{C}_{\text{PK}}$ 的内界是下面各域的联合凸包

$$\left\{ \begin{array}{l} (R_{1,2}, R_{1,3}): R_{1,2} \leqslant I(X_1 \wedge X_2 \mid U_{\text{mss}(X_2,X_3)}, X_3), \quad R_{1,3} \leqslant I(X_1 \wedge X_3 \mid X_2) \\ \qquad R_{1,2} + R_{1,3} \leqslant I(X_1 \wedge X_2, X_3 \mid U_{\text{mss}(X_2,X_3)}) \end{array} \right\}$$

$$\left\{ \begin{array}{l} (R_{1,2}, R_{1,3}): R_{1,2} \leqslant I(X_1 \wedge X_2 \mid X_3), \quad R_{1,3} \leqslant I(X_1 \wedge X_3 \mid U_{\text{mss}(X_3,X_2)}, X_2), \\ \qquad R_{1,2} + R_{1,3} \leqslant I(X_1 \wedge X_2, X_3 \mid U_{\text{mss}(X_3,X_2)}) \end{array} \right\}$$

其中，$U_{\text{mss}(X_2,X_3)}$ 是 X_2 关于 X_3 的最小充分统计量，$U_{\text{mss}(X_3,X_2)}$ 是 X_3 关于 X_2 的最小充分统计量。

在某些特殊情况下，定理 10.5 中的外界与定理 10.6 中的内界是一致的，这给出了私用密钥容量域的准确表征。

定理 10.7 如果存在随机变量 U 满足马尔科夫条件

$$U \leftrightarrow X_2 \leftrightarrow X_1 X_3, \quad U \leftrightarrow X_3 \leftrightarrow X_1 X_2, \quad X_2 \leftrightarrow U \leftrightarrow X_3 \tag{10.22}$$

那么私用密钥容量域等于密钥对($R_{1,2}$，$R_{1,3}$)的集合。其中，($R_{1,2}$，$R_{1,3}$)满足式(10.20)和下式

$$R_{1,2} + R_{1,3} \leqslant \min_U I(X_1 \wedge X_2, X_3 \mid U)$$

其中，最小值通过遍历满足式(10.22)的所有随机变量 U 取得。

随机变量 X 和 Y 的公共函数(common function)是与 X 的函数和 Y 的函数均相等的任意随机变量。如果 X 和 Y 的其他公共函数均是其公共函数 $U_{\text{mcf}(X,Y)}$ 的函数，则 $U_{\text{mcf}(X,Y)}$ 是 X 和 Y 最大公共函数(见参考文献[58,83])。如果存在使 X 和 Y 条件独立的公共函数，则随机变量 X 和 Y 是确定相关(deterministically correlated)的(见参考文献[82]的 405 页)。

定理 10.8 如果随机变量 X_2 和 X_3 是确定相关的，则私用密钥容量域 $\mathcal{C}_{\text{PK}}$ 等于密钥对($R_{1,2}$，$R_{1,3}$)的集合。其中，($R_{1,2}$，$R_{1,3}$)满足式(10.20)和下式

$$R_{1,2} + R_{1,3} \leqslant I(X_1 \wedge X_2, X_3 \mid U_{\text{mcf}(X_2,X_3)})$$

其中，$U_{\mathrm{mcf}(X_2,X_3)}$是 X_2 和 X_3 的最大公共函数。

10.4.2　(SK,PK)容量域

在三终端的情形中，假设只生成一个公用密钥 $K_{1,2,3}$ 和一个终端对(1,2)间的私用密钥 $K_{1,2}$，而不是生成一个公用密钥和三个终端间所有的私用密钥对。

ϵ-(SK,PK)对的定义与前述定义类似，其中将另外两个私用密钥 $K_{1,3}$ 和 $K_{2,3}$ 设为常量。可达(SK,PK)速率对的定义服从定义 10.2，其中 $R_{1,3}$ 和 $R_{2,3}$ 均为 0。(SK,PK)容量域是所有可达(SK,PK)速率对的集合，记作$\mathcal{C}_{\mathrm{SP}}$。

为表示方便，设

$$A \triangleq I(X_3 \wedge X_1, X_2)$$

$$B \triangleq \min[I(X_1 \wedge X_2, X_3), I(X_2 \wedge X_1, X_3)]$$

$$C \triangleq \frac{1}{2}[H(X_1) + H(X_2) + H(X_3) - H(X_1, X_2, X_3)]$$

注意，与式(10.5)一样，三终端情形的公用密钥容量等于 $\min[A,B,C]$。

定理 10.9　($\mathcal{C}_{\mathrm{SP}}$的外界)：若$(R_{1,2,3}, R_{1,2})$是一个可达(SK,PK)速率对，则

$$R_{1,2,3} \leqslant A \tag{10.23}$$

$$R_{1,2} \leqslant I(X_1 \wedge X_2 \mid X_3) \tag{10.24}$$

$$R_{1,2,3} + R_{1,2} \leqslant B \tag{10.25}$$

$$2R_{1,2,3} + R_{1,2} \leqslant 2C \tag{10.26}$$

式(10.23)和式(10.24)中的单个最大可达公用密钥速率和私用密钥速率的外界很容易从式(10.5)和式(10.9)中获得。式(10.25)和式(10.26)中的条件与式(10.9)中相应的条件相比更加严格。

定理 10.10　($\mathcal{C}_{\mathrm{SP}}$的内界)：(SK,PK)容量域$\mathcal{C}_{\mathrm{SP}}$的内界由下面区域决定

$$\left\{\begin{aligned} &(R_{1,2,3}, R_{1,2}): \frac{\min[A,B,C] - \min[I(X_1 \wedge X_3), I(X_2 \wedge X_3)]}{I(X_1 \wedge X_2 \mid X_3)} \cdot R_{1,2} + \\ &\qquad R_{1,2,3} \leqslant \min[A,B,C], \\ &\qquad R_{1,2} \leqslant I(X_1 \wedge X_2 \mid X_3) \end{aligned}\right\}$$

在一定条件下，定理 10.9 中的外界与定理 10.10 中的内界是一致的，这给出了(SK,PK)容量域$\mathcal{C}_{\mathrm{SP}}$的准确表征。

定理 10.11　如果 $\min[A,B,C]=B$，那么$\mathcal{C}_{\mathrm{SP}}$等于所有满足式(10.24)和式(10.25)的密钥对$(R_{1,2,3}, R_{1,2})$的集合。

10.5　网络中的搭线窃听信道模型

像引言中讨论的那样，搭线窃听信道模型受到很大的限制，即合法用户必须已知或假定搭线窃听信道质量的某些信息。人们当然希望这些假定能够对“几乎所有”潜在窃听者都成立。对于搭线窃听的情况，尤其是应用于无线通信时，一个自然的分类标准是信干噪比(signal-to-interference and noise ratio，SINR)(如平均/长期 SINR)。例如可以将

SINR 不超过 S dB 的窃听者分为一类。不幸的是，除非 S 趋于无穷大，否则该分类无法包括“几乎所有”潜在窃听者，特别是在无线通信的背景下。而且就算 S 真的能趋于无穷大，这时对于任意 SINR 的合法接收者其保密速率也趋近于零了。

为了规避上述问题，可以考虑把搭线窃听信道模型应用到终端网络中。具体到广播网络场景已有一些解决方法。第一种方法是考虑没有非法用户的广播信道，但网络中的某些通信需要对某些用户群保密。一个合理的网络模型是用户必须以某种方式在网络中“注册”，并保持注册状态以获得数据访问的基本能力。在这种注册接入模型中，合法用户数据的第二级保密由搭线窃听信道技术提供。该模型的理论支撑最初由 Csiszar 和 Korner 得出(见参考文献[5])，最近的研究(见参考文献[8,29])进一步充实了该领域的研究成果，10.5.1 节对这些研究成果进行了总结。

另一种方法是考虑只允许特定位置的接收者接入公共数据的情形。该模型中可信区域(见参考文献[84])的位置和 SINR 之间存在天然的关联，使得模型可以很好地诠释存在搭线窃听者的广播网络。10.5.2 节对该模型进行了描述。

10.5.1 传输保密信息的广播信道

考虑一个单输入双输出的离散无记忆广播信道，将该信道记作$(\mathcal{X}, p(y_1, y_2|x), \mathcal{Y}_1, \mathcal{Y}_2)$，其中$\mathcal{X}$是信道输入的有限字符集，$\mathcal{Y}_1$和$\mathcal{Y}_2$是信道输出的有限字符集，$p(y_1, y_2|x)$是信道转移概率分布。发送者通过 n 次利用广播信道，希望将消息 $W_1 \in \mathcal{W}_1 = \{1, \cdots, M_1\}$ 发给接收者 1，同时将消息 $W_2 \in \mathcal{W}_2 = \{1, \cdots, M_2\}$ 发送给两个接收者。两条消息 W_1 和 W_2 相互独立，且消息 W_1 需对接收者 2 保密。满足上述条件的信道模型称为传输保密信息的广播信道(见参考文献[5])。

随机编码器由条件概率矩阵 $f(x^n \mid w_1, w_2)$ 确定，其中 $x^n \in \mathcal{X}^n$，$w_i \in \mathcal{W}_i$，且 $\sum_{x^n \in \mathcal{X}^n} f(x^n \mid w_1, w_2) = 1$。接收者 1 的译码函数是映射函数 $\psi_1: \mathcal{Y}_1^n \to (\mathcal{W}_1, \mathcal{W}_2)$，接收者 2 的译码函数是映射函数 $\psi_2: \mathcal{Y}_2^n \to \mathcal{W}_2$。广播信道的$(M_1, M_2, n)$码组包含编码函数 f 和两个译码函数 ψ_1、ψ_2。

接收者 1 的平均错误概率定义为

$$P_{e,1}^{(n)} = \sum_{w_1, w_2} \frac{1}{M_1 M_2} \Pr[\psi_1(Y_1^n) \neq (w_1, w_2) \mid (w_1, w_2)]$$

接收者 2 的平均错误概率定义为

$$P_{e,2}^{(n)} = \sum_{w_1, w_2} \frac{1}{M_1 M_2} \Pr[\psi_2(Y_2^n) \neq w_2 \mid (w_1, w_2)]$$

定义 10.3 给定一个非负数对(R_1, R_2)，如果对于任意的 $\varepsilon > 0$ 和足够大的 n，存在一个(M_1, M_2, n)码组满足：(i)$M_i \geqslant 2^{nR_i}$，$i=1,2$，(ii)$\max[P_{e,1}, P_{e,2}] \leqslant \varepsilon$，(iii)$\frac{1}{n} H(W_1 \mid Y_2^n) \geqslant R_1 - \varepsilon$，则$(R_1, R_2)$组成传输保密信息的广播信道的一个可达保密速率对。所有可达保密速率对的集合称为保密容量域，记作$\mathcal{C}_{BC}$。

定理 10.12 保密容量域$\mathcal{C}_{BC}$等于所有满足下列条件的(R_1, R_2)对的集合

$$R_1 \leqslant I(V \wedge Y_1 \mid U) - I(V \wedge Y_2 \mid U)$$

$$R_2 \leqslant \min\{I(U \wedge Y_1), I(U \wedge Y_2)\}$$

其中，随机变量 U、V 满足马尔科夫条件 $U \leftrightarrow V \leftrightarrow X \leftrightarrow Y_1 Y_2$。

正如前面讨论的，一旦考虑衰落，无线通信系统中的广播信道模型就变得非常有趣。假设从发送者到两个接收者的信道由乘性衰落增益和加性高斯白噪声决定，即 $Y_{i,j} = h_{i,j} X_j + Z_{i,j}$，$i=1,2$，$j=1,\cdots,n$。信道衰落系数 $h_{1,j}$、$h_{2,j}$ 均是复随机变量，$\{h_{1,j}, h_{2,j}\}$ 是平稳各态遍历的随机衰落过程。加性噪声 $Z_{1,j}$、$Z_{2,j}$ 是均值为零，方差分别为 μ_1^2、μ_2^2 的复高斯随机变量，$\{Z_{1,j}\}$、$\{Z_{2,j}\}$ 是独立同分布的随机噪声过程。信道输入序列 $\{X_i\}$ 的平均功率约束为 P，即 $\frac{1}{n}\sum_{i=1}^{n} E[X_i^2] \leqslant P$。

假设发送者和接收者都可以即时知晓信道状态信息 $h_j = (h_{1,j}, h_{2,j})$。基于已知的信道状态信息，发送者动态调整它的发送功率以达到更好的性能。注意，对于给定的高斯衰落信道的衰落信息，衰落广播信道的保密容量域等于所有信道状态的平均值。

定理 10.13　（见参考文献[17]）衰落广播信道的保密容量域 $\mathcal{C}_{\mathrm{BC}}$ 等于所有满足下列条件的 (R_1, R_2) 对的集合

$$R_1 \leqslant E_{h \in \mathcal{H}_1}\left[\log\left(1 + \frac{p_1(h)\,|h_1|^2}{\mu_1^2}\right) - \log\left(1 + \frac{p_1(h)\,|h_2|^2}{\mu_2^2}\right)\right]$$

$$R_2 \leqslant \min\left\{\begin{aligned} & E_{h \in \mathcal{H}_1} \log\left(1 + \frac{p_2(h)\,|h_1|^2}{\mu_1^2 + p_1(h)\,|h_1|^2}\right) + E_{h \in \mathcal{H}_2} \log\left(1 + \frac{p_2(h)\,|h_1|^2}{\mu_1^2}\right), \\ & E_{h \in \mathcal{H}_1} \log\left(1 + \frac{p_2(h)\,|h_2|^2}{\mu_2^2 + p_1(h)\,|h_2|^2}\right) + E_{h \in \mathcal{H}_2} \log\left(1 + \frac{p_2(h)\,|h_2|^2}{\mu_2^2}\right) \end{aligned}\right\}$$

其中，$\mathcal{H}_1 = \left\{h : \frac{|h_1|^2}{\mu_1^2} > \frac{|h_2|^2}{\mu_2^2}\right\}$，$H_2 = \left\{h : \frac{|h_1|^2}{\mu_1^2} \leqslant \frac{|h_2|^2}{\mu_2^2}\right\}$，$h = (h_1, h_2)$ 的分布与随机过程 $\{h_{1,j}, h_{2,j}\}$ 的瞬时边缘分布相同，用于发送消息 W_1、W_2 的功率 $p_1(h)$、$p_2(h)$ 满足 $E_{\mathcal{H}_1}[p_1(h) + p_2(h)] + E_{\mathcal{H}_2}[p_2(h)] \leqslant P$。

需要指出的是，在衰落广播信道模型中，衰落过程 $\{h_{1,j}, h_{2,j}\}$ 不限于高斯分布，其子过程 $\{h_{1,j}\}$ 与 $\{h_{2,j}\}$ 不需要相互独立，而且两个噪声过程 $\{Z_{1,j}\}$ 和 $\{Z_{2,j}\}$ 也不需要相互独立，定理 10.13 的结论在上述更一般的情况下也成立。参考文献[17]讨论了通过功率分配来达到保密容量域的界以及最小化中断概率。

在上述广播信道模型中，消息 W_2 被同时发送给两个接收者。参考文献[29]分析了该模型的一个变形，仅将 W_2 发送给接收者 2，且对接收者 1 保密。下面对其进行具体阐述。

随机编码器由条件概率矩阵 $f(x \mid w_1, w_2)$ 确定，其中 $x \in \mathcal{X}^n$，$w_i \in \mathcal{W}_i$，且 $\sum_{x \in \mathcal{X}^n} f(x \mid w_1, w_2) = 1$。译码函数是映射函数 $\psi_i : \mathcal{Y}_i^n \to \mathcal{W}$，$i=1,2$。广播信道的 (M_1, M_2, n) 码组包含编码函数 f 和两个译码函数 ψ_1、ψ_2。接收者 $i(i=1,2)$ 的平均错误概率定义为

$$P_{e,i}^{(n)} = \sum_{w_1, w_2} \frac{1}{M_1 M_2} \Pr[\psi_i(Y_i) \neq w_i \mid (w_1, w_2)]$$

该模型的保密容量域的定义与定义 10.3 类似，记作 $\mathcal{C}'_{\mathrm{BC}}$，但需要在定义 10.3 的条件(iii)中附加保密条件 $\frac{1}{n} H(W_2 \mid Y_2^n) \geqslant R_2 - \varepsilon$。

定理 10.14 (见参考文献[29])($\mathcal{C}'_{\mathrm{BC}}$的外界):若$(R_1,R_2)$是可达保密速率对,则有

$$R_1 \leqslant \min\begin{bmatrix} I(V_1 \wedge Y_1 \mid U) - I(V_1 \wedge Y_2 \mid U), \\ I(V_1 \wedge Y_1 \mid V_2, U) - I(V_1 \wedge Y_2 \mid V_2, U) \end{bmatrix}$$

$$R_2 \leqslant \min\begin{bmatrix} I(V_2 \wedge Y_2 \mid U) - I(V_2 \wedge Y_1 \mid U), \\ I(V_2 \wedge Y_2 \mid V_1, U) - I(V_2 \wedge Y_1 \mid V_1, U) \end{bmatrix}$$

其中,最小值通过遍历所有满足马尔科夫链 $U \leftrightarrow V_1 \leftrightarrow X$ 和 $U \leftrightarrow V_2 \leftrightarrow X$ 的辅助随机变量 U、V_1、V_2 取得,且

$$P_{UV_1V_2XY_1Y_2} = P_U P_{V_1V_2|U} P_{X|V_1V_2} P_{Y_1Y_2|X} \tag{10.27}$$

定理 10.15 (见参考文献[29])($\mathcal{C}'_{\mathrm{BC}}$的内界):保密容量域$\mathcal{C}'_{\mathrm{BC}}$的内界由所有满足下列条件的$(R_1,R_2)$联合确定

$$R_1 \leqslant I(V_1 \wedge Y_1 \mid U) - I(V_1 \wedge V_2 \mid U) - I(V_1 \wedge Y_2 \mid V_2, U)$$
$$R_2 \leqslant I(V_2 \wedge Y_2 \mid U) - I(V_1 \wedge V_2 \mid U) - I(V_2 \wedge Y_1 \mid V_1, U)$$

式中的所有辅助随机变量 U、V_1、V_2 须满足式(10.27)。

参考文献[85]讨论了传输保密信息的多天线高斯广播信道的保密容量域,参考文献[86]对并行广播信道的保密和速率进行了研究。

10.5.2 无线信道的保密广播

考虑某个用户(发送者)需要与一组无线终端(接收者)分享数据的情形。发送者将访问权限与接收者的相对位置(地理环境)关联起来,而不是明确地指定哪些用户可以访问数据。特别地,发送者有以下需求:

- 对于邻近的所有接收者,提供即时的、非保密的接入;
- 对于中等邻近范围内的接收者,依据特定请求和适当的鉴权提供接入;
- 对于远离邻近范围内的所有接收者,禁止接入。

上述定义中邻近的概念可以是一个简单的距离度量,也可以是复杂地理场景的具体描述。例如,人们天生就遵循一种下意识的邻近关系信任模型:对于同一房间内的终端,发送者愿意随时提供数据接入;对于本楼内的终端,发送者只有收到请求(并可能已通过认证)后才提供数据接入;对于本楼外的所有终端,发送者均不允许其接入数据。由于信号在墙外(即房间和楼宇的边缘处)SNR 急剧下降,因此应考虑采用基于 SNR 的保密广播技术。

有一种直观的方法几乎可以解决该问题:发送者采用一种好码(可达容量的码),例如 LDPC 码对消息进行编码,以保证块错误率(Block Error Rate,BLER)随 SNR 的变化曲线像瀑布一样快速下降。这样对于此类编码可以定义一个 SNR 阈值,若接收者的 SNR 高于该阈值,则其成功译码的概率几乎为 1;若接收者的 SNR 低于该阈值,则其成功译码的概率接近于 0。SNR 阈值的大小取决于码速率。因此方案的目标是根据接收者所处的信任区域,改变相应的码率,而且希望能在单次传输中完成,即通过在单流中广播一个公共信息完成。

上述目标可通过打孔方式实现:发送者采用一个相当低的码率对消息进行编码,然后利用一个随机扰码序列对某些输出符号加扰。例如,如果采用二进制码字,通过将某些

输出比特(码字)与某个随机比特序列采用比特异或的方式来实现加扰,然后将加扰后的序列发送出去。加扰符号的位置是公开的,但是加扰序列是保密的,仅发送者可知。

邻近信任区域内的接收者具有足够高的 SNR,不需要加扰码字就可以对传输码字进行译码,可简单地认为加扰码字被打孔去掉了。因此,加扰程度决定了邻近信任区域的范围。

中等邻近区域内的接收者没有足够高的 SNR,无法简单地对传输的码字进行译码,但可以利用保密侧信道(这是必须要有的)向发送者请求加扰序列的信息。这种机制可以用来控制邻近信任区域之外的访问。实际上,通过不断提高加扰序列公开的长度,就可以定义出多个中等信任区域。

最后,用母码的码率决定非接入区域的边界,只要低于某个信噪比(或超过一定的距离),即使初始的未加扰码字都不能被成功译码。

注意,上述方法不能完全满足保密需求,尤其是有两个非常明显的缺点:①该方案的保密性取决于接收者的 SNR 低于某个值时不能正确译码,但是相当一部分信息可能会被泄露出去,导致该方案的保密性相当弱;②现实中所需的急剧下降的信噪比阈值只能以平均的形式存在,在任一给定的时刻,瞬时衰落模糊了该 SNR 阈值,使其变得相当不确定。

幸运的是,这两个问题已经被搭线窃听模型的研究工作解决了。特别地,参考文献[26-28]证明了实用的编码方案如何在搭线窃听信道模型中提供强大、完美的加密。参考文献[15,16]等针对衰落搭线窃听信道进行研究,证明了如何利用长期平均 SNR 定义衰落搭线窃听信道中的信任区域边界。把这些研究成果与上述搭线窃听信道模型结合起来,能实现一个完美定义的、面向可信地理区域的保密通信系统。

10.6　小　　结

本章首先讨论了源型模型和信道型模型下以信息理论为支撑的多终端间密钥生成,并给出了三终端情形的具体结论;然后研究了成对独立源型模型,并探索了该模型与无线通信系统中密钥生成的联系,给出了该模型的密钥生成算法及容量;最后对搭线窃听信道模型进行了总结,讨论了该模型在实际应用中的一些问题,在终端网络场景下证明了搭线窃听模型确实能够给出一些有意义的结论,并对该领域的相关理论发展进行了概述。

参考文献

[1] J. A. Buchmann, *Introduction to Cryptography*, New York: Springer, 2000.
[2] C. E. Shannon, "Communication theory of secrecy systems," *Bell Syst. Tech. J.*, vol. 28, pp. 656–715, Oct. 1949.
[3] A. D. Wyner, "The wire-tap channel," *Bell Syst. Tech. J.*, vol. 54, pp. 1355–1387, Oct. 1975.
[4] S. L. Leung-Yan-Cheong and M. Hellman, "The Gaussian wire-tap channel," *IEEE Trans. Inf. Theory*, vol. 24, pp. 451–456, July 1978.

[5] I. Csiszár and J. Körner, "Broadcast channels with confidential messages," *IEEE Trans. Inf. Theory*, vol. IT-24, pp. 339–348, May 1978.
[6] E. Tekin and A. Yener, "The Gaussian multiple access wire-tap channel with collective secrecy constraints," *Proc. Int. Symp. Inf. Theory*, pp. 1164–1168, July 2006.
[7] R. Liu, I. Marić, R. Yates and P. Spasojević, "The discrete memoryless multiple access channel with confidential messages," *Proc. Int. Symp. Inf. Theory*, pp. 957–961, July 2006.
[8] Y. Liang and H. V. Poor, "Multiple access channels with confidential messages," *IEEE Trans. Inf. Theory*, vol. 54, pp. 976–1002, Mar. 2008.
[9] Y. Chen and A. J. Han Vinck, "Wiretap channel with side information," *Proc. Int. Symp. Inf. Theory*, pp. 2607–2611, July 2006.
[10] C. Mitrpant, A. J. H. Vinck and Y. Luo, "An achievable region for the Gaussian wiretap channel with side information," *IEEE Trans. Inf. Theory*, vol. 52, pp. 2181–2190, May 2006.
[11] L. Lai, H. El Gamal and H. V. Poor, "The wiretap channel with feedback: Encryption over the channel," *IEEE Trans. Inf. Theory*, vol. 54, pp. 5059–5067, Nov. 2008.
[12] J. Grubb, S. Vishwanath, Y. Liang and H. V. Poor, "Secrecy capacity for semi-deterministic wire-tap channels," *Proc. IEEE Inf. Theory Workshop Wireless Networks*, 2007.
[13] J. Barros and M. R. D. Rodrigues, "Secrecy capacity of wireless channels," *Proc. IEEE Int. Symp. Inf. Theory*, pp. 356–360, July 2006.
[14] M. Bloch, J. Barros, M. R. D. Rodrigues and S. W. McLaughlin, "Wireless information-theoretic security–Part I: Theoretical aspects," e-print arXiv: cs.IT/0611120, 2006.
[15] P. Gopala, L. Lai and H. El Gamal, "On the secrecy capacity of fading channels," *IEEE Trans. Inf. Theory*, vol. 54, pp. 4687–4698, Oct. 2008.
[16] Z. Li, R. Yates and W. Trappe, "Secure communication with a fading eavesdropper channel," *Proc. IEEE Int. Symp. Inf. Theory*, pp. 1296–1300, June 2007.
[17] Y. Liang, H. V. Poor and S. Shamai, "Secure communication over fading channels," *IEEE Trans. Inf. Theory*, June 2008.
[18] P. Parada and R. Blahut, "Secrecy capacity of SIMO and slow fading channels," *Proc. IEEE Int. Symp. Inf. Theory*, pp. 2152–2155, Sept. 2005.
[19] A. Khisti and G. W. Wornell, "Secure transmission with multiple antennas: The MISOME wiretap channel," e-print arXiv: cs.IT/07084219, 2007.
[20] A. Khisti, G. W. Wornell, A. Wiesel and Y. Eldar, "On the Gaussian MIMI wiretap channel," *Proc. IEEE Int. Symp. Inf. Theory*, pp. 2471–2475, June 2007.
[21] Z. Li, W. Trappe and R. Yates, "Secret communication via multi-antenna transmission,", *Proc. Conf. Inf. Sci. Syst.*, Mar. 2007.
[22] S. Shafiee and S. Ulukus, "Achievable rates in Gaussian MISO channels with secrecy constraints," *Proc. IEEE Int. Symp. Inf. Theory*, pp. 2466–2470, June 2007.
[23] X. Tang, R. Liu, P. Spasojevic and H. V. Poor, "Interference-assisted secret communication,", *Proc. IEEE Inf. Theory Workshop*, May 2008.
[24] L. Lai and H. El Gamal, "The relay-eavesdropper channel: Cooperation for secrecy," *IEEE Trans. Inf. Theory*, vol. 54, pp. 4005–4019, Sept. 2008.
[25] M. Yuksel and E. Erkip, "The relay channel with a wire-tapper," *Proc. Conf. Inf. Sci. Syst.*, Mar. 2007.
[26] A. Thangaraj, S. Dihidar, A. R. Calderbank, S. McLaughlin and J. M. Merolla, "Applications of LDPC Codes to the wiretap channel," *IEEE Trans. Inf. Theory*, vol. 53, pp. 2933–2945, Aug. 2007.
[27] M. Bloch, J. Barros, M. R. D. Rodrigues and S. W. McLaughlin, "Wireless information-theoretic security–Part II: Practical implementation," e-print arXiv: cs.IT/0611121, 2006.
[28] R. Liu, Y. Liang, H. V. Poor and P. Spasojevic, "Secure nested codes for Type II wiretap channels," *Proc. IEEE Inf. Theory Workshop*, pp. 337–342, Sept. 2007.

[29] R. Liu, I. Marić, P. Spasojević and R. Yates, "Discrete memoryless interference and broadcast channels with confidential messages: Secrecy capacity regions," *IEEE Trans. Inf. Theory*, June 2008.

[30] U. Maurer, "Secret key agreement by public discussion from common information," *IEEE Trans. Inf. Theory*, vol. 39, pp. 733–742, May 1993.

[31] R. Ahlswede and I. Csiszár, "Common randomness in information theory and cryptography, Part I: Secret sharing," *IEEE Trans. Inf. Theory*, vol. 39, pp. 1121–1132, July 1993.

[32] C. H. Bennett, F. Bessette, G. Brassard, L. Salvail and J. Smolin, "Experimental quantum cryptography," *J. Cryptol.*, vol. 5, pp. 3–28, 1992.

[33] J. E. Hershey, A. A. Hassan and R. Yarlagadda, "Unconventional cryptographic keying variable management," *IEEE Trans. Commun.*, vol. 43, pp. 3–6, Jan. 1995.

[34] C. Ye, A. Reznik and Y. Shah, "Extracting secrecy from jointly Gaussian random variables," *Proc. Int. Symp. Inf. Theory*, pp. 2593–2597, July 2006.

[35] C. Cachin and U. Maurer, "Linking information reconciliation and privacy amplification," *J. Cryptol.*, vol. 10, pp. 97–110, 1997.

[36] C. H. Bennett, G. Brassard and J. M. Robert, "How to reduce your enemy's information," *Adv. Cryptol.—CRYPTO*, pp. 468–476, 1986.

[37] G. Brassard and L. Salvail, "Secret-key reconciliation by public discussion," *Adv. Cryptol.—EUROCRYPT*, pp. 410–423, 1994.

[38] I. Csiszár and P. Narayan, "Secrecy capacities for multiple terminals," *IEEE Trans. Inf. Theory*, vol. 50, pp. 3047–3061, Dec. 2004.

[39] J. Chen, D. He and E. Yang, "On the codebook-level duality between Slepian-Wolf coding and channel coding," *Proc. IEEE Inf. Theory Appl. Workshop*, pp. 84–93, Feb. 2007.

[40] J. Garcia-Frias and Y Zhao, "Compression of correlated binary sources using turbo codes," *IEEE Commun. Lett.*, vol. 5, pp. 417–419, Oct. 2001.

[41] A. D. Liveris, Z. Xiong and C. N. Georghiades, "Compression of binary sources with side information at the decoding using LDPC codes," *IEEE Commun. Lett.*, vol. 6, pp. 440–442, Oct. 2002.

[42] S. S. Pradhan and K. Ramchandran, "Distributed source coding using syndromes (DISCUS): Design and construction," *IEEE Trans. Inf. Theory*, vol. 49, pp. 626–643, Mar. 2003.

[43] T. P. Coleman, A. H. Lee, M. Médard and M. Effros, "Low-complexity approaches to Slepian-Wolf near-lossless distributed data compression," *IEEE Trans. Inf. Theory*, vol. 52, pp. 3546–3561, Aug. 2006.

[44] C. H. Bennett, G. Brassard and J. M. Robert, "Privacy amplification by public discussion," *SIAM J. Comput.*, vol. 17, pp. 210–229, Apr. 1988.

[45] C. H. Bennett, G. Brassard, C. Crepeau and U. Maurer, "Generalized privacy amplification,"*IEEE Trans. Inf. Theory*, vol. 41, pp. 1915–1923, Nov. 1995.

[46] J. L. Carter and M. N. Wegman, "Universal classes of hash functions," *J. Comput. Syst. Sci.*, vol. 18, pp. 143–154, 1979.

[47] M. N. Wegman and J. Carter, "New hash functions and their use in authentication and set equality," *J. Comput. Syst. Sci.*, vol. 22, pp. 265–279, 1981.

[48] U. Maurer and S. Wolf, "Secret-key agreement over unauthenticated public channels—Part III: Privacy amplification," *IEEE Trans. Inf. Theory*, vol. 49, pp. 839–851, Apr. 2003.

[49] R. Raz, I. Reingold and S. Vadhan, "Extracting all the randomness and reducing the error in Trevisan's extractors," *Proc. Symp. Theory of Comput.*, pp. 149–158, 1999.

[50] Y. Dodis, J. Katz, L. Reyzin and A. Smith, "Robust fuzzy extractors and authenticated key agreement from close secrets," *Adv. Cryptol.—CRYTPO*, pp. 232–250, Aug. 2006.

[51] Y. Dodis, R. Ostrovsky, L. Reyzin and A. Smith, "Fuzzy extractors: How to generate strong keys from biometrics and other noisy data," *SIAM J. Comput.*, pp. 97–139, 2008.

[52] R. Cramer, Y. Dodis, S. Fehr, C. Padró and D. Wichs, "Detection of algebraic manipulation with applications to robust secret sharing and fuzzy extractors," *Adv. Cryptol.—EUROCRYPT*, Apr. 2008.

[53] J. Muramatsu, "Secret key agreement from correlated source outputs using LDPC matrices," *IEICE Trans. Fundamen.*, vol. E89-A, pp. 2036–2046, July 2006.

[54] C. Ye and P. Narayan, "Secret key and private key constructions for simple multiterminal source models," *Proc. Int. Symp. Inf. Theory*, pp. 2133–2137, Sept. 2005.

[55] U. M. Maurer, "Information-theoretically secure secret-key agreement by NOT authenticated public discussion," *Adv. Cryptol.—EUROCRYPT*, 1997.

[56] U. Maurer and S. Wolf, "Secret-key agreement over unauthenticated public channels—Part I: Definitions and a completeness result," *IEEE Trans. Inf. Theory*, vol. 49, pp. 822–831, Apr. 2003.

[57] U. Maurer and S. Wolf, "Secret-key agreement over unauthenticated public channels—Part II: The simulatability condition," *IEEE Trans. Inf. Theory*, vol. 49, pp. 832–838, Apr. 2003.

[58] I. Csiszár and P. Narayan, "Common randomness and secret key generation with a helper," *IEEE Trans. Inf. Theory*, vol. 46, pp. 344–366, Mar. 2000.

[59] A. A. Gohari and V. Anantharam, "Information-theoretic key agreement of multiple terminals—Part I: Source model," *IEEE Trans. Inf. Theory*, submitted.

[60] C. Ye and A. Reznik, "Group secret key generation algorithms," *Proc. Int. Symp. Inf. Theory*, pp. 2596–2600, June 2007.

[61] S. Nitinawarat, C. Ye, A. Barg, P. Narayan and A. Reznik, "Secret key generation for a pairwise independent network model," *Proc. Int. Symp. Inf. Theory*, pp. 1015–1019, July 2008.

[62] I. Csiszár and P. Narayan, "Secrecy capacities for multiterminal channel models," *IEEE Trans. Inf. Theory*, vol. 54, pp. 2437–2452, June 2008.

[63] A. A. Gohari and V. Anantharam, "Information-theoretic key agreement of multiple terminals—Part II: Channel model," *IEEE Trans. Inf. Theory*, submitted.

[64] C. Ye and P. Narayan, "The private key capacity region for three terminals," *Proc. Int. Symp. Inf. Theory*, p. 44, June 2004.

[65] C. Ye and P. Narayan, "The secret key-private key capacity region for three terminals," *Proc. IEEE Int. Symp. Inf. Theory*, pp. 2142–2146, Sept. 2005.

[66] C. Ye, A. Reznik, Y. Shah and G. Sternberg, "Method and system for generating a secret key from joint randomness," U.S. patent application 20070165845, 11/612671, July 2007.

[67] R. Wilson, D. Tse and R. Scholtz, "Channel identification: Secret sharing using reciprocity in ultrawideband channels," *IEEE Trans. Inf. Foren. and Secu.*, vol. 2, pp. 364–375, Sept. 2007.

[68] S. Mathur, W. Trappe, N. Mandayam, C. Ye and A. Reznik, "Radio-telepathy: Extracting a secret key from an unauthenticated wireless channel," *Proc. ACM Conf. Mobile Comput. Network.*, Sept. 2008.

[69] T. Aono, K. Higuchi, T. Ohira, B. Komiyama and H. Sasaoka, "Wireless secret key generation exploiting reactance-domain scalar response of multipath fading channels," *IEEE Trans. Antennas Propag.*, vol. 53, pp. 3776–3784, 2005.

[70] H. Imai, K. Kobara and K. Morozov, "On the possibility of key agreement using variable directional antenna," *Proc. Joint Workshop Inf. Security*, 2006.

[71] H. Kooraparty, A. A. Hassan and S. Chennakeshu, "Secure information transmission for mobile radio," *IEEE Commun. Lett.*, vol. 4, pp. 52–55, Feb. 2000.

[72] A. A. Hassan, W. E. Stark, J. E. Hershey and S. Chennakeshu, "Cryptographic key agreement for mobile radio," *IEEE Digital Signal Processing Mag.*, vol. 6, pp. 207–212, 1996.

[73] L. Xiao, L. Greenstein, N. Mandayam and W. Trappe, "Using the physical layer for wireless authentication under time-variant channels," *IEEE Trans. Wireless Commun.*, vol. 7, pp. 2571–2579, July 2008.

[74] U. M. Maurer, "The strong secret key rate of discrete random triples," *Communications and Cryptography: Two Sides of One Tapestry*, R. E. Blahut et al., Ed, Norwell, MA: Kluwer, Ch. 26, pp. 271–285, 1994.

[75] U. M. Maurer and S. Wolf, "Information-theoretic key agreement: from weak to strong secrecy for free," *Advances in Cryptology - EUROCRYPT*, pp. 351–368, May 2000.

[76] A. Schrijver, *Theory of Linear and Integer Programming*, New York: Wiley, 1986.

[77] R. Renner and S. Wolf, "New bounds in secret-key agreement: the gap between formation and secrecy extraction," *Adv. Cryptol.—EUROCRYPT*, pp. 562–577, 2003.

[78] C. St. J. A. Nash-Williams, "Edge disjoint spanning trees of finite graphs," *J. London Math. Soc.*, 36, pp. 445–450, 1961.

[79] W. T. Tutte, "On the problem of decomposing a graph into *n* connected factors," *J. London Math. Soc.*, vol. 36, pp. 221–230, 1961.

[80] H. N. Gabow and H. H. Westermann, "Forests, frames, and games: Algorithms for matroid sums and applications," *Algorithmica*, vol. 7, pp. 465–497, 1992.

[81] A. Schrijver, *Combinatorial Optimization—Polyhedra and Efficiency*, New York: Springer, 2003.

[82] I. Csiszár and J. Körner, *Information Theory: Coding Theorems for Discrete Memoryless Systems.*, New York, NY: Academics 1982.

[83] P. Gács and J. Körner, "Common information is far less than mutual information," *Probl. Contr. Inf. Theory*, vol. 2, pp. 149–162, 1973.

[84] A. Reznik, A. Carlton, A. Briancon, Y. Shah, P. Chitrapu, R. Mukherjee and M. Rudolf, "Method and system for securing wireless communications," U.S. patent application 20060133338, 11/283017, June 2006.

[85] R. Liu and H. V. Poor, "Secrecy capacity region of a multi-antenna Gaussian broadcast channel with confidential messages," *IEEE Trans. Inf. Theory*, vol. 55, pp. 1235–1249, Mar. 2009.

[86] A. Khisti, A. Tchamkerten and G. W. Wornell, "Secure broadcasting over fading channels," *IEEE Trans. Inf. Theory*, vol. 54, pp. 2453–2469, June 2008.

第 11 章 基于多径传播特性的密钥一致性协商技术*

Hideichi Sasaoka, Hisato Iwai

11.1 引言

随着信息社会的不断进步，手机、无线局域网（wireless local area network，WLAN）等无线通信方式迅速普及。遗憾的是，无线通信信号通过电波传播时很容易被第三方捕获，因此存在许多安全上的隐患，如窃听无线信道上传输的数据、非法或未经授权地访问公共 WiFi 网络等。事实上，由于无线系统是未来许多应用的基础，因此其安全问题已成为重大的技术挑战，必须加以解决。

在应对无线安全问题的对策方面，通常采用公钥和对称密钥等加密技术来保障通信安全。而在移动通信中，终端的处理能力有限，公钥方案处理较复杂，所以往往使用对称密钥的加密方案。然而，即使是对称密钥加密系统中，也存在着如何安全地共享和管理相关密钥的问题。此外，还存在加密密钥丢失和被盗的风险。从理论上讲，这两个方案的安全均基于计算复杂度，因此当敌方的计算能力增强或未来发现一个新的破解算法时，有可能对基于这些加密方案的协议造成安全威胁。另一方面，基于"信息理论安全"的保密方法在参考文献[1-3]中已有研究，如一次一密（香农的密码系统）（见参考文献[4]）、有噪信道中的密钥共享（见参考文献[5]）、基于共有信息的密钥协商（见参考文献[6]）等。量子密码技术也被认为是提高保密性的方法之一（见参考文献[7]）。在基于信息论安全的方法中，结合有噪信道的加密技术（见参考文献[5]）所基于的假设相对贴近实际一些，而其余方法的可行性就相当有限了（见参考文献[2]）。

最近，研究人员提出了基于移动通信信道传播特性的密钥一致性协商方案（见参考文献[8,9]）和信息保密传输方案（见参考文献[10]）。这些方案的原理与在有噪信道中的加密技术类似，但是建立在更为实际的假设之上。在密钥一致性协商领域，接收者间可以利用无线电传播路径的互易性来共享一些高度相关的信息，并且由于双方位置和传播方式的复杂性，处于其他位置的第三方难以获取这些共享信息。同样，在信息的保密传输领

Hideichi Sasaoka (✉)
科学与工程系，同志社大学，京田边，东京 610-0321，日本
电子邮件：hsasaoka@mail.doshisha.ac.jp

* 本章部分内容来自于 Secret information and sharing techniques based on radiowave propagation, IEICE Transactions B (Japanese Edition), vol. J90-B, no. 9, pp. 770-783, Sept. 2007

域，通过发送时对信号进行预失真处理，可以补偿两个接收者之间信道的影响，从而使无失真信号能够在合法用户之间传递，而对于处于不同地点的第三方，其信号接收不正确、无法恢复发送信息。这一机制也利用了无线电传播路径的互易性。

在上述工作的基础上，研究人员也提出了一些基于类似原理的方法。为保障信息的保密传输，人们利用传播信道的相位变化作为失真，使得接收者与窃听者的通信质量产生差异(见参考文献[10])。类似的方法还有利用多径延迟作为失真。在密钥协商方面，依据传播特性的不同，提出了不同的方案，如测量多音信号相位差的方法(见参考文献[8,9])、测量接收信号的幅度时变频率特性的方法(见参考文献[11])、测量传播信道脉冲响应法(如 UWB-IR，即超宽带-脉冲体制)(见参考文献[12,13])。最近有人提出了测量天线阵产生的人工信号抖动的方案(见参考文献[14,15])。

本章研究基于无线电传播的密钥一致性协商方案。首先，介绍该方案的基本原理；然后，详细介绍实现这一方案的系统配置的实际例子和处理流程；最后，介绍一个基于无线电传播的密钥协商的样机系统。需要指出的是，当前物理层安全领域中已经开展了大量理论研究，本章把重点聚焦于将理论成果向实用化通信系统的转化。

11.2　基于无线电传播特性的密钥一致性协商原理

图 11.1 中用图表描绘了基于无线电传播特性的密钥一致性协商原理。图中有 A 和 B 两个无线电台。它们之间的传播路径假定为多径衰落信道。假设无线电台是移动的，则在 A 和 B 处所接收的信号由于多径衰落会产生起伏。如果从 A 到 B、从 B 到 A 同时进行传输，并且具有相同的载波频率，则由于无线电传播的互易性，衰落的起伏即传输特性在两个接收者的变化是一致的。在实际系统中，在同一时间、同一频点上进行发射和接收通常无法实现，在 11.3 节中假设系统为 TDD(time division duplex，时分双工)的。通过在每个站上产生一个基于传播特性的数字序列，共有信息(如密钥)可以在两个站之间实现远程共享。另一方面，位于其他地点的第三方(窃听者)接收到的信息与 A、B 经历的衰落不同，因此，窃听者无法获得与接收者相同的传播特性，即无法窃取密钥。

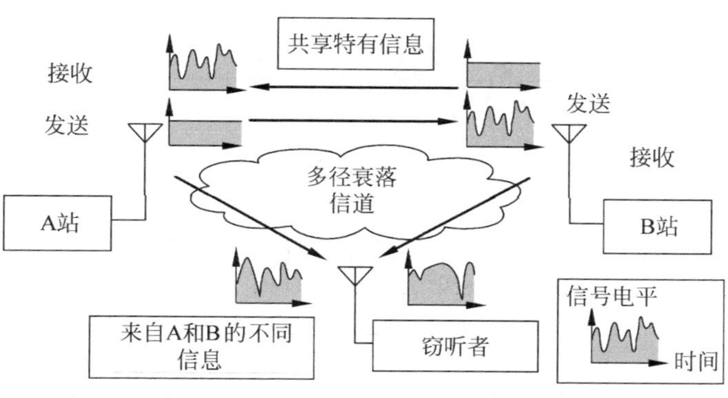

图 11.1　基于无线电传播特性的密钥协商方案的基本原理

这里的共享密钥可用于加密，而且在实际中密钥可根据需求在任意时刻更新。而传统的对称密钥加密系统中，密钥必须在通信开始前设好，此后密钥无法更新，除非在无线信道中公开传递。因此，对于任何一个通信协议来说，通过定期更新密钥来提高安全性的需求十分迫切。

不幸的是，无线通信通常是不稳定、不可靠的，很容易受到噪声和传输路径中其他失真的影响。因此，为了在实际无线通信环境中实现密钥一致性，需要研究抗衰落和噪声的对策以提高可靠性。

图 11.2 描绘了在瑞利衰落过程中的空间相关特性，其中多径的到达方向可能是全方位的。信道变化的空间相关系数 $\rho_A(\Delta x)$ 可表示为 $\rho_A(\Delta x)=[J_0(k\Delta x)]^2$，其中 x 是空间距离，k 为载波频率波数(见参考文献[15,16])和 J_0 是零阶一类贝塞尔函数。从图 11.2 中可以看出，当空间距离超过 1/4 波长时，信道的空间相关性变得较小。

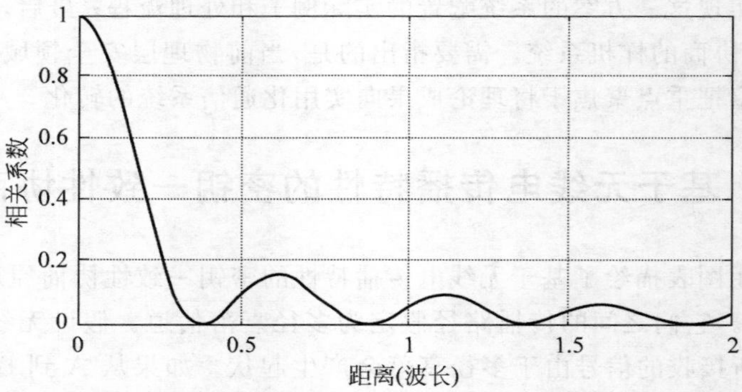

图 11.2　在瑞利多径环境下的空间相关特性(波达方向是全向的)

考虑衰落过程的二值化，即根据电平幅度将起伏量化为一组二进制值，如图 11.3 所示。首先确定电平分布的中值，将其作为阈值，将电平量化为二进制的 1 或 0。这是基于无线电传播特性的一种最简单的密钥一致性协商方法，在后续小节中会详细叙述。

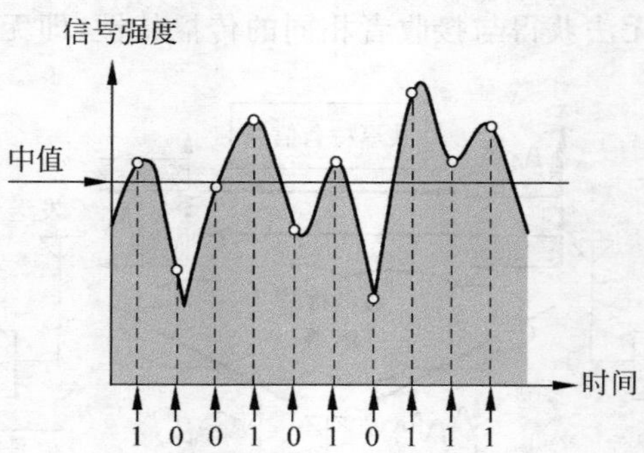

图 11.3　通过中值产生二进制码

可以建立一个简单的模型来评估一致性指标。假设模型中有两个变化相关系数为 ρ 的瑞利分布信号，采用图 11.3 中的二值化方法，仿真得到的两个相关的瑞利衰落的平均一致率如图 11.4 所示。图 11.4 中给出了相关系数从 0 变到 1 时的曲线。可以看出，想要更精确地估计序列，需要有相当高的相关性。即便在空间相关系数为 0.9 时，密钥一致率也仅保持在 0.8。假设有一个 128 位的序列，在平均一致率为 0.8 时，实现 128 b 完全一致的概率几乎为零。在全向到达波的传播环境中，从图 11.2 可以看出，空间相关系数增大到 0.9 时对应的距离大约是 0.1 个波长，这个长度在 800 MHz 波段相当于 4 cm，在 2.4 GHz 频段约为 1.25 cm，而一般情况下窃听者处于离接收者一定距离开外的位置，因此窃取密钥几乎是不可能的。

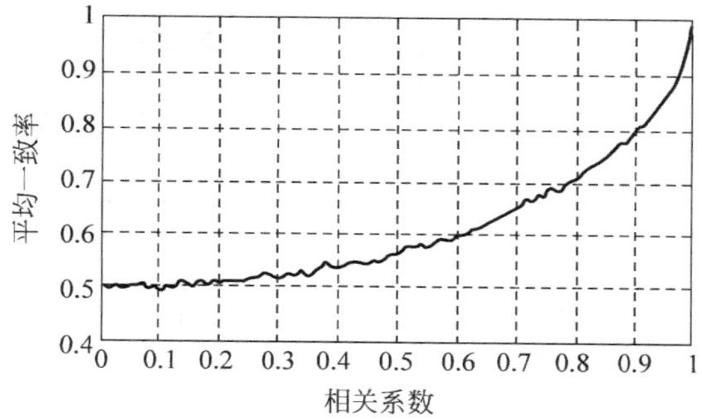

图 11.4　不同空间相关系数对应的平均一致率

本节提出了一些基于无线电传播特性的密钥协商实际实现的例子，介绍了通过不同的系统配置和方法以实现上文中所述的原理。

11.2.1　应用电控无源阵列天线的密钥生成

前面介绍了两个无线站点利用传播特性共享机密信息而不被第三方窃取的基本原理。然而，当衰落随时间变化缓慢时，生成的密钥序列成为不变的全 0 或全 1，或接近全 0、全 1，则被窃密的可能性会增大。当该方法应用于室内无线系统如无线局域网时，衰落的速度特别低，问题变得更加严重。为解决这一问题，可使用方向性图可控天线系统（如电调波束天线阵列天线，electronically steerable parasitic array radiator，ESPAR），通过改变天线方向图，人为产生衰落。采用数字波束成型（digital beam forming，DBF）天线控制方向图是另一种方法，但是由于这样的设备复杂并且昂贵，因此不适合于消费类电子产品，如 WLAN。ESPAR 天线是模拟波束成型天线，可在成本较低的情况下与 DBF 等效。

图 11.5 中为一个具有七个阵元的 ESPAR 天线。ESPAR 天线中间有一个有源辐射器，周围环绕着七个寄生元件，元件中加载变容二极管作为可变电抗器。通过在反向偏置中调节变容二极管上被施加的直流电压，可以改变天线的方向图。因为它只是一个单射频的辐射器，成本比一个 DBF 天线要小得多。ESPAR 天线的峰值增益为 9 dBi 左右。图 11.6 显示了一个测量 ESPAR 天线辐射图的例子。在图 11.5 中所示的系统中，偏置电压由 8 位分辨率的数字控制。因此，辐射图共有 $2^8-(7+1)=248$ 种。

下面详细介绍密钥协商的过程。前提条件如下：假设有两个用户，一个是接入点 A，具有 ESPAR 天线；另一个是用户终端 B，具有一个全向天线。他们合作生成一个密钥，但他们并不通过无线信道交换密钥信息。在该方案中，A 和 B 必须历经相同的多径衰落，采用 TDD 可实现这个条件，当 TDD 帧足够短，这两点的衰落特性可以假定相同。然

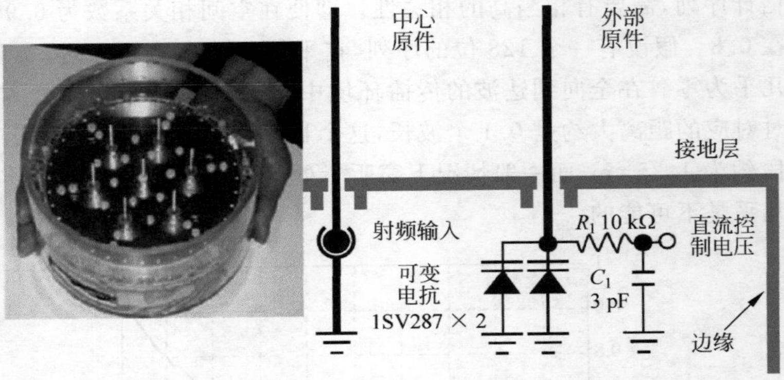

图 11.5　具有七个阵元的 ESPAR 天线

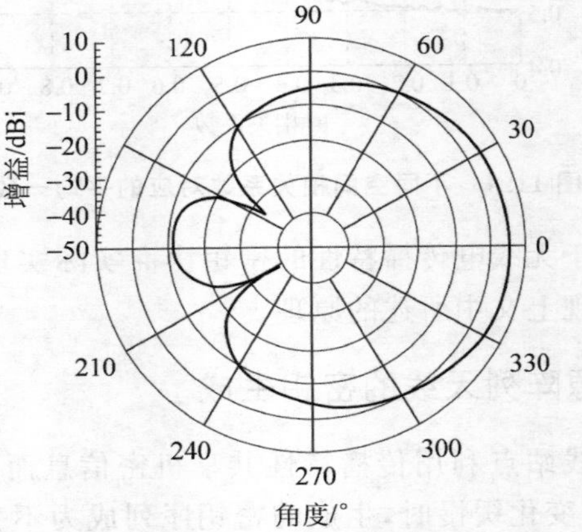

图 11.6　一个七阵元 ESPAR 天线辐射图例

而，在实际的 TDD 系统中还是会有很小的时间差异，该差异造成的影响会在稍后讨论。在 ESPAR 天线中，寄生元件的六个电抗值组合被称为一个电抗矢量。密钥生成过程如图 11.7 所示。以下是生成共享密钥的详细过程：

(1) 一个数据包从 A 传输到 B，当 B 接收该数据包，对该包的 RSSI(received signal strength indicator，接收信号强度指示)进行计算。

(2) A 发送完后，切换到接收模式，保持相同的方向图。然后 B 发送一个包到 A，A 测量该包的 RSSI。

(3) 在步骤(2)完成后，通过随机改变电抗矢量来改变方向图。

(4) 对于密钥长度 K，可获得一个有 $K+\alpha$ 个 RSSI 值的 RSSI 序列。多出来的 α 个值作为冗余数据，通过下面的删除进程以增加一致性协商的成功概率。

(5) 由于无线电传播的相互作用，在 A 和 B 处的序列是相同的(理想情况下)，如图 11.8 所示。然而，实际中也有可能存在不一致的情况，随机噪声就可能是引起错误的原因之一。可以通过在相同的天线方向图上对多个 RSSI 取平均，以减少噪声的影响。其他造成不一致性的重要因素包括双方在发射功率、接收者放大器增益、天线的性能(灵

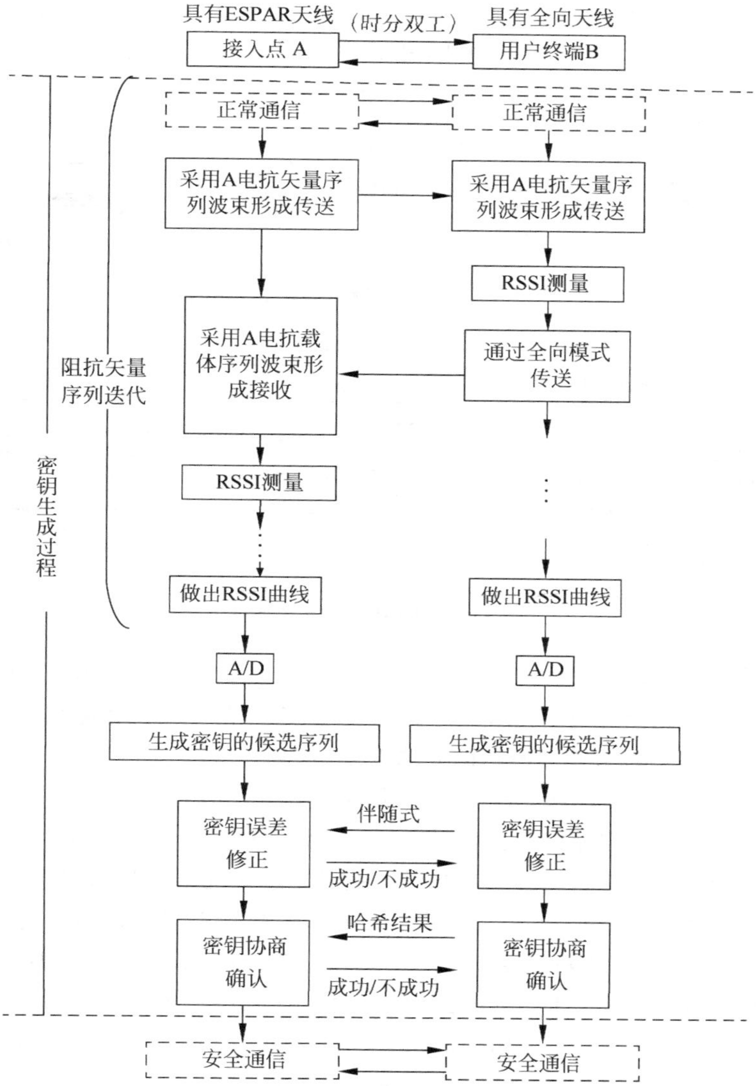

图 11.7　产生 RSSI 密钥的过程示意图

敏度或方向性)等方面的差异。通常,在无线系统中精确测定各种因素的影响是很难的。因此,这里使用归一化的方法消除这些影响。利用二值化的 RSSI 序列的中值作为阈值,只考虑相对变化,忽略绝对值的影响。

(6) 在 A 端,通过选择 $K/2+\beta$ 个最大的 RSSI 值和 $K/2+\beta$ 个最小的 RSSI 值构造一个序列子集,这里 $\beta<\alpha/2$。换句话说,阈值(中值)附近的 RSSI 值被舍去,不用于生成密钥。因为这些值与其余的值相比更容易受噪声影响,产生序列不一致的概率会更高。

(7) 在 A 被删除的 RSSI 值的位置通过公共通信信道发送信息到 B。在 B 的 RSSI 序列中对应位置的值也被删除。

(8) 在 B 端,也进行了与 A 端类似的删除操作。不同的是,不再选取 $K/2+\beta$ 个值,

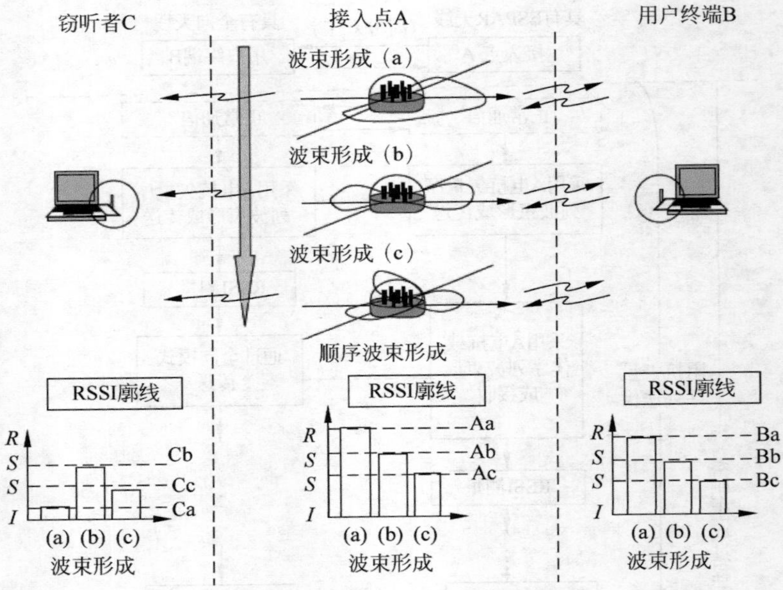

图 11.8 RSSI 的产生流程图

而是从剩余的序列中，选取最大的 $K/2$ 个 RSSI 值和最小的 $K/2$ 个 RSSI 值，生成长度为 K 的序列。然后将删除的值的位置发送到 A，并在 A 中的序列内删除相应位置的值。

(9) 现在 A 和 B 都有建立密钥的候选 RSSI 序列。

(10) 将该序列通过阈值电平进行二进制编码，过程如图 11.3 所示。

(11) 在 A 端，利用误差修正技术对序列不一致之处进行校正。若使用普通的误差修正方法，则需要在两站之间进行码字的交换，就必须通过无线电进行通信，这个过程可能会将产生的密钥信息泄露给第三方。因此采用的误差修正技术并不发送完整的编码码字，而是发送原始序列的伴随式(syndrome)。在 B 端，伴随式为 $S_b=x_b\boldsymbol{H}^{\mathrm{T}}$，其中 x_b 是在 B 处密钥的候选比特序列，$\boldsymbol{H}$ 代表的纠错编码的校验矩阵，在下面给出的实际硬件实现中，采用 BCH 编码，上标 T 表示矩阵的转置。该伴随式从 B 传输到 A。同样在 A 处，伴随式为 $S_a=x_a\boldsymbol{H}^{\mathrm{T}}$，其中 x_a 是候选的比特序列。定义原始序列的差异为 $e=x_a-x_b$，伴随式的差异为 $S=S_a-S_b$。根据校验矩阵的特性，它们之间的关系为 $S=e\boldsymbol{H}^{\mathrm{T}}$。在 A 处，是通过比较接收和发送的伴随式求得 S，如果 $S=0$，它对应于 $e=0$，此时密钥协商是成功的。否则，两个序列之间存在一些错误。可以通过校验码纠正序列中的错误，校正上限由校验矩阵校正位的最大数量决定。由于伴随式是通过无线信道传输，这是公开的，因此认为窃听者是可以监测到这些信息的。尽管伴随式中的比特数会使密钥中的有效比特数减少，但通过监测到的伴随式并不能获得 A 和 B 的完整序列。

(12) 不一致性校正过程完成后，使用密码学中的哈希函数对一致性进行测试，即采用单向哈希变换来检测一致性是比较安全的。首先在 B 处，对密钥采用哈希法进行处理，并将结果传给 A；然后将结果与在 A 中采用相同哈希函数处理后的密钥进行对比。注意在本方案中，用哈希函数进行校验的过程并不是必选项，密钥的不一致也可以通过其他多种方法检测。例如,如果密钥协商后进行的加密通信的结果出现异常,则首先应检查密钥是否有差异。

(13) 如果密钥一致性协商过程的校验结果是成功的,则协商过程结束,该密钥可用作加密通信的共享密钥。如果协商没有获得一致,则生成的密钥将被丢弃,整个过程重新开始,直到协商成功为止。

上述全部过程已在原型系统中实现,硬件配置和通过实验得到的一致性性能将在后续的章节中进行介绍。

11.2.2 使用时变宽带 OFDM 信号频率特性的密钥协商方案

目前,WLAN 系统采用 OFDM 作为无线传输体制。例如,IEEE 802.11a/g WLAN 标准使用的是带宽 20 MHz 的宽带 OFDM 体制。对于这样的宽带传输系统而言,信道传输特性是频率选择性的。在这种系统中,有效获取信号变化特征的方法之一是利用宽带衰落过程的频率特性。

在 OFDM 系统中,接收者要用到快速傅里叶变换(fast Fourier transform,FFT),但在此之前由于频率选择性衰落的原因必须先进行频率均衡,均衡是通过导频符号与数据符号在时频域复用实现的。因此在均衡过程中,很容易获得生成密钥的源。然而,仅靠频率特性往往没有足够的变化来生成一个安全的密钥,综合利用时域和频域的变化是产生足够电波传播特性变化量的一种有效途径。与 ESPAR 天线的案例类似,这里需要系统是 TDD 的,以使两个接收者能共享同一信息。IEEE 802.11a 的 OFDM 宽带系统中,时变的频率特性如图 11.9 所示。该特性采用 3 径延迟瑞利模型通过计算机仿真得到,其中时延扩展为 60 ns。

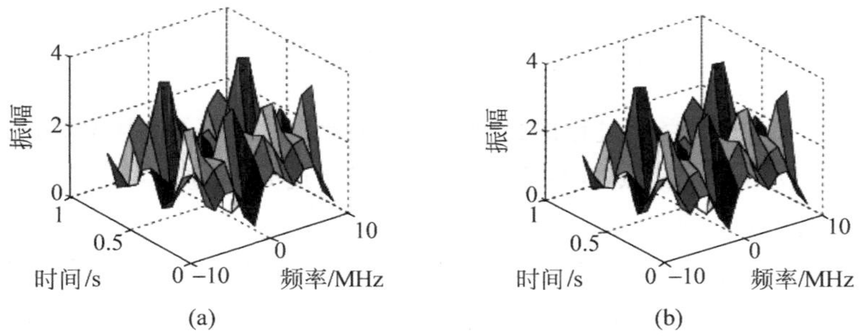

图 11.9 在一个宽带传输信道中的时变频率特性

图 11.10 显示了在两个接收者处仿真得到的密钥比特序列,该序列是将时变频率特性幅度二值化的结果,判决阈值为信号幅度分布的中值。此处假定接收者的信噪比(signal to noise power ratio,SNR)为 15 dB。图 11.10(a)和图 11.10(b)的比特序列几乎是相同的,仅有个别差异。造成这些差异的原因除了噪声之外还有来自两个站点之间的发射时间差。图 11.11 显示了两个用户生成密钥的不一致率,对应于这两个密钥序列之间不一样的比特数的平均比率,其中密钥长度为 128 位。

图 11.11 中曲线(a)反映了由上述过程产生的序列的不一致率。仿真中假设 TDD 双

0	0	0	1	0	0	0	1	0	0	0	0	0	0
1	0	1	1	0	0	1	1	1	0	1	1	0	0
1	1	1	1	1	1	1	1	1	1	1	1	1	1
0	1	1	0	0	0	0	0	0	1	1	0	0	0
0	0	0	1	1	1	0	0	0	0	0	1	1	1
1	0	0	0	0	0	0	1	1	0	0	0	0	0
0	1	1	1	1	0	1	1	0	1	1	1	1	0
1	1	1	0	0	0	0	0	1	1	1	0	0	0
0	0	0	0	0	0	0	0	0	0	0	0	0	0
0	0	0	0	0	0	1	1	0	0	0	0	0	0

(a)

0	0	0	1	0	0	0	1	0	0	0	0	0	0
1	0	1	1	0	0	1	1	1	0	1	1	0	0
1	1	1	1	1	1	1	1	1	1	1	1	1	1
0	1	1	0	0	0	0	0	0	1	1	0	0	0
0	0	1	1	1	0	0	0	0	0	0	1	1	1
1	0	0	0	0	0	0	1	1	0	0	0	0	0
0	1	1	1	1	0	0	1	1	1	1	1	0	0
1	1	1	1	0	0	0	0	1	1	1	0	0	0
0	0	0	0	0	0	0	0	0	0	0	0	0	0
0	0	0	0	0	0	1	1	1	0	0	0	0	0

(b)

图 11.10　一个 OFDM 宽带信号密钥生成过程产生的比特序列形式的例子

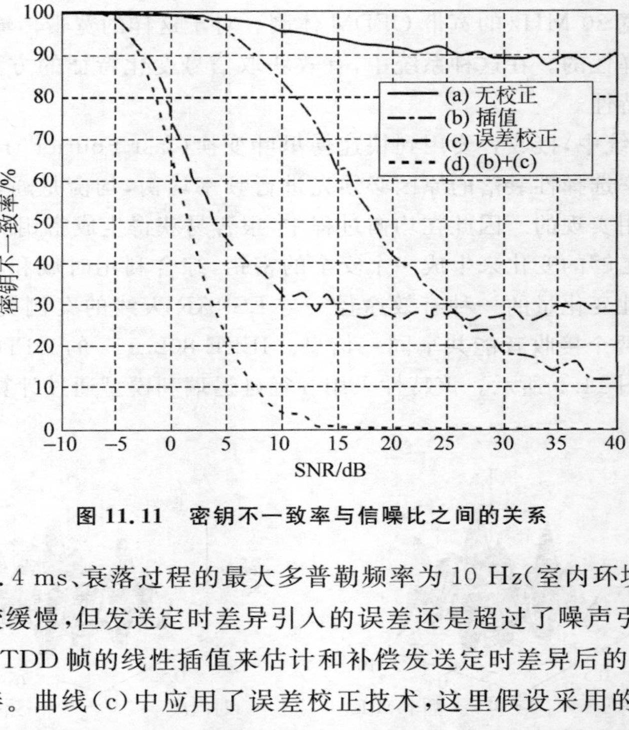

图 11.11　密钥不一致率与信噪比之间的关系

向发送时间差为 1.4 ms、衰落过程的最大多普勒频率为 10 Hz(室内环境的典型值)，因此信道变化相对比较缓慢，但发送定时差异引入的误差还是超过了噪声引起的误差。曲线(b)是用两个相邻 TDD 帧的线性插值来估计和补偿发送定时差异后的不一致率，可看出其性能得到了改善。曲线(c)中应用了误差校正技术，这里假设采用的纠错方案可纠正 128 位中的小于等于 5 位的错误。即使纠错方法与原方法(没有定时补偿)结合使用，不一致性能并没有显著提高，这表明原方案中的错误数量往往超过 5。另一方面，当误差校正和差值技术结合使用时性能改善明显，如曲线(d)所示。此处的误差校正是通过发送伴随式实现的，与前述 ESPAR 天线系统中的误差校正方法类似。采用这种方案，可以有效地减少密钥的不一致性，当 SNR＞15 dB 时基本上可实现两站之间密钥的完美一致，SNR＞15 dB 在实际通信中也算是比较合理的条件。

11.2.3　采用天线切换时的密钥协商方案

为保证共享密钥的安全性，需要信道有足够的变化量。在前述使用 ESPAR 天线进行密钥共享的案例中，通过波束可调天线可以改变接入点天线的方向图以产生人工变化量。本节提出另一种适用于慢衰落环境并具有相对简单系统配置的方法，即采用两根简单天线而非天线阵，通过比较天线输入输出的信号电平来产生信息比特。

图 11.12 从概念上描述了该方法的原理。假设无线站点 A 具有多个天线而站点 B 只有一个天线(例如它可能仅仅只是个用户终端)。首先，使用 A 中的一根天线向 B 发送一个信号，在 B 处测量该信号的电平；然后将 A 切换到另一个发射天线，并再次在 B 处测定接收信号电平，并将接收到的两个电平进行比较，其结果决定了 1 比特的信息。举例说明，如果第一次接收到的信号电平大于第二次的，则比特值为 1，反之为 0。

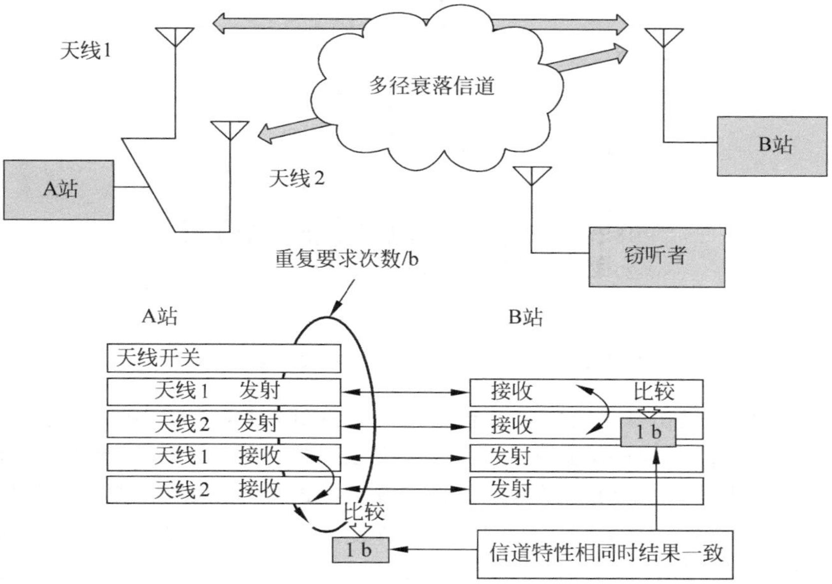

图 11.12　使用天线开关进行的密钥协商方案

上述过程完成后，发送者和接收者对调。在这一回合中，A 处的接收天线开关打开以接收从 B 发出的信号，然后两个天线接收信号电平进行比较以产生比特值，方法与在 B 接收时相同。若双向传播特性是相同的，在 A 和 B 的比较结果也应该是相同的。若该过程重复次数足够多，则可在 A 和 B 之间生成共享信息。而对于窃听者，由于其位置不同，多径衰落性质造成信道的空间相关性较低，因此窃听者所得到的比特序列与 A/B 间的比特序列独立。注意，在上面的过程中，对天线顺序的选择是从 1 到 2 还是从 2 到 1 应该是随机的。通过这种随机选择机制，即使在慢衰落环境下也能保证所得比特序列的随机性。

与 ESPAR 天线中使用的密钥一致性协商方案相同，这里协商的成功率也可以通过数据删除和误差校正等方法来提高。

11.2.4　基于 UWB-IR 冲激响应的密钥一致性协商方案

UWB-IR 是超宽带系统的传输体制之一，即采用极窄时间宽度的脉冲信号进行无线通信。同时，通过窄脉冲可以很容易地得到传播信道的冲激响应，作为两个接收者之间的公共密钥源。

图 11.13 显示了一个 UWB-IR 系统中冲激响应的仿真例子。假设该脉冲为高斯单

周期脉冲,脉冲时宽为0.5 ns。模拟室内环境,由射线追踪法得到传播特性。图11.13中显示传输特性具有多个不同时延的尖峰。为从冲激响应中提取密钥,选取三个最大峰、计算它们之间的相对时延差(即第一峰和第二峰之间的时延差值,第二峰和第三峰之间的时延差值),将这两个差值转化为二进制数以生成密钥序列(见参考文献[13])。

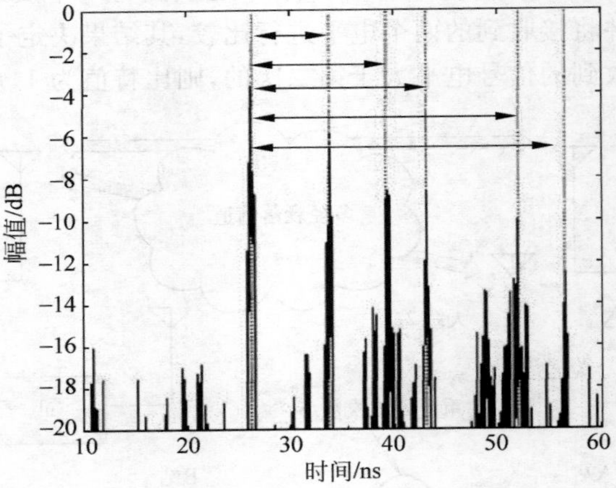

图 11.13 一个UWB信号的冲激响应的例子

然而,通过计算机仿真进行定量分析后发现,当峰间时延差较小时,由于噪声的影响,密钥的一致性会降低。为解决这个问题,参考文献[14]中提出了一种改进的方法,即在其中一个站点处首先选择三个最大的峰值、计算峰值间的差异,采取与原方法类似的方式生成一个二进制序列,然后计算该二进制序列的伴随式,将结果通过公共信道发送到对端站点;在对端站点,从接收到的冲激响应中检测出5个最大峰值,对"5选3"所有可能的排列组合均计算出对应的伴随式,其中与另一站点发来的伴随式最匹配的即视为正确的,对应的序列为候选的密钥序列。

图11.14给出了密钥的不一致性随信噪比变化的情况,其中密钥长度设为128 b。

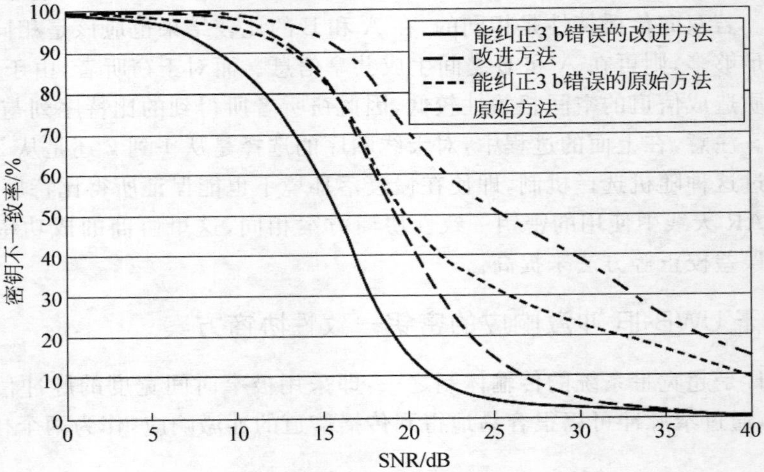

图 11.14 密钥的不一致率与信噪比的关系

图 11.14 中原始方法是指检测出 3 个峰值并在两个站点生成密钥序列，改进方法是指在一个站点使用 5 个峰值的方法，其性能得到了提高。图 11.15 中还给出了在原始方法和改进方法上分别增加误差校正后的性能，仿真时令两种方案均具有纠错 3 b 错误的能力。从图 11.14 中可以看出，两种技术相结合时，不一致率较小。128 b 的信息中可纠出 3 b 的错误，这种纠错能力是比较弱的，然而由于改进方案使得不一致的比特数已减少到一个很小的量级，这种弱纠错方案在保证两个密钥序列一致性方面已经足够了。

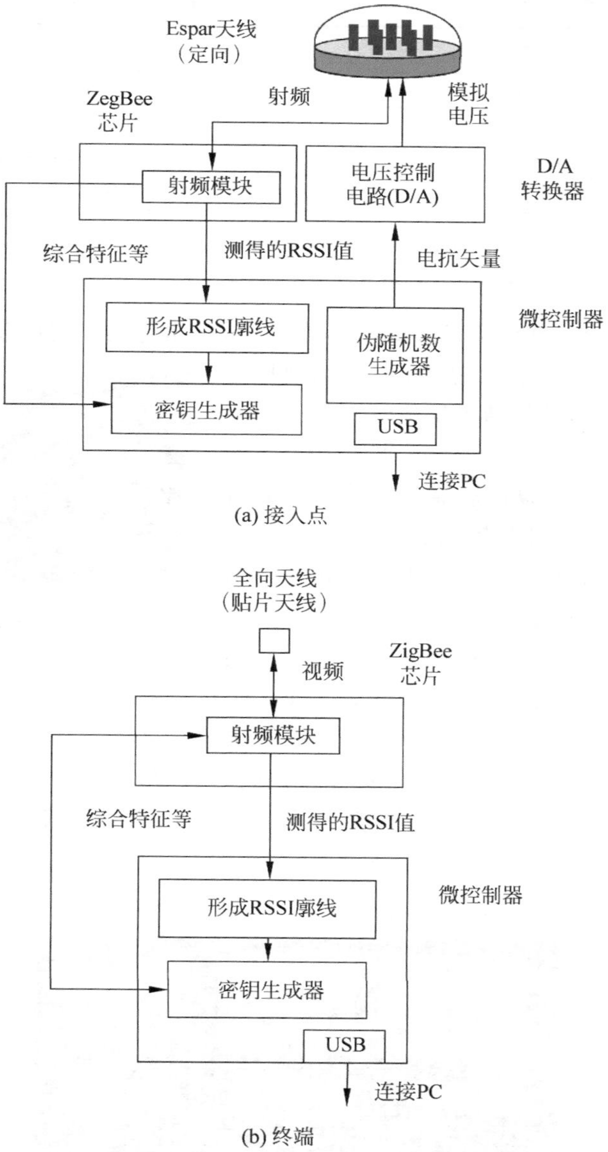

图 11.15　原型系统方框图

11.3 应用 ESPAR 天线的密钥协商方案的原型系统

为了检验方案的可行性，开发了基于 ESPAR 天线方案的原型硬件样机。接入点(AP)和终端的框图如图 11.15 所示，采用 ZigBee 作为基本无线电传播体制。ZigBee 芯片说明书见表 11.1。

表 11.1　应用于原型硬件的 ZigBee 芯片的无线通信参数

参　　数	说　　明
无线电频率	2.4 GHz
发送功率	1 mW(0 dBm)
数据调制	偏移四相相移键控
数据速率	250 kb/s
扩频系统	直接序列
扩频芯片速率	2 Mchips/s

接入点的硬件由三部分组成。微控制器可生成一组随机序列以改变 ESPAR 的方向图，该序列被送至 D/A(数模)转换器中变为模拟电压的组合(电抗矢量)，并将结果反馈给寄生元件的变容二极管。硬件上采用的 ZigBee 芯片有一个输出端口可输出 RSSI 值，微控制器利用该值生成密钥序列。终端部分的硬件与接入点相比相对简单，因为不需要改变天线的方向图。接入点和终端系统的外观如图 11.16 所示。

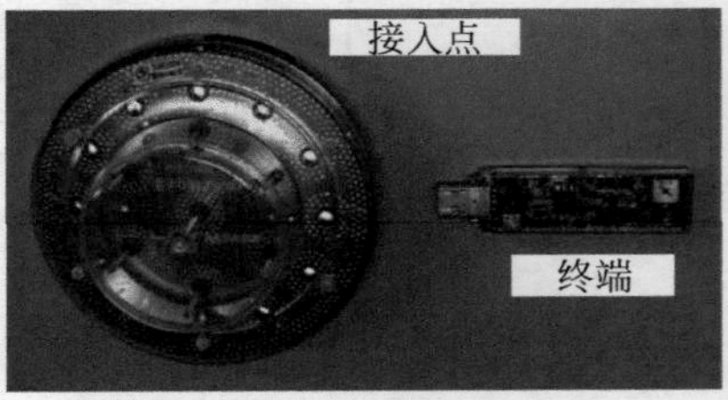

图 11.16　原型硬件的外观图

每个硬件都有与计算机连接的 USB 接口，用于向计算机输出已产生的密钥，并用图形方式在屏幕上展示。图 11.17 给出了一次实验的例子，实验场景如图 11.18 所示。两个合法的用户(一个接入点和一个终端)尝试就一个 128 b 的密钥序列达成一致。为了提升密钥的一致率，在数据删除过程中要丢弃 256 个 RSSI 值，为此构建原始序列时至少要采样测量 384 个 RSSI 值。与此同时，窃听者与终端用户有着相同的软硬件，试图去还原这个密钥。

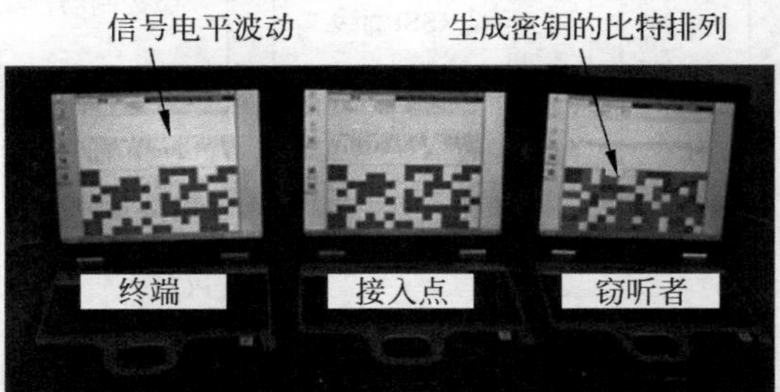

图 11.17　一个典型的流程，图中展示出共享密钥如何产生于两个接收者之间及一个窃听者所能观测到的一切

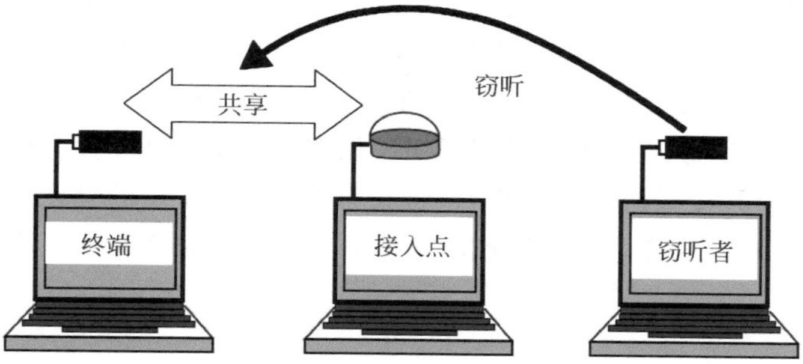

图 11.18　实验场景

如图 11.17 所示，在主机的显示器上演示信号电平的变化及生成密钥的比特排列。可以看出，分别产生于相距较远的接入点和终端之间的两个密钥完美地一致，而在窃听者处生成的密钥有明显的不同。

图 11.19 给出了共享密钥 128 b 中出现不一致比特的概率分布，结果来自办公室房间的实验，该办公室房间的格局是 8.4 m×6.7 m，被金属和混凝土墙壁所围绕。接入点被安置于房间的中央，终端以及窃听者的位置则是在房间中任意变化。图 11.19(a)表示接入点及终端间不一致比特出现的频率分布，大多数情况下不一致比特为零或非常小；图 11.19(b)表示窃听者及终端间不一致比特出现的频率分布，几乎对称地以 64 为中心向两边延伸，意味着有大约一半的比特错误，显示出窃听者测量的序列与终端用户没有相关性。

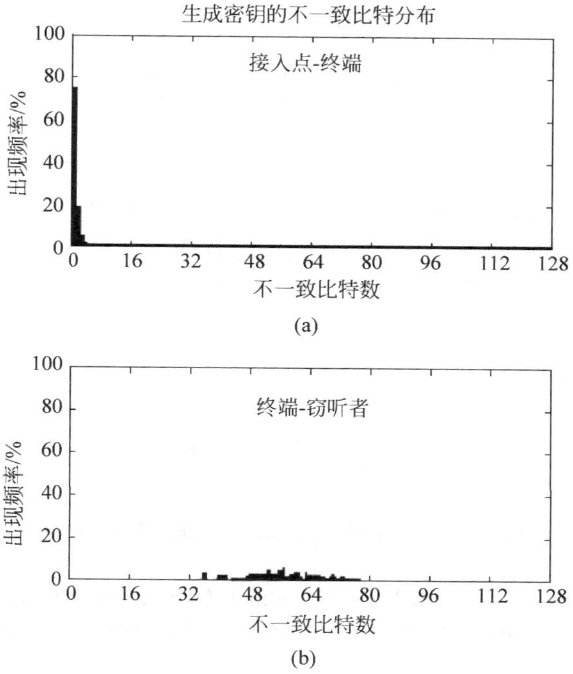

图 11.19　不一致比特数的概率分布

作为将此类密钥应用于实际保密通信的方式之一，本章开发出一个保密通信网络系统，其中产生的密钥作为基于 IPSec 的 VPN 的口令字，原理图如图 11.20 所示。接入点及终端间通过 ESPAR 天线系统生成密钥，在接入点侧，该密钥自动通过一个可信的有线网络传送到 VPN 服务器，并且被设定为 VPN 服务器中该用户的登录密码。在用户端，该共享密钥通过 USB 接口送至计算机，也被设置为接入 VPN 的登录密码。在用密钥作为口令成功建立 VPN 连接后，后续通信中靠 IPSec 来保证 WLAN 开放信道中的安全通信。

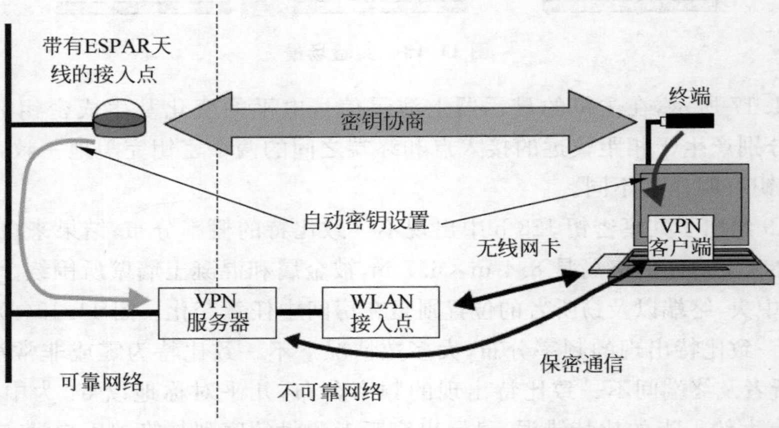

图 11.20 运用密钥一致性协商的保密网络通信系统

11.4 小 结

本章介绍了基于无线电传播的密钥一致性协商技术，包括原理及实现方法。这些方法利用双向无线信道传播特性的高度相关性实现远程密钥共享，还利用了多径衰落的位置属性来弱化窃听者与合法通信方在密钥建立过程中的相关性。为了获得所期望的相关性，不同的系统可能选择不同的最优技术，但无论如何这些技术都是在实际中产生和保证信道变化以生成足够密钥的基本手段，即便是在信道衰落在空间、时间和频率上都没有明显变化的场合也是如此。

参 考 文 献

[1] H. Yamamoto, "Information theory of cryptology," *IEICE Transactions*, vol. E74, pp. 2456–2464, 1991.

[2] H. Imai, G. Hanaoka, J. Shikata, A. Otsuka, and A. C. Nascimento, "Cryptography with information theoretic security," in *Proceedings of the 2002 IEEE Information Theory Workshop*, p. 73, 2002.

[3] P. Tuyls, B. Skoric, and T. Kevenaar (editors), *Security with noisy data—On private biometrics, secure key storage and anti-counterfeiting*, Springer Verlag, 2007.

[4] C. E. Shannon, "Communication theory of secrecy system," *Bell System Technical Journal*, vol. 28, pp. 565–715, 1949.

[5] A. Wyner, "The wire-tap channel," *Bell System Technical Journal*, vol. 54, no. 8, pp. 1355–1387, 1975.

[6] U. M. Maurer, "Secret key agreement by public discussion from common information," *IEEE Transactions on Information Theory*, vol. 39, no. 3, pp. 733–742, May 1993.

[7] C. H. Bennet and G. Brassard, "Quantum cryptography: Public key distribution and coin tossing," in *Proceedings of IEEE International Conference on Computer System and Signal Processing*, pp. 174–179, 1984.

[8] J. Hershey, A. Hassan, and R. Yarlagadda, "Unconventional cryptographic keying variable management," *IEEE Transactions on Communications*, vol. 43, pp. 3–6, 1995.

[9] A. Hassan, W. Stark, J. Hershey, and S. Chennakeshu, "Cryptographic key agreement for mobile radio," *Digital Signal Processing*, vol. 6, pp. 207–212, 1996.

[10] H. Koorapaty, A. Hassan, and S. Chennakeshu, "Secure information transmission for mobile radio," *IEEE Communications Letters*, vol. 4, pp. 52–55, 2000.

[11] A. Kitaura and H. Sasaoka, "A scheme of private key agreement based on the channel characteristics in OFDM land mobile radio," *Electronics and Communications in Japan (Part III: Fundamental Electronic Science)*, vol. 88, pp. 1–10, 2004.

[12] A. Kitaura, T. Sumi, K. Tachibana, H. Iwai, and H. Sasaoka, "A scheme of private key agreement based on delay profiles in the UWB system," in *Proceedings of the IEEE Sarnoff Symposium 2006*, 2006.

[13] A. Kitaura, T. Sumi, T. Tango, H. Iwai, and H. Sasaoka, "A private key sharing scheme based on multipath time delay in UWB systems," in *Proceedings of International Conference on Communication Technology 2006 (ICCT'06)*, pp. 1–4, 2006.

[14] T. Aono, K. Higuchi, T. Ohira, B. Komiyama, and H. Sasaoka, "Wireless secret key generation exploiting reactance-domain scalar response of multipath fading channels," *IEEE Transactions on Antennas and Propagation*, vol. 53, no. 11, pp. 3776–3784, 2005.

[15] T. Ohira, "ESPARSKI: Encryption scheme parasite array radiator secret key implementation," in *IEEE International Conference on Microwave Radar Wireless Communications (MIKON2006)*, pp. 1065–1070, 2006.

[16] W. C. Jakes Jr., *Microwave Mobile Communications*, Piscataway, NJ: Wiley-IEEE Press, 1994.

[17] Y. Karasawa and H. Iwai, "Modeling of spatial envelope correlation on line-of-sight fading with applications to frequency correlation analysis," *IEEE Transactions on Antennas and Propagation*, vol. 42, no. 6, pp. 2201–2203, 1994.

第12章

衰落信道下的保密通信*

B. Azimi-Sadjadi, A. Kiayias, A. Mercado, B. Yener

12.1 引言

无线通信网络的广播特性使敌方具有天然的窃听与截获能力。在信干噪比(signal to interference and noiseratio, SINR)足够大的半径范围内,任何一个具有调谐功能的接收者都可以进行窃听。因此在系统防护方面,有必要设计出高效的密钥生成及更新算法来保证通信的加密、完整性保护和鉴权认证。然而,大多数无线网络的系统开销已经非常繁重,占用了极其宝贵的带宽资源(如802.11[1,3]和802.16[3])。

因此,必须寻找解决办法以尽可能减少开销。开销的来源之一是建立安全通信链路所需的信息交互,包括两个通信节点之间的,或者是从节点到公共密钥基础设施(public key infrastructure, PKI)的。当带宽和电池消耗是考虑的主要因素时,传统的密钥协商算法显得代价较高。本章提出的方法把无线物理层,特别是无线信道中电磁信号变化的独有性,与密钥生成算法相结合。

本章的目标是充分挖掘无线射频(radio frequency, RF)信道的随机性。随机性包括接收信号的时延、包络(即接收信号幅度的外边界)以及相位。广播信号经历了不同的路径长度、衰减及相位变化后到达目的地,期间会受到物体的阻挡和反射,而在其他一些地方会由于衍射(信号掠过阻挡物的脊部)产生波形的正叠加和负叠加。每个散射信号所经历的衰减程度依赖于反射面的反射系数以及整个路径长度。

由于这些信号具有丰富的时延以及幅度相位的失真特性,接收者的天线收集到所有多径信号,其合并而成的信号幅度将会随机变化。本章将研究如何对随机过程进行建模,以及如何利用它的特性。

应当怎样驾驭这些看起来桀骜不驯的行为,使之转化为优势呢?这里的许多技术都

B. Azimi-Sadjadi (✉)
智能自动化公司,卡尔洪大道15400号,罗克韦尔400号套房,马里兰大学20855,美国
电子邮件:babak@i-a-i.com

* 本章部分内容来自于:Robust Key Generation from Signal Envelopes in Wireless Networks, Proceedings of the 14th ACM Conference on Computer and Communications Security, @ACM, 2007. http://doi.acm.org/10.1145/1315245.1315295.

该成果部分内容在伦斯勒理工学院完成。

是基于无线通信的互易性原理，即在无干扰的情况下发送者和接收者在同一时间所经历的信号包络是相同的。这是因为任一给定多径的轨迹在两个方向上是可以相互可逆的，所以通信链路一方所经历的失真和链路对端的另一方相同。

事实上，由于干扰始终存在于所有的无线网络中，其影响是不能被忽略的，因此互易性的严密性也会削弱。然而，仍然可以利用不那么严格的互易性，为通信双方保留一些衰落信道的特征。本章介绍一种对干扰具有健壮性的密钥生成方法，该方法通过深衰落检测为双方提取相关比特串，即使在有干扰的情况下也适用。深衰落是指多径信号的相互抵消使信号瞬间大幅衰减。

这里的本质规律是信号包络信息为两个收发信机提供了两个相关的随机源，相对于收发双方链路所处的衰落环境，随机源是唯一的。

更重要的是，在实际的环境中如果一个观测者既不位于发送者的位置也不位于接收者的位置，就难以知晓、预测和估计出合法双方处的准确包络。若其他用户试图对该衰落环境进行重构，就必须以很高的精度感知双方收发信机间的相对三维位置及速度，反射面、阴影、折射面（其中一些可能不是静态的，如路过的卡车）的数目、位置和角度，以及计算衰减所需的每个反射面的反射系数等，这无疑会陷于繁重的射线跟踪方法中，开销巨大。

在大多数自然环境中，毫无疑问，无线信道本质上是非平稳的，任何一位外场技术人员都可以轻易佐证这一点。曾经有个发人深思的案例，一位无线项目组成员给他的同事们（本章作者是其中之一）展示了两个测量结果，即并排投影到屏幕上的两个信号强度图，其中一个是采集的实测数据，另一个则是完全随机生成的点。听众们完全不能辨别出哪个信号是实测的、哪个信号是生成的。由此，他漂亮地诠释了他的论点。

由于多径来源的丰富性，即使位于给定位置的咫尺之间，信号的包络也会常常经历无法预测的剧烈变化。即使在同一地点，信号强度也会随时间变化。这些共享包络中蕴含的巨大变化量提供了足够的熵，可以用于提取加密密钥序列。

本章将介绍两个通信终端如何调控这些比特流并最终使分布平坦化，以达成密钥的一致性。这些过程会用到与随机性提取和信息协商相关的加密工具。接下来会介绍安全的模糊信息调和器——一个用于对健壮的密钥生成系统进行刻画的工具。最后，本章给出一个无线信道的仿真，证明方法的可行性和假设的正确性。

12.2　背　　景

如频道或扩频码等频谱资源是非常有限的，因此通信链路设计人员必须尽可能地降低与通信信道的建立、管理和终止等因素相关的开销。

由于任何安全系统中都有认证等防止入侵或侦听的技术，所以要求信息交换在系统中尽可能少，以占用最少的带宽来完成所需的任务。

在这一前提下，无线信道中是否存在一些可挖掘的元素，能够消除或至少降低终端双方的系统开销成为一个值得研究的问题。

目前，还没有算法能在没有信息交换的情况下实现密钥的生成和更新的同时又能抵抗干扰的不利影响，更不要说还要投入巨大的计算成本。例如，Diffie Hellman 密钥交换协议（见参考文献[4]）对于自组织节点有限的计算和带宽资源来说代价过于高昂了，因为所需的基本代数运算复杂度太高（如模集中的模幂运算或者椭圆曲线上的标量乘法运算）。

这里涉及的技术大多数都要用到无线通信的互易性原理。再次提醒读者：在没有干扰的情况下（这一条件可以放松），工作在同一载频的两个发送者互发信号，在同一时刻两信号经历的衰落相同。

为了彻底明晰如何利用这一原理，首先对物理信道特性进行简要的回顾，下面介绍两个地面终端所经历的典型无线信道即多径衰落信道。

12.2.1 多径衰落信道

在无线环境中，由于平均路径损耗、慢衰落、快衰落、来自其他用户的干扰、热噪声以及接收者硬件固有的非线性失真等各种影响，接收信号会恶化。

由于一些造成失真的原因往往被混淆和误用，这里需要进行一些澄清。首先，可将失真的原因大致分为两类，即由接收者自身引起的和由接收者外部产生的。前者是噪声，经常建模为一个非相关的高斯随机过程，与接收到的输入信号叠加。其余失真构成了后者的一部分来源，主要包括来自于目标用户共享频谱的其他用户的干扰，随电波与有用信号一起抵达接收天线。尽管也与有用信号叠加，但通常并不建模为非相关高斯过程，除非干扰数目大到可以使用中心极限定理，或者使用的是码分多址（CDMA）系统。

对于外部失真的另一部分来源，可进一步分为路径损耗和衰落。前者是由于从发送者到接收者距离造成的衰减。有很多经验的、半经验的和确定性的信号路径损耗模型，这些模型取决于载波频率、收发信机的环境以及各自的天线高度。一些常用的路径损耗模型如图 12.1(a)所示。注意，在郊区环境中，如果接收者围绕在发送者进行圆形移动，路径损耗并不发生改变。相反，衰落与距发送者的距离并无关系，通常即使接收者保持不动，也会发生很大的变化。

本章正是要利用衰落这种失真形式来实现安全的密钥生成。

这些效应通常会依赖于频率、位置、方向和周围物体的反射系数。这些因素变化的不可预测性、终端本身的移动性、反射面上入射角的变化等，要求必须将信道建模为一个随机过程，而且在大多数情况下还是非平稳的。

12.2.2 信道的频率选择性

下一个问题是如何从数学上表示无线信道的特性。本节总结了相干时间和相干带宽这两种对信道衰落特性的基本度量。

考虑一个慢衰落信道，即在一个符号的发送时间 T_b 间隔内，信道衰减与相位偏移基本上保持恒定。当信号间隔远小于相干时间（$T_b \ll \Delta t_h$）时，这是成立的（见参考文献[7]）。相干时间 Δt_h 定义为一段时间间隔，在该段间隔内两个信号所经历的信道存在正的相关性。

换句话说，相干时间是对信道响应变化快慢的一种度量。设 $h(\tau,t)$ 为时变的、时延相关的信道脉冲响应，所以 $h(\tau,t)$ 是在时间 $t\text{-}\tau$ 输入脉冲、时刻 t 发生的信道响应。我们假

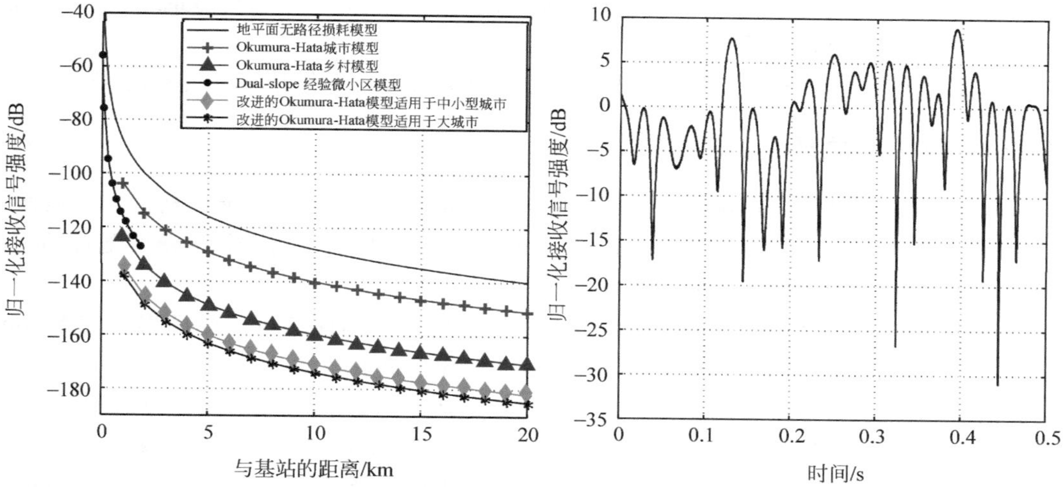

(a) 与基站不同距离下的路径衰落　　(b) 固定基站距离下的瑞利衰落

图 12.1　(a)地平面无路径损耗模型是直线传播路径和地面反射路径合成的结果。它适用于收发机间距离较小的场景,但是对于其他应用来说,该模型过于乐观了。对于甚高频、超高频及较低的微波频率,Okumura-Hata 模型(见参考文献[5])也许是最常用的经验宏蜂窝路径损耗模型。城市里的收发距离预计低于 1 km,所以城市微蜂窝模型更适合。(b)在快衰落环境中,深衰落频率与信道的多普勒扩展有关(见参考文献[6])

设这一函数是广义平稳的。$h(\tau,t)$的自相关函数定义为

$$\phi_h(\tau_1,\tau_2,\Delta t)=\frac{1}{2}E\{h(\tau_1,t)^*h(\tau_2,t+\Delta t)\} \tag{12.1}$$

这里,$(\cdot)^*$代表复共轭。假设不同多径信号的路径损耗和相移是不相关的,脉冲响应是复数值,其均值为零。所以,$\phi_h(\tau_1,\tau_2,\Delta t)=\phi_h(\tau_1,\Delta t)\delta(\tau_1-\tau_2)$作为时延和观测时间差 Δt 的函数,生成平均功率。$\phi_h(\tau,0)$非零的时间段 T_m 称为多径扩展。

假设在变量 t 上,$h(\tau,t)$是复的、零均值高斯随机过程。如果在 τ 上对 $h(\tau,t)$进行傅里叶变换,则 $H(f,t)=\int_{-\infty}^{\infty}h(\tau,t)\mathrm{e}^{-j2\pi\tau}\mathrm{d}\tau$。可以看出,实际上 $H(f,t)$关于 f 的自相关函数就是$\phi_h(\tau,\Delta t)$关于变量 τ 的傅里叶变换。因为本章假设散射不相关,那么 $H(f,t)$的自相关 $\phi_h(\Delta f,\Delta t)$依赖于 Δf,而不是 f_1 和 f_2(见参考文献[7])。

再次设观测时间 Δt 为零,将 $\phi_H(\Delta f,0)$非零的频率范围表示为 Δf_h,那么 $\phi_H(\Delta f,0)$产生了对信道频率相关性的度量。换句话说,就像 T_m 表示多径间最大的时间间隔,这些多径多少存在些相关性,Δf_h 表示两个正弦信号存在相关性的最大频率间隔。由于 $\phi_H(\Delta f,0)$与 $\phi_h(\tau,0)$间的傅里叶变换关系,可以把多径扩展和 Δf_h 联系起来,称为相干带宽,表示为

$$\Delta f_h\approx\frac{1}{T_m} \tag{12.2}$$

如果 Δf_h 相对于发送信号的带宽较小,那么该信道就称为频率选择性信道。这种情

况下,信号频谱不同的部分经受的失真不同。如果 Δf_h 相对于发送信号的带宽较大,那么该信道就称为非频率选择性信道。

这里只关注在一个符号周期内到达的多径,其余多径可看作是符号间串扰(ISI)。

12.2.3 互易性原理

实际上,无线网络中存在的干扰是不能被忽略的,互易性原理不能严格适用。然而,这里介绍的技术并不需要双方具备相同的信号包络,而只需要双方的深衰落匹配,因而在合理的干扰水平(即 SINR)下不受影响。

所谓合理的 SINR 水平,是指在该 SINR 下通信链路仍保持可接受的误比特率(bit error rate,BER)。注意,可接受的 SINR 取决于特定的调制技术。

例如,如果误符号率(symbol error rate,SER)目标是 10^{-5},那么对于 PSK 调制来说,典型的瑞利信道中 SINR 大约需要 24 dB(即接收信号功率比噪声/干扰功率强 24 dB)。这意味着可测量的衰落已深达 −24 dB(也就是说,当接收者感知到较强的噪声和干扰时,期望信号已经低于噪声和干扰)。为达到相同的 SER,QAM64 调制技术(可以提供更高的速率,同时对噪声也更敏感)需要大约 33 dB 的 SINR。

因此,在噪声和干扰存在的情况下检测到深衰落是可能的。健壮性是所提方法的一个优势。深衰落可能受干扰节点影响使得信道会经历极低的平均 SINR,这时无论如何都不可能作为通信信道正常工作。因此,在实际的系统中,其平均 SINR 足够大、保证误比特率(BER)处于可接受的水平,那么发送者和接收者都经历相同的深度衰落。

正如本章已经讨论过的,在一个典型环境中,反射体是时刻变化的,如一辆卡车可能正通过一扇窗户,或者反射面的倾斜会去除或添加多径,又或网络节点本身就在移动的车辆上。因此实际中衰落特性是很难预测的。然而,对网络中的接收者来讲,无论这一过程在现实中是怎样发生的,它向对端发送回去的信号在那一时刻将经历相同的衰落。还要注意的是,到达的多径的相位差对位置非常敏感。例如,850 MHz 的载波波长约为1 ft(1 ft=0.3048 m),这时只需要移动 0.5 ft,互为增强的多径可能就会变成互为抵消的多径(深衰落)。因此,在其他任何位置的窃听者收发信机会经历完全不同的衰落特性。

测量结果已经证实,在合法用户之外的位置接收到信号与合法用户接收的信号是不相关的。因此,窃听者可能测量到相同深衰落的唯一方法是紧贴着合法节点。

图 12.2 使用两个超宽带(UWB)收发信机演示了互易性测量。正如图 12.2 所示,两个发送者经历相同的(相对而言)信号衰落,接收者所接收的信号是高度相关的。从图 12.2 中可以明显看到,窃听者的接收信号与合法接收者接收到的信号相关性非常小。将超宽带信号通过与信道带宽相同的滤波器得到两个信号(在两个合法的接收者处),这两个信号会在同一时刻出现深衰落。

正如所预计的那样,在频域中进行测量也会有同样的现象发生,因为频域测量是时域测量的对偶,参见图 12.3。测量在合法接收者处进行。从测量的频率响应可以看出,深衰落发生在相同的频点。图 12.3 中部分深衰落不匹配的原因是因为测量不在同一时间完成(收发器不能同时发送和接收,允许有小的延迟)。因此,测量结果体现了环境的变化。

本章的论点是,如图 12.4 所示的这些衰落可用来生成密钥,而且典型无线系统中天

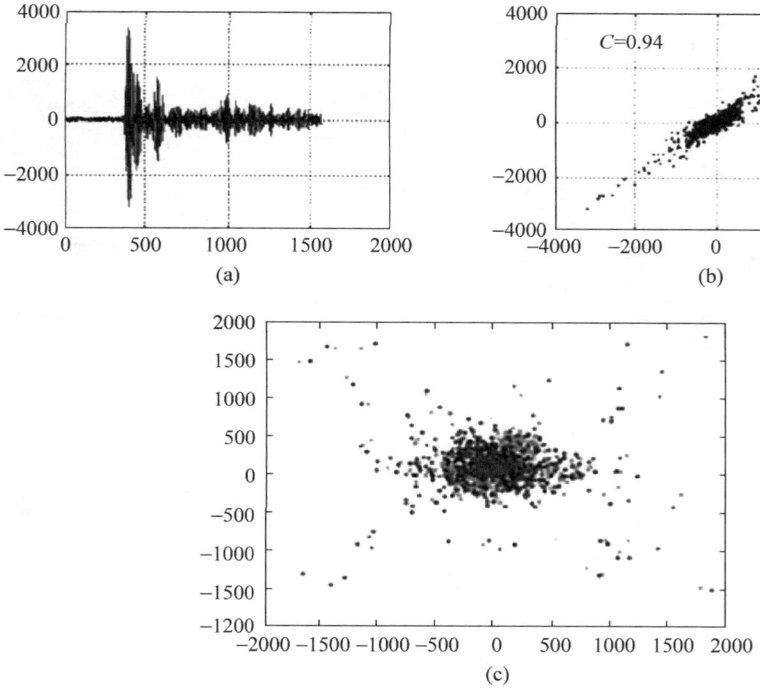

图 12.2 (a)接收者 1(深色)和接收者 2(浅色)的接收信号随时间的变化。纵轴大小正比于作用在天线上的电压,横轴时间的单位为 36 ps。(b)接收者 1 与接收者 2 的接收信号对比。经过坐标(0,0)的斜率为 1 的直线具有少量误差,这是由于:(1)在数据获取过程中设备的移动;(2)两接收者接收的信号本身具有微小的差异。两信号高度相关,相关系数为 0.94。(c)与(b)相同,但其中一个接收者被移至 20 ft 外的另一房间中。此时,多径信息显著变化,两接收信号仅随机相关(相关系数为 0.1),因此,除非窃听者非常靠近发送者或者接收者,否则几乎不可能实现窃听,而当其靠近发送者或接收者,窃听行为又会被检测到。

然的非平稳性是非常有益的,可在相当程度上提升密钥熵,使之在密码算法中达到实用化水平。不仅如此,通过重复利用这些特性可以生成一系列密钥(密钥更新),即使敌方最终猜出其中一个密钥,这时两个合法节点早已废弃这一过时的密钥。此外,一旦第一个密钥的获得是安全的,这种特性可用来确认身份,防止中间人攻击和重放攻击。

一个典型的移动节点会偶尔保持静止,甚至处于一个稳定的环境中。但绝大多数实际情况下,节点之间的信道是非平稳的,足以产生新的密钥。然而,如果合法节点停止运动,两个节点的环境固定时,算法可以采取上述频域测量技术,同样可以利用其中的深度衰落现象。例如,对宽带信道来说,窄带滤波器在信号带宽的滑动将生成不同的密钥,这些密钥可以轮换使用。信道平稳的情况下,产生的密钥数目取决于信号带宽和信道的相干频率;然而,这种方法对于长时间不动的节点和不变的环境不太适用。

综上所述,这里要解决的难题是:①两个收发信机均可获得的相关随机源之间的误差调和;②为提取高质量的密钥,使密钥分布平坦化。本章的方法部分来自于隐私放大和信息调和方面解决量子密钥交换问题的现有经典结论。研究内容的一部分专注于安全

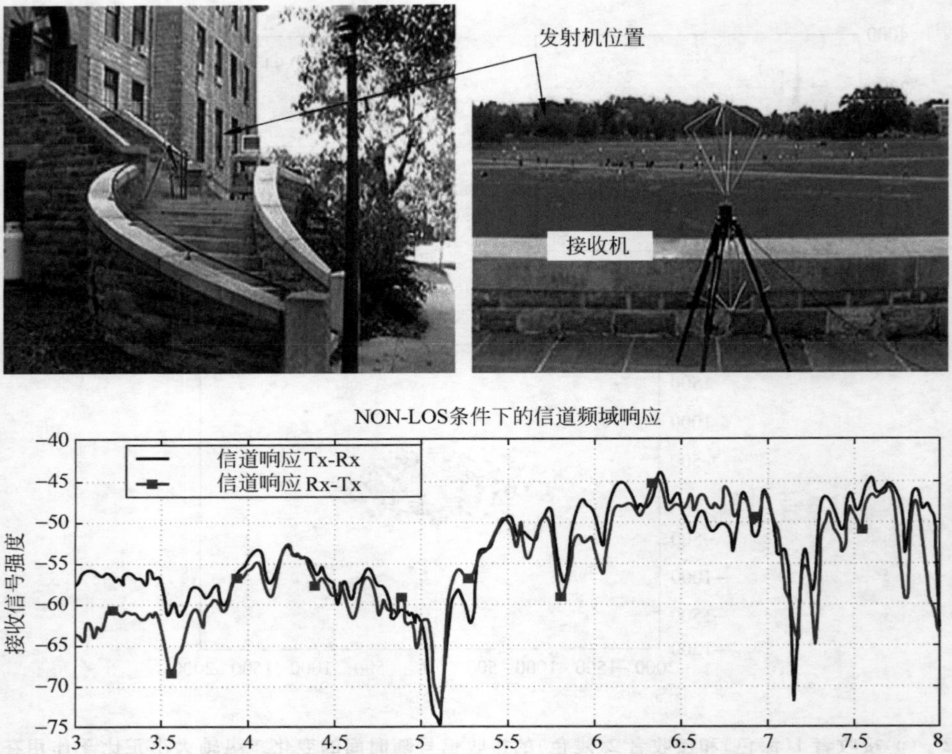

图 12.3　地面视线测量。信道的功率谱具有两处深衰落，其余都是平坦的，频率响应满足互易性

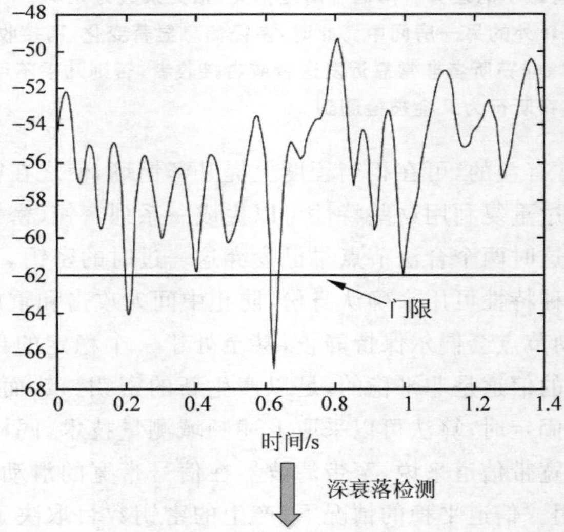

图 12.4　信道包络及互易性：在相同频率且无干扰的条件下，收发双方具有相同的归一化信道包络

模糊信息调和原语，我们引入这一部分作为密钥交换系统的基础。注意，与量子密钥交换系统不同，这里并不需要特制或新增硬件，所需的阈值检测器也是收发信机中已有的，并且节点使用廉价的普通全向天线，不需要智能天线或阵列天线。

12.2.4　现有成果

无线网络中的安全性取决于高效的密钥管理方案（见参考文献[8]）。目前没有一个针对所有无线网络都适用的解决方案（见参考文献[9]综述）。所提出的解决方案均依赖于网络结构、可信第三方的存在、无线客户端可用的资源以及敌方的能力。

在没有基础设施、网络结构可能是动态（由于移动性或节点失效）的无线自组织网络中，一般的方法是为每个节点配备：①主密钥；②密钥的列表（密钥链）；③密钥源。一对网络节点要么搜寻共同的密钥，要么生成密钥。

基于主密钥的解决方案（见参考文献[10,11]）中，预分配主密钥给无线节点，两个节点首先交换随机数或节点 ID，用主密钥和伪随机函数生成对称会话密钥。

在基于密钥链的解决方案中，每个无线节点预分配密钥列表（称为密钥链），两个节点只是交换密钥 ID 列表，使用同样的密钥组合作为对称会话密钥。密钥链必须精心设计，使两个节点在密钥链中存在一个共同的密钥而且它们之间必须存在一个无线链路，或者两节点间存在一个路由，称为密钥路由，在该路由上每对相邻节点都存在一个共同的密钥。

因为密钥预分配方法并与本章的方案无关，所以并不在本章的研究范围之内。生成密钥链的算法可分为如下三类：①概率的方法（见参考文献[12,13]），即密钥链从密钥池中随机选择；②确定性的方法，即利用如设计理论中（见参考文献[14-16]）平衡非完备块设计（balanced incomplete block design，BIBD）算法，从一套密钥中设计密钥链；③概率的和确定性的混合方案（见参考文献[14]）。

在动态密钥生成的解决方案中，一套公钥和私钥是通过概率的、确定的或混合的方式生成，然后预先分配给每一个无线节点。两个节点交换他们的公共信息，如节点 ID，然后基于如利用多项式[17]或矩阵[18]等私密数据，利用某种代数结构来生成密钥。

参考文献[19]提出的方法是利用天线的窄波束，可以是单天线窄方向图或智能天线。然而，该方法并没有把私密性与密钥管理或加密相结合。此外，如果该路径足够长（距离上），窃听者可以把自己放在沿传输方向的任何位置上，这样方向性就没有保护作用了。此外，定向天线和天线阵列通常在不希望辐射的方向上增益较低，但泄露的信号常常还是较强，甚至能覆盖几个街区，这依赖于天线的等效辐射功率（effective radiated power，ERP）。

将密钥管理与物理层特性结合的概念首先是参考文献[20]提出的。最近（独立于本章的研究）参考文献[21]使用方向可调的寄生辐射天线阵列，与本章采用的是随处可得的低成本全向天线的方法相比。该方法依赖于严格的互易性，除了噪声和传输功率的差异外不能有其他畸变存在。而在实际的网络中，造成畸变的主要因素是干扰而非噪声，噪声的幅度往往比干扰低几个数量级，互易性会遭到破坏，这就是为什么本章的方法要通过关注深度衰落而不是整个包络来解决这个问题。

参考文献[22]中考虑了接入点和终端之间的通信，也要依赖方向可调的寄生辐射天线阵列。除了天线特殊，该方法还需要带宽开销，因为接入点必须发送一个恒幅波仅用于生成密钥，而且要求存在严格的互易性，以保证上行链路和下行链路信号的匹配，在实际干扰环境中这并不可行。参考文献[23]提出了基于随时间变化的频率特性、适用于OFDM系统的另一种方法，利用信道互易性和频率时变性产生一个安全密钥。它也要测量信道的时差补偿值，通过一个同步叠加过程来降低噪声、消除密钥生成中的错误，这一点与本章的方法有所不同。相比之下，本章的方法成本低得多，对估计误差敏感程度也低得多。总之，本章提出的方法减少了信息交互，不需要特殊天线，而且不需要严格的互易性假设。

本章的方法利用的加密工具涉及随机性提取器(见参考文献[24,25])、模糊提取器(见参考文献[26])。此处密钥协商环境是进行密钥交换的双方可访问两个相关随机源(从信道包络中获得的深度衰落信息)而窃听者只能部分地访问到该源。Bennett 等(见参考文献[27])、Maurer (见参考文献[28])、Maurer 和 Wolf(见参考文献[29])、Holenstein 和 Renner(见参考文献[30])对窃听条件受限的密钥协商进行了研究，均采用了最小熵假设，并对两个源的相关性做了特殊限制(例如高一致性概率)。一些非正规方法出现得更早(见参考文献[31]和[32])。

本章的工作与以往研究的不同之处在于考虑了信道特性的细节，需要不断纠错，同时将密钥分布平坦化。我们注意到参考文献[33,34]研究了记忆受限的窃听者的情形(而本章假设对相关随机源的认知受限)。我们安全模糊信息调和器的原语源于参考文献[35]的工作，它不同于模糊提取器的概念，因为只需针对一个特定的错误类型和测度进行工作(不要求模糊提取器具有普适性)。这种原语的引入是有帮助的，因为本章希望放松的熵比特越少越好。此外，参考文献[35]考虑的相似性度量源于生物密钥生成，不适用于本领域。本领域中，模糊提取的度量与移位误差校正系统中的误差矢量相似(见参考文献[36])，因此本章的信息协商策略更适合于这种误差模式及相应的度量方法。

12.3 对随机源进行采样

本方法中，密钥是通过检测两个收发信机之间数据传输的深衰落而周期性产生的。每个收发信机对所接收到的随机源进行采样，检测每个采样值是否超过了商定的深衰落阈值。虽然衰落信道的信号包络可能由于干扰的存在而发生变化，但对于平均 SINR 处于合理范围内的实际系统，错判或者漏检深衰落的概率是很低的(见12.5节的仿真)。因此，在 TDD 系统中，上下行链路信息靠时隙区分，就可以利用接收信号的深度衰落来提取两个收发信机处的相关随机变量。

这里假定 TDD 系统只是为了讨论方便，其实可以不局限于 TDD 的情形，也不要求多普勒频率必须是正的。即使在非 TDD 系统或者多普勒频率为零的条件下，物理层辅助的密钥生成技术仍然是可行的。事实上，本章作者之一及其同事已经利用 ZigBee (IEEE 802.15.4)标准的 Chipcon 2420 芯片输出的接收信号强度指示(received signal strength indicator，RSSI)完成了密钥生成，其中 RSSI 来自于接收数据包和确认响应包中的 RSSI 测量值。

12.3.1　阈值设置

两个收发信机利用信道衰落信息提取比特流用于生成密钥。无线链路的双方会设定一个阈值，基于该阈值产生出比特流。比特流及后续生成密钥的统计特性依赖于阈值、发送功率和链路衰减。为确定该阈值，可以采用自动增益控制（AGC）机制，以使所生成密钥的统计特性独立于发送功率和链路衰减。

本章做一个假想实验，通过对穿过期望信道的训练序列进行测量，获得如何设置合适阈值的思路。

为了从实验中估计慢衰落对移动点的平均作用效果，减去路径损耗，并在距离上进行平均以平滑掉快衰落波动的影响。这样，就可以分离出慢衰落的影响，对损耗进行最佳估计。由此得到的慢衰落直方图显示，这是一个对数正态密度函数（见参考文献[7,37]）。假设这一密度函数的估计是准确的，可以选择一个 3%的安全裕度，即在最差情况下也仅有 3%的时间上损耗会超过估计值。从累积分布图上可以看到，这对应为损耗约 13 dB。所以，如果本章给模型增加一个慢衰落损耗，保守地说在 97%的时间内可以设置 $L_{sf}=$ 13 dB。

为了在实验中估计快衰落对移动点的平均作用效果，也应该去除路径损耗的作用，就像本章在慢衰落中所做的一样，同样也应该去除慢衰落的作用。为此，常用的方法是对接收的采样加窗，再用接收信号的 RMS 值归一化接收信号：$\mathrm{RMS}_i=\left(\frac{1}{W+1}\sum_{i-W/2}^{i+W/2}(r_i)^2\right)^{\frac{1}{2}}$，其中 W 是窗长。将规一化后的数据 r_i/RMS_i 应用于分布拟合方法。W 的大小会影响到结果的准确性，对于传统的小区大小来说，4～10 个波长的窗口就足够了。

信号中如果有一个主径（通常是直达径）和几个较弱的路径，这种快衰落信号的包络服从莱斯分布

$$f_{\mathrm{RICE}}(X)=\frac{x}{\sigma^2}\mathrm{e}^{\frac{-x^2}{2\sigma^2}}\mathrm{e}^{-K}I_0\left(\frac{x}{\sigma}\sqrt{2K}\right),\quad x\geqslant 0 \tag{12.3}$$

其中 $\sigma^2=E\{x^2\}$，$I_0(\cdot)$是修正的第一类零阶贝塞尔函数，K 为莱斯因子，是主径功率与散射路径功率的比值。通常对于约 100 m 的距离，莱斯因子可以取为 $K\geqslant 5$，而对于 1 km 的距离，莱斯因子可以取为 $K=2,3$。在最差的情况下，没有主径，$K=0$，则包络服从瑞利分布

$$f_{\mathrm{RAYLEIGH}}(X)=\frac{x}{\sigma^2}\mathrm{e}^{\frac{-x^2}{2\sigma^2}},\quad x\geqslant 0 \tag{12.4}$$

对于慢衰落而言，如果打算为本章的保守型模型确定一个快衰落损耗，应该检测累积分布函数上的某一值，该值仅有 3%的时间上损耗会超过估计值。对于 $K=4$ 的情况，这一损耗大小约为 8 dB。所以，本章给模型增加一个快衰落损耗，保守地说在 97%的时间内可以设置 $L_{ff}=8$ dB。

衰落的产生及持续时间是一个随机过程。一旦设置了阈值，平均衰落持续时间和电平交叉率依赖于信道统计特性（见参考文献[38]）。对于一个瑞利衰落信道而言，其平均衰落持续时间和电平交叉率如下

$$\bar{\tau}(R)=\frac{e^{\rho^2}-1}{\rho f_m\sqrt{2\pi}} \tag{12.5}$$

其中，$\rho=\frac{R}{R_{rms}}$，f_m 为最大多普勒频率，R 为阈值，R_{rms} 为所接收信号的 RMS 值。衰落发生率(信号交叉阈值为 R)表示为

$$N(R)=\sqrt{2\pi}f_m\rho e^{-\rho^2} \tag{12.6}$$

考虑这样一个场景：节点 A 向节点 B 发送信号，而节点 C(一个窃听者)接收同样的广播信号。如果 C 距离 B 一个波长以上，那么在节点 B 和 C 处发生的深衰落是相互独立的。所以，窃听者无法猜测节点 B 处深衰落发生的时刻或持续时间。

12.3.2 深衰落转化为比特向量

为信号包络确定衰落交叉阈值后，在每个时隙内将接收信号的包络与上述阈值进行比较。如果接收信号的包络低于阈值，意味着产生了一个深衰落，就将这一时隙内的 1 b 置为 1。相反，如果接收信号包络高于阈值，意味着此时隙内不存在深衰落，就将这一时隙内的 1 b 置为 0。经一段时间后，从各个上下行链路获得的比特流可以分别构建成一个比特向量。由于信道的互易性，上下行链路的接收信号具有相似的特性，因此来自于上行和下行链路的比特向量十分相似。尽管上下行链路节点在不同时隙接入信道，但只要每个时隙的持续时间远小于信道的相干时间，信道的互易性就能使两者具有相似的信道响应。

本方法的重要创新之处在于，密钥生成相当于将接收信号通过了一个或者多个非常窄的窄带滤波器，前者对应于窄带系统，后者对应于频率选择性信道。前者相当于许多窄带干扰都被完全过滤掉了。该方法对于这两种信道下减少干扰(甚至攻击者的主动干扰信号)而言，非常简单经济。

对一个宽带无线系统来说，本章的窄带滤波器法还有一个附加优势，即窄带滤波器组的输出集合可以被映射到一个其自身的子串中，增加额外的熵。

12.3.3 随机源特性

基于以上描述，两收发信机将能够分别获得两个比特串，每个比特串中都含有一些连续的序列 1，对应于信号包络中的深衰落。

根据信道的互易性原理，两收发信机获得的比特串是相关的，但它们间也有一些差异。例如，如果深衰落的持续时间大于一个时隙，在每个深衰落的开始或结束处将存在差异。另一个造成比特差异的原因是，下行链路数据流相对于上行链路可能存在一些轻微的移位。此外，差异还有可能是由于两收发信机中的一个认为在某些时隙上有深衰落，而另一收发信机并没有获得这些时隙上的深衰落信息(此类差异由抖动及本地噪声条件引起)。

本章采取两种不同方式消除上述差异：采用纠错(或信息调和技术)来纠正错误位移；或利用滤波解决抖动问题。假设在任意情况下，窃听者都已知时间帧内发生深衰落的数目，但不知道这些深衰落的具体位置。

12.4 密钥生成

假定 A 和 B 是两个要生成密钥的两方，本章将密钥生成抽象为以下问题。A、B 双方可以获得两个相关随机源 R_A、$R_B \in \{0,1\}^n$；除 A、B 外，本章还假设存在一个窃听者，可能仅被动窃听，也可能对随机源 R_A 和 R_B 进行主动干扰。A、B 对自身的随机源 R_A、R_B 进行采样，分别获得两个比特串 ρ_A 和 ρ_B。同时，窃听者也能获得一个比特串 ρ_C。三元随机变量组(ρ_A,ρ_B,ρ_C)由概率分布包络(Env)决定，即一个基于信道的性能和一些影响无线传输环境假设的联合分布。某些场景下，窃听者未知 ρ_A 和 ρ_B 的任何信息，此时 ρ_C 与变量 ρ_A、ρ_B 相互独立。

12.4.1 基本概念

本节将对统计距离和随机提取器的概念进行回顾。给定两个随机变量 ρ_1,ρ_2，定义 $\|\rho_1-\rho_2\| = \frac{1}{2}\sum_v [\text{Prob}][\rho_1 = v]-[\text{Prob}][\rho_2 = v]$ 为两个随机变量的统计距离，其中 v 可以取 ρ_1,ρ_2 取值集合内的所有值(ρ_1,ρ_2 定义在相同的集合上)。对一个随机变量 ρ，定义 ρ 的最小熵为 $H_\infty(\rho)=-\log(\max_v[\text{Prob}][\rho=v])$。

ρ_2 条件下，随机变量 ρ_1 的平均最小熵(定义见参考文献[39])等于

$$\widetilde{H}_\infty(\rho_1 \mid \rho_2) =- \log(E_{v\leftarrow\rho_2}[2^{-H_\infty(\rho_1|\rho_2=v)}])$$

其中，$(\rho_1|\rho_2=v)$表示 ρ_1 投影到由 $\rho_2=v$ 定义的条件空间后的随机变量；式 $2^{-H_\infty(\rho_1|\rho_2=v)}$ 为 v 的函数。给定 $g(v)$，定义随机变量 $g(\rho_2)$的期望为 $E_{v\leftarrow\rho_2}[g(v)]$。假设 $\rho_2\in\{0,1\}^l$，则平均最小熵$\widetilde{H}_\infty(\cdot)$满足$\widetilde{H}_\infty(\rho_1|\rho_2,\rho_3)\geqslant\widetilde{H}_\infty(\rho_1|\rho_3)-l$(见参考文献中引理 2.2b)，该性质在本章的研究中十分有用。正如后续工作中所论证的，$\widetilde{H}_\infty(\cdot)$是一个更适合加密应用的度量参数。

随机提取器(或者单纯的提取器)是一种以减小随机源变化范围为代价，对不完美随机源的分布进行平坦化的机制。提取器在本章的应用中非常有用，因为 ρ_A,ρ_B 不是均匀分布，而本章仍然期望提取一个尽可能接近均匀分布的密钥流。提取器分为概率性和确定性两种类型。确定性提取器由于在较大系统中实施简单、配置方便而广受欢迎，然而在密钥源不完美(即密钥源的最小熵处于某个确定阈值之上)的一般假设中，不存在确定性提取器(见参考文献[24])(但可以通过对不完美随机源进行更加严格的分类构造确定性提取器，如参考文献[41]中的(n,k)比特固定随机源)。概率性提取器从另一角度而言具有更强大的功能，但需要利用附加随机源进行额外的协商。为使其能在本章的环境中适用，要求附加随机源必须为公开的(这样可以通过公共协商一致)。这样，初步获得了一个强提取器。由此得出：

定义 12.1　随机提取器：如果 Ext 是一个映射$\{0,1\}^n\times\mathfrak{R}\rightarrow\{\tau,\infty\}^{l_0}$，满足对任意随机变量 ρ，当 $H_\infty(\rho)\geqslant m$ 时，有 $\|\langle \text{Ext}(\rho,\tau),\tau\rangle-\langle\rho_u,\tau\rangle\|\leqslant\varepsilon$，则函数 Ext 称为一个$(m,n,l_0,\varepsilon)$强提取器。其中，$\rho_u$ 在$\{0,1\}^{l_0}$上均匀分布，τ 在 $\mathfrak{R}$ 上均匀分布。相应地，如果

ρ是某个给定的随机变量，本章称满足上述性质的函数 Ext 为条件 ρ 下的(n,l_0,ε)强提取器。

上述定义可以根据基于平均最小熵$\widetilde{H}_\infty(\cdot)$的熵下界重新进行表述。

一个众所周知获得强提取器的方法是采用剩余哈希引理(见参考文献[42])。结果表明，一组哈希函数，即全域哈希簇，能够产生一个强随机提取器。全域哈希簇按如下定义：对于一个定义域为$\{0,1\}^n$、值域为$\{0,1\}^{l_0}$的函数簇$\{U_k\}_{k\in\{0,1\}^v}$，当$x\neq x'\in\{0,1\}^{l_0}$时，满足$[\text{Prob}][U_k(x)=U_k(x')]\leqslant 2^{-l_0}$，其中 k 服从$\{0,1\}^v$ 上的均匀分布，则称$\{U_k\}_{k\in\{0,1\}^v}$为全域哈希簇。剩余哈希引理(见参考文献[42])表明，通过利用一定数量(相对较小)的附加随机比特，全域哈希簇构建的提取器可以从一个不完美随机源中提取出全部的随机性。这一结论在参考文献[35]中被推广为利用一些外部变量条件约束下的平均最小熵描述剩余哈希引理的情况。具体表述如下。

引理 12.1 (见参考文献[35,42])剩余哈希引理：令 ρ 和ρ'为$\{0,1\}^n$ 上的随机变量。一个全域哈希簇$\{\text{Ext}(\cdot,\tau)\}_{\tau\in\mathcal{R}}$，如果 $\text{Ext}:\{0,1\}^n\times\Re\rightarrow\{0,1\}^{l_0}$ 满足当平均最小熵$\widetilde{H}_\infty(\rho_1|\rho')\geqslant m$，$l_0=m+2-2\log(1/\varepsilon)$时，有$\|\langle\text{Ext}(\rho,\tau),\tau,\rho'\rangle-\langle\sigma,\tau,\rho'\rangle\|\leqslant\varepsilon$，则是 Ext 是一个$(m,n,l_0,\varepsilon)$强提取器。

上述结果为利用全域哈希簇设计提取器提供了一种方式，详见参考文献[25]。许多关于设计提取器的工作都专注于最小化种子的长度(见参考文献[43])，但这一点在本章的环境中并不重要(因为我们假设收发信机可以获得本地随机源)。

12.4.2 密钥交换协议

本节正式对研究环境中的密钥交换协议概念进行定义。协议分为 A、B 两方，A 为触发者，B 为响应者。简言之，本章关注正确性和均匀性这两个性质，而均匀性也体现了安全性。

本章的密钥交换协议允许双方协议 π 利用由概率分布包络(Env)描述的空间 $\mathcal{O}^{\text{Env}}$ 定义，具体步骤如下。

参数：概率分布包络

- 收到来自 A 的请求后，如果$\langle\rho_A,\rho_B,\rho_C\rangle$尚未确定，就从 Env 中对三元组进行采样，返回 ρ_A。
- 收到来自 B 的请求后，如果$\langle\rho_A,\rho_B,\rho_C\rangle$尚未确定，就从 Env 中对三元组进行采样，返回 ρ_B。
- 收到来自窃听者的请求后，如果$\langle\rho_A,\rho_B,\rho_C\rangle$尚未确定，就从 Env 中对三元组进行采样，返回 ρ_C。

因此，$(l_0,\varepsilon_c,\varepsilon_s)$密钥生成协议是 A、B 间的双方协议 π，该协议利用了$\mathcal{O}^{\text{Env}}$，正确性和均匀性的定义如下。

定义 12.2 正确性：执行协议 π 后，A 和 B 双方输出相等的概率至少为 $1-\varepsilon_c$，其中概率通过重复执行协议获得。

均匀性：双方的输出随机变量与$\{0,1\}^{l_0}$上的均匀分布之间的统计距离最大为ε_s。双方的输出随机变量受以下条件约束：①双方的输出相等；②遵循的协议 π；③窃听者依据$\mathcal{O}^{\mathrm{Env}}$的输出值。

12.4.3　安全模糊信息调和器

下面定义一个更适用于本章环境的简单模糊提取器，该模糊提取器可以在特定分布下与隐私放大和密钥协商相结合，用来构建密钥交换协议。本章称其为安全模糊信息调和器，即 SFIR。

定义 12.3　令三元组$\langle \rho_A,\rho_B,\rho_C\rangle$是一个由 Env 定义的联合随机变量。那么，参数对(Gen,Rep)就表示 Env 条件下的$(l_0,\varepsilon_1,\varepsilon_2)$安全模糊信息调和器(SFIR)，并满足如下要求。

(1) 随机变量 C 满足：

采样$\langle \rho_A,\rho_B,\rho_C\rangle \leftarrow \mathrm{Env}$ $\langle f,p\rangle \leftarrow \mathrm{Gen}(\rho_A)$ $f' \leftarrow \mathrm{Rep}(\rho_B,\rho)$ 若 $f\neq f'$则设定 $C\leftarrow 1$ 否则 $C\leftarrow 0$

要求：$[\mathrm{Prob}][C=1]\leqslant \varepsilon_1$

(2) 随机变量 K 满足：

采样$\langle \rho_A,\rho_B,\rho_C\rangle \leftarrow \mathrm{Env}$ $\langle f,p\rangle \leftarrow \mathrm{Gen}(\rho_A)$ 设定 $K\leftarrow f$

要求$\|(K|p,\rho_c)-U_{l_0}\|\leqslant \varepsilon_2$，其中$U_{l_0}$在$\{0,1\}^{l_0}$上均匀分布。假设已经获得了随机变量 Env 下的 SFIR，下面将会说明利用$\mathcal{O}^{\mathrm{Env}}$可以很容易生成密钥交换协议 π。同样地，协议中 A 为触发者，B 为响应者。

由$\mathcal{O}^{\mathrm{Env}}$描述的协议 π： 参数：$(l_0,\varepsilon_1,\varepsilon_2)$SFIR 的参数(Gen,Rep) A：从$\mathcal{O}^{\mathrm{Env}}$中读取 ρ_A 的值，计算$\langle f,p\rangle \leftarrow \mathrm{Gen}(\rho_A)$，向 B 发送 p，终止并返回 f。 B：一旦收到 p，就从$\mathcal{O}^{\mathrm{Env}}$中读取 ρ_B 的值，计算 $f'\leftarrow \mathrm{Rep}(\rho_B,\rho)$，终止并返回 f'

定理 12.1　上述利用$(l_0,\varepsilon_1,\varepsilon_2)$-SFIR 描述的协议 π，是一个$(l_0,\varepsilon_1,\varepsilon_2)$密钥交换协议。

证明：首先，在协议的执行过程中 A 和 B 双方协商不一致的概率与事件$G_{\mathrm{cor}}=1$的概率相同。显然，这一概率的边界值为ε_1，也就是说双方协商一致的概率至少为$1-\varepsilon_1$。

其次，需要证明在给定的协议 π 以及有窃听者的条件下，双方的输出随机变量的统计距离在$\{0,1\}^{l_0}$上服从均匀分布的最大概率为ε_2。由于协议参数为p、窃听者输入为ρ_C，可以发现这与SFIR的均匀性性质一致。

12.4.4 无线包络分布下的SFIR构建

回顾一下A、B双方所观察到的随机源RA和RB的差异，主要都发生在深衰落的开始或结束部分，并且本章假设这些深衰落是在一段时间内随机发生的。Env是三元组$\langle\rho_A,\rho_B,\rho_C\rangle$的概率分布，它描述了A、B和窃听者各自的包络分布。

就比特串而言，其中包含一些连续的序列1。正如之前所提到的，本章将深衰落映射为序列1，因此，很显然ρ_A中包含一些序列1，对应于无线传输包络中每次发生的深衰落。假设每个ρ_A、ρ_B比特串的长度均为n，深衰落的数目为t，并假设这t个深衰落在n个时隙内服从均匀分布，则有如下引理。

引理 12.2 假设比特串$\rho\in\{0,1\}^n$中包含t个最大长度为k的序列；此外，满足$2k+2|n, n\geqslant 2(t-1)(k+1)$。如果$\rho$是对所有这样的比特串的均匀采样，则$\rho$的最小熵为$E_{n,k,t}=\log\binom{n/(2k+2)}{t}+t\log k$，简写为$E_{n,k,t}=\Omega\left(t\log\frac{n}{t}\right)$。

证明：令$i_1,\cdots,i_t$表示t个深衰落的开始位置，$j_1,\cdots,j_t$对应于这t个深衰落的结束位置。那么，对于t个深衰落参数对$\{(i_1,j_1),\cdots,(i_t,j_t)\}$，可以根据条件$1\leqslant j_\ell-i_\ell\leqslant k$找出其所有子集。此时，向量$\langle i_1,j_1,\cdots,i_t,j_t\rangle$有$(nk)((n-2(k+1))k)\cdots((n-(t-1)2(k+1))k)$种取值，这等价于选取所有满足条件$k$的向量$\langle(i_1,j_1-i_1),\cdots,(i_t,j_t-i_t)\rangle$。将所有可能的取值数除以$t!$，得到$\frac{n(n-2(k+1))\cdots(n-(t-1)(2k+1))k^t}{t!}$。根据假设条件$(2k+1)|n$，上式可以简化为$\binom{n/(2k+1)}{t}k^t$。再利用不等式$\binom{mt}{t}\geqslant m^t, m\geqslant, t\geqslant 1$，两边取对数，引理12.2得证。

根据上述引理，可以很容易得到以下推论。

推论 12.1 由于$\text{Env}=\langle\rho_A,\rho_B,\rho_C\rangle$，$\rho_C$只能确定深衰落的数目$t$，那么$\rho_C$条件下$\rho_A$的平均最小熵为$E_{n,k,t}$。

本节的剩余部分基于以下假设，对SFIR进行了构建。假设包络分布$\text{Env}=\langle\rho_A,\rho_B,\rho_C\rangle$，$\rho_A$，$\rho_B$为相同基数所构成的所有索引的集合，$\rho_C$只是$\rho_A$，$\rho_B$的基。为不失一般性，假设$\rho_A,\rho_B,\rho_C\in\{0,1\}^n$，但是需要注意的是每个比特串都可以被它的子序列替换(小于n比特)。正规表述，定义一个空间$\mathcal{M}_{n,k,t}$，其包含所有满足$|i_l-j_l|\leqslant k, i_l<j_l, l=1,\cdots,t$，和$j_{l-1}<i_l, l=2,\cdots,t$的集合对$(i_l,i_l)$，$l=1,\cdots,t$。根据给定的$w\in\mathcal{M}_{n,k,t}$与含有$t$个连续序列1的比特串$\{0,1\}^n$的映射关系，完成$\mathcal{M}_{n,k,t}$中的元素到$\{0,1\}^n$的映射过程。这样，第$l$个连续序列1就开始于位置$i_l$，结束于位置$j_l$。

SFIR 构建#1：

在第一种SFIR构建中，假设ρ_A，ρ_B的差异较小，本章采用穷举的方法进行译码。因此，利用全域哈希簇进行隐私放大和信息协商。

设$n,k,s,t\in\mathbb{N}$，当ρ_A，ρ_B分别表示为$\{i_\ell^A-i_\ell^A\mid\ell=1,\cdots,t\}$和$\{i_\ell^B-i_\ell^B\mid\ell=1,\cdots,t\}$时，

包络分布 Env=$\langle \rho_A, \rho_B, \rho_C \rangle$满足：①$\rho_C = \langle k, t, n \rangle$始终成立；②以下事件的概率为 ε_1：

$$(\rho_A, \rho_B \in \mathcal{M}_{n,k,t}) \wedge \forall \ell \in [t]: (|i_\ell^A - i_\ell^B| \leqslant s \wedge (j_\ell^A - i_\ell^A = j_\ell^B - i_\ell^B))$$

容易发现，对所有的 $\ell \in \{1, \cdots, t\}$，当 $\rho_A \in \mathcal{M}_{n,k,t}$ 给定时，i_ℓ^B 有 $2s+1$ 个可能的位置（每个位置唯一地定义了一个 j_ℓ^B 的位置）。基于条件 ρ_A, ρ_B 属于 $\mathcal{M}_{n,k,t}$ 的一个子集 S_{ρ_B}，该子集的基数最大为 $(2s+1)^t$。当 t, s 足够小时，响应者 B 可以对空间 S_{ρ_B} 进行穷举搜索，恢复出 ρ_A。需要注意的是，t 较小并不一定会使信道的熵过低，因为本章仍可以通过增大 n 来保证熵 $E_{n,k,t}$ 足够大，正如引理 12.2 所述。

通过上面的讨论发现，响应者需要一些密钥认证信息，在这些信息的帮助下才能正确匹配触发者的比特串。因此，由两个值域分别为 $\{0,1\}^{l_0}$ 和 $\{0,1\}^{l_0'}$ 的全域哈希簇 $\{U_k\}_{k \in \{0,1\}^v}$ $\{U_k'\}_{k' \in \{0,1\}^v}$ 构建出了 SFIR。

SFIR 构建 #1
• Gen：根据输入的 ρ_A，从 $\{0,1\}^v \times \{0,1\}^{v'}$ 上随机采样得到 k, k'，返回参数对 (f, p)，其中 $p = \langle k, k', U_{k'}'(\rho_A) \rangle$，$f = U_k(\rho_A)$。
• Rep：根据输入的 ρ_B 和 $p = \langle k, k', u' \rangle$，寻找满足 $U_{k'}'(\rho) = u$ 的元素 $\rho \in S_{\rho_B}$；若找到，则输出 $U_k(\rho)$，否输出 $\perp$。

定理 12.2　基于本节中概率为 ε_1、参数为 n, k, t, s 的包络假设，如果满足 $E_{n,k,t} \geqslant l_0 + l_0' + 2\log(1/\varepsilon_2) - 2$，则上述〈Gen, Rep〉结构构成了一个 Env 分布下的 $(l_0, 2^{-l_0'} + \varepsilon_1, \varepsilon_2)$-SRIF。

证明：首先考虑正确性。在所有$\langle \rho_A, \rho_B, \rho_C \rangle$，$k, k'$的可能取值中，定义事件 BAD 为满足 $U_{k'}'(\rho_A) = U_{k'}'(\rho)$，$\rho_A \neq \rho$，或 Rep 输出为 $\perp$ 的事件。给定本节中的包络假设条件，可以知道 $\rho_A, \rho_B \in \mathcal{M}_{n,k,t}$，$\rho_A \in S_{\rho_B}$ 成立的概率为 ε_1。所以返回 $\perp$ 的概率最大为 ε_1。另外，鉴于全域哈希的性质，从比特串 ρ, ρ_A 中提取出 k'的不一致概率最大为 $2^{-l_0'}$。由此得出，BAD 的界为 $2^{-l_0'} + \varepsilon_1$。

下面考虑安全性，它与随机变量 K 密切相关。以通信参数 k, k', u'为条件，变量 K 的平均最小熵等于随机变量 $U_k(\rho_A)$ 的熵。要注意的是，条件空间包含所有与 k, k', u'一致的三元组$\langle \rho_A, \rho_B, \rho_C \rangle$。首先观察到，从 $u' = U_{k'}'(\rho)$ 中至多泄露 ρ_A 的 l_0'个比特，因此从 ρ_A 的平均最小熵中最多减去 l_0'。此外，由于 $\{U_k\}_{k \in \{0,1\}^v}$ 为一个全域哈希簇，这意味着当 $E_{n,k,t} \geqslant l_0 + l_0' + 2\log(1/\varepsilon_2) - 2$ 时，通信参数条件约束下，K 的分布不是均匀分布的概率为 ε_2。

如果在给定的 $\{0,1\}^n \to \{0,1\}^{l_0}$ 上能够构建出全域哈希簇，将对上述定理在实践中应用有很大帮助。例如，考虑密钥空间 $(\mathrm{GF}(2^{l_0}))^n$，其中 $k = \langle k_1, \cdots, k_n \rangle$，$k_i \in \mathrm{GF}(2^n)$，$i = 1, \cdots, l_0$，函数 $U_k(w) = \sum_{i: w_i \neq 0} k_i$，$i \in \{1, \cdots, n\}$ 表示 w 的第 i 个比特。固定 $w, w' \in \{0,1\}^n$，$w \neq w'$，那么至少存在一个比特 i_0，满足 $w_{i_0} \neq w_{i_0}'$。因此对于所有 $i \neq i_0$ 的变量 k_i，事件 $U_k(w) = U_k(w')$ 意味着 $k_{i_0} = v$，其中 $v \in \mathrm{GF}(2^{l_0})$ 为某些固定值。$U_k(w) = U_k(w')$ 的概率为 2^{-l_0}，表明函数 $U_k(w)$ 为一个全域哈希簇。由参考文献[25]可知，利用较短的密钥构建

全域哈希簇也是可行的。

实现举例 根据引理 12.2，当 $k=5,t=12,n=512$ 时，在 ρ_C 条件下 ρ_A 的平均条件最小熵为 94 b。假定本节中的包络假设以概率 ε_1 成立，且参数 $s=2$，利用两个长度分布为 $l_0=55$ 和 $l_0'=15$ 的全域哈希簇，前面给出的 SFIR 能够产生一个密钥长度为 55 b 的密钥交换协议，该密钥与 $\{0,1\}^{55}$ 上的均匀分布之间的统计距离为 2^{-12}，并且双方密钥协商一致的概率至少为 $1-2^{-15}-\varepsilon_1$。需要注意的是，响应者为了在 $s=2$ 时恢复这一密钥，采用穷举搜索须执行 5^{12} 次操作，每次都需要将全域哈希簇 $U'_{k'}(\cdot)$ 在 ρ_B 中获得的比特串上操作一次。根据前面提到的全域哈希的构建，容易看出，每次操作需要在 $GF(2^{15})$ 域上进行少量的加法运算，而二进制扩展域内的加法操作可以通过异或操作完成。假设进行一个重复试验，平均每次试验需要 100 个 CPU 时钟周期，那么当采用 2.4 GHz 的奔腾处理器时，完成一次穷举搜索试验大约需要 10 s。

SFIR 构建♯2：

上述 SFIR 的一个缺点是需要穷举来完成信息协商。下面通过多牺牲一点熵来减少协商计算量，这样可以更高效地纠错，并且将包络假设进行了推广，允许双方的序列长度不同。

设 $n,k,t,s,z\in\mathbb{N}$。当 ρ_A,ρ_B 分别表示为 $\{i_\ell^A-i_\ell^A\mid\ell=1,\cdots,t\}$ 和 $\{i_\ell^B-i_\ell^B\mid\ell=1,\cdots,t\}$ 时，包络分布 $\mathrm{Env}=\langle\rho_A,\rho_B,\rho_C\rangle$ 满足：(1) $\rho_C=\langle k,t,n\rangle$ 始终成立，(2) 以下事件成立的概率为 ε_1：

$$(\rho_A,\rho_B\in\mathcal{M}_{n,k,t})\wedge\forall\ell\in[t]:(\mid i_\ell^A-i_\ell^B\mid\leqslant s\wedge(\mid j_\ell^A-i_\ell^A-(j_\ell^B-i_\ell^B)\mid\leqslant z))$$

第二种 SFIR 的构建，以一个值域为 $\{0,1\}^{l_0}$ 的全域哈希簇 $\{U_k\}_{k\in\{0,1\}^{l_0}}$ 为参数。具体操作过程如下：

SFIR 构建♯2

- Gen：根据输入的 ρ_A，将其解析为 $\{i_\ell^A-j_\ell^A\mid\ell=1,\cdots,t\}$，计算以下数值：

$$\tilde{s}_\ell=i_\ell^A\bmod(2s+1)\quad\tilde{z}_\ell=(j_\ell^A-i_\ell^A)\bmod(2z+1)$$

以及 $\{0,1\}^v$ 上的均匀随机采样 k。返回 (f,p)，其中 $p=(k,\tilde{s}_1,\cdots,\tilde{s}_t,\tilde{z}_1,\cdots,\tilde{z}_t)$，$f=U_k(\rho_A)$。

- Rep：根据输入的 ρ_B 和 $p=(k,\tilde{s}_1,\cdots,\tilde{s}_t,\tilde{z}_1,\cdots,\tilde{z}_t)$，计算满足 $\{i_\ell^A,j_\ell^A\mid\ell=1,\cdots,t\}$ 的 ρ，其中 $i_\ell=i_\ell^B-(i_\ell^B\bmod(2s+1))+\tilde{s}_\ell$，$j_\ell=i_\ell+j_\ell^B-i_\ell^B-(j_\ell^B-i_\ell^B\bmod(2z+1))+\tilde{z}_\ell$。输出 $U_k(\rho)$。

定理 12.3 基于本节中概率为 ε_1、参数为 n,k,t,s 的包络假设，如果满足 $E_{n,k,t}\geqslant l_0+t\log((2s+1)(2z+1))+2\log(1/\varepsilon_1)-2$，则上述 $\langle\mathrm{Gen},\mathrm{Rep}\rangle$ 结构构成了一个 Env 分布下的 $(l_0,\varepsilon_1,\varepsilon_2)-\mathrm{SFIR}$。

证明：为了协商两个比特串的差异，有 $t\log((2s+1)(2z+1))$ 比特是公开的，这就很容易地证明了上面的定理。

实现举例 假设 $t=38,k=10,n=2000,s=4,z=2$，在本节中的包络假设下，平均最小熵为 355 b。基于定理 12.3，可以得到一个 $l_0=80$ b 的密钥，其与 $\{0,1\}^{l_0}$ 上的均匀分布之间的统计距离小于 2^{-48}。与 SFIR#1 相比，整个计算量最小。

SFIR 构建#3：

下面给出一个基于安全图的 SFIR 构建方法。给定一个合适的安全图(SS，Rec)，本章将 SS 函数作为 SFIR 的 Gen 函数的一部分，将 Rec 函数作为 Rep 实现的一部分。为了构建出一个合适的安全图，需要一个能够包含采样 ρ_A,ρ_B 的测量空间 $\mathcal{M}$，并证明 ρ_A,ρ_B 间的距离是有界的。这里，采用 $\{0,1\}^n$ 上的汉明距离(用 $d(\cdot,\cdot)$ 表示)进行度量，并对包络分布作如下假设：

设 $n,k,t,s,z\in\mathbb{N}$。当 ρ_A,ρ_B 分别表示为 $\{i_\ell^A-i_\ell^A\mid\ell=1,\cdots,t\}$ 和 $\{i_\ell^B-i_\ell^B\mid\ell=1,\cdots,t\}$ 时，包络分布 $\mathrm{Env}=\langle\rho_A,\rho_B,\rho_C\rangle$ 满足：①$\rho_C=\langle k,t,n\rangle$ 始终成立；②以下事件成立的概率为 ε_1：

$$(\rho_A,\rho_B\in\mathcal{M}_{n,k,t})\wedge\forall\ell\in[t]:(\mid i_\ell^A-i_\ell^B\mid\leqslant s\wedge(\mid j_\ell^A-j_\ell^B)\mid\leqslant s))$$

通过观察发现，只要假设成立，就有 $d(\rho_A,\rho_B)\leqslant 2st$。SFIR 的构建，以一个值域为 $\{0,1\}^{l_0}$ 的全域哈希函数簇 $\{U_k\}_{k\in\{0,1\}^{l_0}}$ 和一个可以纠正 $2st$ 个错误的二进制线性码 $C\subset\{0,1\}^n$，$|C|=2^k$ 为参数。因此，C 的最小汉明距离应该为 $4st+1$。采用伴随式译码，$\mathrm{syn}(\cdot)$ 为 C 的校验子函数(C 的奇偶校验矩阵对一个给定比特串的校验操作)，也就是说，存在这样一个算法，对任意汉明重量小于 $2st$ 的 $c\in C,v\in\{0,1\}^n$，给定 $\mathrm{syn}(c+v)=\mathrm{syn}(v)$，则 v 都能够被高效地恢复，因此 c 也能被恢复(假设 $v+c$ 已知)。这里，我们采用二进制 BCH 码(假设 $n=2^m-1$，因此有 $k=n-2\mathrm{stm}$，见参考文献[44])。

> SRIR 构建#3
> - Gen：根据输入的 ρ_A，设置 $\rho=(\mathrm{syn}(\rho_A),k)$，其中 $\mathrm{syn}(\cdot)$ 为 C 的校验子函数，设置 $f=U_k(\rho_A)$，k 是 $\{0,1\}^v$ 上的随机密钥。
> - Rep：根据输入的 ρ_B 和 $\rho=(y,k)$，找到汉明重量小于 $2\ st$ 的误差向量 $\boldsymbol{e}$，这样就有 $\mathrm{syn}(\boldsymbol{e})=\mathrm{syn}(\rho_B)-y$($\mathrm{GF}(2^n)$ 上的相加操作)，输出为 $U_k(\rho_B-\boldsymbol{e})$。

基于参考文献[40]中定理 5.1(利用本章上面提到的校验子，构建了一个最多牺牲 $n-k$ 比特熵的安全图)，得到如下结果。

定理 12.4　基于本节中概率为 ε_1、参数为 n,k,t,s,z 的包络假设，如果满足 $E_{n,k,t}\geqslant l_0+4st\cdot\log(n+1)+2\log(1/\varepsilon_2)-2$，则上述〈Gen，Rep〉结构构成了一个 Env 分布下的 $(l_0,\varepsilon_1,\varepsilon_2)-\mathrm{SFIR}$。

证明：该证明与定理 12.3 的证明类似。但不同的是，这里并不是泄露与 t 个序列相关的"拖尾"值 $\tilde{s}_1,\cdots,\tilde{s}_t,\tilde{z}_1,\cdots,\tilde{z}_t$，而是基于给定 BCH 码，泄露出 ρ_A 的校验子，该校验子是一个长为 $2\ stm$ 的二进制比特串，其中 $n=2^m-1$。

12.5　仿真结果

本节对瑞利衰落信道中两节点的信号传输进行仿真实现，每个节点从各自的接收信号中提取一个比特向量。通过对两个向量进行比较，给出了以很大概率满足上节所做的包络分布假设的参数选择。

12.5.1 无线信道仿真

本章仿真了一个通信系统，两合法节点间的信道为瑞利衰落信道，两节点利用各自从信道中获取的信号生成比特流。信道参数具体为：

- BPSK 调制，通信速率为 1 Mb/s。
- SINR 为 25 dB(等价于多径衰落信道的 BER 为 10^{-5})。
- 多普勒频移为 1 Hz。
- 为减少噪声对信道两端比特流估计的影响，利用超窄带滤波器能够显著降噪的特点，采用带宽为 100 Hz 的窄带低通滤波器对接收信号滤波。图 12.5 给出了经过低通波滤器后信道两端的接收信号强度。

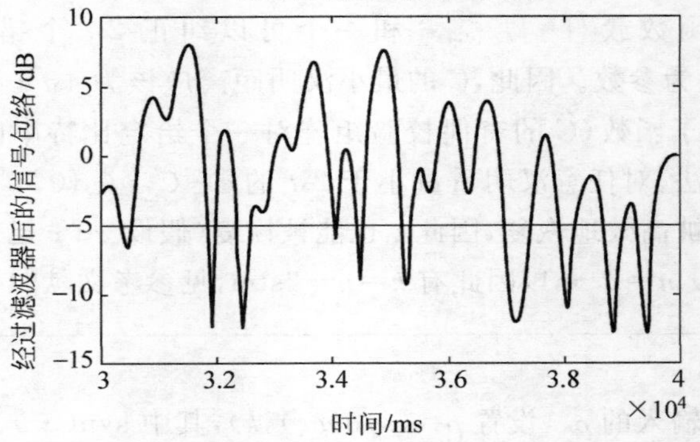

图 12.5 经低通滤波器后信道两端的接收信号强度(最小时间单位为秒)。低通波滤器的作用为降噪

注意，在密钥生成过程中，本章仅关注接收信号强度，并不关心实际发送的比特是什么。而且多普勒频移大约只有几赫兹(在快速变化的环境中最多 20 Hz)，所以，一个带宽 100 Hz 的窄带波滤器足以捕捉到由于环境变化引起的信号波动。

12.5.2 生成比特流

为了在信道两端生成比特流，每个节点对自身的低通滤波器输出信号进行采样，并与设定的阈值进行比较。图 12.6 给出了当阈值为−5 dB 时，两节点生成的比特流。从图 12.6 中可以看出，尽管每个节点经历了不同的干扰，在比特流生成过程中也没有进行任何通信，但两生成序列非常相似。仅在由 0 到 1 或由 1 到 0 转变时，即深衰落的边缘，偶尔产生差异。两序列不匹配的原因有很多，包括两节点间的时序不同(两节点在传输中存在一个时隙的时延)，以及经过低通波滤器的干扰和噪声不同。

图 12.6 描绘了低通滤波器和阈值检测器的原始输出，没有采用任何前面提到的技术对两个比特矢量进行匹配。

仿真针对 100 s 时间内的结果进行研究，设置深衰落的平均发生率为 19 次每千比

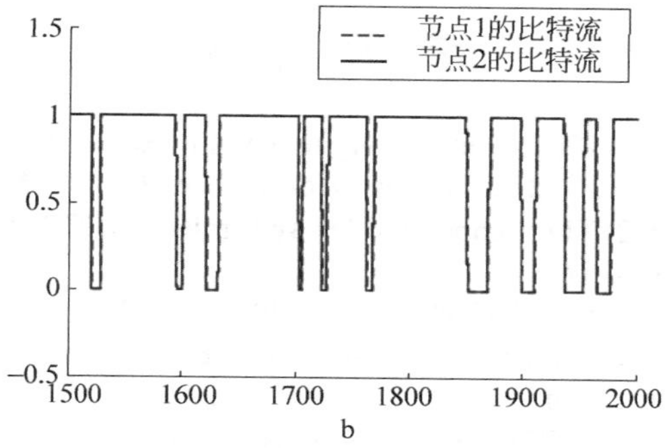

图 12.6　节点 1 和 2 生成比特的比较

特，即对于 $n=1000$，深衰落的数目 $t=19$。仿真中采用真实的瑞利衰落信道，这意味着由深衰落产生的序列 1 的长度 k 为一个随机变量，这在 12.3.1 节中已详细描述。

仿真结果证实，在时分复用的无线网络中，即使存在干扰，发送者和接收者间包络的相似性也足以使它们获得相同的密钥。

12.6　小　　结

本章介绍了一种利用无线信道物理层特征为无线自组织网络中的节点对生成密钥的新方法。

利用信道的互易性和深衰落，无须传统的密钥交换加密算法，就可以实现强安全密钥的协商。无线信道作为两个节点间共享的随机源，其具有唯一性。由于 12.4.3 节的第二步要求计算是轻量级的，因此两无线节点就可以生成一系列相继可用的密钥。而且，这一过程可以结合常规的数据传输来完成。事实上，两节点开始数据传输一段时间后就会收集到一个熵足够大的比特串，从而孕育出第一个密钥；随后，会生成更多密钥，并与之前的密钥结合。本章的技术可以应用到任何信号带宽中，本技术只利用了接收信号强度，而信号的带宽和内容与密钥提取无关。

需要强调的是该技术并不需要特殊的硬件，一个窄带波滤器加一个阈值检测器就足够了。阈值检测器前面的窄带波滤器可以在很大程度上减少所生成比特向量的干扰和噪声水平，使两节点间通信的不同 SINR 具有健壮性。由于本技术基于对深衰落检测，而非误差下的完整信道冲击响应估计，因此也为信道估计噪声提供了健壮性，检测误差可能出现在深衰落的边缘，是可以纠正的。最后，在节点移动的场景下，接收信号包络会发生变化，这可以使熵增加并能够更快地生成更好的密钥。如果节点是静止的，节点仍然可以有目的地引入干扰生成密钥。注意，密钥生成机制的安全性并不是基于传统的难题假设，例如 Diffie Hellman 密钥交换方案中所讨论的安全性。特别地，在窃听者不知道深衰落具体位置的条件下，利用 12.4.3 节中详述的第二步骤生成的密钥可以实现信息论意义上的安全。然而，对深衰落位置未知是一种物理假设，并不适合所有的窃听者。窃听者也可能借助于射线跟踪技术和充足的环境认知，来推断深衰落的位置。未来的研究将在上述困难假设下，对本章所提出的方法进行安全性讨论。

参考文献

[1] Kamerman A, Aben G (2000) Net Throughput with IEEE 802.11 Wireless LANs. IEEE Wireless Communications and Networking Conference, 2: 747–752.

[2] Xiao Y, Rosdahl J (2002) Throughput and Delay Limits of IEEE 802.11. IEEE Communications Letters, 6(8): 355–357.

[3] Nuaymi L, Bouida N, Lahbil N, Godlewski P (2007) Headers Overhead Estimation, Header Suppression and Header Compression in Wimax. IEEE Conference on Wireless and Mobile Computing, Networking, and Communications: 17–23.

[4] Diffie W, Hellman M (1976) New directions in cryptography. IEEE Transactions on Information Theory 22: 644–654.

[5] Hata M (1980) Empirical Formula for Propagation Loss in Land Mobile Radio Services. IEEE Transactions on Vehicular Technology, VT-29: 317–325.

[6] Steele R (1992) Mobile Radio Communications. IEEE Press.

[7] Proakis J (1995) Digital Communications. McGraw-Hill.

[8] Karpijoki V (2000) Security in Ad Hoc Networks. Helsinki University of Technology, Tik-110.501 Seminar on Network Security, Telecommunications Software and Multimedia Laboratory.

[9] Camtepe SA, Yener B (2005) Key Distribution Mechanisms for Wireless Sensor Networks: A Survey. TR-05-07 Rensselaer Polytechnic Institute, Computer Science Department.

[10] Dutertre B, Cheung S, Levy J (2004) Lightweight Key Management in Wireless Sensor Networks by Leveraging Initial Trust. System Design Laboratory, Technical Report, SRI-SDL-04-02.

[11] Lai B, Kim S, Verbauwhede I (2002) Scalable Session Key Construction Protocol for Wireless Sensor Networks. IEEE Workshop on Large Scale Real-Time and Embedded Systems.

[12] Eschenauer L, Gligor VD (2002) A Key-Management Scheme for Distributed Sensor Networks. ACM Conference on Computer and Communications Security: 41–47.

[13] Chan H, Perrig A, Song D (2003) Random Key Predistribution Schemes for Sensor Networks. IEEE Symposium on Security and Privacy: 197.

[14] Camtepe SA, Yener B (2004) Combinatorial Design of Key Distribution Mechanisms for Wireless Sensor Networks. In: Samarati et al. (ed) Computer Security-ESORICS, Springer-Verlag, LNCS 3193.

[15] Camtepe SA, Yener B (2007) Combinatorial Design of Key Distribution Mechanisms for Wireless Sensor Networks. ACM/IEEE Transactions on Networking, in press.

[16] Camtepe SA, Yener B, Yung M (2006) Expander Graph Based Key Distribution Mechanisms In Wireless Sensor Networks. IEEE International Conference on Communications.

[17] Blundo C, De Santis A, Herzberg A, Kutten S, Vaccaro U, Yung M (1992) Perfectly-Secure Key Distribution for Dynamic Conferences. Advances in Cryptology: 471–486.

[18] Blom R (1984) An Optimal Class of Symmetric Key Generation Systems. EUROCRYPT: 335–338.

[19] Li X, Chen M, Ratazzi EP (2005) Array-Transmission Based Physical-Layer Security Techniques for Wireless Sensor Networks. Proceedings of the IEEE International Conference on Mechatronics and Automation:1618–1623.

[20] Hershey JE, Hassan AA, Yarlagadda R (1995) Unconventional Cryptographic Keying Variable Management. IEEE Transaction on Communications, 43(1): 3–6.

[21] Aono T, Higuchi K, Ohira T, Komiyama B, Sasaoka H (2005) Wireless Secret Key Generation Exploiting Reactance-Domain Scalar Response of Multipath Fading Channels. IEEE Transactions on Antennas and Propagation, 53(11): 3776–3784.

[22] Ohira T (2005) Secret Key Generation Exploiting Antenna Beam Steering and Wave Propagation Reciprocity. 2005 European Microwave Conference, 1: 9–12.
[23] Kitaura A, Sasaoka H (2005) A Scheme of Private Key Agreement Based on the Channel Characteristics in OFDM Land Mobile Radio. Electronics and Communications in Japan, Part 3 (Fundamental Electronic Science), 88(9): 1–10.
[24] Santha M, Vazirani UV (1986) Generating quasi-random sequences from semi-random sources. Journal of Computer and System Sciences, 33: 75–87.
[25] Stinson D (2002) Universal Hash Families and the Leftover Hash Lemma, and Applications to Cryptography and Computing. Journal of Combinatorial Mathematics and Combinational Computing, 42: 3–31.
[26] Dodis Y, Reyzin L, Smith A (2004) Fuzzy Extractors: How to Generate Strong Keys from Biometrics and Other Noisy Data. Advances in Cryptology EUROCRYPT 2004.
[27] Bennett CH, Brassard G, Robert, J-M (1988) Privacy Amplification by Public Discussion. SIAM Journal on Computing 17(2): 210–229.
[28] Maurer U (1993) Secret key agreement by public discussion. IEEE Transaction on Information Theory, 39(3): 733–742.
[29] Maurer U, Wolf S (1999) Unconditionally Secure Key Agreement and the Intrinsic Conditional Information. IEEE Transactions on Information Theory, 45(2): 499–514.
[30] Holenstein T, Renner R (2005) One-Way Secret-Key Agreement and Applications to Circuit Polarization and Immunization of Public-Key Encryption Advances in Cryptology. CRYPTO, Lecture Notes in Computer Science, Springer-Verlag.
[31] Wyner AD (1975) The Wire-Tap Channel. Bell Systems Technical Journal, 54: 1355–1387.
[32] Csiszár I, Körner J (1978) Broadcast Channels with Confidential Messages. IEEE Transactions on Information Theory, 22(6): 644–654.
[33] Aumann Y, Ding YZ, Rabin M O (2002) Everlasting Security in the Bounded Storage Model. IEEE Transactions on Information Theory 48(6): 1668–1680.
[34] Cachin C, Maurer UM (1997) Unconditional Security Against Memory-Bounded Adversaries. CRYPTO: 292–306.
[35] Dodis Y, Ostrovsky R, Reyzin L, Smith A (2007) Fuzzy Extractors. Security with Noisy Data, Springer.
[36] Howe DG, Hilden H, Weldon Jr E (1994) Shift Correction Code System for Correcting Additive Errors and Synchronization Slips. United States Patent 5373513, 12/13/1994.
[37] Naguib A (1996) Adaptive Antennas for CDMA Wireless Networks. PhD thesis, Stanford University.
[38] Bodtmann WF, Arnold HW (1982) Fade-Duration Statistics of a Rayleigh Distributed Wave. IEEE Transactions on Communications, COM-30(3): 549–553.
[39] Dodis Y (2005) On Extractors, Error-Correction and Hiding All Partial Information. Information Theory Workshop (ITW 2005).
[40] Dodis Y, Ostrovsky R, Reyzin L, Smith A (2006) Fuzzy Extractors: How to Generate Strong Keys from Biometrics and Other Noisy Data. The Computing Research Repository (CoRR), abs/cs/0602007.
[41] Gabizon A, Raz R, Shaltiel R (2004) Deterministic extractors for bit-fixing sources by obtaining an independent seed. FOCS 2004.
[42] Impagliazzo R, Levin LA, Luby M (1989) Pseudo-Random Generation from One-Way Functions. Proceedings of the 21st Annual ACM Symposium on Theory of Computing (STOC '89): 12–24.
[43] Shaltiel R (2004) Recent developments in extractors. In: Paun G, Rozenberg G, Salomaa A (ed) Current trends in theoretical computer science. The Challenge of the New Century, Vol 1: Algorithms and Complexity, World Scientific.
[44] van Lint JH (1998) Introduction to Coding Theory. Springer.

[45] Smith J, Jones M Jr, Houghton L et al. (1999) Future of Health Insurance. The New England Journal of Medicine 965: 325–329.

[46] Carter L, Wegman M (1979) Universal Hash Functions. Journal of Computer and System Sciences, 18(2):143–154.

[47] Datta A, Derek A, Mitchell JC, Warinschi B (2006) Computationally Sound Compositional Logic for Key Exchange Protocols. CSFW 2006: 321–334.

[48] Naor M, Yung M (1989) Universal One-Way Hash Functions and their Cryptographic Applications. Proceedings of the Twenty First Annual ACM Symposium on Theory of Computing: 33–43.

[49] Stanica P (2001) Good Lower and Upper Bounds on Binomial Coefficients, Journal of Inequalities in Pure and Applied Mathematics, 2(3) Article 30.

第13章

以太指纹：基于信道的认证*

Liang Xiao, Larry Greenstein, Narayan Mandayam, Wade Trappe

13.1 引言

在不运用复杂密码工具的情况下，大多数无线系统都缺乏可靠识别用户的能力。这给无线网络带来了极大的安全威胁，因为无线信道是开放广播的媒质。也就是说，入侵者可以在没有物理连接的情况下接入无线网络。一个严重的后果是招到欺骗攻击（或者称为伪装攻击），恶意设备可通过篡改MAC地址来伪装成一个特定的用户。欺骗攻击可严重恶化网络性能，带来各种安全隐患。例如，通过巧妙地攻击控制信息或管理架构，入侵者可以破坏合法用户的业务（见参考文献[1-3]）。

尽可能在最底层（如物理层）进行认证是理想的方式。在多径丰富的典型无线环境下，信道响应具有位置特异性（location-specific），即只要两条收发路径的间隔超过一个以上的射频波长，就可认为这两条路径的信道频域响应不相关（见参考文献[4]）。因此，敌方很难对一个波长以外的收发波形进行重建或精确刻画。这就是所谓以太指纹的基础，即基于信道的认证（见参考文献[5-9]）。

认证在传统意义上是用来保证一次通信来自于特定的实体（见参考文献[10]），而这里的物理层认证是用于鉴别不同的发送者，而且必须同传统的握手认证过程相结合才能完备地识别一个实体。本章假设在发送的开始阶段，就已经通过传统的高层认证机制获取了实体的身份。而基于信道的认证用来确保握手和数据传输过程中的信号来自于同一个发送者。因此，可以看作是认证的跨层设计方法。

需要指出的是，信道的时变性对基于信道的认证是一大挑战。在实际应用中，为保证认证过程的连续性，要求信道探测的时间间隔小于信道的相干时间。

本章首先在13.2节描述静态多径环境下基于信道的认证，然后在13.3节讨论环境

Liang Xiao(✉)
通信工程系，厦门大学，福建 361005，中国
电子邮件：lxiao@winlab.rutgers.edu

* 本章部分内容来自于：①Using the physical layer for wireless authentication under time-variant channels, IEEE Transactions on Wireless Communications, vol. 7, no. 7, 2008. © IEEE 2008；②A Physical-Layer Technique to Enhance Authentication for Mobile Terminals, Proceedings of IEEE International Conference on Communications, 2008 © IEEE 2008.

改变时的认证问题，并在 13.4 节讨论终端移动时的认证问题。鉴于 MIMO（multiple input multiple output，多入多出）技术在未来无线网络中的广阔应用前景，13.5 节研究多天线情形下可能的安全增益。

13.2 静态信道的指纹

作为基准切入点，首先介绍针对时不变信道的认证方案。作为贯穿全章的基础，本节涵盖了若干重要问题，如 Alice-Bob-Eve 模型、信道估计模型以及欺骗攻击检测的假设检验等。通过分析这个简单但很重要的静态信道示例，可以阐述在无线网络中通过信道估计对欺骗攻击进行检测发现的主要思想。

13.2.1 攻击模型

如图 13.1 所示，借鉴安全领域的传统术语，引入三个不同的角色：Alice、Bob 和 Eve，可看作是位于不同空间位置的无线收发信机。Alice 是发起通信的合法发送者，Bob 是期望的接收者，而敌方 Eve 作为主动攻击者在传输介质中注入欺骗信息企图冒充 Alice。

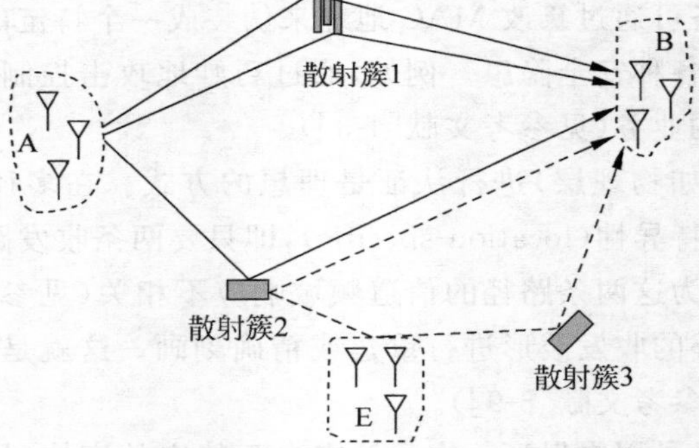

图 13.1 包含多个散射面的恶意多径环境。从 Alice(A)到 Bob(B)经历的多径效应和从 Alice(A)到敌方 Eve(E)经历的多径效应不同(© IEEE 2008)

本章的安全目标是无论 Eve 是否存在，均能够实现 Alice 和 Bob 身份的双向认证。传统意义上的认证用来确保通信是来自于特定的实体，而物理层认证的目标可以解释为：由于在 Alice 和 Bob 的通信范围内存在潜在的敌方 Eve，且 Eve 能够在环境中注入自己的信号来模仿 Alice，因此 Bob 希望能分辨出来自于 Alice 的合法信号和来自 Eve 的非法信号。物理层认证给 Bob 提供了依据，证明其接收的信号确实是来自于 Alice。

13.2.2 信道估计模型

如上所述，基于信道的认证利用了多径环境下信道响应的空域陡变失相关（rapid spatial decorrelation）特性。为了说明这一点，考虑图 13.1 中所示的一个简单的发送者鉴别协议，其中 Bob 试图验证发送者是 Alice。假设 Alice 探测信道的频率足够快，以确保信道估计之间的时间相干性，而且在 Eve 出现之前 Bob 已经完成了 Alice 和 Bob 之间的信道估计。现在，Eve 希望 Bob 相信她就是 Alice。Bob 会要求每一次信息传输都附带一个认证信号。信道及其对 Alice 和 Bob 之间传输信号的影响则是由多径环境形成的。

Bob 采用大多数无线系统中已有的标准信道估计机制，利用接收到的认证信号进行信道响应估计。为叙述方便，这里在频域中讨论问题，根据 Parseval 定理，频域描述与时域描述是等价的。需要强调的是，在频域描述问题便于与现代无线系统设计相对应，例如可应用于 OFDM（正交频分复用）系统，其中多载波的使用使发送者和接收者能够抵御恶劣的信道条件（如多径衰落），以达到更好的通信性能。

具体而言，一开始 Bob（在时刻 k）测量和存储与 Alice 之间的信道频率响应，$H_A(f)$ 和 $\widetilde{H}_A(f)$ 分别表示精确的及估计的有噪信道响应。一段时间之后（在 $k+1$ 时刻），Bob 需要判断发送终端是否还是 Alice，判断依据是测量得到的、Bob 与对方之间的有噪信道响应 $\widetilde{H}_t(f)$（实际的信道响应是 $H_t(f)$），其中下标 t 表示待认证的发送者。

通过在 M 个频率上对两个相连的信道频率响应进行采样，Bob 得到两个 M 维信道向量 $\widetilde{\boldsymbol{H}}_A$ 和 $\widetilde{\boldsymbol{H}}_t$。具体而言，$\boldsymbol{H}=[H_1,\cdots,H_M]^{\mathrm{T}}$ 是 $H(f)$ 的采样，其中 $H_m=H(f_o-W/2+m\Delta f)$，$m=1,\cdots,M$，$\Delta f=W/M$，W 是系统带宽，f_o 是探测的中心频率。

由于 Bob 的接收机本振相位在两次探测间存在漂移，因此引入 $\varphi_n\in[0,2\pi)$，$n=1,2$，表示这两次信道频率响应的相位测量误差。考虑到信道估计的热噪声，可以得到两个信道估计向量

$$\widetilde{\boldsymbol{H}}_A=\widetilde{\boldsymbol{H}}_A\mathrm{e}^{\mathrm{j}\varphi_1}+\boldsymbol{N}_1 \tag{13.1}$$

$$\widetilde{\boldsymbol{H}}_t=\widetilde{\boldsymbol{H}}_t\mathrm{e}^{\mathrm{j}\varphi_2}+\boldsymbol{N}_2 \tag{13.2}$$

其中，$\boldsymbol{N}_n\sim CN(0,\sigma_N^2\boldsymbol{I})$，$n=1,2$，$\boldsymbol{I}$ 是一个 $M\times M$ 的单位矩阵，σ_N^2 是信道测量中的热噪声方差。

定义 σ_N^2 为接收者每频点的噪声功率 P_N 除以频点的发射功率 P_T/M，这里 P_T 以 mW 为单位，表示 M 个被测频点的总发射功率。注意到 $P_N=k\boldsymbol{T}N_Fb$，其中 $k\boldsymbol{T}$ 是热噪声功率密度，单位为 mW/Hz，N_F 是接收者噪声系数，b 是每频点测量噪声带宽，单位为 Hz（见参考文献[11]），则可得

$$\sigma_N^2=\frac{k\boldsymbol{T}N_Fb}{P_T/M} \tag{13.3}$$

13.2.3　欺骗攻击检测

Bob 通过比较 $\widetilde{\boldsymbol{H}}_A$ 和 $\widetilde{\boldsymbol{H}}_t$ 的近似程度对欺骗攻击进行检测，如果这两个信道估计相近，那么 Bob 将会认为第二次发送信息的依旧是 Alice。若不相似，那么 Bob 将会认为第二次发送的很可能是侵入者，例如 Eve。

基于信道的欺骗检测利用了这样一个简单的假设检验：零假设 $\mathcal{H}_0$ 表示发送终端不是侵入者，即认为发送者是 Alice；Bob 接受该假设的条件是它计算出的检验统计量 Z 低于某一阈值 Γ。否则，接收备择假设 $\mathcal{H}_1$，即认为发送者非 Alice。

$$\mathcal{H}_0:\boldsymbol{H}_t=\boldsymbol{H}_A \tag{13.4}$$

$$\mathcal{H}_1:\boldsymbol{H}_t\neq\boldsymbol{H}_A \tag{13.5}$$

如参考文献[5]所示，广义似然比检验（generalized likelihood ratio test，GLRT）的检

验统计量可以表示为

$$Z=\frac{1}{\sigma_N^2}\|\widetilde{\boldsymbol{H}}_t-\widetilde{\boldsymbol{H}}_A e^{\mathrm{jArg}\widetilde{\boldsymbol{H}}_A^H\widetilde{\boldsymbol{H}}_t}\|^2 \tag{13.6}$$

其中，上标 H 表示埃尔米特变换，$\|\cdot\|$ 表示 Frobenius 范数。检验统计量可以看作 $\widetilde{\boldsymbol{H}}_t$ 和 $\widetilde{\boldsymbol{H}}_A$ 这两个信道向量之间差异的归一化。引入指数项是为补偿频率响应相位的测量误差，如果 Bob 侧不做补偿，则即使发送端真的是 Alice 也可能出现误判。

定义 13.1 在基于信道的欺骗检测方案中，虚警率（或Ⅰ类错误）和漏检率（或Ⅱ类错误）分别定义为

$$\alpha=\mathrm{Pr}_{\mathcal{H}_0}(Z>\Gamma) \tag{13.7}$$

$$\beta=\mathrm{Pr}_{\mathcal{H}_1}(Z\leqslant\Gamma) \tag{13.8}$$

其中，Pr 是对所有可能的信道估计误差平均后的概率。

参考文献[5]论证了在假设 $\mathcal{H}_0$ 下的检验统计量 Z 是自由度为 $2M$ 的 χ^2 分布随机变量（见参考文献[12]）。当 $\mathcal{H}_1$ 为真时，Z 服从非中心 χ^2 分布，非中心参数为

$$\mu=\frac{1}{\sigma_N^2}\|\widetilde{\boldsymbol{H}}_t-\widetilde{\boldsymbol{H}}_A e^{\mathrm{jArg}\widetilde{\boldsymbol{H}}_A^H\widetilde{\boldsymbol{H}}_t}\|^2 \tag{13.9}$$

由此可以得到以下结论。

定理 13.1 对于特定的 α，假设检验的阈值为

$$\mathcal{T}=F_{\chi_{2M}^2}^{-1}(1-\alpha) \tag{13.10}$$

其中，$F_X(\cdot)$ 是随机变量 X 的 CDF（cumulative distribution function，累积分布函数），$F_X^{-1}(\cdot)$ 是 $F_X(\cdot)$ 的反函数。对应的漏检率可表示为

$$\beta=F_{\chi_{2M,\mu}^2}(F_{\chi_{2M}^2}^{-1}(1-\alpha)) \tag{13.11}$$

该物理层认证方案的性能已经通过用射线跟踪软件工具 WiSE（见参考文献[13]）在特定环境下产生信道响应的方式得到了验证。WiSE 射线跟踪工具经过了充分校准，其有效性已在大量室内外场合中得到了证明。为了说明物理层认证的性能，考虑图 13.2 中的典型静态室内环境。图 13.3 的仿真结果表明，在带宽为 50 MHz、发射功率为 100mW 的条件下，通过测量三个信道频率响应的样本，接收者可以 99%的置信度通过认证，而非法用户以约 99%的置信度被拒绝。

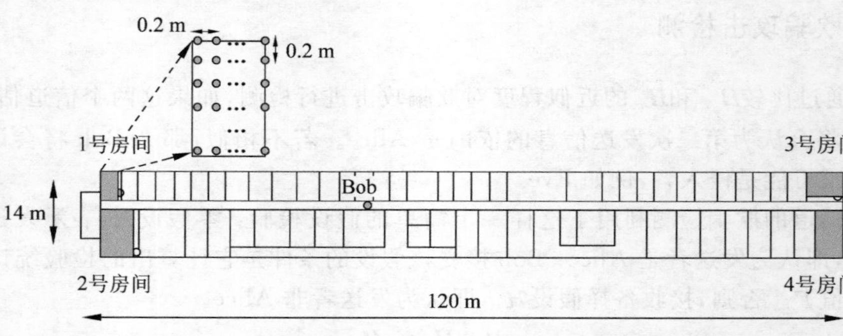

图 13.2 仿真中的拓扑结构。Bob 位于 120 m×14 m×4 m 办公楼中央附近，高度为 2 m。Alice 和 Eve 位于 2 m 高的密集网格上。1～4 号房间的网格大小分别是 150，713，315，348（© IEEE 2008）

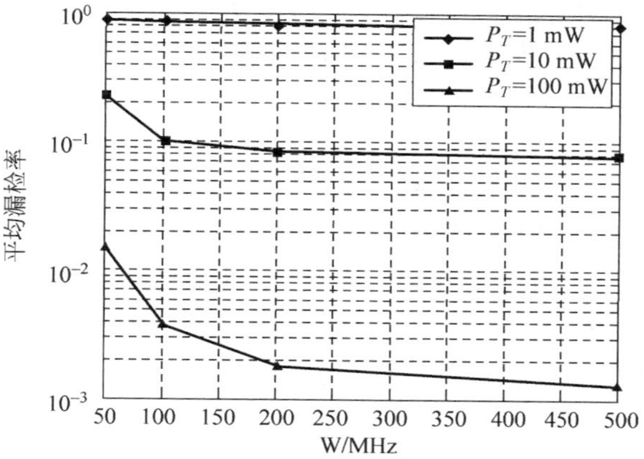

图 13.3 在图 13.2 所示室内环境中，4 号房间内的平均漏检率为带宽 W 的函数，其中频点数 $M=3$，虚警率为 0.01。Alice 和 Eve 置于 4 号房间内，而 Bob 位于办公楼中心。对于 Alice 和 Eve 的各个位置组合，用他们到 Bob 的信道频率响应来估计漏检率

13.3 环境变化时的指纹

环境的变化（如楼内其他物体的运动）可能会导致信道随时间变化。如果处理不当，信道变化可能导致基于信道的认证出现更高的虚警率。

因此，本节分析环境变化导致的信道时变性，并研究如何在一些环境下将其变害为利。基于一般的时变信道模型，本节给出一种能适应环境变化的物理层认证方案，并针对一些特殊情形展开讨论。

13.3.1 时变信道的测量模型

首先将 13.2.2 节中的信道估计方案推广到更具一般性的时变信道模型中。假设估计的信道频率响应采样值由三部分组成：信道响应的时间平均是固定部分，其包含了空域变化信息；具有零均值的可变部分；测量热噪声部分。具体如下：

$$\widetilde{\boldsymbol{H}}_A[k] = \overline{\boldsymbol{H}}_A + \varepsilon_A[k] + \boldsymbol{N}_1[k] \tag{13.12}$$

其中，用 $X_m(k)$ 标记 $\boldsymbol{X}(k)$ 的第 m 个元素，表示 $X(t;f)$ 在 kT 时刻对第 m 个频点的采样，即 $X_m(k)=X(kT;f_0-W/2+m\Delta f)$，$m=1,\cdots,M$，其中 T 是采样间隔。$\overline{\boldsymbol{H}}_A$ 是信道频率响应的时间平均。$\varepsilon_A[k]$ 是在 kT 时刻的零均值的可变部分。不失一般性，假设噪声采样 $\boldsymbol{N}_1[k]$，在不同的时刻、频点（频域）以及终端（空域）上是各自独立的，且 $\varepsilon_A[k]$ 也独立于 $\boldsymbol{N}_1[k]$。

将信道响应的可变部分建模为广义平稳非相关散射（wide-sense stationary uncorrelated scattering，WSSUS），这样就可用多径抽头延迟线来建模其冲激响应 $h(t,\tau)$（见参考文献[14]）

$$h(t,\tau) = \sum_{l=0}^{\infty} A_l(t)\delta(t-l\Delta\tau) \tag{13.13}$$

其中，t 是观测时间，$l\Delta\tau$ 和 $A_l(t)$ 分别是第 l 条多径的延迟和复振幅，且 $E[A_l(t)]=0$。由

于接收者不能分辨出时间差小于带宽倒数的两个分量，令 $\Delta\tau=1/W$。

可变部分的频率响应是 $h(t,\tau)$ 关于 τ 的傅里叶变换

$$\varepsilon_{A,m}[k]=\mathcal{F}\{h(t,\tau)\}\big|_{t=kT,f=f_0-W/2+m\Delta f} \tag{13.14}$$

$$=\sum_{l=0}^{\infty}A_l[k]\mathrm{e}^{-\mathrm{j}2\pi(f_0-W/2+m\Delta f)l\Delta} \tag{13.15}$$

其中，$A_l[k]=A_l[kT]$ 是在 kT 时刻的多径分量幅度取样。

为了便于说明，用单边指数分布来建模 $A_l[k]$ 的功率延迟谱①，即

$$P_\tau[l]=\mathrm{Var}[A_l[k]]=\sigma_T^2(1-\mathrm{e}^{-\gamma\Delta\tau})\mathrm{e}^{-\gamma\Delta\tau l} \tag{13.16}$$

其中，$\gamma=2\pi B_c$ 是平均时延扩展的倒数，B_c 是可变部分的相干带宽，σ_T^2 是 $A_l[k]$ 在所有抽头处的平均功率。

令 b_T^2 表示 σ_T^2 与 $|\boldsymbol{H}_m|^2$ 的比值，$|\boldsymbol{H}_m|^2$ 是在 M 个频率采样点和 N_s 个接收者位置上的平均。可得时间变化的标准差

$$\sigma_T=b_T\sqrt{\frac{1}{MN_s}\sum_{m=1}^{M}\sum_{l=1}^{N_s}|H_{l,m}|^2} \tag{13.17}$$

其中，b_T 表示给定空间内时间变化的相对幅度。

同样为了便于说明，用一阶自回归模型(autoregressive model of order 1，AR-1)来描述 $A_l[k]$ 的时域过程，即

$$A_l[k]=aA_l[k-1]+\sqrt{(1-a^2)P_\tau[l]}u_l[k] \tag{13.18}$$

其中，AR 系数 a 表示时间间隔为 T 的两个 A_l 值之间的相似度，并且随机分量 $u_l[k]\sim CN(0,1)$ 独立于 $A_l[k-1]$。

对于信道频率响应的可变部分，考虑 $\hat{\boldsymbol{H}}_E[k]$ 的两种极端情形($\hat{\boldsymbol{H}}_E[k]$ 表示 Bob 和 Eve 之间的信道频率响应采样，其下标 E 表示 Eve)。

- 空域独立同分布。

$$\hat{\boldsymbol{H}}_E[k]=\bar{\boldsymbol{H}}_E+\varepsilon_E[k]+\boldsymbol{N}_2[k] \tag{13.19}$$

其中，$\varepsilon_E[k]$ 和 $\varepsilon_A[k]$ 是独立同分布(i. i. d.)的。

- 空域完全相关。

$$\hat{\boldsymbol{H}}_E[k]=\bar{\boldsymbol{H}}_E+\varepsilon_A[k]+\boldsymbol{N}_2[k] \tag{13.20}$$

13.3.2 增强型欺骗攻击检测方案

如果时间变化在空间上相互独立，并且 Bob 已知关键的信道变化参数 a、B_c，和 σ_T，参考文献[6]提出了一种增强型的欺骗检测方案，其检验统计量为

$$Z=2(\hat{\boldsymbol{H}}_t[k]-\hat{\boldsymbol{H}}_A[k-1])^H\boldsymbol{R}^{-1}(\hat{\boldsymbol{H}}_t[k]-\hat{\boldsymbol{H}}_A[k-1]) \tag{13.21}$$

其中

① 参考文献[15]的实验数据和参考文献[16]中的理论分析均出现指数时延谱。在此引用指数时延谱是为了具体化，有助于数值结果的计算，同时认为本条件也是一个可实现的条件。

$$\boldsymbol{R} = \text{Cov}[\hat{\boldsymbol{H}}_A[k] - \hat{\boldsymbol{H}}_A[k-1]] \tag{13.22}$$

定理 13.2　对于特定的虚警率 α，式(13.21)的检测阈值可以表示为

$$\mathcal{T} = F^{-1}_{\chi^2_{2M}}(1-\alpha) \tag{13.23}$$

对应的漏检率为

$$\beta = \Pr\{2(\hat{\boldsymbol{H}}_E[k] - \hat{\boldsymbol{H}}_A[k-1])^H \boldsymbol{R}^{-1}(\hat{\boldsymbol{H}}_{E,t}[k] - \hat{\boldsymbol{H}}_A[k-1]) < F^{-1}_{\chi^2_{2M}}(1-\alpha)\} \tag{13.24}$$

证明：设 $\boldsymbol{R}_d$ 是 $\boldsymbol{R}(\boldsymbol{R}=\boldsymbol{R}_d^H\boldsymbol{R}_d)$ 的 Cholesky 分解，且 $\boldsymbol{z}=\sqrt{2}(\boldsymbol{R}_d^H)^{-1}(\hat{\boldsymbol{H}}_t[k]-\hat{\boldsymbol{H}}_A[k-1])$。

显然，在 $\mathcal{H}_0$ 情况下 $\boldsymbol{z} \sim CN(0, 2\boldsymbol{I})$。所以检验统计量 $Z=\boldsymbol{z}^H\boldsymbol{z}$ 是一个自由度为 $2M$ 的卡方随机变量，即 $Z \sim \chi^2_{2M}$。更多的证明细节见参考文献[6]。

考虑几个特例。

- 低相关带宽下的渐近结果。

定理 13.3　当所有频点上的信道变化都独立时(即 $B_C/W \ll 1$)，对于特定的漏检率 α，式(13.24)可表示为

$$\beta = \Pr\{Z < \mathcal{T} \mid \mathcal{H}_1\} = F_{\chi^2_{2M,\mu}}(\rho F^{-1}_{\chi^2_{2M,\mu}}(1-\alpha)) \tag{13.25}$$

其中

$$\mu = \| \overline{\boldsymbol{H}}_E - \overline{\boldsymbol{H}}_A \|^2 / (\sigma_T^2 + \sigma_N^2) \tag{13.26}$$

$$\rho = ((1-a)\sigma_T^2 + \sigma_N^2)/(\sigma_T^2 + \sigma_N^2) \tag{13.27}$$

证明：在此情形下，协方差矩阵变为

$$\boldsymbol{R} = (2(1-a)\sigma_T^2 + 2\sigma_N^2)\boldsymbol{I}$$

$$\boldsymbol{G} = \text{Cov}[\hat{\boldsymbol{H}}_E[k] - \hat{\boldsymbol{H}}_A[k-1]] = (2\sigma_T^2 + 2\sigma_N^2)\boldsymbol{I} \tag{13.28}$$

检验统计量式(13.21)变为

$$Z = \frac{\| \hat{\boldsymbol{H}}_t[k] - \hat{\boldsymbol{H}}_A[k-1] \|^2}{(1-a)\sigma_T^2 + \sigma_N^2} = Z_2/\rho \tag{13.29}$$

显然，在 $\mathcal{H}_1$ 下，检验统计量 Z_2 服从自由度为 $2M$、非中心参数为 μ 的非中心卡方分布，即 $Z_2 \sim \chi^2_{2M,\mu}$。更多的证明细节见参考文献[6]。

- 高相关带宽下的渐近结果。

当信道变化在所有频道上完全相关时(即 $B_C/W \gg 1$)，协方差矩阵退化为

$$\boldsymbol{R} = 2\sigma_N^2\boldsymbol{I} + 2(1-a)\sigma_T^2\boldsymbol{1} \tag{13.30}$$

$$\boldsymbol{G} = 2\sigma_N^2\boldsymbol{I} + 2\sigma_T^2\boldsymbol{1} \tag{13.31}$$

其中，$\boldsymbol{1}$ 是 $M \times M$ 的元素全为 1 的矩阵，$\boldsymbol{I}$ 为 $M \times M$ 的单位矩阵。同样，可以利用式(13.24)从数值上推出某特定虚警率 α 下的漏检率 β。

- 信道参数未知。

当 Bob 不知道信道参数 a，B_c 和 σ_T 时，比较合理的方法是采用检验统计量

$$Z = \frac{1}{\sigma_N^2} \| \hat{\boldsymbol{H}}_t[k] - \hat{\boldsymbol{H}}_A[k-1] \|^2 \tag{13.32}$$

在这种情况下，可以得到特定阈值 $\mathcal{T}$ 下的虚警率 α 和漏检率 β 的数值结果，进而得到在不

同$\mathcal{T}$下漏检率β对应虚警率α的曲线。

- 空域全相关。

定理 13.4 当时变性是空域全相关的，即$\varepsilon_E[k]=\varepsilon_A[k]$时，对于给定的虚警率$\alpha$，式(13.21)表示的检验统计量的漏检率可表示为

$$\beta=F_{\chi^2_{2M,\mu}}(F^{-1}_{\chi^2_{2M}}(1-\alpha)) \tag{13.33}$$

$$\mu=\|\sqrt{2}\,(\boldsymbol{R}_d^H)^{-1}(\overline{\boldsymbol{H}}_E-\overline{\boldsymbol{H}}_A)\|^2 \tag{13.34}$$

证明：空间相关性在$\mathcal{H}_0$假设下没有影响，如果$\mathcal{H}_1$为真，则两次测量之间差异的相关矩阵变为$\boldsymbol{R}$，且$\hat{\boldsymbol{H}}_E[k]-\hat{\boldsymbol{H}}_A[k-1]\sim CN((\overline{\boldsymbol{H}}_E-\overline{\boldsymbol{H}}_A),\boldsymbol{R})$。这样，式(13.21)的检验统计量服从非中心参数为μ的非中心卡方分布，即$Z\sim\chi^2_{2M,\mu}$。

13.3.3 信道时变的影响

现在研究信道时变性的影响，为方便分析，本节忽略了相位测量时的旋转量。

作为特例，若信道是非时变的，则式(13.25)的漏检率变为

$$\beta=F_{\chi^2_{2M,\mu}}(F^{-1}_{\chi^2_{2M}}(1-\alpha)) \tag{13.35}$$

其与式(13.11)相同。

然而，当信道时变时漏检率可能会变小。在高宽带时，时变信道渐近漏检率(式(13.25))随着ρ(见式(13.27))的增加而增加，并且随着μ(式(13.26))的增加而降低。当时变量σ_T^2从0增加到∞时，ρ会从1降低到$1-\alpha$，而μ则从$\|\overline{\boldsymbol{H}}_E-\overline{\boldsymbol{H}}_A\|^2/\sigma_N^2$降低到0，可能导致漏检率的降低。

实际上，信道的时变特性有双重影响：

- 一方面，增加了来自 Alice 的信道不确定性，使 Bob 不得不提高接受 Alice 的检测阈值(对性能的负面影响)。
- 另一方面，这些变化通常在时间上强相关，而在空间上弱相关，因此有$\varepsilon_A[k]-\varepsilon_A[k-1]<\varepsilon_E[k]-\varepsilon_E[k-1]$(对性能的正面影响)。

当σ_T可忽略不计时，该信道可以近似看作时不变信道，其漏检率可以由式(13.35)给出。随着σ_T的增大，由于正面影响成为主要因素，所以漏检率降低。如果时变性持续增加并变得很大，此时需要提高阈值，这对 Eve 有利，从而抵消了正面影响，所以漏检率开始变大。当σ_T增大到信道响应的固定部分和热噪声相对可忽略的时候(即$\sigma_T^2\gg\sigma_N^2$，$\sigma_T^2\gg\|\overline{\boldsymbol{H}}_E-\overline{\boldsymbol{H}}_A\|^2$)，则漏检率式(13.35)可重新写为

$$\beta\approx F_{\chi^2_{2M}}((1-a)F^{-1}_{\chi^2_{2M}}(1-\alpha)) \tag{13.36}$$

即漏检率是时域变化量a的时间相关性、频率样本大小M和虚警率α的函数。如果变化在时域上强相关($a\approx1$)，则漏检率将比噪声占主导时小，由式(13.35)可知，这是由于发射功率有限，进而导致热噪声通常不能忽略。

现在总结时域变化的空域相关性的影响。如式(13.33)所示，空域全相关时的漏检率随着μ增加而按照与$\boldsymbol{R}$矩阵的逆成正比的方式降低，此时漏检率随着σ_T的增加而增大。由于时域变化的空域强相关破坏了信道的空间变化特点，而这正是认证策略的基础，所以会降低系统性能。

图 13.4 证实了在图 13.2 所示室内环境的 4 号房间中信道时变时算法的有效性（系统参数为 $P_T=1\text{mW}\sim1\text{W}$，$M=10$，$W=10$ MHz，详见参考文献[6]）。该图显示大部分平均漏检率均小于 0.01。本例中，如果功率 $P_T=10$ mW，则信道测量中的每频点信噪比变化范围为 −12.8 dB～14.2 dB，中值为 6.4 dB。而且，正如已指出的那样，所提算法能够利用时变性改善性能。例如，当功率 $P_T=100$ mW 时，随着时间变化的相对标准差 $b_T=\sigma_T/\sqrt{\text{Var}[\boldsymbol{H}]}$ 从 0.01 增加到 1，漏检率从 0.01 附近降低到10^{-5}。这些曲线随时间变化的趋势证实了本节的内容，例如，最小平均漏检率是时间变化正面影响与导致阈值增加的负面影响折中的结果。而且不出所料，漏检率随着发射功率 P_T 的增加而降低，因为这降低了接收者的测量噪声。

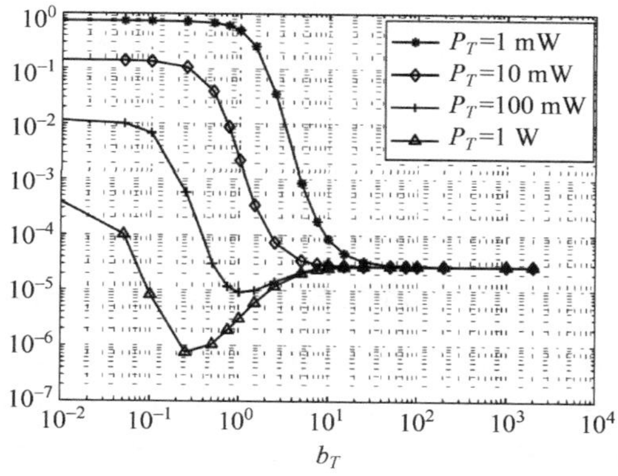

图 13.4　当信道的时域变化空间独立时，平均漏检率作为时域变化的相对标准差的函数。在图 13.2（见参考文献[6]）所示的室内环境中，4 号房间内，设 $M=10$，$W=10$ MHz，$a=0.9$，$B_c=0$（© IEEE 2008）

13.4　终端移动性下的指纹

在引入移动终端时，物理层认证就会面临额外挑战。具体而言，基于信道的认证通过本次测量的信道响应与上次信道响应之间的差异来辨别在不同位置的发送者。然而由于无线多径信道的空域陡变失相关的属性，即使是较小的移动也会造成信道响应的很大不同，这就导致较高的虚警率。

本节考虑了一个增强型方案来解决这一问题，该方案由两部分组成：突发间认证(inter-burst authentication)和突发内认证(intra-burst authentication)，并从信道响应中生成私钥来放宽对于两次突发过程中用户移位的限制。

13.4.1　系统模型

假定 Bob 静止，Alice 向任意方向移动，移动的最大速度为 v_a。该模型具有一般性，其结果能很容易地扩展到所有终端移动情形中。

尽管本方案可以在很多无线系统中应用，这里仍以正交频分复用(OFDM)系统为例进行介绍。假设 Alice 利用图 13.5 所示的帧结构向 Bob 发送信号，整个会话过程包含几个数据突发，每次突发有 N_x 个帧（N_x 可能随突发而改变），每帧含有 M 个子带且帧持续时间为 T，每个子带由 N_d 个数据符号和一个导频组成。事实上，第一个符号中的导频数量可以少于子带的数量，其他的用于传输数据。但在本章中，假设最初所有子带的第一个符号都被用作导频。

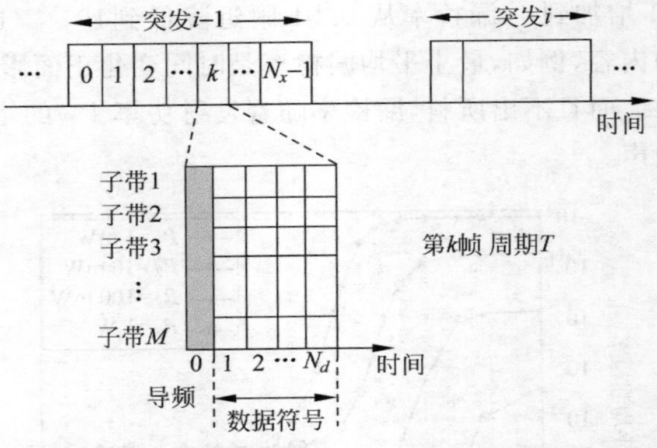

图 13.5 Alice 到 Bob 的传输帧结构。每个数据突发包含任意个数据帧，在一个帧的每个子带上含有一个导频和 N_d 个数据符号。每个数据突发的 0 号帧包含前一个突发的信道响应 $\hat{H}_A[-1]$ 的值，作为突发间认证的密钥。对于该数据突发中的后续帧，Bob 利用突发内认证的方法来认证 Alice，并且保存至少一个频率响应作为下次突发认证的密钥（© IEEE 2008）

图 13.6 所示，Bob 利用导频进行信道估计，获取探测向量 $\hat{\boldsymbol{H}}_t[k]$，其中 k 是帧号，假设帧持续时间 T 很小以确保发送者（Alice）在每帧的移位远小于信道的失相关距离（即 $r=v_aT\ll\lambda/2$）。这样，两次连续的信道响应还能保持很强的相关性。

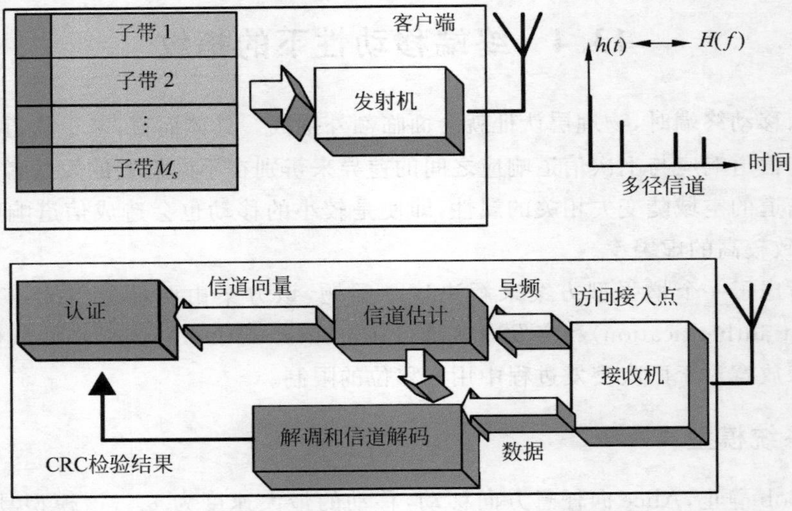

图 13.6 物理层认证在 OFDM 系统中的应用（每一帧有 M 个子带，每个子带包含一个导频和一些数据符号）

13.4.2　增强型欺骗检测

13.4.2.1　突发间和突发内认证

终端移动性可能迫使 Alice 的信道信息失去自相关性，因此必须利用不同的策略来弥补通信突发间的这一缺口。为了实现这一目的，改良的过程包含两个连续的部分：突发间认证阶段和突发内认证阶段。

突发间认证通过每个数据突发的第一帧数据来判定当前发送者是否依旧是 Alice。应该注意的是，在协议的开始阶段，为了使 Bob 得到一个 Alice 端的初始信道估计，需要利用高层认证协议来引导 Alice 和对应的信道响应建立联系。但是，这个步骤只有一次，而且通常情况下突发间认证过程关注前一数据突发已经认证时，如何认证后续的数据突发。

因此，假设 Bob 已经通过前一数据突发中的一个特殊帧估计出 Alice-Bob 信道响应，记为$\hat{\boldsymbol{H}}_A[-1]$，其中下标 A 对应于 Alice。两次突发的时间间隔可能很大，进而导致 Alice 已经移动一个明显的距离。因此，当前突发的第一帧的信道响应，记为$\hat{\boldsymbol{H}}_A[0]$，可能同$\hat{\boldsymbol{H}}_A[-1]$完全不相关。

为了解决这个问题，假设 Alice 和 Bob 在每个数据突发中至少保存一个信道响应作为后续突发认证的密钥。在时分双工(time division duplex，TDD)系统中，Alice 可以通过 Bob 的反馈或者测量反向链路导频来获取$\hat{\boldsymbol{H}}_A[-1]$。在每个突发的第一帧，Alice 将保存的、利用上次突发估计的$\hat{\boldsymbol{H}}_A[-1]$发送给 Bob，如果它与 Bob 的版本吻合，Bob 就会判定发送者是 Alice。同时，由于 Eve 很难预测该信道响应$\hat{\boldsymbol{H}}_A[-1]$，因此 Eve 将以很大概率无法通过突发间认证。因此，信道响应在认证过程中作为密钥或口令。如何将所提方案融入跨层安全的整体框架以及详细的性能分析正在研究中。

突发内认证发生在一个数据突发中，在第一帧通过突发间认证后。对任何一个帧号 $k>1$ 的帧，假设 Bob 已从前一帧获知 Alice-Bob 间的信道增益$\hat{\boldsymbol{H}}_A[k-1]$，用当前的信道增益$\hat{\boldsymbol{H}}_t[k]$来判决当前发送者是否依然是 Alice。这是对前几部分论述的基于信道认证方案的扩展。

考虑两种类型的突发内认证：一种是基于广义似然比检验(GLRT)，或称奈曼-皮尔森(Neyman-Pearson，NP)检验；另一种是在信道估计时利用自适应滤波器。

13.4.2.2　基于奈曼-皮尔森(NP)的检验

首先在“理想”的情况下建立一个奈曼-皮尔森(NP)检验，其中信道响应值构成一个高斯随机向量，这有助于终端移动时突发内认证的实际检验的选择。

在第 k 帧中，假定 Alice 从前一帧的位置向任意方向移动，最大移动的距离是 $r=v_aT$。当 $r\ll\lambda/2$ 时，假定$\hat{\boldsymbol{H}}_A[k]$和$\hat{\boldsymbol{H}}_A[k-1]$高度相关是合理的。

为简化分析，使用一阶自回归模型来描述信道响应 $\boldsymbol{H}_A[k]$的时域过程

$$\hat{\boldsymbol{H}}_A[k] = \rho \boldsymbol{H}_A[k-1] + \sqrt{(1-\rho^2)\sigma_A^2}\,\varepsilon[k] \tag{13.37}$$

其中，AR 系数 ρ 表示连续帧的信道响应的相似性；在 AR-1 模型中噪声$\varepsilon[k] \sim CN(0,\boldsymbol{I})$与 $\boldsymbol{H}_A[k-1]$独立；σ_A^2 是 $\boldsymbol{H}_A$ 空间上的方差。

通过式(13.1)和式(13.37)有

$$\hat{\boldsymbol{H}}_A[k] \sim CN(\rho \boldsymbol{H}_A[k]\mathrm{e}^{\mathrm{j}\phi[k]}, (\sigma_N^2+\sigma_A^2)\boldsymbol{I}) \tag{13.38}$$

其中，$\phi[k]\in[0,2\pi]$表示测量误差，由于 $r \ll \lambda/2$，下文将 ρ 近似为 1。

由于没有先验位置信息，因此在第 k 帧假定 Eve 按照均匀分布随机地分布在整个研究区域(例如，建筑物)。由于 Eve 很可能远离 Alice 之前的位置，因此，可以认为 Eve 与 Bob 的信道增益$\hat{\boldsymbol{H}}_E[k]$同$\hat{\boldsymbol{H}}_A[k-1]$独立。由此可得

$$\hat{\boldsymbol{H}}_E[k] \sim CN(\boldsymbol{0}, (\sigma_N^2+\sigma_E^2)\boldsymbol{I}) \tag{13.39}$$

其中，σ_E^2 是信道方差，由于 Eve 位置的不确定性，有 $\sigma_E^2 \gg \sigma_A^2$。

在参考文献[8]中，通过式(13.38)、式(13.39)以及 $\sigma_E^2 \gg \sigma_A^2$，相应的广义似然比检验的检验统计量可以近似为

$$Z = \frac{\|\hat{\boldsymbol{H}}_t - \hat{\boldsymbol{H}}_A \mathrm{e}^{\mathrm{j}[\hat{\boldsymbol{H}}_A^H \hat{\boldsymbol{H}}_t]}\|^2}{\sigma_N^2+\sigma_A^2} \tag{13.40}$$

定理 13.5 在奈曼-皮尔森检验中，当检验统计量由式(13.40)确定时，其阈值$\mathcal{T}$为

$$T = F_{\chi_{2M}^2}^{-1}(1-\alpha) \tag{13.41}$$

对应的漏检率可简化为

$$\beta = F_{\chi_{2M}^2}((\sigma_N^2+\sigma_A^2)F_{\chi_{2M}^2}^{-1}(1-\alpha)/(\sigma_N^2+\sigma_E^2)) \tag{13.42}$$

证明：在$\mathcal{H}_0$下，有

$$(\hat{\boldsymbol{H}}_t[k] - \hat{\boldsymbol{H}}_A[k-1]\mathrm{e}^{\mathrm{j}(\hat{\boldsymbol{H}}_A^H[k-1]\hat{\boldsymbol{H}}_t[k])}) \sim CN(\boldsymbol{0}, (\sigma_N^2+\sigma_A^2)\boldsymbol{I}) \tag{13.43}$$

此时，检验统计量 Z 近似服从自由度为 $2M$ 的卡方分布，也就是说 $Z \sim \chi_{2M}^2$。因此，从式(13.7)可得式(13.41)。

同样地，在$\mathcal{H}_1$下，有

$$Z \sim (\sigma_N^2+\sigma_E^2)\chi_{2M}^2/(\sigma_N^2+\sigma_A^2) \tag{13.44}$$

显然，由式(13.8)和式(13.44)可得式(13.42)。详细证明见参考文献[8]。

漏检率随着$(\sigma_N^2+\sigma_A^2)/(\sigma_E^2+\sigma_N^2)$的增加而增加。因为 $\sigma_E^2 > \sigma_A^2$，因此给定 α 时，β 随着 σ_N^2 增加；并且 σ_A 越小，β 的增量越大。这意味着系统性能随着热噪声的增大而降低，这种退化在 Alice 缓慢移动时更明显。

在实际中，σ_A 和 σ_E 都是未知的。因此，采用包含已知量 $\|\hat{\boldsymbol{H}}_A[k-1]\|^2$ 的归一化检验统计量

$$Z_1 = \frac{\|\hat{\boldsymbol{H}}_t - \hat{\boldsymbol{H}}_A \mathrm{e}^{\mathrm{jArg}(\hat{\boldsymbol{H}}_A^H \hat{\boldsymbol{H}}_t)}\|^2}{\min(\|\hat{\boldsymbol{H}}_t\|^2, \|\hat{\boldsymbol{H}}_A\|^2)} \begin{cases} > \eta, \mathcal{H}_0 \\ < \eta, \mathcal{H}_1 \end{cases} \tag{13.45}$$

而不是 $\sigma_N^2+\sigma_A^2$ 进行假设检验。由于新的检验统计量 Z_1 完全基于$\hat{\boldsymbol{H}}_A[k-1]$和$\hat{\boldsymbol{H}}_t[k]$，因此很符合实际。$Z_1$ 代表了参考量在功率(即距离效应)和形状(即多径效应)之间的差异。Z_1 的检验阈值 η 没有闭式表达式，只能通过仿真或经验确定。

13.4.2.3　基于 RLS 自适应滤波器的检验

现在探讨突发内认证的一种替代方法，利用 M 组线性最小二乘自适应滤波器独立地估计 M 个子带的信道响应。为方便起见，这里以第 m 个子带为例进行分析。除非必须，下文将省略子带标号 m。

如图 13.7 所示，在时刻 k 估计的信道响应是第 m 个自适应线性滤波器的 L 阶输出，可以写为

$$y[k] = \sum_{l=0}^{L-1} w_l^* u(k-l) \tag{13.46}$$

其中，$u(k)$是自适应滤波器在 k 时刻的输入，w_l 是滤波器的第 l 个抽头系数。该值可利用多种自适应算法确定，如递归最小二乘(recursive least-square，RLS)算法(见参考文献[17])。

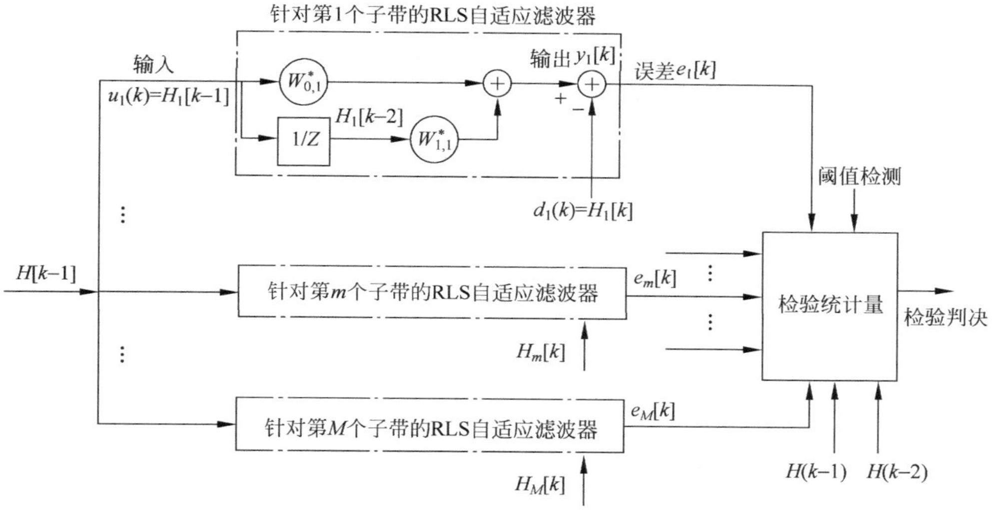

图 13.7　基于 RLS 自适应滤波器的欺骗检测示例

如果 Alice 在时间间隔$[(k-L)T, kT]$内发送，滤波器的输入为$\hat{\boldsymbol{H}}_A[k-L], \cdots, \hat{\boldsymbol{H}}_A[k-1]$，估计误差为 $\boldsymbol{e}[k]=\hat{\boldsymbol{H}}_A[k]-\boldsymbol{y}[k]$。由于输入$\hat{\boldsymbol{H}}_A[k-L], \cdots, \hat{\boldsymbol{H}}_A[k]$的强相关性，信道估计滤波器的整体均方误差通常很小。

另外，若 Eve 在时刻 k 到达，由于信道响应的空间特异性，其估计误差

$$e_m[k] = \hat{H}_{E,m}[k] - \sum_{l=0}^{L-1} w_l^* \ \hat{H}_{A,m}[k-l-1] \tag{13.47}$$

很可能跳到一个很大的值。

因此，使用 M 个并行的自适应信道估计器建立另一个检验统计量 Z_2。零假设$\mathcal{H}_0$成立条件是这些滤波器的归一化估计误差平方和小于一定的阈值 η；否则，选择备择假设。因此

$$Z_2 = \frac{\|\boldsymbol{e}[k]\|^2}{\sum_{l=0}^{L-1} \|\boldsymbol{u}[k-l]\|^2 L} \begin{cases} > \eta, \mathcal{H}_0 \\ < \eta, \mathcal{H}_1 \end{cases} \tag{13.48}$$

使用归一化估计误差以使 η 容易确定。Z_2 没有闭式表达式，但可通过仿真凭借经验方法得到。

注意，该检验至少在成功认证 L 帧之后才可以进行；因此，尽管 RLS 算法收敛速度快，该方案仍然需要花费大约 $2L$ 帧的时间（见参考文献[17]）。因为必须在算法收敛后才能取值，所以通常要求式(13.48)中 $k>3L$。这样，需要 $3L$ 帧的 Z_2 比需要 1 帧的 Z_1 具有更大的系统开销和实现复杂度。

此时，RLS 估计器可能不实用或成本太高，但该方案中的结果仍有意义。研究表明，即使在（RLS 估计器）最有利的假设条件下，使用最小二乘自适应滤波相比于更加简单的 NP 检验仍不具有明显优势。

图 13.8 给出了采用突发内认证方法时的接收者工作特性曲线（ROC），即对于基于

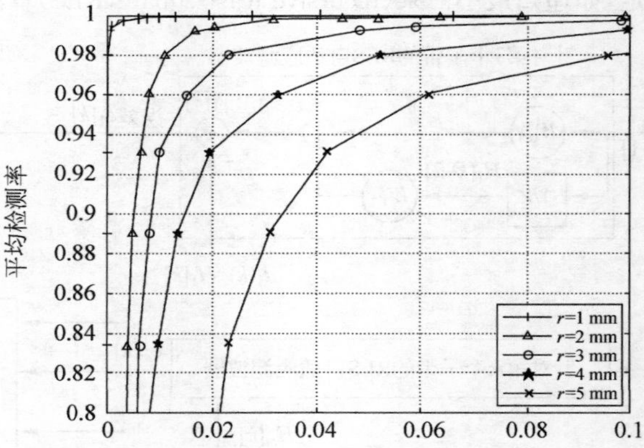

(a) 基于NP统计量Z_1的虚警率

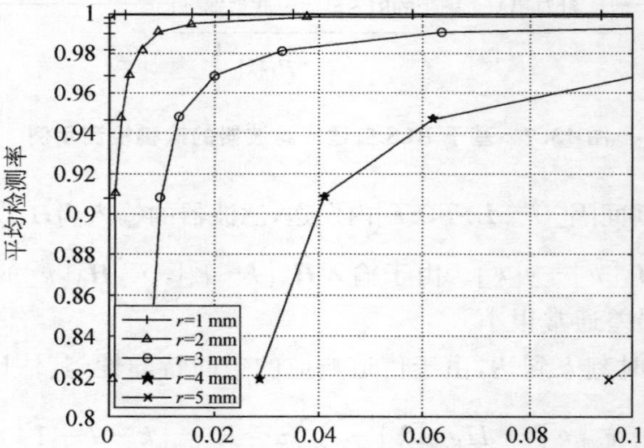

(b) 基于自适应滤波器统计量Z_2的虚警率

图 13.8　接收者采用突发内认证方法时的接收者工作特性曲线（ROC），即平均检测率 $P_D=1-\beta$ 是漏检率为 α 的函数，其中 Alice 每帧向任意方向移动 r 毫米，$r\in\{1,2,3,4,5\}$，而 Eve 则随机地分布在图中所示建筑物中的任何地方（见参考文献[8]）（© IEEE 2008）

NP 的检验统计量 Z_1 和基于自适应滤波器的检验统计量 Z_2 其检测率 $1-\beta$ 为漏检率 α 的函数，其中 Alice 每帧移动 r 毫米，$r\in\{1,2,3,4,5\}$，对应于一帧的持续时间 T 毫秒，$T\in\{0.7,1.4,2.1,2.8,3.5\}$时，以正常人行走速度 $v_a=1.43$ m/s 时的移位。

图 13.8 表明，Z_1 和 Z_2 在 $r\leqslant 2$ mm 时都具有较好的认证性能。例如，在 $\alpha=0.01$，$r\leqslant 2$ mm 和 $\eta=0.1$ 时，Z_1 和 Z_2 检测率分别高于 0.98 和 0.99。性能随着 Alice 移动速度的加快而下降，这是由于快速移动会导致 Alice 和 Bob 之间的连续信道具有更小的相关性。另外，尽管终端低速移动（例如，$r\leqslant 2$ mm）时，Z_2 具有更好的性能，但 Z_1 对终端的移动更加健壮。例如，在虚警率为 0.06、速度为 1.43 m/s、帧持续时间为 3.5 ms 时，检验统计量 Z_1 和 Z_2 的检测率分别为 0.96 左右和低于 0.8，考虑到 Z_2 具有比 Z_1 更大的系统开销，因此选用 Z_1 作为检验统计量更加合适。

13.5　MIMO 下的指纹

MIMO 技术具有提供分集增益和/或复用增益的能力（见参考文献[18]），因此将被广泛应用在未来的无线网络中，如 IEEE 802.11 n，以提高传输能力和链路质量。因此，本节将基于信道的认证扩展到 MIMO 系统，并分析 MIMO 技术对欺骗检测性能的影响。

假设 Alice 和 Bob 分别配置 N_T 和 N_R 根天线。配置 N_E 根天线的 Eve 试图通过向传输媒质注入不良信号来模仿 Alice。为了获得多个天线的复用增益，接收者必须已知信道的状态信息（见参考文献[19]）。因此假设合法发送者用 N_T 根天线发送非重叠的导频，而 Bob 利用这些导频来估计信道响应，这些并非出于安全目的。

MIMO 技术为欺骗检测带来了额外的好处。考虑 Alice-Bob-Eve 攻击模型，如果 Eve 不知道 Alice 的发射天线数量，就必须预测 N_T。如果 Eve 预测错误，或者根本没有 N_T 根天线，则 Bob 必定可以基于退化的信道估计和数据译码结果发现 Eve。换句话说，Eve 只有知道 N_T 并且使用 N_T 根发射天线才有可能欺骗 Bob，这也是后续讨论的假设。

在 $N_T\times N_R$MIMO 系统中，如果使用式（13.6）检验统计量，则由参考文献[7]可得，对于给定的虚警率，漏检率可以写为

$$\beta(\alpha)=F_{\chi^2_{2N_TN_RM,\mu}}(F^{-1}_{\chi^2_S}(1-\alpha)) \tag{13.49}$$

其中

$$\mu=\frac{P_T}{P_NP_T}\left\|\boldsymbol{H}_t-\boldsymbol{H}_A\mathrm{e}^{\mathrm{j}\mathrm{Arg}(\hat{\boldsymbol{h}}_A^H\hat{\boldsymbol{h}}_t)}\right\|^2 \tag{13.50}$$

依据物理层认证策略定义 MIMO 安全增益 $G=\beta_{\mathrm{SISO}}/\beta_{\mathrm{MIMO}}-1$，得到下列观测结果。

- MIMO 安全增益随系统带宽（W）的增加而下降，因为单入单出（single input single output，SISO）系统在高带宽时具有足够大的去相关性能，使得 Alice 和 Eve 具有更好的分辨率。
- 在窄带系统中，MIMO 安全增益随着噪声带宽（b）的增加而下降，这是因为噪声功率随着 b 的增加而增加。
- 在发射功率（P_T）为 1 mW 时，MIMO 安全增益随着频率样本大小（M）的增加而下降。如果使用高发射功率和小 M，SISO 系统具有精确但不充足的信道响应样

本。因此提供额外样本维度的 MIMO 系统具有更好的性能。相反，如果使用高发射功率和大 M，SISO 系统的性能会非常好，好到想要再进一步提升都很难了。另外，在 P_T 为 0.1 mW 时，MIMO 安全增益随着 M 的增加而略有增大。这是由于低信噪比时信道估计不准确，系统需要更多数据来做出正确的判决。

- 类似地，在小 M（例如，$M=1$）时，MIMO 安全增益随 P_T 的增加而增加。相反，在大 M（例如，$M=10$）下，MIMO 安全增益会随 P_T 的增加而减少。

如图 13.9 所示，作为收发天线数的函数，可以比较 MIMO 系统的安全增益和分集增益。众所周知，分集增益随着发射天线数和接收天线的数量的增加而增加。由图 13.9 可得：

- 一方面，使用多根（例如，$N_R>1$）接收天线提高了欺骗攻击的检测性能。此时，由于接收天线的增加，安全增益和分集增益都增加。
- 另一方面，对于确定的 P_T、M 和 N_R，使用多根（例如，$N_T>1$）发射天线对安全增益的影响可正可负。这是因为每根天线的发射功率随天线数 N_T 的增加而降低，而发射天线的增加提供了额外的信道估计样本。在这种情况下安全增益有时会减少，但由于增加了发射天线数，分集增益总是增加。

因此，MIMO 辅助的基于信道的认证方案为安全增益和 MIMO 性能增益之间的性能折中和参数选择提供了很大余地。

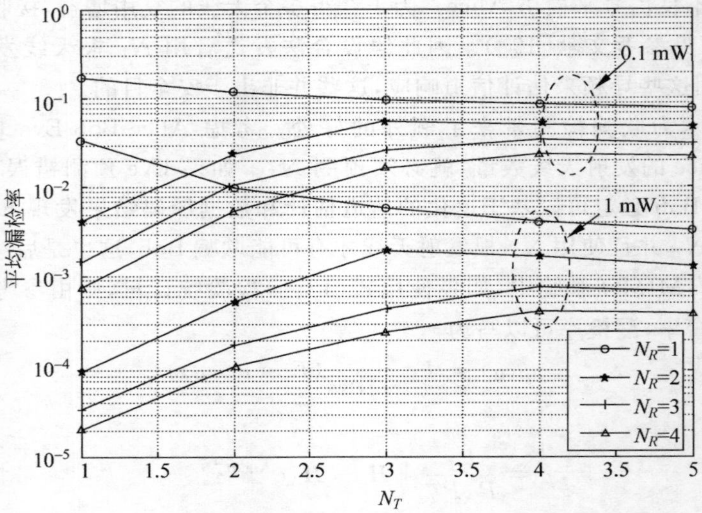

图 13.9 多种 N_T 和 N_R 配置下的欺骗检测的平均漏检率，仿真参数为 $\alpha=0.01$，$M=3$，$P_T\in\{0.1,1\}$ mW，$b=0.25$ MHz，$W=2$ MHz

13.6 相关工作

在商业网络（如 IEEE 802.11 网络）中，一个设备仅通过发送 ifconfig 指令，就能轻易修改 MAC 地址来冒充另一台设备。该缺陷会产生严重威胁，敌方设备能伪装成另一个设备，使其能够很容易地发起从会话劫持（见参考文献[2]）到接入控制列表攻击（见参考文献[20]）等多种攻击。

针对该问题，研究人员提出使用物理层的信息来增强无线安全。例如，利用频谱分析识别无线网络接口卡（network interface card，NIC）的类型，进而区分配置不同网络接口卡的不同用户（见参考文献[21]）。类似地，射频指纹根据其发送信号（见参考文献[22]）的瞬态行为来识别无线设备。对于更一般的网络，设备的时钟偏移特性被视为互联网上（见参考文献[23]）设备远程指纹。此外，各种数字设备构造的内在变化也被用来检测入侵行为（见参考文献[24]）。

最近，有文献将无线信道作为一种新型指纹来提升无线安全。参考文献[25]利用具有互易性和丰富多径的超宽带信道生成密钥。参考文献[26]提出了一种实用方案区分发送者，该方案通过跟踪测量多个接入点的信号强度来识别移动设备。参考文献[27]在传感器网络中采用类似的方法。与此同时，作者提出一种基于信道的认证方案，利用信道频率响应的空域变化来检测无线网络中的欺骗攻击和 Sybil 攻击（见参考文献[5-9]）。

13.7 小　　结

本章描述了一种物理层安全技术用于增强无线网络中的认证。该技术采用信道估计和假设检验来检测欺骗攻击。

该算法已在典型的室内环境中得到验证，实验中利用射线追踪工具 WiSE 来生成实际的平均信道响应，并使用多径抽头延迟线信道模型来模拟信道响应中的时变部分。仿真结果验证了该算法的性能：在带宽 $W=50$ MHz、响应样本数 $M\leqslant 10$ 和发射功率 $P_T=100$ mW 的条件下，对于给定的虚警率 $\alpha=0.01$，欺骗攻击的漏检率一般小于 0.01。

此外，环境变化引发的信道时变性可以提高该技术的性能。例如，在发射功率 $P_T=100$ mW，时间变化的相对标准差 b_T 从 0.01 上升到 1 时，漏检率约从 0.01 下降至 10^{-5}。另外，漏检率随着探测信号的发射功率和测量带宽的增加而降低，且通常需要的频率样本数小于 10 个。本章验证了信道变化的时间相关性是有益的，而频域和空域的相干性则是有害的。另外，该技术甚至在接收者未知信道变化的关键参数（即 AR 时间系数、相干带宽 B_C 和时间变化的标准差 σ_T）时依然有效，虽然已知这些参数时更有助于减少漏检率。

另一个重要的问题是终端移动性带来的挑战。为了解决该问题，将认证过程分为两个部分：突发间认证使用前一个突发的信道响应作为认证第一帧的密钥，解决了两次突发之间可能间隔时间长的问题；而突发内认证通过两种实用方法（基于奈曼-皮尔森检验和基于自适应滤波器的方法）比较两个连续帧的信道响应。基于奈曼-皮尔森检验的方法对终端移动更加健壮，且系统开销和实现复杂度更低。仿真结果表明，终端缓慢移动时，所提方案可以有效检测欺骗攻击。例如，当发送者以 1.43 m/s 的速度移动，帧持续时间为 3.5 ms 时，对于给定的虚警率 0.06，其检测率为 0.96 左右。

最后，简要介绍引入 MIMO 技术对基于信道认证可能带来的安全增益。一个有前途的研究方向是将该方案融入无线安全整体跨层框架中，目标是对物理层的方法相对于传统“高层”网络安全机制的净增益进行量化。

参 考 文 献

[1] Y. Chen, W. Trappe, and R. Martin, "Detecting and localizing wireless spoofing attacks," in *Proceedings of Sensor, Mesh and Ad Hoc Communications and Networks*, pp. 193–202, 2007.

[2] A. Mishra and W. A. Arbaugh, "An initial security analysis of the IEEE 802.1x standard," Tech. Rep. CS-TR-4328, University of Maryland, College Park, 2002.

[3] J. Bellardo and S. Savage, "802.11 denial-of-service attacks: real vulnerabilities and practical solutions," in *Proceedings of USENIX security symposium*, pp. 15–28, 2003.

[4] W. C. Jakes Jr., *Microwave Mobile Communications*, Piscataway, NJ: Wiley-IEEE Press, 1994.

[5] L. Xiao, L. Greenstein, N. Mandayam, and W. Trappe, "Fingerprints in the ether: Using the physical layer for wireless authentication," in *Proceedings of IEEE International Conference on Communications (ICC)*, pp. 4646–4651, June 2007.

[6] L. Xiao, L. Greenstein, N. Mandayam, and W. Trappe, "Using the physical layer for wireless authentication in time-variant channels," *IEEE Transactions on Wireless Communication*, vol. 7, pp. 2571–2579, July 2008.

[7] L. Xiao, L. Greenstein, N. Mandayam, and W. Trappe, "MIMO-assisted channel-based authentication in wireless networks," in *Proceedings of IEEE Conference on Information Sciences and Systems (CISS)*, pp. 642–646, March 2008.

[8] L. Xiao, L. Greenstein, N. Mandayam, and W. Trappe, "A physical-layer technique to enhance authentication for mobile terminals," in *Proceedings of IEEE International Conference on Communications (ICC)*, May 2008.

[9] L. Xiao, L. Greenstein, N. Mandayam, and W. Trappe. "Channel-based detection of Sybil attacks in wireless networks," *IEEE Transactions on Wireless Communication*, vol. 7, pp. 2571–2579, July 2008.

[10] W. Trappe and L. C. Washington, *Introduction to Cryptography with Coding Theory*, Upper Saddle River, NJ: Prentice Hall, 2002.

[11] T. S. Rappaport, *Wireless Communications- Principles and Practice*, Englewood Cliffs, NJ: Prentice Hall, 1996.

[12] M. Abramowitz and I. A. Stegun, *New York: Handbook of Mathematical Functions, With Formulas, Graphs, and Mathematical Tables*, Courier Dover Publications, 1965.

[13] S. J. Fortune, D. H. Gay, B. W. Kernighan, O. Landron, M. H. Wright, and R. A. Valenzuela, "WiSE design of indoor wireless systems: Practical computation and optimization," *IEEE Computational Science and Engineering*, March 1995.

[14] P. A. Bello, "Characterization of randomly time-variant linear channels," *IEEE Transactions on Communications System*, vol. CS-11, pp. 360–393, December 1963.

[15] V. Erceg, D. G. Michelson, S. S. Ghassemzadeh, L. J. Greenstein, A. J. Rustako, P. B. Guerlain, M. K. Dennison, R. S. Roman, D. J. Barnickel, S. C. Wang, and R. R. Miller, "A model for the multipath delay profile of fixed wireless channels," *IEEE Journal on Selected Areas in Communications*, vol. 17, pp. 399–410, 1999.

[16] P. A. Bello and B. D. Nelin, "The effect of frequency selective fading on the binary error probability of incoherent and differentially coherent matched filter receivers," *IEEE Transactions Communications System*, vol. CS-11, pp. 170–186, June 1963.

[17] S. Haykin, *Adaptive Filter Theory*, Englewood Cliffs, NJ: Prentice Hall, 1986.

[18] G. J. Foschini and M. J. Gans, "On limits of wireless communications in a fading environment when using multiple antennas," *IEEE Wireless Personal Communications*, vol. 6, pp. 311–335, March 1998.

[19] A. Goldsmith, *Wireless Communications*, Cambridge: Cambridge University Press, 2005.

[20] A. Mishra, M. Shin, and W. A. Arbaugh, "Your 802.11 network has no clothes," *IEEE Communications Magazine*, vol. 9, pp. 44–51, December 2002.

[21] C. Corbett, R. Beyah, and J. Copeland, "A passive approach to wireless NIC identification," in *Proceedings of IEEE International Conference on Communications*, vol. 5, pp. 2329–2334, June 2006.

[22] J. Hall, M. Barbeau, and E. Kranakis, "Detection of transient in radio frequency fingerprinting using signal phase," in *Wireless and Optical Communications*, ACTA Press, pp. 13–18, July 2003.

[23] T. Kohno, A. Broido, and C. Claffy, "Remote physical device fingerprinting," in *IEEE Transactions on Dependable and Secure Computing*, vol. 2, pp. 93–108, April–June 2005.

[24] T. Daniels, M. Mina, and S. F. Russell, "Short paper: A signal fingerprinting paradigm for general physical layer and sensor network security and assurance," in *Proceedings of IEEE/Create Net Secure Commum.*, pp. 219–221, September 2005.

[25] R. Wilson, D. Tse, and R. Scholtz, "Channel identification: Secret sharing using reciprocity in UWB channels," *IEEE Transactions on Information Forensics and Security*, vol. 2, pp. 364–375, September 2007.

[26] D. Faria and D. Cheriton, "Detecting identity-based attacks in wireless networks using signalprints," in *Proceedings of ACM Workshop on Wireless Security*, pp. 43–52, Los Angeles, California, September 2006.

[27] M. Demirbas and Y. Song, "An RSSI-based scheme for sybil attack detection in wireless sensor networks," in *Proceedings of International Workshop on Advanced Experimental Activity*, pp. 564–570, June 2006.

第 14 章

消息认证：信息论界*

Lifeng Lai, Hesham El Gamal, H. Vincent Poor

14.1 引 言

消息认证的目的是确保所接收到的消息确实来自于所期望的发送者，在电子商务和其他领域都有广泛的应用。例如，当一个股票经纪人接收到一个账户的交易指令时，他/她需要验证该指令是否是该账户的所有者发出的。

消息认证的过程通常涉及三方实体：发送者、接收者和攻击者。在认证过程中，攻击者是主动的，它将会发起各种攻击以达到误导接收者的目的。例如，攻击者可以发起一个假冒攻击(impersonation attack)，直接向接收者发送伪造的数据包，希望接收者把它当作真正的数据包接收。攻击者还可以发起一个替换攻击(substitution attack)，在此类攻击中，攻击者首先截获从发送者发来的数据包，修改其内容，然后再将该数据包转发给接收者。在一个精心设计的认证系统中，接收者应该能够以较高的概率把真正的、来自发送者的数据包与伪造的、被篡改的数据包区分开。

与保密传输类似，消息认证系统通常有两种不同的设计方法：基于计算的方法和基于信息论的方法。基于计算方法的消息认证系统建立在两个假设之上：①某数学问题求解很难；②攻击者计算能力有限。所以，基于计算方法的认证系统的安全性本质上依赖于这些假设的有效性。而基于信息论的认证系统并不需要这些假设，它是靠各种编码技术来实现攻击检测的。

本章将主要介绍基于信息论的认证系统。为了能够区分发送者与攻击者，假设发送者与接收者共享同一密钥。除密钥和源消息的内容外，假设攻击者可以知道系统的设计，包括编译码方案等。密钥长度与前述攻击方法的成功率之间存在联系，一般来说，密钥越长，攻击越难成功，系统就越安全。当然，攻击者成功的概率越小越好。但是，很难设计出一个攻击成功概率为 0 的认证机制。为了说明这一点，考虑下面这个可用于所有认证机制的简单攻击策略：猜测密钥值。如果密钥猜测正确，则攻击者和发送者之间没有区别，

Lifeng Lai(✉)
阿肯色大学小石城分校，小石城，阿肯色州 72204，美国
电子邮件：lxlai@ular.edu

* 本章部分内容来自于：Authentication over Noisy Channels, IEEE Transactions on Information Theory, vol. 55, no. 2, 2009.

因为攻击者知道了密钥值和编码方案，假冒攻击将奏效。如果可能的密钥值总数为$|\mathcal{K}|$，则猜测正确的概率为$1/|\mathcal{K}|$。因此，一个重要的问题是：能否设计一个认证机制使得攻击者成功的概率限制在$1/|\mathcal{K}|$内？Simmons（见参考文献[1]）首先对这一问题进行了研究。正如后面要讨论的，其模型中假设不存在传输噪声。在该模型下，Simmons 的研究表明攻击者的成功概率至少等于$1/\sqrt{|\mathcal{K}|}$。这是个令人悲观的结论，因为$1/\sqrt{|\mathcal{K}|}$显然要比$1/|\mathcal{K}|$大很多；更重要的是，这只是攻击者成功概率的下界，实际概率可能比该下界高很多。

然而，实际传输系统是有噪声的。解决该问题的常用方法是利用信道编码将有噪信道转化为无噪信道，然后在信道编码之上再设计认证编码。Liu 和 Boncelet（见参考文献[2,3]）也考虑到了信道编码并不完善且存在由信道引起的残余误差的情况。这些工作得到的主要结论是信道噪声对认证是有害的，因为它会使接收者拒绝来自发送者的认证消息。

这一章将换一个角度来研究有噪信道模型，并且对信道编码和认证编码进行联合设计，从而能够利用信道噪声隐藏密钥信息。所设计的信道编码的码本能够使攻击者观测到有噪输出后，密钥的条件分布近似于均匀分布，因此攻击者无法利用观测得到的有噪输出来提高替换攻击的成功概率。采用该方法可获得欺骗成功概率的上界，该上界明显低于无噪信道模型的下界，而且该上界与欺骗概率的一个简单下界一致。特别地，证明了攻击成功概率受限于$1/|\mathcal{K}|$，因此所有的密钥信息均可用于同时防护替换攻击和假冒攻击。在有噪信道条件下，采用同样的密钥 k 研究了多消息认证的情况。同样地，推导了欺骗概率的上界和下界，其结果与单消息情况是一致的，即所有的密钥信息均可同时用于抵抗所有攻击。

本章中，大写字符（例如 X）表示随机变量，小写字符（例如 x）表示相应随机变量的具体实现，花体字（例如$\mathcal{X}$）表示有限字符集，对应于变量的范围。大写加粗字符（例如 $\boldsymbol{X}$）表示随机矢量，而小写加粗字符（例如 $\boldsymbol{x}$）表示相应随机矢量的具体实现。

本章的剩余部分组织结构如下：14.2 节回顾无噪信道中的认证研究结果；14.3 节介绍系统模型与概念；14.4 节专注于单个消息的认证场景；14.5 节采用同样的密钥分析多个消息的认证；最后，在 14.6 节中进行了总结。

14.2 现有方法：无噪模型

本节将简要回顾目前无噪信道中的认证研究结果，读者可参见参考文献[4]中的综述。

14.2.1 单消息认证

无噪信道认证模型由 Simmons（见参考文献[1]）提出的，如图 14.1 所示。在该模型中，发送者 S 与接收者 R 共享密钥 K，用于识别发送者。密钥 K 从集合$\mathcal{K}$中选取，共有$|\mathcal{K}|$种取值，均服从概率分布 $P(K)$。假定发送者和接收者是诚实互信的，即他们会遵守约定的规则，不会伪造假消息对系统进行攻击。

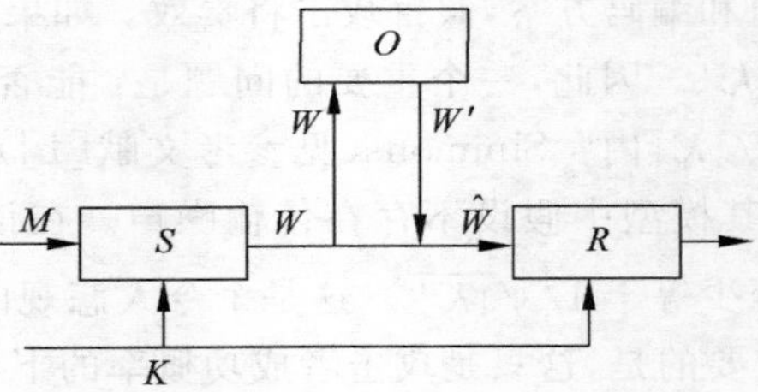

图 14.1　认证信道(© IEEE 2009)

当发送者发送的消息 M 来自有限集合 $\mathcal{M}$ 且满足概率分布 $P(K)$ 时，它在无噪公共信道上发送的码字为 $W=f(K,M)$，其中 f 为编码函数。$\mathcal{W}$ 为可能的码字集合：$\mathcal{W}=\{w:w=f(k,m),k\in\mathcal{K},m\in\mathcal{M}\}$。对于一个特定的密钥 k，$\mathcal{W}$ 中只有一个子集是有效的。由于认证面临各种来自攻击者 O 的主动攻击，接收者得到的 $\hat{W}$ 值可能不同于 W，所以接收者需要判断该消息是否来自合法发送者。如果对于接收者的密钥来说，$\hat{w}$ 是有效的码字，则该码字 $\hat{w}$ 就是可信的。也就是说，如果存在一个消息 $m\in\mathcal{M}$ 满足 $\hat{w}=f(m,k)$，那么就认为 $\hat{w}$ 是真实可信的。如果接收者接受该消息(即接收者认为信号是真实的)，那么它会根据接收的消息计算得到源消息 M 的一个估计值；否则丢弃该消息。

由于信道不存在噪声，攻击者可以获得 W 的一个完整副本。这里考虑两种类型的攻击：假冒攻击和替换攻击。在假冒攻击中，攻击者在发送者发送任何消息前，发送 W' 给接收者。如果接收者认为 W' 是真实的并接受该消息，则此次攻击成功，令 P_I 表示攻击成功的概率。定义

$$\gamma(w',k)=\begin{cases}1, & \text{若存在 } m\in\mathcal{M} \text{ 使得 } w'=f(m,k)\\ 0, & \text{其他情形}\end{cases} \tag{14.1}$$

当且仅当攻击者选择发送 w' 使 $\gamma(w',k)=1$ 时，假冒攻击成功。由于攻击者并不知道密钥的真实值，因此选择 w' 攻击成功的概率可表示为

$$\Pr(w'\text{ 有效})=\sum_{k\in\mathcal{K}}\gamma(w',k)P(k) \tag{14.2}$$

在假冒攻击中，攻击者将选择发送使 $\Pr(w'\text{有效})$ 最大化的 w'，所以

$$P_I=\max_{w'\in\mathcal{W}}\Pr(w'\text{ 有效})=\max_{w'\in\mathcal{W}}\sum_{k\in\mathcal{K}}\gamma(w',k)P(k) \tag{14.3}$$

第二种攻击称为替换攻击，即攻击者接收 W 后，将其替换为 W'，并将其发送到接收者。如果接收者接受 W' 并将其译码为另一个错误的源消息，则攻击成功，其成功概率表示为 P_S。具体来说，令 k 为发送者与接收者共享的密钥，m 为码字 w 所代表的消息，即 $w=f(m,k)$。如果攻击者将 w 篡改为 w'，那么当且仅当存在 $m'\in\mathcal{M}$，使得 $w'=f(m',k)$ 且 $m'\neq m$ 时，攻击成功。定义

$$\gamma(w,w',k)=\begin{cases}1, & \text{存在 } m'\in\mathcal{M} \text{ 使得 } w'=f(m',k)\text{，且 } m'\neq m\\ 0, & \text{其他情形}\end{cases} \tag{14.4}$$

因此，观测到 w 后，替换攻击通过发送 w' 攻击成功的概率为

$$\Pr(w'\text{ 有效}\mid w)=\sum_{k\in\mathcal{K}}\gamma(w,w',k)P(k\mid w) \tag{14.5}$$

显然，对于任意观测值 w，攻击者会选择发送使 $\Pr(w'\text{有效}|w)$ 最大化的 w'。因此

$$\begin{aligned} P_S &= \sum_{w\in\mathcal{W}} P(w)\max_{w'\in\mathcal{W}}\Pr(w'\text{ 有效 } \mid w) \\ &= \sum_{w\in\mathcal{W}} P(w)\max_{w'\in\mathcal{W}}\sum_{k\in\mathcal{K}}\gamma(w,w',k)P(k\mid w) \end{aligned} \tag{14.6}$$

在上述两种攻击方式中，攻击者会选择成功概率更高的攻击方式，所以攻击成功的概率(即欺骗概率)为 $P_D=\max\{P_I,P_S\}$。下面的定理分析了攻击者采用任一编码函数 f 的攻击成功概率下界。

定理 14.1　(见参考文献[1])任一认证方案中，攻击成功的概率下界均满足

$$P_I \geqslant 2^{-I(K;W)} \tag{14.7}$$

和

$$P_S \geqslant 2^{-H(K|W)} \tag{14.8}$$

其中，$I(K;W)$为 K 与 W 的互信息，$H(K|W)$为给定 W 时 K 的条件熵。

参考文献[1]首先对该定理进行了证明，随后 Maurer 从假设检验的角度再次对其进行了研究(见参考文献[5])。从该定理可以很容易看出 P_I 与 P_S 之间存在矛盾。为了使假冒攻击概率最小，所发送的密文必须包含足够多的密钥信息，以便让接收者能够确认所发送的信息来自合法源节点，也就是说 $I(K;W)$应该足够大。但是，该原则会降低 $H(K|W)$，因为

$$H(K\mid W)=H(K)-I(K;M)$$

所以，攻击者能够利用无噪信道上泄露的信息(包含于 W 中)增大替换攻击成功的概率。由定理 14.1 易知，为了使下界 $P_D=\max\{P_I,P_S\}$ 最小化，应该设置 $H(K|W)=I(K;M)$，从而有

$$P_D \geqslant 2^{-H(K)/2}$$

所以，最小化 $P_D=\max\{P_I,P_S\}$下界的策略是利用一半的密钥信息防御假冒攻击，另一半密钥信息用于防御替换攻击。因此，对于长为$|\mathcal{K}|$的密钥，通过使密钥在集合$\mathcal{K}$上服从均匀分布，可得到 P_D 的最小值 $1/\sqrt{\mathcal{K}}$。这些界的意义不大，因为它们仅给出了欺骗概率的下界。实际上，攻击者可能达到的攻击性能可能要好得多。参考文献[1]和[5]中并没有给出攻击上界，部分原因是 Jesen 不等式或者 log-sum 不等式等典型定界方法并不适用于这些情况。该下界的另一个不尽人意的地方在于，不能把所有的密钥信息同时用于防御这两种潜在攻击。假冒攻击的一个稍好一点的下界可见参考文献[6]。

14.2.2　多消息认证

现有文献已经将研究扩展到使用同一个密钥 K 认证 J 个消息 $M_1,\cdots,M_J$ 的场景，其中每个时隙传输一个消息，并假设 J 是有限的。攻击者会选择一个时隙 j 发起假冒攻击或替换攻击。

对于时隙 j 中的假冒攻击，攻击者会根据前 $j-1$ 轮传输过程中获得的信息选择所要发送的消息，并在发送者发送之前将该消息发送给接收者。如果攻击者的消息通过了接收者的认证，则此次攻击成功，用 $P_{I,j}$ 表示第 j 个时隙中假冒攻击成功的概率。

对于时隙 j 中的替换攻击，攻击者会截获发送者的第 j 个数据包，根据前 j 轮传输中获得的信息完成内容篡改，然后发送给接收者。如果被篡改的信号通过接收者的认证，而且译码成被篡改的消息，那么该攻击成功，用 $P_{S,j}$ 表示第 j 个时隙中替换攻击成功的概率。

显然，攻击者将会选择使欺骗成功率最大的攻击方式，即欺骗成功率为 $P_D=\max\{P_{I,1},\cdots,P_{I,J},P_{S,1},\cdots,P_{S,J}\}$。

参考文献[5]、[7-9]利用相同的密钥在无噪信道中实现了多消息认证。在这些研究中，为了避免重放攻击，即攻击者只是简单地重传之前所接收到的码字，这些参考文献做了以下假设：①所有块中的消息是不同的(如参考文献[7,8])；②所有块中的认证方案是不同的(如参考文献[5,9])。参考文献[5]给出了第二个假设条件下无噪传输的 P_D 下界。

定理 14.2 (见参考文献[5])对于任一认证方案，欺骗成功率的下界满足

$$P_D \geqslant 2^{-H(K)/(J+1)} \tag{14.9}$$

这一界限指出，经过多轮认证后，攻击者可能获得关于密钥的全部信息，从而可以选择一种成功概率较高的攻击方式。

14.2.3 拓展研究

14.2.1 节和 14.2.2 节中介绍的结果已经在多个有趣的研究方向上进行了拓展，本节将简要讨论一些具有代表性的例子。关于近期研究的完整综述参见参考文献[10]。

参考文献[11]对发送者和接收者均不可信的情况进行了研究。在某些场景下，发送者和接收者都可能存在刻意欺骗。例如，在前面引言部分提到的经纪人场景中，如果交易导致损失，投资者可能会刻意否认他曾发送过交易指令。类似地，如果经纪人感觉一些交易可以获利，他可能会发送指令进行交易，即使客户并没有要求他这样做，这样，经纪人可以获得额外收益。为了解决这些可能的纠纷，需要在模型中引入一个可信的仲裁者，除了要防范来自攻击者的假冒攻击和替换攻击外，还需要考虑来自发送者或接收者的假冒攻击或者替换攻击。采用类似于参考文献[1]中的方法，Johansson 等获得了无噪模型下每一种攻击成功概率的下界。Desmedt 和 Yung(见参考文献[12])进一步研究了仲裁者也不可信并有可能发起攻击的情形。

另一个有趣的方向是群组认证。在群组认证中，多个发送者需要认证一个消息。例如，如果一组人共同拥有一个账户，那么该账户的任一指令都应该是组中的用户联合签发的。参考文献[13,14]首次对该问题进行了研究，参考文献[15]给出了各种攻击的信息论界。组认证的基本思想是将密钥共享(见参考文献[16])的成果与经典认证码相结合。密钥共享中，一个密钥被编码为多个不同的片，并分别分发给不同用户；认证码应设计为：存在一个阈值，只有观测到多于该阈值值的片数时，才能恢复出密钥。在群组认证中，能够对密钥进行编码分片，并将这些片分发给不同的发送者，只有当足够多的发送者同意认证某消息时，他们才能恢复密钥并对该消息进行认证。

14.3　系统模型

图 14.2 给出了一个新模型，它与 Simmons 模型只是在信道上有所不同，此处的信道是有噪的。这里考虑离散无记忆信道，并假设当发送者发送 $\boldsymbol{x}$ 时，攻击者以概率 $P(\boldsymbol{z}|\boldsymbol{x})$ 接收 $\boldsymbol{z}$

$$P(\boldsymbol{z} \mid \boldsymbol{x}) = \prod_{t=1}^{n} P(z(t) \mid x(t))$$

其中，n 为所发送矢量的长度。如果攻击者不发起任何攻击，则合法目的节点将以概率 $P(\boldsymbol{y}|\boldsymbol{x})$ 接收 $\boldsymbol{y}$

$$P(\boldsymbol{y} \mid \boldsymbol{x}) = \prod_{t=1}^{n} P(y(t) \mid x(t))$$

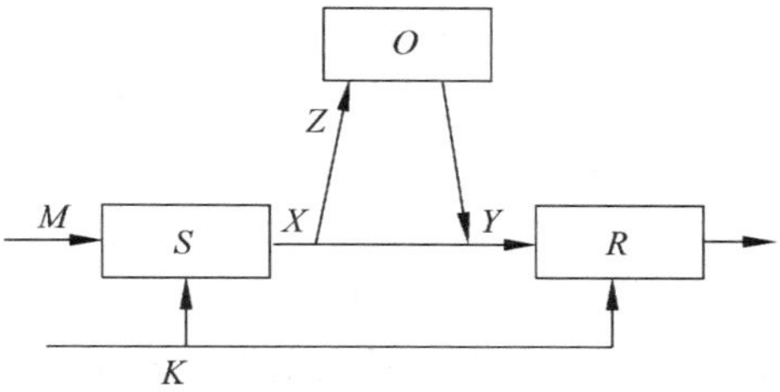

图 14.2　新的认证信道模型(© IEEE 2009)

如果攻击者发起攻击，则 $\boldsymbol{y}$ 值将依赖于攻击者的策略。这里 $P(y(t)|x(t))$ 和 $P(z(t)|x(t))$ 代表信道转移概率，$x(t)$、$y(t)$ 和 $z(t)$ 的值域分别为有限集 $\mathcal{X}$，$\mathcal{Y}$ 和 $\mathcal{Z}$。为了推导出更具一般性的界，假设攻击者与接收者间的信道是无噪的，且攻击者能够在该信道上发送任何内容。值得注意的是，该假设不失一般性，并且给了攻击者更多有利条件，因为任何有噪信道都可以等效为发送信号简单随机化后经过一个无噪信道。

为了识别发送者，假设源节点和目的节点共享密钥 K，K 选自含有 $|\mathcal{K}|$ 个可能取值集合 $\mathcal{K}$。为发送消息 M，源节点利用一个随机编码函数 f 将消息和密钥转换为一个长度为 n 的矢量 $\boldsymbol{X}$，即 $\boldsymbol{X}=f(K,M)$。目的节点收到信息 $\boldsymbol{Y}$（该消息可能是源节点或攻击者发送的）后，利用译码函数 g 获得消息和密钥的估计值，即 $(M',K')=g(\boldsymbol{Y})$。如果 $K'=K$，则接收者接受该消息；否则丢弃该消息。这里要求：如果信号是真实可靠的，目的节点的译码错误概率必须随着编码长度的增加而趋于 0，即对任意 $\varepsilon>0$，均存在正整数 n_0，使得对所有的 $n\geqslant n_0$，有

$$P_e = \Pr\{M' \neq M \mid \boldsymbol{Y} \text{ 来自于 } \boldsymbol{X}\} \leqslant \varepsilon$$

错误概率 P_e 包含两个部分：P_1 和 P_2。其中，P_1 为遗漏概率，是指接收者错误地拒绝了一个本该通过认证的消息的概率；P_2 是指译码器正确地接收了信号并通过认证，但对其进行了不正确的译码的概率。

假设攻击者知道整个系统设计，但不知道密钥 K 和消息 M 的具体值 k 和 m。考虑上述两种形式的攻击：对于假冒攻击，攻击者在发送者发出任何内容之前发送码字 $\boldsymbol{X}$ 给

接收者，如果 $\boldsymbol{X}$ 被接收者认证为真实的则攻击成功，同样用 P_I 表示成功概率；对于替换攻击，攻击者在收到 $\boldsymbol{Z}$ 时，阻塞主信道的传输，然后改变信号内容并发送给接收者，如果被改变的信号被接收者认证为真实的，并且译码出的信息 m' 不等于原始信息 m，则攻击成功，同样将该类攻击成功概率表示为 P_S。

14.4 单消息认证

本节将讨论有噪信道下的单消息认证。首先回顾一下搭线窃听信道（wiretap channel）的相关结论（见参考文献[17]），然后介绍认证方案，最后推导模型中每一个攻击成功概率的信息论界。

14.4.1 窃听信道

首先回顾与搭线窃听信道（见参考文献[17]）相关的结论。在搭线窃听信道模型中定义了两个离散无记忆信道 $\mathcal{X}\to(\mathcal{Y},\mathcal{Z})$，其中 $\mathcal{X}$ 为发送者的输入字符集合，$\mathcal{Y}$ 是合法接收者的输出字符集合，$\mathcal{Z}$ 是窃听者的输出字符集合。搭线窃听信道中的窃听者采用被动方式侦听，消息传输的目标是将消息发送给目的节点，同时使泄露给窃听者的信息最小化。更具体地，为了发送消息 $m\in\mathcal{M}$，发送者发送 $\boldsymbol{x}=f(m)$，其中 f 为一个随机编码器。目的节点接收到 $\boldsymbol{y}$ 后，获得消息的估计值 $m'=g(\boldsymbol{y})$。攻击者完全知道系统的设计，因此知道源节点所用的码本。如果存在 f 和 g，使得对于任意 $\varepsilon>0$，均存在一个正整数 n_0，当 $\forall n>n_0$ 时，有

$$|\mathcal{M}|\geqslant 2^{nR_S} \tag{14.10}$$

$$\Pr\{M'\neq M\}\leqslant\varepsilon \tag{14.11}$$

$$\frac{1}{n}I(M;\boldsymbol{Z})\leqslant\varepsilon \tag{14.12}$$

则称完美保密速率 R_S 是可达的。完美保密容量 C_S 定义为集合 R_S 的上确界，其数值满足式(14.10)～(14.12)。参考文献[18]已证明完美保密容量为

$$C_S=\max_{U\to X\to YZ}[I(U;Y)-I(U;Z)]^+$$

其中，函数 $[x]^+=\max(x,0)$，U 为一个辅助变量，满足马尔可夫链 $U\to X\to(YZ)$。

如果对于所有满足上述马尔可夫链的 U，有 $I(U;Z)>I(U;Y)$，那么就称搭线窃听信道噪声低于主信道噪声。另外，如果搭线窃听信道噪声不低于主信道噪声，则存在分布满足 $U\to X\to(Y,Z)$，使得 $I(U;Y)>I(U;Z)$，因此完美保密容量非零。搭线窃听信道模型使得源节点和目的节点之间无须预先分配密钥，只需利用码率高于安全信息速率 R_S 的码字进行编码（即将消息映射到多个不同的码字中），就能实现通信的完美安全。通常，将码字速率设定为可被源-目的信道所支持的速率，使得合法接收者在该速率下能正确恢复出码字，而该速率对于攻击者过高，使其无法译码。

14.4.2 认证方案

在认证应用中，当源节点发送信息时，攻击者会试图窃听消息，并利用所获得的信息发起替换攻击。这个窃听阶段对应于搭线窃听信道模型。因此，可以利用搭线窃听信道

编码来保护认证密钥。更具体地，如果搭线窃听信道噪声大于主信道噪声，则存在一个输入分布 P_X 满足 $I(X;Y)-I(X;Z)>0$。因此，对于给定的密钥长度 $|\mathcal{K}|$，存在一个正整数 n_1，使得在 $\forall n>n_1$ 的条件下，满足

$$2^{n[I(X;Y)-I(X;Z)]}>|\mathcal{K}| \tag{14.13}$$

同样，对于给定的消息长度 $|\mathcal{M}|$ 及密钥长度 $|\mathcal{K}|$，存在一个正整数 n_2，使得在 $\forall n>n_2$ 的条件下，满足：

$$2^{nI(X;Y)}>|\mathcal{M}||\mathcal{K}| \tag{14.14}$$

在传输方案中，源节点首先为搭线窃听信道生成一个码本，这个码本有 $2^{nI(X;Y)}$ 个码字，其长度 n 满足条件式(14.13)、式(14.14)和较低的译码误差概率需求(在后续章节中会介绍产生和分割码本的明确方法)。然后，源节点将码字分割为 $|\mathcal{K}|$ 个子集，将一个子集与每个密钥相关联。因为消息和密钥长度满足式(14.14)，所以每个子集中的码字数量都大于 $|\mathcal{M}|$。然后，源节点将每个子集进一步分为 $|\mathcal{M}|$ 个二进制码，每个二进制码代表一条消息。每个二进制码中有多个码字。图 14.3 给出了码本的结构。在传输过程中，如果打算发送的消息为 m，密钥为 k，则源节点等概率地从第 k 个子集的第 m 个二进制码里随机选取一个码字 $\boldsymbol{x}$，并在信道中发送 $\boldsymbol{x}$。攻击者以概率 $P(\boldsymbol{z}|\boldsymbol{x})$ 接收到 $\boldsymbol{z}$，其表达式为

$$P(\boldsymbol{z}\mid\boldsymbol{x})=\prod_{t=1}^{n}P(z(t)\mid x(t))$$

如果攻击者没有发起任何攻击，那么接收者以概率 $P(\boldsymbol{y}|\boldsymbol{x})$ 接收到 $\boldsymbol{y}$，其表达式为

$$P(\boldsymbol{y}\mid\boldsymbol{x})=\prod_{t=1}^{n}P(y(t)\mid x(t))$$

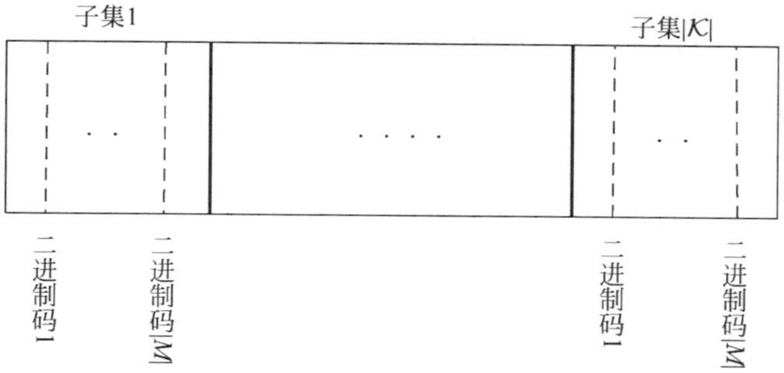

图 14.3　认证方案中采用的码本。码本分为 $|\mathcal{K}|$ 个子集，每个子集进一步分为 $|\mathcal{M}|$ 个二进制码。每个子集对应一个密钥 k，子集中每个二进制码对应一条消息 m

另外，如果攻击者选择发起攻击，那么 $\boldsymbol{y}$ 的值将取决于攻击者所采取的攻击策略。

目的节点接收到 $\boldsymbol{y}$ 后，首先利用典型集合译码准则获得发送码字的估计 $\hat{\boldsymbol{x}}$；也就是说，如果 $(\hat{\boldsymbol{x}},\boldsymbol{y})$ 是联合典型的，则目的节点将 $\boldsymbol{y}$ 译码为 $\hat{\boldsymbol{x}}$。然后获得消息估计 m' 和密钥估计 k'，分别作为 $\hat{\boldsymbol{x}}$ 的二进制码索引和子集索引。目的节点处的译码过程用 $(m',k')=g(\boldsymbol{y})$ 来表示。如果 $k'=k$，则认证成功，接收者将接受该消息；否则，接收者丢弃这条消息。

注意，该方案在无噪信道模型中是无效的，这是因为攻击者可以完美地接收到 $\boldsymbol{x}$，因此能够确定 k 和 m 的值。因此，替换攻击会取得成功。在有噪信道模型中，如果设计出合适的编码，那么攻击者处接收到的消息中将不包含上述信息，相关内容在后续节中会详

细介绍。

首先,考虑假冒攻击。攻击者的最优攻击策略是从对应于密钥的某一子集中选择发送一个码字,使得接收者接受这个码字的概率最大;也就是说,如果攻击者发送 $\boldsymbol{y}_0$,那么攻击者从对应于 k' 的子集中选取该码字并发送,使得以下概率最大化

$$\sum_{k\in\mathcal{K}} P(k)\gamma_1(k,k')$$

其中 $\gamma_1(k,k')$ 为指示函数,如果 k' 认证成功则其值为 1,其他情况下其值为 0。方案中如果 $k'=k$,则 $\gamma_1(k,k')=1$;否则 $\gamma_1(k,k')=0$。因此

$$P_I = \max_{k'\in\mathcal{K}}\left\{\sum_{k\in\mathcal{K}} P(k)\gamma_1(k,k')\right\}$$

对于替换攻击来说,攻击者知道 $\boldsymbol{z}$,因此能够根据这一信息选择 $\boldsymbol{y}_0$。令 h 表示攻击者将 $\boldsymbol{z}$ 转换为 $\boldsymbol{y}_0$ 的变换操作,h 为任意函数,既可以是确定性函数也可以是随机函数。同样,记 $(m',k')=g(\boldsymbol{y}_0)=g(h(\boldsymbol{z}))$,其中 g 为目的端的译码函数。因此,m' 和 k' 是攻击者发起攻击后目的端译码得到的消息和密钥。显然,对于每一次观测值 $\boldsymbol{z}$,攻击者应该选择 h,使得以下取值最大化

$$\sum_{m,k} P(m,k\mid \boldsymbol{z})\gamma_2(m,m')\gamma_1(k,k')$$

其中,如果 $m'\neq m$,那么 $\gamma_2(m,m')=1$;否则,$\gamma_2(m,m')=0$。同时,如上述公式所定义的,如果 $k'\neq k$,那么 $\gamma_1(k,k')=1$;否则,$\gamma_1(k,k')=0$。因此,替换攻击成功的概率为

$$P_S = \sum_{\boldsymbol{z}} P(\boldsymbol{z}) \sup_h\left\{\sum_{m,k} P(m,k\mid \boldsymbol{z})\gamma_2(m,m')\gamma_1(k,k')\right\} \tag{14.15}$$

为简化分析,定义如下引理。

引理 14.1 对于攻击者的任一替换攻击策略 h,有

$$P_S \leqslant \sum_{\boldsymbol{z}} P(\boldsymbol{z}) \max_{k\in\mathcal{K}}\{P(k\mid \boldsymbol{z})\} \tag{14.16}$$

证明:按如下方式限定 P_S 的界

$$\begin{aligned}
P_S &= \sum_{\boldsymbol{z}} P(\boldsymbol{z}) \sup_h\left\{\sum_{m,k} P(m,k\mid \boldsymbol{z})\gamma_2(m,m')\gamma_1(k,k')\right\}\\
&\overset{(a)}{\leqslant} \sum_{\boldsymbol{z}} P(\boldsymbol{z}) \sup_h\left\{\sum_{m,k} P(m,k\mid \boldsymbol{z})\gamma_1(k,k')\right\}\\
&= \sum_{\boldsymbol{z}} P(\boldsymbol{z}) \sup_h\left\{\sum_{k} P(k\mid \boldsymbol{z})\gamma_1(k,k')\sum_{m} P(m\mid k,\boldsymbol{z})\right\}\\
&\overset{(b)}{=} \sum_{\boldsymbol{z}} P(\boldsymbol{z}) \sup_h\left\{\sum_{k} P(k\mid \boldsymbol{z})\gamma_1(k,k')\right\}\\
&\overset{(c)}{\leqslant} \sum_{\boldsymbol{z}} P(\boldsymbol{z}) \max_{k\in\mathcal{K}}\{P(k\mid \boldsymbol{z})\}
\end{aligned} \tag{14.17}$$

其中,不等式(a)成立是因为:对于任意 h、m 和 m',$\gamma_2(m,m')\leqslant 1$;不等式(b)成立是因为:对于任意 k 和 $\boldsymbol{z}$,$\sum_{m} P(m\mid k,\boldsymbol{z}) = 1$;不等式(c)成立是因为

$$\sum_{k} P(k\mid \boldsymbol{z})\gamma_1(k,k') \leqslant \max_{k\in\mathcal{K}}\{P(k\mid \boldsymbol{z})\} \tag{14.18}$$

$\gamma_1(k,k')$ 中只有一项为 1,其余项均为 0。

这一结果表明，接收到 $\boldsymbol{Z}$ 后，攻击者的最优选择就是选取最可能的密钥。在给定 $\boldsymbol{Z}$ 的条件下，攻击者获得关于密钥的信息量为 $I(K;\boldsymbol{Z})$，因此可以利用该信息来选择使 $P(k|\boldsymbol{z})$ 最大化的 k。从式(14.12)可以得到

$$I(K;\boldsymbol{Z}) \leqslant n\varepsilon \tag{14.19}$$

不等式(14.19)并不足以分析式(14.17)，有以下两个原因：首先，尽管 ε 较小，$n\varepsilon$ 仍然会随着 n 的增加而趋于无穷，因此攻击者最终可能会获得关于密钥的足够多的信息量。这一点已经在参考文献[19-21]中指出；其次，式(14.17)中存在求被加数最大值的问题，这意味着尽管 $I(K;\boldsymbol{Z})$ 是一个平均数，但也需要考虑最差的情况。事实上，参考文献[1]和[5]就利用了这一事实，用平均值代替最大值来推导下界，这样可以很方便地获得下界，并且该方法更易于分析。

在下一节中，将引用参考文献[20]和[22]中的方法分析这个问题。

14.4.3　界

首先给出一些定义：令 $\mathcal{C}$ 表示搭线窃听信道的码本，$\widetilde{P}(\boldsymbol{x},\boldsymbol{z})$ 为 $\mathcal{C}\times\mathcal{Z}^n$ 上的联合分布。$Q(\boldsymbol{z})$ 为当输入均匀分布于 $\mathcal{C}$ 上时 $\boldsymbol{z}$ 的边缘分布，并且 $\boldsymbol{Z}=\boldsymbol{z}$ 时 X 的条件分布为

$$P(\boldsymbol{x} \mid \boldsymbol{z}) = \widetilde{P}(\boldsymbol{x},\boldsymbol{z})/Q(\boldsymbol{z})$$

令 $\{\mathcal{C}_1,\cdots,\mathcal{C}_N\}$ 为 $\mathcal{C}$ 的一个划分，并将该划分表示为映射的形式，即 $f:\mathcal{C}\to\{\mathcal{C}_1,\cdots,\mathcal{C}_N\}$。用 Q_k 表示当输入在 $\mathcal{C}_k$ 上均匀分布时 $\boldsymbol{Z}$ 的条件分布，即

$$Q_k(\boldsymbol{z}) = \sum_{x\in\mathcal{C}_k}\widetilde{P}(\boldsymbol{x},\boldsymbol{z})/P(\mathcal{C}_k)$$

定义

$$d_{av}(f) = \sum_{k=1}^{N}P(\mathcal{C}_k)d(Q_k,Q)$$

其中

$$d(Q_k,Q) = \sum_{z\in\mathcal{Z}^n}\mid Q_k(\boldsymbol{z}) - Q(\boldsymbol{z})\mid$$

为两个分布 Q_k 与 Q 间的 $\mathcal{L}_1$(可变的)距离。当 $d(Q_k,Q)$ 为零时，攻击者无法仅通过信道输出来区分 $\mathcal{C}_k$ 和 $\mathcal{C}$ 上的均匀输入分布之间的差别。

从直观上看，如果适当选择 $\mathcal{C}$ 和 f 可以使 $d_{av}(f)$ 任意小，那么在给定信道输出 $\boldsymbol{z}$ 的情况下，接收者将无法获得有关发送码字 $\boldsymbol{x}$ 来源的子集 $\mathcal{C}_k$ 的任何信息。

从参考文献[20]引入以下定理。

引理 14.2　(见参考文献[20])考虑搭线窃听信道 $\mathcal{X}\to(\mathcal{Y},\mathcal{Z})$，并选择 $\delta>0$。假设 $\mathcal{T}_P\subset\mathcal{X}^n$ 是一个型类(a type class)，其 $P(x)$ 不为 0，从而 $I(X;Y)>I(X;Z)+2\delta$。此时，存在一个从 $\mathcal{T}_P$ 中抽取的、大小为 $|\mathcal{C}|=2^{n[I(X;Y)-\delta]}$ 的码本 $\mathcal{C}$，以及与 $\mathcal{C}$ 大小相等且不相交的子集 $\mathcal{C}_1,\cdots,\mathcal{C}_N$，满足

$$N \leqslant 2^{n[I(X;Y)-I(X;Z)-2\delta]}$$

使得 $\mathcal{C}=\bigcup_{k=1}^{N}\mathcal{C}_k$ 是对于主信道 $\mathcal{X}\to\mathcal{Y}$ 具有指数阶小的(exponentially small)平均错误概率的

码字。并且，对于$\mathcal{C}\times\mathcal{Z}^n$域上定义的分布$\widetilde{P}_C$，$\mathcal{C}$的划分函数 $f:\mathcal{C}\to\{1,\cdots,N\}$($f^{-1}(k)=\mathcal{C}_k$，$k=1,\cdots,N$)有指数阶小的 $d_{av}(f)$。其中，$\widetilde{P}_C$ 为

$$\widetilde{P}_C(\boldsymbol{x},\boldsymbol{z})=\frac{1}{|\mathcal{C}|}p(\boldsymbol{z}\mid\boldsymbol{x}),\quad \boldsymbol{x}\in\mathcal{C},\boldsymbol{z}\in\mathcal{Z}^n$$

此外，$I(N;\boldsymbol{Z})$也是指数阶小的。

主要结论是以下定理。

定理 14.3 如果搭线窃听信道的保密容量非零，那么当 n 足够大时，存在常数 $c>0$ 和 $\beta>0$，使得

$$2^{-H(K)}\leqslant P_D\leqslant 2^{-H(K)}+c\exp^{-n\beta}$$

特别地，如果码字长度 n 趋于无穷，那么 $P_I=P_S=2^{-H(K)}$，并且 $P_D=2^{-H(K)}$。

证明：为获得下界，考虑攻击者猜测密钥值的情况。如果猜测正确，则攻击者能够发起任意攻击并取得成功。攻击者猜测密钥成功的概率为 $2^{-H(K)}$，此即为下界。

为了证明定理中提供的上界，如果采用当前工作中提出的认证方案及根据引理 2 生成的码本，那么需要证明攻击者采用任意策略攻击的成功概率受限于定理中所给出的上界。具体而言，选择 $\delta>0$，并且令 P_X 为一类满足 $I(X;Y)>I(X;Z)+2\delta$ 的 $\boldsymbol{X}$。用$\mathcal{T}_P$表示具有类 P_X 的 $\boldsymbol{x}$ 的集合。因为搭线窃听信道的噪声大于主信道噪声，所以 P_X 存在。

现在选择 n_1 和 n_2 满足

$$|\mathcal{K}|\leqslant 2^{n_1[I(X;Y)-I(X;Z)-2\delta]}$$

和

$$|\mathcal{K}||\mathcal{M}|\leqslant 2^{n_2[I(X;Y)-\delta]}$$

然后，选择 $n>\max\{n_1,n_2\}$(n 同时还要满足稍后给出的其他条件)。令$\mathcal{C}$和$\mathcal{C}_k$($k=1,\cdots,|\mathcal{K}|$)为码本，并且是满足引理 14.2 条件的对应划分。也就是说，对于这个$\mathcal{C}$和 f，存在 $\alpha>0$ 使得

$$d_{av}(f)\leqslant\varepsilon=\exp\{-n\alpha\}\tag{14.20}$$

当密钥为 k 时，发送的码字来自于$\mathcal{C}_k$。接收者会接受任意满足下面条件的信号$\hat{\boldsymbol{y}}$：译码得到的码字属于对应于 k 的子集。容易发现 $P_I=1/|\mathcal{K}|$。

为了分析替换攻击，把攻击者处所有可能的输出序列 $\boldsymbol{z}$ 分为两个子集：$\mathcal{O}$和$\mathcal{O}^c$。如果 $\boldsymbol{z}\in\mathcal{O}$，则$\max_{k\in\mathcal{K}}P(k|\boldsymbol{z})$比 $1/|\mathcal{K}|$大很多。因此，如果攻击者观察到序列 $\boldsymbol{z}\in\mathcal{O}$，那么替换攻击成功的概率将会很高。另外，如果 $\boldsymbol{z}\in\mathcal{O}^c$，则$\max_{k\in\mathcal{K}}P(k|\boldsymbol{z})$接近于 $1/|\mathcal{K}|$。因此，如果攻击者观察到序列 $\boldsymbol{z}\in\mathcal{O}^c$，那么攻击者并不能从输出中获取任何关于密钥的信息。如果源端采用 $d_{av}(f)$为指数小项的码字，那么攻击者观察到 $\boldsymbol{z}\in\mathcal{O}$的概率也是指数小项。所以，几乎所有的序列 $\boldsymbol{z}$ 都具有以下性质：$\max_{k\in\mathcal{K}}P(k|\boldsymbol{z})$接近于 $1/|\mathcal{K}|$。简单的计算表明 P_S 可以任意接近 $1/|\mathcal{K}|$。对于假冒攻击，最优的攻击策略是随机选择一个码字，因此 P_I 为 $1/|\mathcal{K}|$。

详细细节请见参考文献[23]。

备注：定理 14.3 说明攻击者只能通过猜密钥的方式进行攻击，也就意味着它已经失败了。

从定理 14.3 可以看出，对于一个给定的密钥长度$|\mathcal{K}|$，通过增加码长 n 可以使攻击者的成功概率任意接近于 $1/|\mathcal{K}|$，这比无噪模型中的界小很多。而且，通过给出上界，可以确保攻击者的成功概率是有限的。

14.5 多消息认证

本节将考虑使用相同的密钥 K 认证 J 个消息序列 $M_1,\cdots,M_J$，每个时隙认证一条消息。如 14.2 节中所讨论的，参考文献[5,7-9]研究了无噪模型下利用相同的密钥进行多消息认证。这些研究结果表明，经过多轮认证后，攻击者几乎可以获得所有关于密钥的信息。因此，攻击者可以选择一个具有较高成功概率的攻击策略。另外，在有噪信道模型下，泄露给攻击者的信息有限，因此攻击者的成功概率并不会随着观测数据的增加而提高。在现有工作中，并不需要无噪信道模型中的两个假设条件(也就是所有的消息都可以是一样的，所有的认证方案也可以一致)。信道噪声使得攻击者的输出与输入几乎完全独立，所以重放攻击或其他任何一种攻击的成功概率是受限的，接下来将证明这一点。

采用与单消息认证一样的方案，即源节点利用搭线窃听信道编码发送消息和密钥。具体而言，源节点利用按引理 14.2 生成的相同码字，该码字具有$|\mathcal{K}|$个子集，每个子集对应一个密钥。同样，每个子集包含$|\mathcal{M}|$个二进制码，每个二进制码对应一条消息。在第 j 块中，如果要发送的消息为 m_j，那么源节点等概率地从第 k 个子集的第 m_j 个二进制码中随机选取一个码字 $\boldsymbol{x}_j$，并在信道上发送 $\boldsymbol{x}_j$。攻击者接收到 $\boldsymbol{z}_j$ 的概率为

$$p(\boldsymbol{z}_j \mid \boldsymbol{x}_j) = \prod_{i=1}^{n} p(z_j(t) \mid x_j(t))$$

接收者接收 $\boldsymbol{y}_j$。如果攻击者不发起任何攻击，那么

$$p(\boldsymbol{y}_j \mid \boldsymbol{x}_j) = \prod_{i=1}^{n} p(y_j(t) \mid x_j(t))$$

另外，如果攻击者选择发起攻击，那么 $\boldsymbol{y}_j$ 的值取决于攻击者的攻击策略。在每个时隙，接收者采用联合典型集合译码，并且只根据 $\boldsymbol{y}_j$ 获得估计值$\hat{\boldsymbol{x}}_j$，然后将 m'_j和 k'设置为和$\hat{\boldsymbol{x}}_j$ 相关的二进制码索引和子集索引。如果 k'与接收者知道的密钥一致，则该消息认证成功并被接受；否则，该消息将被丢弃。与前面一样，采用$(m'_j,k')=g(\boldsymbol{y}_j)$作为接收者的译码过程。

为了在第 j 块发起假冒攻击，攻击者可以利用通过 $\boldsymbol{z}_1,\cdots,\boldsymbol{z}_{j-1}$获得的信息。令 $h_{j,im}$为源节点所采用的策略，它将 $\boldsymbol{z}_1,\cdots,\boldsymbol{z}_{j-1}$映射为 $\boldsymbol{y}_{o,j}$。用

$$(m'_j,k') = g(\boldsymbol{y}_{o,j}) = g(h_{j,im}(\boldsymbol{z}_1,\cdots,\boldsymbol{z}_{j-1}))$$

表示目的节点处的译码消息和密钥。对于每一个 $\boldsymbol{z}_1,\cdots,\boldsymbol{z}_{j-1}$，攻击者会采取策略 $h_{j,im}$使下式的概率最大

$$\sum_{k\in\mathcal{K}} p(k \mid \boldsymbol{z}_1,\cdots,\boldsymbol{z}_{j-1})\gamma_1(k,k')$$

其中，$\gamma_1(k,k')$为 14.4 节中定义的指示函数。因此，在接收完 $j-1$ 轮传输之后，假冒攻击的成功概率为

$$P_{I,j} = \sum_{z_1,\cdots,z_{j-1}} P(z_1,\cdots,z_{j-1}) \sup_{h_{j,im}} \left\{ \sum_{k\in\mathcal{K}} p(k \mid z_1,\cdots,z_{j-1}) \gamma_1(k,k') \right\}$$
$$\leqslant \sum_{z_1,\cdots,z_{j-1}} P(z_1,\cdots,z_{j-1}) \max_{k\in\mathcal{K}} \{ P(k \mid z_1,\cdots,z_{j-1}) \} \tag{14.21}$$

此不等式成立的原因与式(14.18)一致。

接收第 j 个传输之后，攻击者也可选择发起替换攻击，也就是改变第 j 个数据包的内容并将其发送给目的节点。令 $h_{j,sb}$ 为源节点采用的策略，将 $z_1,\cdots,z_j$ 映射到 $\boldsymbol{y}_{o,j}$，定义 $(m_j',k')=g(\boldsymbol{y}_{o,j})=g(h_{j,sb}(z_1,\cdots,z_j))$ 表示攻击者攻击之后目的节点处的译码消息和密钥。

如果 $m_j'\neq m_j$ 且 $k'=k$，则攻击成功。对于每一个可能的观测 $z_1,\cdots,z_j$，攻击者会采用策略 $h_{j,sb}$，使得以下概率最大化

$$\sum_{m_j,k} p(m_j,k \mid z_1,\cdots,z_j) \gamma_2(m_j,m_j') \gamma_1(k,k')$$

其中，γ_1 和 γ_2 在 14.4 节中进行了定义。

因此，第 j 次替换攻击的成功概率 $P_{S,j}$ 为

$$P_{S,j} \leqslant \sum_{z_1,\cdots,z_j} P(z_1,\cdots,z_j) \sup_{h_{j,sb}} \left\{ \sum_{m_j,k} p(m_j,k \mid z_1,\cdots,z_j) \gamma_2(m_j,m_j') \gamma_1(k,k') \right\}$$

关于该量，有如下结果。

引理 14.3 任何替换攻击的成功概率有如下界限

$$P_{S,j} \leqslant \sum_{z_1,\cdots,z_j} P(z_1,\cdots,z_j) \max_{k\in\mathcal{K}} \{ P(k \mid z_1,\cdots,z_j) \} \tag{14.22}$$

注意，式(14.21)和式(14.22)对攻击者的任一攻击策略都是有效的，包括前面提到的重放攻击。同样，式(14.21)和式(14.22)也具有类似的形式。因此，可以在一个统一的框架下分析这些项。$P_{I,j}$ 的界也是类似的。

引理 14.4 如果搭线窃听信道的保密容量非零，那么当 n 足够大时，存在常数 $c_m>0$ 和 $\beta_1>0$，使得

$$2^{-H(K)} \leqslant P_D \leqslant 2^{-H(K)} + c_m \exp^{-n\beta_1}$$

特别地，如果码字长度 n 趋于无穷，则 $P_D=2^{-H(K)}$。

证明：首先指出在第 j 块，密钥和攻击者处的观察值之间的互信息是指数阶小的。采用一个和散度与 $\mathcal{L}_1$ 距离相关的结论，可以证明适当定义的 $d_{av}(f)$ 是指数阶小的。采用与定理 14.3 相同的步骤可以证明其界。细节请见参考文献[23]。

从定理 14.4 可知，可以适当地利用信道噪声来显著提高认证方案的性能。

14.6 小 结

本章首先回顾了无噪信道下消息认证的研究结论，并提出了有噪信道上的消息认证理论。在单消息认证场景中，推导了欺骗概率的信息论上界和下界。该上下界已被证明具有一致性，完整地刻画了有噪信道下认证机制的基本限。还推导了多消息认证情况下的相应边界，并证明了它们是成立的。有趣的是，结果表明密钥信息可以同时用来抵制各

种各样的攻击。进一步的研究显示，与经典的无噪信道认证模型相比，在本章所设定的场景下，攻击者的成功概率大大减小了。

此外，利用诸如多径衰落等其他信道特征来辅助消息认证是一个值得深入研究的方向。同样，窃听信道噪声低于主信道噪声时的认证技术也是一个值得继续研究的课题。将研究扩展到更复杂的场景(例如内部欺骗或者群组认证)也具有非常实际的意义。

致谢：该成果部分内容由 Hesham El Gamal 在埃及开罗尼罗尔大学访学期间完成。该成果由美国国家自然科学基金项目资助(编号：ANI-03-38807，CNS-06-25637，CCF-07-28208)。

参考文献

[1] Simmons, G. J.: Authentication theory/coding theory, in *Proceedings of CRYPTO 84 on Advances in Cryptology*, (New York, NY, USA), pp. 411–431, Springer-Verlag Inc., Aug. 1985.

[2] Boncelet, C. G.: The NTMAC for authentication of noisy messages, *IEEE Trans. Inf. Forensics Secur.*, vol. 1, pp. 35–42, Mar. 2006.

[3] Liu, Y. and Boncelet, C. G.: The CRC-NTMAC for noisy message authentication, *IEEE Trans. Inf. Forensics Secur.*, vol. 1, pp. 517–523, Dec. 2006.

[4] Simmons, G. J.: A survey of information authentication, *in Proceedings of the IEEE*, vol. 76, pp. 603–620, May 1988.

[5] Maurer, U. M.: Authentication theory and hypothesis testing, *IEEE Trans. Inf. Theory*, vol. 46, pp. 1350–1356, July 2000.

[6] Johannesson, R. and Sgarro, A.: Strengthening Simmons' bound on impersonation, *IEEE Trans. Inf. Theory*, vol. 37, pp. 1182–1185, July 1991.

[7] Fak, V.: Repeated use of codes which detect deception, *IEEE Trans. Inf. Theory*, vol. 25, pp. 233–234, Mar. 1979.

[8] Rosenbaum, U.: A lower bound on authentication after having observed a sequence of messages, *J. Cryptol.*, vol. 6, pp. 135–156, Mar. 1993.

[9] Smeets, B.: Bounds on the probability of deception in multiple authentication, *IEEE Trans. Inf. Theory*, vol. 40, pp. 1586–1591, Sept. 1994.

[10] Stinson, D. and Wei, R.: Bibliography on authentication codes, available at "http://www.cacr.math.uwaterloo.ca/dstinson/acbib.html"

[11] Johansson, T.: Lower bounds on the probability of deception in authentication with arbitration, *IEEE Trans. Inf. Theory*, vol. 40, pp. 1573–1585, Sep. 1994.

[12] Desmedt, Y. and Yung, M.: Arbitrated unconditionally secure authentication can be unconditionally protected against arbiter's attacks, in *Proceedings of International Cryptology Conference*, (Santa Barbara, CA), pp. 177–188, 1990.

[13] Boyd, C.: *Cryptography and Coding*. Oxford, UK: Clarendon Press, 1989.

[14] Desmedt, Y.: Threshold cryptography, *Eur. Trans. Telecomm.*, vol. 5, pp. 449–457, July 1994.

[15] Dijk, M. V., Gehrmann, C. and Smeets, B.: Unconditionally secure group authentication, *De. Codes Cryptogr.*, vol. 14, pp. 281–296, 1998.

[16] Shamir, A.: How to share a secret, *Commun. ACM*, vol. 22, pp. 612–613, Nov. 1979.

[17] Wyner, A. D.: The wire-tap channel, *Bell Syst. Tech. J.*, vol. 54, pp. 1355–1387, Oct. 1975.

[18] Csiszar, I. and Korner, J.: Broadcast channels with confidential messages, *IEEE Trans. Inf. Theory*, vol. 24, pp. 339–348, May 1978.

[19] Bennett, C. H., Brassard, G., Crepeau, C. and Maurer, U. M.: Generalized privacy amplification, *IEEE Trans. Inf. Theory*, vol. 41, pp. 1915–1923, Nov. 1995.

[20] Csiszar, I.: Almost independence and secrecy capacity, *Probl. In. Transm.*, vol. 32, pp. 40–47, Jan. 1996.

[21] Maurer, U. M. and Wolf, S.: Information-theoretic key agreement: From weak to strong secrecy for free, in *Proceedings of Advances in Cryptology-EUROCRYPT*, (Bruges (Brugge), Belgium), pp. 356–373, May 2000.

[22] Ahlswede, R. and Csiszar, I.: Common randomness in information theory and cryptography, Part II: CR capacity, *IEEE Trans. Inf. Theory*, vol. 44, pp. 225–240, Jan. 1998.

[23] Lai, L., El Gamal, H. and Poor, H. V.: Authentication over noisy channels, *IEEE Trans. Inf. Theory*, vol. 55, pp. 906–916, Feb. 2009.

第 15 章

可信协作传输：化安全短板为安全强项*

Yan Lindsay Sun, Zhu Han

15.1 引 言

从无线电报发明以来，人们一直在努力提高无线信道的容量。过去十年间，人们在该领域取得了引人注目的成就。其中有两个是具有里程碑意义的技术：第一个是多入多出(MIMO)技术，利用多天线的优势造成空间分集，并通过增加无线设备的天线数目提高信道容量；第二个是协作传输，通过物理层的协作传输（而非在一台无线设备上安装多根天线）来实现空间分集。在协作传输中，当源节点向目的节点发送信息时，接收到这一信息的附近节点可以通过转发接收的信息副本来"帮助"源节点和目的节点，目的节点通过合并接收到的多个信号波形来改善链路质量。换句话说，协作传输技术利用附近节点作为虚拟天线，模拟 MIMO 的效果以获得空间分集增益。大量的参考文献证明协作传输可以显著提高信道容量，并且在提高无线网络容量方面也具有很大的潜能（见参考文献[1-5]）。

协作传输与传统的点对点链路的概念不同。关于协作传输的早期研究主要集中于对该技术的设计思路和性能增益方面，近年来的研究工作则转向如何建立网络支持以获得性能增益。研究者们正在将协作传输技术融入蜂窝通信、WiMAX、WiFi、蓝牙、超宽带(ultra wideband，UWB)、自组织网和传感网络。协作传输技术也正在一步一步地标准化，例如 IEEE WiMAX 标准组织已经成立了 802.16J 中继任务组，负责将协作中继机制融入其中（见参考文献[6]）。

目前，协作传输方面的研究主要集中于通信效率，包括容量分析、协议设计、功率控制、中继选择和跨层优化等。在这些研究中，假设所有的网络节点都是可信的，在方案设计、协议开发和性能评估过程中并没有考虑安全威胁。

- 众所周知，恶意节点可以通过发送数据或者假冒节点进入许多无线网络。在协作传输中，恶意节点有机会扮演"中继"节点（即帮助源节点转发信息的节点）的角色。恶意节点破坏协作通信进程的方法之一是向目的节点发送与正确信息相反的信息。

Yan Lindsay Sun(✉)
罗得岛大学，东阿鲁尼大道 4 号，金士顿，罗得岛州 02881，美国
电子邮件：yansun@ele.uri.edu

* 该成果由美国国家自然科学基金项目（编号：CNS-0910461，CNS-0831315）资助。

- 节点的自私行为同样会破坏协作传输。当无线节点不属于同一网络或者没有获得相同授权时，一些节点可能会拒绝与其他节点协作，例如拒绝作为中继节点，以节省自身资源。
- 在协作传输中，目的节点常常需要根据信道状态信息来完成信号合成和中继选择。因此，恶意中继可能会提供虚假的信道状态信息，寄希望于被选作中继或者使目的节点不能合并足够多的信息。

本章将研究无线通信协作传输中的安全问题。首先，讨论协作传输机制的缺陷以及这些缺陷可能带来的网络性能恶化后果。随后，给出联合管理信任机制和信道估计以增强协作传输安全性的有效方法。最后，讨论利用协作传输辅助其他网络安全协议的潜在优势。

15.2 协作传输及其缺陷

为了更好地理解协作传输的特征和缺陷，首先回顾协作传输的基础，并为感兴趣的读者提供一些参考文献；然后讨论针对协作传输的攻击手段及其后果；最后介绍对于防护机制的需求。

15.2.1 协作传输基础

协作传输利用了无线信道的广播特性。节点在收到其他节点之间传输的信息时，不是简单地丢弃，而是通过一次附加的传输来扮演“助手”的角色。助手正式的称谓是中继节点。

图 15.1 展示了协作传输的基本思想以及一个高度简化的拓扑结构，图中有一个源节点、多个中继节点和一个目的节点。协作传输由两个阶段组成：阶段 1，源节点向目的节点广播一条消息，与此同时，中继节点接收到这条信息；阶段 2，中继节点（在不同的时隙或不同的正交信道）将这条消息发送给目的节点。目的节点合并从源节点和中继节点接收到的消息。

接下来讨论如图 15.1 所示的单跳情况下的信号模型，后续节将讨论更加复杂的网络拓扑。源节点记为 s，目的节点记为 d，中继节点记为 r_i，其中 i 为中继节点的序号。

在阶段 1，源节点 s 向目的节点 d 和中继节点 r_i 广播信息。目的节点 d 接收到的信号 y_d 和中继节点 r_i 接收到的信号 y_{r_i} 分别表示为

$$y_d = \sqrt{P_s G_{s,d}} h_{s,d} x + n_d \tag{15.1}$$

$$y_{r_i} = \sqrt{P_s G_{s,r_i}} h_{s,r_i} x + n_{r_i} \tag{15.2}$$

其中，P_s 为源节点的发送功率；x 为单位能量的发送信息符号；$G_{s,d}$ 为 s 和 d 之间的信道增益；G_{s,r_i} 为 s 和 r_i 之间的信道增益；$h_{s,d}$ 和 h_{s,r_i} 为信道衰落因子，建模为零均值单位方差的复高斯随机变量；n_d 和 n_{r_i} 分别为加性高斯白噪声（additive white Gaussian noise, AWGN）。不失一般性，假设所有链路的噪声功率相同，均为 σ^2，并假设信道在每帧数据传输时间内是稳定的。

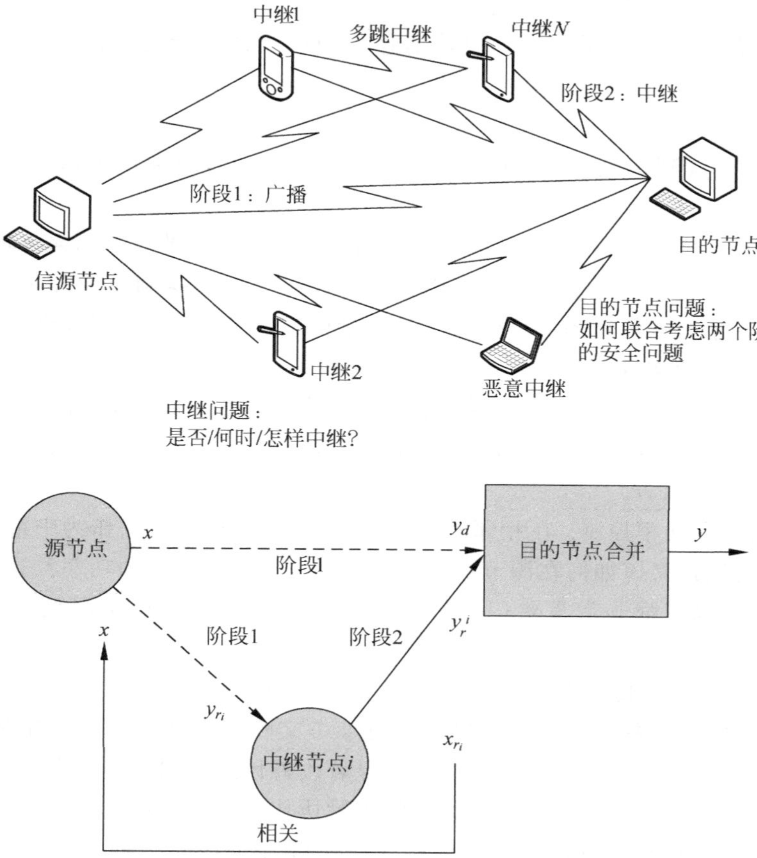

图 15.1　协作传输系统模型

当没有中继节点存在时，整个传输过程只包含阶段 1，因此称为直接传输（direct transmission）。此时，由于没有中继节点的帮助，目的节点的信噪比（SNR）为

$$\Gamma_d = \frac{P_s G_{s,d} E[\,|\,h_{s,d}\,|^2]}{\sigma^2} \tag{15.3}$$

在阶段 2，中继节点（在不同的时隙）向目的节点发送信息，目的节点合并来自源节点和中继节点的消息。考虑译码转发（decode and forward，DF）协作传输协议（见参考文献[1,3]），即中继节点对阶段 1 接收到的源信息进行译码，并在阶段 2 将信息发送给目的节点。目的节点从中继节点 i 接收到的信号为

$$y_r^i = \sqrt{P_{r_i} G_{r_i,d}}\, h_{r_i,d}\, x_{r_i} + n'_d \tag{15.4}$$

其中，x_{r_i} 为中继译码转发的信号；$h_{r_i,d}$ 为衰落因子，建模为零均值单位方差的高斯随机变量；n'_d 是方差为 σ^2 的热噪声。

由于噪声、信道衰减和估计误差的影响，中继节点的输出 x_{r_i} 可能与源节点的输出 x 不同，x_{r_i} 和 x 之间的差异可以使用相关性来衡量。理想情况下，相关性应该是 1，但是实际上由于多种原因，相关性可能小于 1。例如，由于噪声和信道估计误差导致中继不能准

确地将 y_{r_i} 译码为 x_{r_i}，或者中继节点并没有忠实地转发消息。

当只考虑译码错误时，源节点的原始信息 x 与中继译码转发的信息 x_{r_i} 之间的相关性为

$$E(xx_{r_i}) = 1 - P_e^{s,r_i} \tag{15.5}$$

其中，P_e^{s,r_i} 为源节点到中继节点 i 的误码率（bit error rate，BER），表示 x_{r_i} 和 x 之间的差异。

式(15.5)只考虑了译码错误，若同时考虑信道估计误差和节点的错误传输行为，那么相关性就变得非常难以分析了。实际应用中，可通过经验方法来确定该相关性。

本小节讨论了协作传输的基本概念。对于希望进一步学习的读者，给出下列协作传输相关的代表性参考文献。

- 容量分析和新的协作通信协议：主要研究协作传输可以给通信链路和整个网络带来多大的增益(见参考文献[7-9]，以及如何在现实约束下实现协作传输(见参考文献[10-12])。
- 中继选择和功率控制：在相邻的节点中，应该选择哪些节点作为中继节点？中继节点选择后，又该如何在源节点和中继节点之间分配有限的功率？这些问题对于协作传输来说都非常重要(见参考文献[13,14])，并且可扩展到多用户检测和 OFDM 场景(见参考文献[15,16])。
- 路由协议：协作传输能够为网络协议提供额外的路由，从而显著提高网络性能。路由选择可以根据传统的路由协议(见参考文献[17,18])或者协作路由(见参考文献[19])实现。采用协作传输，可以显著改善传感器网络的生存周期(见参考文献[20])。参考文献[21-24]研究了将多跳协作传输作为路由的一个特殊场景。
- 分布式资源分配：博弈理论是分布式协作资源分配的一种很自然的实现方案。单个节点可以只利用局部信息来优化协作传输(见参考文献[25])。
- 其他：综合考虑其他层的问题进行协作传输，例如信源编码(见参考文献[26])、能量有效广播问题(见参考文献[27])等。

15.2.2 协作传输的安全脆弱性

协作传输的安全问题与需要在分布式节点间协作的其他场景中存在的安全问题类似。这类场景包括移动自组织网络中的路由选择、传感器网络中的数据汇聚以及 P2P 网络中的数据共享等。在上述场景中，如果一个或多个节点的行为与期望的相反(恶意中继)，则会严重影响系统的性能；如果许多节点仅要求其他节点帮助自己，却不帮助别的节点，那么这些贪婪节点就会降低系统的整体性能，并且阻碍协作传输。当然，对于不同的应用场景，安全问题的解决方案也不同。

如 15.1 节所述，协作传输中的不当行为主要有以下三种(见参考文献[28,29])。

- 自私性静默：即存在一些自私节点，为了节省自身能源，不为其他节点转发消息。
- 恶意转发：即存在一些恶意节点，当其作为中继节点后，向目的节点发送垃圾信息。
- 错误反馈：恶意节点报告错误的信道信息，使得目的节点不能充分使用转发来的消息。

图 15.2 说明了在协作传输遭到恶意攻击时的性能变化。实验中采用了 4 个中继节点，纵轴表示目的节点的平均 SNR。由图 15.2 可得下述重要结论。

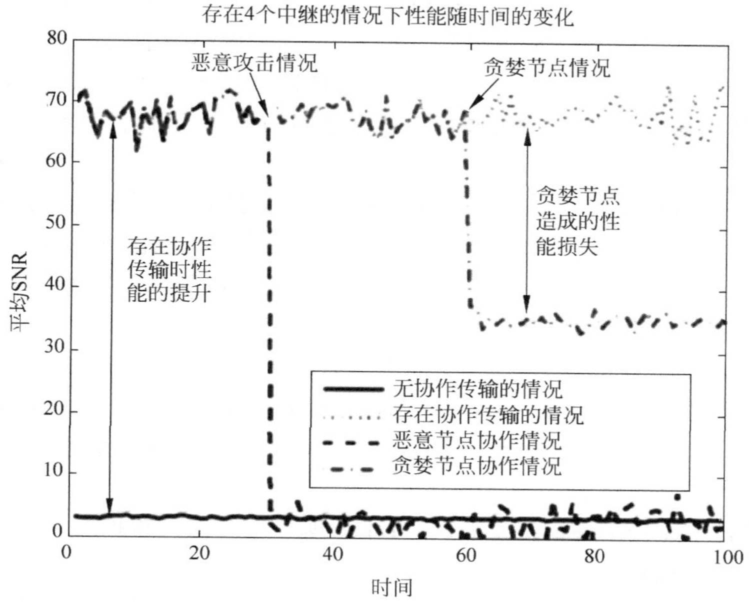

图 15.2　易遭到攻击的脆弱性

(1) 开始阶段没有恶意行为，此时协作传输与没有中继的情况(指的是直接传输)相比，性能优势非常明显。这个显著的性能增益正是研究协作传输的源动力。

(2) 恶意中继带来的后果是毁灭性的。在时刻 30 处，一个恶意中继开始发送相反的信息比特，即接收到 0(1)时发送 1(0)。接收 SNR(黑色虚线)迅速下降，甚至比直接传输的性能还要低。显然，中继节点的使用为恶意攻击提供了可乘之机。若不采取适当的保护措施，则传统的协作传输方案会不适用于存在潜在恶意节点的无线网络。

(3) 自私节点会降低协作传输的系统性能，并且令使用协作传输的优势越来越小。在时刻 60 处，一个中继节点转变为自私节点并拒绝为源节点转发消息(点画线)。自私行为存在时，协作传输相比于直接传输仍然存在性能增益，但性能增益大大减小。如果网络中的大部分用户是自私的，那么协作传输带来的增益可能小于实现协作带来的开销。

(4) 在大多数协作传输方案中，目的节点都需要信道状态信息来进行信号合并与中继选择。恶意节点仅通过提供与源节点之间信道状态信息的虚假反馈，就可以达到以下两个目的：①将恶意节点选为中继；②目的节点会给恶意节点转发的消息分配较大的权重。在被选中并被当作重要中继后，恶意节点就可以实施恶意攻击。事实证明，错误反馈可能使协作传输的性能比直接传输的性能还要差。

15.2.3　防护需求

上述协作传输中内在的安全脆弱性能否加以弥补呢？为回答这一问题，需要深入理解造成这些安全缺陷的根本原因。

首先,分布式实体的协作对于自私行为和恶意行为具有脆弱性。当某种网络功能依赖于多个节点之间的协作时,若存在拒绝与其他节点协作的自私节点,则该网络功能的性能会变差;若存在节点故意实施与期望相反的行为,则会严重破坏网络性。例如,移动自组织路由协议依赖于节点忠实地联合转发报文,传感器网络中的数据汇聚协议依赖于所有的传感器忠实地上报其测量数据。众所周知,自私和恶意行为是上述协议的主要威胁。同理,由于协作传输依赖于源、中继和目的节点之间的协作,因此同样存在自私和恶意行为的威胁。

其次,当决策过程依赖于分布式网络实体的反馈信息时,其性能会受到不实反馈的破坏。这是许多系统中都普遍存在的问题。在大量无线资源分配协议中,发送功率、带宽和数据速率都由反馈所得的信道状态信息决定(见参考文献[24,25,30])。在协作传输中,中继选择和信号合并都依赖于反馈得到的信道状态信息。

最后,从无线通信的角度来看,信道状态信息的传统表示方法无法反映网络节点的恶意行为。在大多数协作传输方案中,中继选择和传输协议均需要已知中继信道状态信息。然而,传统的信道状态信息(无论是 SNR 还是 BER)只能描述无线信道的物理特征,而无法捕捉中继节点的恶意行为。

以上讨论的安全脆弱性的产生原因,可作为理解安全漏洞防护机制主要设计目标的切入点。防护机制应该能够做到:

- 赏善:为分布式网络实体提供强烈的协作动机,从而抑制自私行为;
- 罚恶:检测出恶意中继并且要求它们对其行为负责;
- 健壮:为协作传输协议提供精准的信道信息,这些信道信息不仅能反映物理信道的状态,还可以预测恶意行为发生的可能性,并且不会轻易被不实反馈所误导。

15.3 信任辅助的协作传输

本节给出协作传输安全问题的一个解决方案。该方案将综合考虑信任管理、信道估计和目的节点处的信号合并。具体而言,首先介绍信任建立的基础知识,然后讨论如何基于信任表示无线链路质量,最后介绍目的节点如何利用信任信息合并信号。

15.3.1 信任建立基础

信任建立被公认为是一种确保分布式实体间安全协作的有力工具。其由于独特的优势,被应用于很多场景。

如果网络实体能评估他们对其他实体的信任程度并据此执行操作,则可以获得三方面的优势。首先,提供了协作的动机,这是因为行为自私的网络实体将具有低信任值,从而影响他们从其他网络实体获得服务的概率。其次,限制了恶意攻击的影响,因为行为不端节点即使在被正式发现前,被选作协作伙伴的机会也没有其他诚实网络节点大。最后,提供了一种依据信任值检测恶意节点的方法。

因为信任管理的目的与保护协作传输的需求非常符合,所以选择信任管理作为防护机制的一个组成部分。感兴趣的读者可以通过参考文献[31-33]更深入地了解信任建立机制。

为协作传输设计信任建立方法并不容易。虽然现有参考文献中有很多信任建立的方案，但是它们大多数是在应用层实现的，并且几乎没有是为物理层/MAC 层通信协议而设计的。这主要是由于实现开销太大。信任建立方法通常需要监控分布式节点，并在节点之间交换消息。在物理层，要尽可能地减少消息交换和监控，从而减少开销。因此，信任建立应该主要依赖于物理层已有的信息。

本节只介绍一些信任建立的背景，后续节将详细说明信任建立方法。

信任关系通常建立在具有某一行为的两个实体之间，即一个实体信任另一个实体进行某种行为。第一个实体通常称为主体(subject)，而另一个实体称为代理(agent)。参考文献[34]引入了一个正式的符号{主体：代理；行为}来表示信任关系。{主体：代理；行为}的信任值是一个或多个数值，用于表示主体对代理进行这一行为的信任程度。

当主体观察到代理的行为时，可以根据观察结果建立对代理的直接信任值。例如，在基于 β 函数的信任模型(见参考文献[35])中，如果主体观察到代理有($\alpha-1$)次行为表现很好，有($\beta-1$)次存在恶意行为，那么主体计算直接信任值为$\frac{\alpha}{\alpha+\beta}$。当然，还有很多其他方法可以计算直接信任值。

此外，还可以通过第三方节点完成信任建立。例如，如果 A 和 B_1 已建立起信任关系，且 B_1 和 Y 也已经建立起信任关系，那么当 B_1 告诉 A 它对 Y 的信任意见(即推荐)后，A 就可以对 Y 建立一定的信任度。这一现象称为信任传递。当存在多个信任传递路径时，信任传递过程就会变得非常复杂。通过信任传递，可以建立间接信任。计算间接信任值的方法由信任模型决定(见参考文献[36])。

15.3.2 基于信任的链路质量表示方法

在协作传输中，了解信道状态对目的节点来说非常重要。传统上，信道状态一般使用 SNR 或 BER 来描述。但是，传统的表示方式并不能反映中继路径的丰富特征，这是因为中继路径会受中继节点处的译码错误以及中继节点的恶意行为影响。本节将提供另一种方法来描述中继信道质量。

当主体搜集到以二进制形式表示的、关于代理的评价或观察值后，通常使用 β 函数信任模型。例如，节点 B 已向节点 A 发送了($\alpha+\beta-2$)个数据帧，其中节点 A 接收到($\alpha-1$)个分组的 SNR 大于某个阈值，则认为这些数据帧的传输过程是成功的，而其他数据帧的传输是失败的。也就是说，存在($\alpha-1$)个成功尝试和($\beta-1$)个失败尝试。通常假设($\alpha+\beta-2$)个数据帧的传输是相互独立的，并且无论数据帧传输是成功或失败，传输过程都由参数为 p 的伯努利分布决定。基于上述假设，在给定 α 和 β 的条件下，参数 p 服从如下所示的 β 分布

$$B(\alpha,\beta)=\frac{\Gamma(\alpha+\beta)}{\Gamma(\alpha)\Gamma(\beta)}p^{\alpha-1}(1-p)^{\beta-1} \tag{15.6}$$

众所周知，$B(\alpha,\beta)$的均值 m 和方差 v 分别为

$$m=\frac{\alpha}{\alpha+\beta}\quad v=\frac{\alpha\beta}{(\alpha+\beta)^2(\alpha+\beta+1)} \tag{15.7}$$

在信任建立中，在给定 α 和 β 的条件下，通常选择 $B(\alpha,\beta)$ 的平均值 $\frac{\alpha}{\alpha+\beta}$ 作为信任值。这一信任值表示一条无线链路可以正确传输数据帧的可信程度。此外，一些信任模型引入了与信任值相关的置信度值(见参考文献[37])。置信度值通常是由 $B(\alpha,\beta)$ 的方差计算得到的，代表了主体对信任值的置信程度。

根据信任值的物理含义以及信任值和 β 函数之间的紧密联系，使用 β 函数来表示链路质量，就等效于使用信任值和置信度值来描述链路质量。在本章的剩余部分，“链路质量”和“信任值”这两个术语有时是交替使用的。

由于收发信机经常采用交织器，且噪声与时间无关，因此可以证明不同数据帧的成功传输是相互独立的，这进一步验证了使用 β 分布的合理性。与传统的误帧率(frame error rate，FER)、BER 和 SNR 相比，基于信任的链路质量表示方法既具有优势也存在不足。优势之一是，基于信任的链路质量能描述无线信道状态、信道估计误差和中继节点的不当行为共同造成的影响。但是，由于要通过多个数据帧才能得到 α 和 β 的值，所以基于信任的链路质量无法描述信道状态的快速变化。因此，该方案适用于慢衰落信道或高速数据传输的场景，其信道状态在多个分组传输期间保持稳定。

15.3.3 接收者的信号合并

在传统的协作传输机制中，接收者经常使用最大比合并(maximal ratio combining，MRC)来进行信号合并(见参考文献[38])，这一合并方案仅考虑了目的节点和中继节点之间的信道质量。然而，当网络中存在不作为或恶意中继时，MRC 就不再是最优方案了。

本节介绍一种新的信号合并方案，共有三步：(1)计算所有中继路径基于信任的信道质量，包括多跳中继节点；(2)通过解决最小化接收 BER 的最优化问题，计算波形信号合并时使用的最优权值；(3)使用权值完成波形合并，并对合并的波形进行译码。

在不失一般性的条件下，假设调制方式为 BPSK。根据参考文献[38]，瑞利衰落信道中 BPSK 的 BER 可以通过式(15.8)所示的 SNR 函数近似计算

$$\mathrm{BER}=\frac{1}{2}\left(1-\sqrt{\frac{\Gamma}{1+\Gamma}}\right) \tag{15.8}$$

其中，Γ 为 SNR。这里，FER 与 BER 是一一对应的：$\mathrm{FER}=1-(1-\mathrm{BER})^L$，其中 L 为帧长。因此，本章后续部分只考虑 BER。

15.3.3.1 波形级合并

在传统的协作传输机制中，通常使用最大比合并(见参考文献[38])进行波形级合并。特别地，对于只有一个中继的情况来说，使用 y_d 表示直达路径接收的信号，而 y_r^i 表示中继链路接收的信号。假设中继节点可以对源信息进行正确译码，那么使用权值 w_i 得到的 MRC 合并信号为

$$y^{\mathrm{mrc}}=w_0 y_d+\sum_i w_i y_r^i \tag{15.9}$$

其中，$w_0=1$，且 $w_i=\sqrt{\frac{P_{r_i}G_{r_i,d}}{P_sG_{s,d}}}$。最终的 SNR 为

$$\Gamma^{\mathrm{MRC}} = \Gamma_d + \sum_i \Gamma_{r_i} \tag{15.10}$$

其中，$\Gamma_d = \dfrac{P_s G_{s,d} E[|h_{s,d}|^2]}{\sigma^2}$和 $\Gamma_{r_i} = \dfrac{P_{r_i} G_{r_i,d} E[|h_{r_i,d}|^2]}{\sigma^2}$分别为直接传输和中继传输的SNR。当存在信道译码错误和节点不当行为时，MRC 就不再是最优的。这是因为如式(15.5)所示，接收信号质量不仅与到目的节点的最终链路有关，而且还与译码错误或者中继节点的不当行为有关。

接下来提出一种新的波形级合并方法，该方法基于链路质量的 β 函数表示。首先考虑单中继路径的情况。根据中继能否正确译码，合并后的 SNR 可分别表示为

$$\Gamma = \begin{cases} \Gamma^c = \dfrac{\Gamma_d + w_1^2 \Gamma_{r_1} + 2w_1 \sqrt{\Gamma_d \Gamma_{r_1}}}{1 + w_1^2}, & \text{若中继译码正确} \\ \Gamma^w = \dfrac{\Gamma_d + w_1^2 \Gamma_{r_1} - 2w_1 \sqrt{\Gamma_d \Gamma_{r_1}}}{1 + w_1^2}, & \text{若中继译码错误} \end{cases} \tag{15.11}$$

令 $B(\alpha_1, \beta_1)$表示源-中继信道的链路质量。通过式(15.12)设置合并中继路径的最优加权向量，可得最优化合并后目的节点处的 SNR。

$$w_1^* = \arg\min_{w_1} \int_0^1 [p\Gamma^c + (1-p)\Gamma^w] B(\alpha_1, \beta_1) \mathrm{d}p \tag{15.12}$$

通过对式(15.12)的右半部分求微分，可得最优的合并加权因子为

$$w_1^* = \frac{\Gamma_{r_1} - \Gamma_d + \sqrt{\Gamma_d^2 + \Gamma_{r_1}^2 + 2(1 - 8m_1 + 8m_1^2)\Gamma_d \Gamma_{r_1}}}{2(2m_1 - 1)\sqrt{\Gamma_d \Gamma_{r_1}}} \tag{15.13}$$

其中，m_1 为中继正确译码概率的均值或 β 函数 $B(\alpha_1, \beta_1)$的均值。当中继正确译码，即 $m_1 = 1$ 时，有

$$w_1^* = \sqrt{\frac{\Gamma_{r_1}}{\Gamma_d}} \tag{15.14}$$

这与 MRC 结果相同。当 $m_1 = 0.5$ 时，式(15.13)就变为了 0 除以 0 的形式。这种情况下，定义 $w_1^* = 0$，此时中继节点的译码完全不正确，转发的也是完全不相干的数据。因此，中继的权值应该为 0，而系统退化为只有直接传输的情况。

对于存在多个中继的情况，假设第 i 个中继的 β 函数的均值为 m_i，SNR 为 Γ_{r_i}，权值为 w_i，则系统整体的 SNR 可以写为

$$\Gamma = \max_{w_i} \sum_{q_i \in \{-1,1\}} \prod_i Q(q_i, m_i) \frac{\left(\sqrt{\Gamma_d} + \sum_i q_i w_i \sqrt{\Gamma_{r_i}}\right)^2}{1 + \sum_i w_i^2} \tag{15.15}$$

其中，q_i 表示中继 i 是否能够正确译码，并且

$$Q(q_i, m_i) = \begin{cases} m_i, & q_i = 1, \quad \text{译码正确} \\ 1 - m_i, & q_i = -1, \quad \text{译码错误} \end{cases} \tag{15.16}$$

此时，通过对参数 w_i 求式(15.15)的最小值，可以计算得到最优的 w_i。可以使用的数值方法有牛顿法(见参考文献[39])等。

总之，可以通过以下四个步骤完成波形级合并。

(1) 计算每个路径 m_i 值。

(2) 最小化式(15.15)中的 BER,获得最优的加权因子。如果只有一条中继路径,则最优的加权因子如式(15.13)所示。

(3) 计算合并波形 y。

(4) 对合并波形 y 进行译码。

15.3.3.2 多跳中继场景

上述讨论主要针对单跳中继场景,即中继路径为源-中继-目的节点。当然,可能存在多个这样的中继路径,这是协作传输中最常见的应用场景。

值得注意的是,中继路径可能包含多个级联的中继节点。参考文献[40,41]研究了这类中继路径的一个例子 $s-r_a-r_b-d$,其中 s 是源节点,d 是目的节点,r_a 和 r_b 为两个中继节点。

考虑该更为常见的协作传输场景,研究计算级联传输的链路质量的方法。特别地,令 $B(\alpha_1,\beta_1)$ 表示 s 和 r_a 之间的链路质量,$B(\alpha_2,\beta_2)$ 表示 r_a 和 r_b 之间的链路质量。如果能通过 $\alpha_1,\beta_1,\alpha_2,\beta_2$ 计算出 s 和 r_b 之间的链路质量,表示为 $B(\alpha'_r,\beta'_r)$,那么就可以使用 15.3.3.1 节中介绍的方法进行分析,只需将(α_r,β_r)替换为(α'_r,β'_r)。接下来,给出用于计算(α'_r,β'_r)链路质量的级联传输模型。

记$\hat{x}$表示通过路径 $s-r_a-r_b$ 可以成功传输的概率,$\hat{x}$的累积分布函数记作

$$\mathrm{CDF}(\hat{x})=\iint_0^{\hat{x}=pq}\frac{\Gamma(\alpha_1+\beta_1)\Gamma(\alpha_2+\beta_2)}{\Gamma(\alpha_1)\Gamma(\beta_1)\Gamma(\alpha_2)\Gamma(\beta_2)}p^{\alpha_1-1}q^{\alpha_2-1}(1-p)^{\beta_1-1}(1-q)^{\beta_2-1}\,\mathrm{d}p\mathrm{d}q \tag{15.17}$$

由于难以获得式(15.17)的解析解,所以引入一种启发式的解决方法近似$\hat{x}$的分布,并做出以下三个假设。

首先,即使级联信号分布不是 β 函数,也将$\hat{x}$的分布近似为 β 函数 $B(\alpha'_r,\beta'_r)$。令(m_1,v_1)、(m_2,v_2)和(m'_r,v'_r)分别代表分布 $B(\alpha_1,\beta_1)$、$B(\alpha_2,\beta_2)$和 $B(\alpha'_r,\beta'_r)$的(均值,方差),则 β 分布的均值和方差可由式(15.7)给出。

其次,假设 $m_{12}=m_1\cdot m_2$,该假设的物理含义是:Pr(沿路径 $s-r_1-d$ 传输成功)= Pr(沿路径 $s-r_1$ 传输成功)·Pr(沿路径 r_1-d 传输成功)。

最后,假设 $v_1+v_2=v_{12}$,即两个级联链路增加的噪声是相互独立的,并且其方差可以相加。

基于以上假设,可得

$$\alpha'_r=m_1m_2\left(\frac{m_1m_2(1-m_1m_2)}{v_1+v_2}-1\right) \tag{15.18}$$

$$\beta'_r=(1-m_1m_2)\left(\frac{m_1m_2(1-m_1m_2)}{v_1+v_2}-1\right) \tag{15.19}$$

为了验证这一假设的正确性,下面给出几个数值举例。如图 15.3 所示,图中显示了 $B(\alpha_1,\beta_1)$和 $B(\alpha_2,\beta_2)$的概率密度函数。其中,$\alpha_1=180,\beta_1=20,\alpha_2=140,\beta_2=60$。可见,两个 β 函数的均值分别为 0.9 和 0.7。图 15.3 还给出了通过式(15.17)的数值计算方法得到的$\hat{x}$的分布,以及由式(15.18)和式(15.19)计算得到的$\hat{x}$的近似分布(即 $B(\alpha'_r,\beta'_r)$)。由

此可知，采用启发式近似的方法是非常合适的。

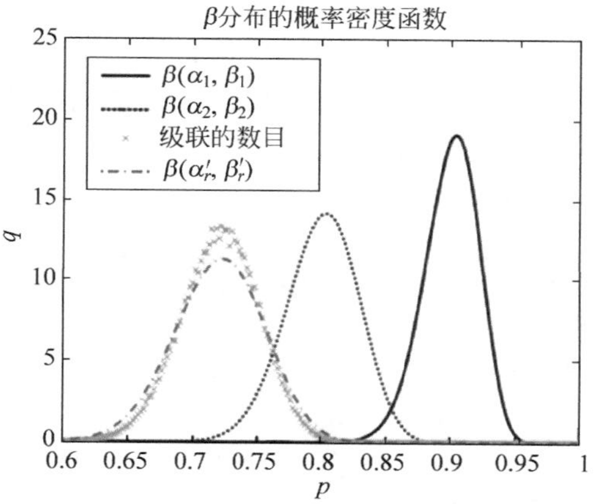

图 15.3　链路质量传播

总之，通过采用 β 函数的串联，可以表示多跳中继场景中的链路质量。

15.3.4　谎言攻击的防护

在谎言攻击中，恶意节点不会报告它自己和源节点之间准确的链路质量。相反地，恶意节点会报告一个非常高的链路质量，即大的 α 值和非常小的 β 值。因此，目的节点计算出的 m_r 值将会比其真实值大很多，这样式(15.13)计算出的加权因子也会比它的真实值大。也就是说，从说谎的中继收到的信息将会赋予一个大的权值。但是，中继发出的信息可能是错的。因此，谎言攻击会增加 BER。为了解决该问题，提出了方案 1。

需要说明的是除检测谎言攻击之外，方案 1 还可以检测出其他攻击。具体而言，只要 m_r 与节点的实际行为不符(这是由于恶意行为和严重的信道估计误差导致的)，方案 1 就可以检测出可疑节点。

方案 1　针对谎言攻击的防护

1：目的节点对比 BER_{est}(使用式(15.8)和式(15.13)估计的 BER)和 BER_{obs}(代表实际通信时观察到的 BER)
2：if $BER_{est} - BER_{obs} >$ 阈值 1 then
3：　if 只有一个中继节点 then
4：　　　这一节点被标记为可疑节点
5：　else
6：　　　for 每个中继节点 do
7：　　　　将该中继节点排除在外，然后进行 BER 估计和信号合并
8：　　　　if 新估计的 BER 与 BER_{obs} 之间的差小于阈值 2 then
9：　　　　　将这一节点标记为可疑节点，并向其他节点发送有关该节点的提醒报告
10：　　　　end if
11：　　　end for
12：　　end if
13：　　对每个可疑中继，将中继节点的 m_r 值减为 $m_r^{new} = m_r^{old} * (1-\varepsilon)$，其中 ε 是一个小的正数(如选择 $\varepsilon=0.2$)，m_r^{old} 为链路质量的当前均值，m_r^{new} 为经过调整后的值
14：end if

15.3.5 信任辅助的协作传输方案设计

协作传输从链路质量信息中受益良多，这些信息描述了信道条件与不可信中继节点恶意行为的联合效应。图 15.4 显示了信任辅助的协作传输的整体设计。这里每个节点维护一个协作传输(cooperative transmission，CT)模块和一个信任/链路质量管理(trust/link quality manager，TLM)模块。

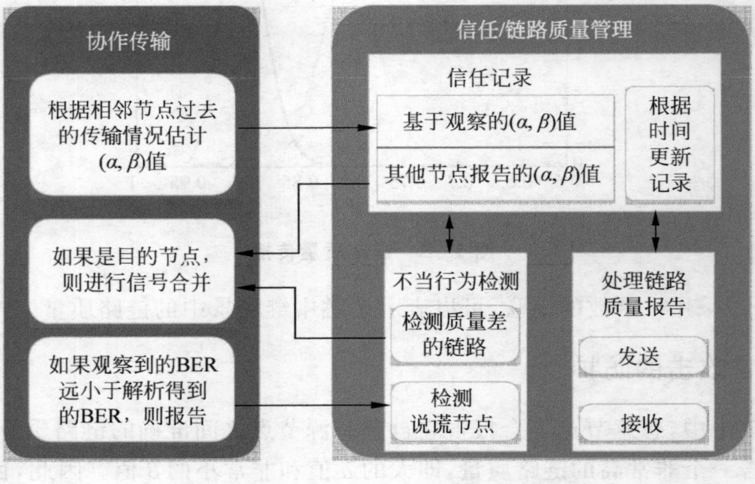

图 15.4 信任辅助的协作传输示意图

基本操作描述如下。

- 在 CT 模块中，节点估计它自己和它邻居节点之间的链路质量。例如，如果节点 s 总共向节点 r_1 发送了 N 个分组，并且 r_1 正确接收到了 K 个分组，则 r_1 将 s 与 r_1 之间的链路质量估计为 $B(K+1, N-K+1)$。将估计出的链路质量信息(link quality information，LQI)发送到 TLM 模块。由于这一链路质量信息是由观察结果直接估计得到的，因而称为直接 LQI(direct LQI)。
- TLM 模块中的信任记录存储了两种类型的链路质量信息，即(α,β)值。第一类是直接 LQI，是由 CT 模块估计的。第二类是间接 LQI，是由其他节点估计的。
- 每个节点向它的邻居广播其直接 LQI。这些广播消息称为链路质量报告，可以周期性发送或者当 LQI 有大的变化时发送。
- 一旦一个节点从邻居节点接收到链路质量报告，它就会在其信任记录中更新间接 LQI。间接 LQI 就是其他节点估计的直接 LQI。
- 在 TLM 模块中，检测低质量链路。检测标准是

$$\frac{\alpha}{\alpha+\beta} < \text{阈值 } r\text{，且 } \alpha+\beta > \text{阈值 } c \tag{15.20}$$

第一个条件的含义是信任值小于一个确定的阈值。第二个条件的含义是存在足够多的路径可以建立这一信任。或者说，信任值的置信度要比阈值大。这一检测将会影响中继的选择。例如，如果节点 s 检测到 s 和 r_1 之间的链路质量小于一个

确定的阈值，那么就不会选择 r_1 作为 s 和其他节点之间的中继。该检测结果也会影响信号合并过程。例如，如果节点 d 检测到 d 和 r_1 之间的链路质量小于一个确定的阈值，那么 d 将不会使用从 r_1 接收到的信号进行信号合并，即使 r_1 已经被选作 d 的一个中继节点。

- 当一些恶意中继发起谎言攻击时，链路质量报告是不可信的。根据 15.3.4 节中的分析，CT 模块检测出可疑节点。而关于可疑节点的信息会被发送给 TLM 模块。如果一个节点多次被检测为可疑节点，那么 TLM 模块会将其判为说谎节点。
- 最后，当节点是目的节点时，节点将根据信任记录中的链路质量信息，并使用 15.3.3 节中的方法进行信号合并。

下面介绍实现开销。

信任辅助协作传输机制的实现开销主要来自于链路质量报告的传输。然而，该开销不会比传统协作传输机制的开销更大。在传统机制中，目的节点需要了解源节点和中继节点之间的信道信息。信道状态信息的更新需要像链路质量报告一样频繁。因此，信任辅助的协作机制与传统机制具有相同级别的通信开销。

除了通信开销外，信任辅助的协作机制还引入了一些额外的存储开销。存储开销来自于信任记录。假设每个节点有 M 个邻居，信任记录需要存储 M 个直接 LQI 和 M^2 个间接 LQI。每个 LQI 记录项包括最多两个 ID 和(α,β)值，该存储开销比较小。例如，当 $M=10$ 且每个 LQI 记录项用 4 字节表示时，存储开销大概为 440 字节。这一存储开销对大多数无线设备来说是可以接受的。

除了式(15.15)的优化问题外，TLM 模块和 CT 模块中的所有计算都很简单。当中继的数量较少时，这个优化问题很容易解决，这是因为求解式(15.15)的编程方法的复杂度约为中继数目的平方。特别地，当只有一个中继时，可以推导出闭式解。

15.3.6 性能分析

设计仿真过程如下：发送功率为 20 dBm(1W＝10 log1000 dBm＝30 dBm)，热噪声为－70 dBm，并且传输路径损耗因子为 3。采用瑞利信道模型及 BPSK 调制，且数据帧长度 $L=100$。源节点位于位置(1000,0)处(单位为米)，目的节点位于位置(0,0)处。所有的中继都随机分布于左下角(0,－500)和右上角(1000,500)之间的范围内。距离和位置信息的单位均为 1 m。

每个节点周期性估计自身及其邻居节点之间的链路质量，该时间周期用 B_t 表示。根据数据速率选择 B_t 的值。B_t 应该足够长，以便在该时间周期内可以传输一些数据帧，图 15.5 和图 15.6 中时间轴的单位是 B_t。

需要提醒的是，中继节点在发现其链路质量变化较大时才会发送链路质量报告。在实验中，每个中继节点在传输开始时发出一个链路质量报告。如果恶意中继开始发送垃圾信息，则不会广播链路质量报告。如果恶意中继开始发送垃圾信息并实施谎言攻击，则会发送包含虚假链路质量信息的报告。

在这些仿真中,有 4 个中继节点。链路质量$\left(均值为\frac{\alpha}{\alpha+\beta}\right)$如图 15.5 所示,而目的节点处的平均 SNR 如图 15.6 所示。在时刻 10 处,一个中继节点开始发送相反的比特(例如,接收到 0(1)时发送 1(0))。这可能是由于严重的信道估计误差或者恶意行为导致的。显然,目的节点的性能将会迅速下降。根据方案 1,该故障节点或恶意节点的 m_r 值将会减小。在 5 个时隙内,目的节点会辨识出该出故障的节点,因为它的 m_r 值会连续多次减小。然后,目的节点将其权重减为 0。因此,故障中继的信息将不会用于信号合并。受到故障节点影响的其他节点的 m_r 值,将在正确发送了多个分组后逐渐恢复。在时刻 50 处,另一个节点由于移动或者停止转发信息(即贪婪行为)而离开网络。目的节点总共需要 45 个时隙来移除这一中继节点。

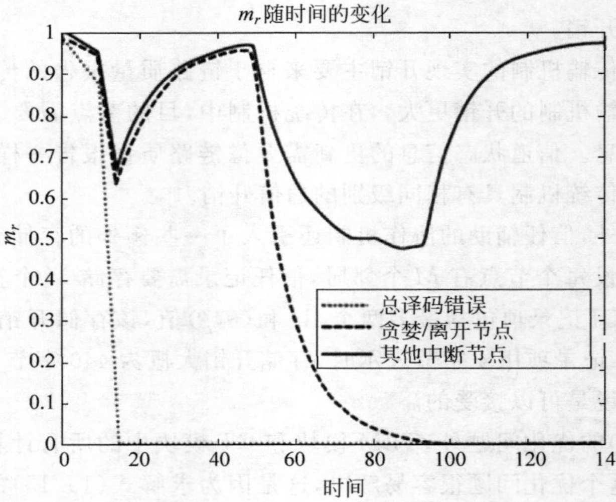

图 15.5 存在估计误差和不可信中继时的信任值 $E(xx_r)=m_r$ 随时间的变化(在时刻 10 和 50 处攻击)

由图 15.5 和图 15.6 可得:

(1) 存在恶意中继时,目的节点处的 SNR 会显著下降。性能甚至比不用协作传输时更差,如图 15.6 中时刻 10 处实线和虚线的对比。

(2) 采用信任辅助协作机制时,目的节点维护的 m_r 值可以反映出中继节点的动态变化。如图 15.5 所示,恶意中继的 m_r 值会迅速减小到 0,并且贪婪节点的 m_r 值也下降得很快。合法节点的 m_r 值在攻击刚开始时会受到影响,但是马上就会恢复,即使攻击仍在持续也能正常工作。

(3) 与非协作(直接)传输机制相比,信任辅助协作传输机制中的目的节点会得到较高的 SNR,只在攻击刚开始的一段非常短的时间内性能差些。

从以上分析可得,协作传输的原始设计对于恶意中继的攻击是非常脆弱的。采用信任辅助协作传输方案后,则能够大幅降低恶意攻击的危害,并可保持协作传输的部分性能优势。

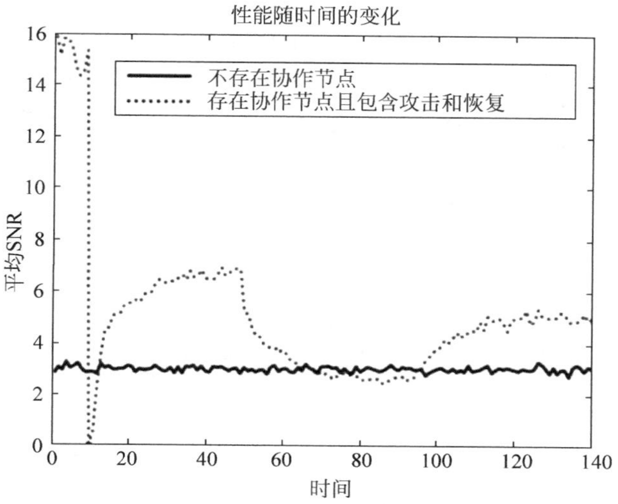

图 15.6　存在估计误差、恶意和贪婪行为时平均 SNR 随时间的变化（在时刻 10 和 50 处攻击）

15.4　通过空间分集增强对干扰攻击的健壮性

协作传输可以提供空间分集，这是因为目的节点可以从不同位置的中继节点接收到多个消息副本。在无线网络中，空间分集通常可以提供更强的对抗物理层拒绝服务(denial of service，DoS)攻击的健壮性(见参考文献[42,43])。

从直观上来说，在协作传输中，一条消息(或波形)通过多个物理信道到达目的节点。因此，当存在干扰攻击时，相对于直接传输来说，协作传输技术使得目的节点具有更多的机会接收到源节点的消息。另外，协作传输能够显著改善接收者处的 SNR。只要干扰功率不是太高，目的节点就能以较高的概率对信号进行正确译码。

当然，并不是所有的协作传输机制都具有相同的抗干扰攻击的能力。前面讨论的信任辅助机制能根据信道条件变化(这些变化可能是由包括干扰在内的多种因素引起的)动态调整信号合并。而信任辅助机制能否减少干扰攻击带来的损失仍是个有趣的课题。

在接下来的这组实验中，构建与 15.3.6 节中类似的网络。一个干扰节点随机分布在网络区域内。当目的节点处的 SNR 低于阈值 0 dB(低于此值，链路不可靠)时，会报中断。

图 15.7 显示了中断概率随干扰功率的变化情况。当使用信任辅助协作传输机制时，其中断概率比使用直接传输机制的中断概率小。在存在 10 个中继节点的例子中，当干扰功率是 200 mW(是源节点发送功率的两倍)时，目的节点仍可正确接收超过 10%的分组。即使只有两个中继节点，中断概率也会显著降低。

图 15.8 显示了中断概率随中继数目的增加而减少的情况。例如，当干扰功率为 100 mW 时，要得到 50%的中断概率，需要 20 个中继节点。可见，当干扰功率与常见的发送功率具有可比性时，信任辅助协作传输机制可以有效地降低中断概率。从健壮性的观

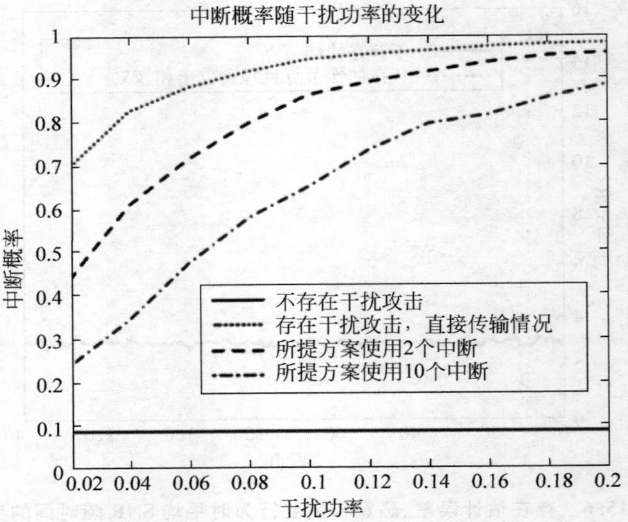

图 15.7 中断概率随干扰功率的变化情况

点来看，这就是协作传输的优势。

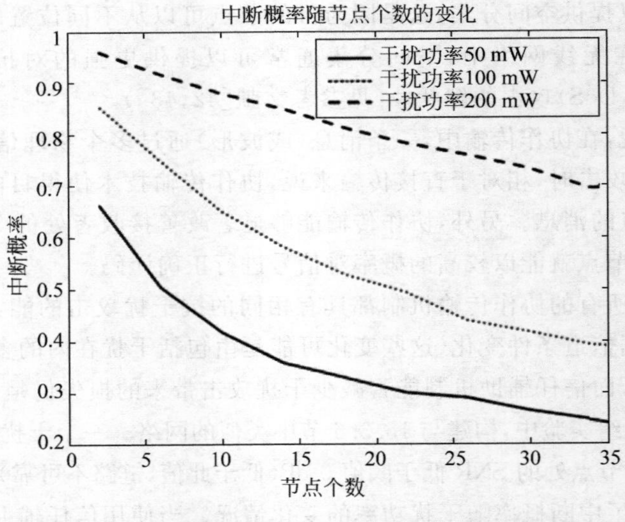

图 15.8 中断概率随中继节点数目的变化情况

本节对于理解协作传输如何保障网络安全仅仅迈出了第一步。这一方向的研究工作并不局限于对抗干扰攻击。例如，空间分集可能会帮助检测出行为不当的节点，物理层协作传输可以与其他机制(例如多径路由等)一同使用来提高网络的安全性和健壮性等。许多开放性的问题有待进一步研究。

15.5 小 结

本章指出传统协作传输对于恶意“内鬼”的攻击非常敏感。当存在恶意中继时，使用传统的协作传输甚至还不如使用直接传输。从安全角度来看，如果没有合适的防护措施，协作传输是个糟糕的选择。这在很大程度上是因为基于 SNR 和 BER 的信道信息无法捕捉到中继节点的贪婪/恶意行为。幸运的是，信任建立机制有助于解决这一问题。即使在被攻击时，信任辅助的协作传输机制也比标准的直接传输具有明显的优势。而且，在安全脆弱性得到加固之后，协作传输还能够增强网络抵御干扰攻击的健壮性。协作传输在改善网络安全性能方面的潜力值得未来进一步研究。

参考文献

[1] A. Sendonaris, E. Erkip, and B. Aazhang, “User cooperation diversity, Part I: system description,” *IEEE Transactions on Communications*, vol. 51, no. 11, pp. 1927–1938, November 2003.
[2] A. Sendonaris, E. Erkip, and B. Aazhang, “User cooperation diversity, Part II: implementation aspects and performance analysis,” *IEEE Transactions on Communications*, vol. 51, no. 11, pp. 1939–1948, November 2003.
[3] J. N. Laneman, D. N. C. Tse, and G. W. Wornell, “Cooperative diversity in wireless networks: efficient protocols and outage behavior,” *IEEE Transactions on Information Theory*, vol. 50, no. 12, pp. 3062–3080, December 2004.
[4] J. N. Laneman and G. W. Wornell, “Distributed space-time coded protocols for exploiting cooperative diversity in wireless networks,” *IEEE Transactions on Information Theory*, vol. 49, pp. 2415–2525, October 2003.
[5] T. M. Cover and A. El Gamal, “Capacity theorems for the relay channel,” *IEEE Information Theory*, vol. 25, issue 5, pp. 572–584, September 1979.
[6] *http://ieee802.org/16/relay/*
[7] W. Su, A. K. Sadek, and K. J. R. Liu, “SER performance analysis and optimum power allocation for decode-and-forward cooperation protocol in wireless networks,” in Proceedings of *IEEE Wireless Communications and Networking Conference (WCNC)*, New Orleans, LA, March 13–17, 2005.
[8] A. Host-Madsen, “Upper and lower bounds for channel capacity of asynchronous cooperative diversity networks,” *IEEE Transactions on Information Theory*, vol. 50, no. 4, pp. 3062–3080, December 2004.
[9] A. Host-Madsen, “A new achievable rate for cooperative diversity based on generalized writing on dirty paper,” in Proceedings of *IEEE International Symposium Information Theory*, p. 317, Yokohama, Japan, June 2003.
[10] T. E. Hunter and A. Nosratinia, “Performance analysis of coded cooperation diversity,” in Proceedings of *2003 International Conference on Communications (ICC'03)*, vol. 4, pp. 2688–2692, Seattle, WA, May 2003.
[11] T. E. Hunter, S. Sanayei, and A. Nosratinia, “Outage analysis of coded cooperation,” *IEEE Transactions on Information Theory*, vol. 52, no. 2, pp. 375–391, Feburary 2006.
[12] M. A. Khojastepour, A. Sabharwal, and B. Aazhang, “On the capacity of ‘cheap’ relay networks,” in Proceedings of *37th Annual Conference on Information Sciences and Systems*, Baltimore, MD, March 2003.

[13] J. Luo, R. S. Blum, L. J. Greenstein, L. J. Cimini, and A. M. Haimovich, "New approaches for cooperative use of multiple antennas in ad hoc wireless networks," in Proceedings of *IEEE Vehicular Technology Conference*, vol. 4, pp. 2769–2773, Los Angeles, CA, September 2004.

[14] Y. Zhao, R. S. Adve, and T. J. Lim, "Improving amplify-and-forward relay networks: optimal power allocation versus selection", in Proceedings of *IEEE International Symposium on Information Theory*, Seattle, WA, July 2006.

[15] Z. Han, X. Zhang, and H. V. Poor, "Cooperative transmission protocols with high spectral efficiency and high diversity order using multiuser detection and network coding", in Proceedings of *IEEE International Conference on Communications*, Glasgow, Scotland, June 2007.

[16] Z. Han, T. Himsoon, W. Siriwongpairat, and K. J. Ray Liu, "Energy efficient cooperative transmission over multiuser OFDM networks: who helps whom and how to cooperate", in Proceedings of *IEEE Wireless Communications and Networking Conference*, vol. 2, pp. 1030–1035, New Orleans, LA, March 2005.

[17] Z. Yang, J. Liu, and A. Host-Madsen, "Cooperative routing and power allocation in ad-hoc networks," in Proceedings of *IEEE Global Telecommunications Conference*, Dallas, TX, November 2005.

[18] A. E. Khandani, E. Modiano, L. Zheng, and J. Abounadi, "Cooperative routing in wireless networks," *Advannces in Pervasive Computing and Networking*, Kluwer Academic Publishers, Eds. B. K. Szymanski and B. Yener, 2004.

[19] A. S. Ibrahim, Z. Han, and K. J. R. Liu, "Distributed power-efficient cooperative routing in wireless ad hoc networks," in Proceedings of *IEEE Globe Telecommunication Conference (Globecom)*, Washington DC, November 2007.

[20] Z. Han and H. V. Poor, "Lifetime improvement in wireless sensor networks via collaborative beamforming and cooperative transmission," *IEE Microwaves, Antennas and Propagation, Special Issue on Antenna Systems and Propagation for Future Wireless Communications*, vol. 1, issue 6, pp. 1103–1110, 2007.

[21] J. Boyer, D. D. Falconer, and H. Yanikomeroglu, "Cooperative connectivity models for wireless relay networks," *IEEE Transactions on Wireless Communications*, vol. 6, no. 6, pp. 1992–2000, June 2007.

[22] F. Li, K. Wu, and A. Lippman, "Energy-efficient cooperative routing in multi-hop wireless ad hoc networks," in Proceedings of *IEEE International Performance, Computing, and Communications Conference*, pp. 215–222, Phoenix, AZ, April 2006.

[23] A. K. Sadek, W. Su, and K. J. R. Liu, "A class of cooperative communication protocols for multi-node wireless networks," in Proceedings of *IEEE International Workshop on Signal Processing Advances in Wireless Communications (SPAWC)*, Newyork, June 2005.

[24] A. Bletsas, A. Lippman, and D. P. Reed, "A simple distributed method for relay selection in cooperative diversity wireless networks, based on reciprocity and channel measurements", in Proceedings of *IEEE Vehicular Technology Conference*, vol. 3, pp. 1484–1488, Stockholm, Sweden, May 2005.

[25] B. Wang, Z. Han, and K. J. Ray Liu, "Distributed relay selection and power control for multiuser cooperative communication networks using buyer/seller game," in Proceedings of *Annual IEEE Conference on Computer Communications, INFOCOM'07*, Anchorage, AK, May 2007.

[26] D. Gunduz and E. Erkip, "Joint source-channel cooperation: Diversity versus spectral efficiency," in Proceedings of *2004 IEEE International Symposium Information Theory*, Chicago, IL, June–July 2004, p. 392.

[27] I. Maric and R. D. Yates, "Cooperative multihop broadcast for wireless networks," *IEEE Journal on Selected Areas in Communications*, vol. 22, no. 6, pp. 1080–1088, August 2004.

[28] Z. Han and Y. Lindsay Sun, "Self-learning cooperative transmission—coping with unreliability due to mobility, channel estimation errors, and untrustworthy nodes," in Proceedings of *IEEE Globe Telecommunication Conference (Globecom)*, Washington DC, November 2007.

[29] Z. Han and Y. Sun " Securing cooperative transmission in wireless communications, channel," in Proceedings of *1st ACM Workshop on Security for Emerging Ubiquitous Wireless Networks*, Philadelphia, PA, August 2007.

[30] Z. Han and H. V. Poor, "Coalition game with cooperative transmission: a cure for the curse of boundary nodes in selfish packet-forwarding wireless networks," in Proceedings of *5th International Symposium on Modeling and Optimization in Mobile, Ad Hoc, and Wireless Networks, (WiOpt07)*, Limassol, Cyprus, April 2007.

[31] M. Langheinrich, "When trust does not compute—the role of trust in ubiquitous computing," in Proceedings of *the Fifth International Conference on Ubiquitous Computing (UBICOMP'03)*, Seattle, Washington, October 2003.

[32] Y. Wang and J. Vassileva, "A review on trust and reputation for web service selection," in Proceedings of *the first Int. Workshop on Trust and Reputation Magnement in Massively Distributed Computing Systems (TRAM'07)*, June 2007.

[33] A. Jsang, R. Ismail, and C. Boyd, "A survey of trust and reputation systems for online service provision," in *Decision Support Systems*, 2005.

[34] Y. Sun, W. Yu, Z. Han, and K. J. Ray Liu, "Information theoretic framework of trust modeling and evaluation for ad hoc networks," *IEEE Journal on Selected Areas in Communications, Special Issue on Security in Wireless Ad Hoc Networks*, vol. 24, no. 2, pp. 305–317, April 2006.

[35] A. Jsang and R. Ismail, "The beta reputation system," in Proceedings of *the 15th Bled Electronic Commerce Conference*, Bled, Slovenia, June 2002.

[36] A. Jsang, R. Ismail, and C. Boyd, "A survey of trust and reputation systems for online service provision," *Decision Support Systems*, vol. 43, no. 2, pp. 618–644, March 2007.

[37] G. Theodorakopoulos and J. S. Baras, "Trust evaluation in ad-hoc networks," in Proceedings of *the ACM Workshop on Wireless Security (WiSE'04)*, Philadelphia, PA, October 2004.

[38] J. G. Proakis, *Digital Communications, 3rd edition*, McGraw-Hill, New York, USA, 1995.

[39] S. Boyd and L. Vandenberghe, *Convex optimization*, Cambridge University Press, 2006. (http://www.stanford.edu/~boyd/cvxbook.html)

[40] J. Boyer, D. D. Falconer, and H. Yanikomeroglu, "Multihop diversity in wireless relaying channels," *IEEE Transactions on Communications*, vol. 52, no. 10, pp. 1820–1830, October 2004.

[41] A. K. Sadek, W. Su, and K. J. Ray Liu, "A class of cooperative communication protocols for multi-node wireless networks," in Proceedings of *IEEE International Workshop on Signal Processing Advances in Wireless Communications, SPAWC'05*, New York, NY, June 2005.

[42] W. Xu, K. Ma, W. Trappe, and Y. Zhang "Jamming sensor networks: attack and defense strategies," *IEEE Networks*, vol. 20, no. 3, pp. 41–47, May–June 2006.

[43] W. Xu, T. Wood, W. Trappe, and Y. Zhang "Channel surfing and spatial retreats: defenses against wireless denial of service," in Proceedings of *2004 ACM Workshop on Wireless Security*, pp. 80–89, Philadelphia, PA, October 2004.

[44] Z. Han and K. J. R. Liu, *Resource Allocation for Wireless Networks: Basics, Techniques, and Applications*, Cambridge University Press, UK, April, 2008.

第16章 频率选择性衰落信道中无线数字通信的调制取证*

W. Sabrina Lin, K. J. Ray Liu

16.1 引言

过去的数十年间，无线通信技术的飞跃发展，使得各种信息，如声音、多媒体、内容加密的数据、军事命令及指控信息，可以传递到世界的各个角落。然而，无线通信的广播特性，使得处于信号传播范围之内的任何人都能够窃取到信息内容。从国家安全的角度来看，对于可疑的破坏活动应当密切监视，对于合法的信息应该得到安全的传送和接收，而对于那些敌对信号则必须能够精确定位、识别和阻断。因此，设计一种只根据接收信号就能够破译信息的取证方案就显得十分关键。调制取证侦测器的第一步就是要识别信号使用的调制类型，这是介于信号检测和解调之间的中间步骤。

调制取证侦测器不仅可以用于国防安全或军事目的，也可以民用。例如，在认知无线电方面，检测当前用户的调制方式可用于确定主用户是否在线，从而实现频谱共享。调制取证侦测器越精确，认知无线电的效率就越高。同样，调制取证侦测器也能够应用于商用通信系统，例如在智能接收机中可以通过降低开销来增加传输效率，在软件无线电中可以用于应对多种通信制式。

调制取证侦测器的第一步是预处理，包括降噪，估计载频、符号周期和信号强度，以及均衡等。第二步是调制分类，根据选择的分类算法，对应有不同精度要求的预处理方法，一些分类算法需要很精确的估计，而另一些则对未知参数不那么敏感。在文献中，可应用于调制取证的分类算法一般分为两类。一类是基于统计特征的模式识别方法，该类方法从接收信号中提取特征并根据其差异进行决策(见参考文献[1-3])。尽管这种基于统计特征的方法并不是最优的，但它易于实现，设计合理时也能够达到较为理想的性能。另一类是基于似然的方法，这种方法计算接收信号的似然函数并利用似然比检验方法来检测(见参考文献[4-9])，参考文献[4]证明了在加性高斯白噪声的情况下这种基于似然的方法是渐近最优的，并且推导出了假设所有通信参数已知条件下的理论性能界。

W. Sabrina Lin (✉)
电气与计算机工程系，马里兰大学学院园分校，马里兰州 20742，美国
电子邮件：wylin@umd. edu

* 本章部分内容来自于 Modulation Forensics for Wireless Digital Communications, Proceedings of IEEE International Conference on Acoustics, Speech, and Signal Processing, 2008.

由于取证侦测器是对别人的信号进行盲接收，这种场景下通信参数是未知的。以往的大部分工作都是在加性高斯白噪声(AWGN)信道下检测数字调制类型(见参考文献[5])，最近一些研究工作拓展到平坦衰落信道(见参考文献[6-8])，然而都没有涉及宽带无线通信下频率选择性衰落信道这个更为实际的问题。

近几年，又出现了一些新的无线通信技术。正交频分复用(OFDM)已成为最被看好的数字调制方案，因为其在频道选择性衰落信道下具有高效的信息传输速率且不需要复杂的均衡器(见参考文献[10,11])。多天线空时编码的多入多出技术(MIMO)也广泛应用于现代无线通信系统中实现空间分集。这些新兴的无线通信技术给信号监视与情报系统的设计者们提出了新的挑战，例如区分OFDM调制和单载波调制的取证侦测器(见参考文献[13])，以及识别多天线系统发送信号的取证侦测器。

许多先前的工作只讨论单入单出(SISO)系统的通信场景，然而为了实现空时编码技术方面的取证，识别信号是来自于MIMO系统还是SISO系统、在发送端用了多少根天线、利用了哪种空时编码或调制方案都是非常关键的。

本章提出了一种在频率选择性衰落信道中SISO/MIMO系统的调制取证侦测器。16.2节提出了调制取证侦测器的问题及模型。16.3节给出调制取证侦测器的设计方法，16.4节给出仿真结果并讨论，最后在16.5节给出小结。

16.2 问题描述及系统模型

本节将介绍调制取证问题及系统模型，包括候选的调制与空时编码类型，然后介绍信号预处理方法。

图16.1给出了调制取证侦测器的系统模型：原始符号被调制后(也可能是空时编码后)通过未知数目的发射天线发射并经过衰落信道，调制取证侦测器的输入是来自于接收机天线的信号。

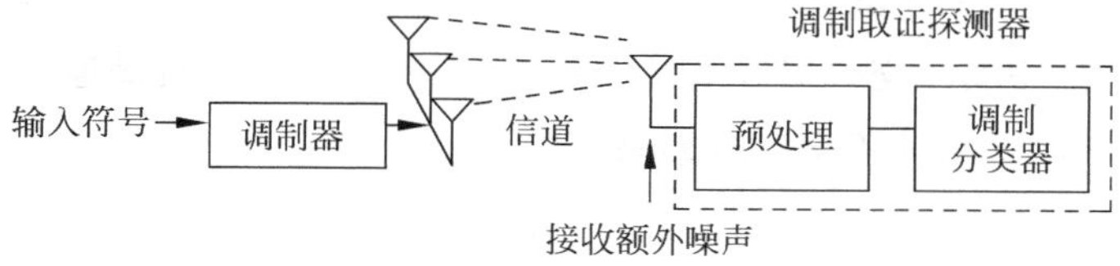

图16.1 调制取证侦测器的系统模型

16.2.1 假设条件

考虑一个缓变的有限长度脉冲响应频率选择性衰落信道。发送者可以使用单个或多个发射天线且数目未知。在接收者处的加性噪声模型为零均值的高斯白噪声，其信噪比可估计。在当前已商用的无线数字通信协议中只有几种可能的符号间隔，因此在本章中假设符号间隔已知。未知参数包括相位失真、信道失真和调制类型，在多天线时还包括发射天线数和空时编码类型。

16.2.2 接收信号模型

由于调制取证侦测器没有任何通信协议的先验信息，接收天线的数量是未知的。然而正如后续小节中证明的那样，接收天线数对侦测器并不重要，用一根接收天线就可以识别出发送者用了多少根天线。一旦确定了发射天线和空时编码，总可以对信号进行译码。

因此，一个接收天线所接收的基带信号序列可以表示为

$$r(t)=\sum_{l=1}^{q}\sum_{k\to-\infty}^{\infty}x_k^{(l)}h_l(t-kT)\mathrm{e}^{\mathrm{j}\theta_l}+n(t) \tag{16.1}$$

其中，$x^{(l)}=(\cdots,x_1^{(l)},x_2^{(l)},\cdots)^{\mathrm{T}}$ 是要发射的经过第 l 条信道的符号序列，q 是发射天线数，T 是符号间隔，$h_l(\cdot)$是第 l 条信道的脉冲响应，θ_l 是第 l 条信道的相位失真，$n(\cdot)$是加性高斯白噪声。

16.2.3 待选的空时编码

天线的多径环境会造成严重衰减，在这种环境下接收机要确定发射信号是非常困难的，除非给接收机提供分集信号，这就意味着必须给接收机提供一些可自译码的发射信号副本。因此，为了利用无线衰落信道的分集特性，在发射端使用了多天线。在符号通过多天线发射之前，会进行空时编码以实现多径衰落信道的满发射分集(full transmit diversity)。因此，对于调制取证侦测器来说确定发射天线数目和空时编码是至关重要的。这里只专注于两种最常用的满分集的空时码：正交分组码(见参考文献[12])和对角代数码(见参考文献[14,15])。

(1) 正交分组码。正交分组码通常由一个正交矩阵来表示，其将 m'个符号编成长度为 m 的 n 个流。这 n 个流通过 n 根发射天线同时发送。这些长度为 m 的编码信号在一个块内彼此正交，且码率为 m'/m。为了空时编码能有较高的带宽效率，其码率应尽可能接近 1。然而，满速率实正交码只在 $n=m=m'=2,4,8$ 时存在且满速率复正交码只能是 2×2。例如，4×4 满速率的正交空时编码块为

$$[\boldsymbol{x}^{(1)}\quad \boldsymbol{x}^{(2)}\quad \boldsymbol{x}^{(3)}\quad \boldsymbol{x}^{(4)}]=\begin{bmatrix} s_1 & s_2 & s_3 & s_4 \\ -s_2 & s_1 & -s_4 & s_3 \\ -s_3 & s_4 & s_1 & -s_2 \\ -s_4 & -s_3 & s_2 & s_1 \end{bmatrix} \tag{16.2}$$

其中，$s_k(k=1,2,3,4)$是调制星座图上的信息符号。为了利用任意数量的天线，参考文献[16]提出了广义复正交设计方法。发射采用一个类似于广义正交设计的复杂设计。最大似然译码类似于满速率的正交方案而且可以在接收端进行线性处理。例如，一个 4/8 码率三发射天线的空时编码如下

$$[\boldsymbol{x}^{(1)} \quad \boldsymbol{x}^{(2)} \quad \boldsymbol{x}^{(3)}] = \begin{bmatrix} s_1 & s_2 & s_3 \\ -s_2 & s_1 & -s_4 \\ -s_3 & s_4 & s_1 \\ -s_4 & -s_3 & s_2 \\ s_1^* & s_2^* & s_3^* \\ -s_2^* & s_1^* & -s_4^* \\ -s_3^* & s_4^* & s_1^* \\ -s_4^* & -s_3^* & s_2^* \end{bmatrix} \tag{16.3}$$

(2) 对角代数空时码。对角代数空时码的目的是要达到最大可用码率以充分利用带宽，即，码率为 1。对角代数空时码的基本思想是，只要至少有一个编码流($x_1, x_2, \cdots, x_n$)不经历深衰落，接收机就可以恢复原来的整个符号序列($s_1, s_2, \cdots, s_n$)。此属性被称为满调制分集，可以通过评估一个给定编码的最小距离来衡量(见参考文献[17])。在编码器中，输入序列首先乘以一个旋转矩阵 U_n(见参考文献[18,19])达到满调制分集。n 维对角代数空时码可以表示为

$$[\boldsymbol{x}^{(1)} \quad \boldsymbol{x}^{(2)} \quad \cdots \quad \boldsymbol{x}^{(n)}] = U_T(s_1, s_2, \cdots, s_n) \tag{16.4}$$

例如，当 $n=4$ 时，对角代数空时码为

$$[\boldsymbol{x}^{(1)} \quad \boldsymbol{x}^{(2)} \quad \boldsymbol{x}^{(3)} \quad \boldsymbol{x}^{(4)}] = \begin{bmatrix} s_1 & s_2 & s_3 & s_4 \\ s_1 & -s_2 & s_3 & -s_4 \\ s_1 & s_2 & -s_3 & -s_4 \\ s_1 & -s_2 & -s_3 & s_4 \end{bmatrix} \tag{16.5}$$

16.2.4　待选的调制类型

本章的调制取证侦测器聚焦于相移键控(phase-shift keying，PSK)调制类型，主要基于如下因素：对于任意的复星座图(如 PSK)，空时分组码可设计为对于任何数量发射天线均达到最大可能传输速率的 1/2，可证明对角代数空时码对于从复整数环上按正交幅度调制(quadrature-amplitude modulation，QAM)切片得到的所有实数和复数星座图，能够保持传输速率、分集特性和编码增益不变。此外，在信道引入相位畸变时 QAM 的性能同 QPSK 相同。因此，对于单天线调制类型，本章主要讨论 PSK 家族，如 BPSK、QPSK、8PSK(见参考文献[20])。

16.3　取证侦测器

本节将讨论调制取证侦测器的检测方法。在 16.3.1 节中，引入子空间算法对信道系数、信道相位失真和可能的 SISO 调制方案进行联合估计。基于估计出的信道系数和相位失真，16.3.2 节通过对接收信号进行均衡以确定空时编码方案和天线数目。

16.3.1　SISO 调制识别

对于频率选择性衰落信道，调制取证的第一步是从接收到的信号中恢复发送符号。

这里结合基于子空间的盲均衡算法(见参考文献[21])和基于似然的方法来确定频率选择性衰落信道中的 SISO 调制方案。

假设只有一个发射天线,则在调制取证侦测器中的接收信号表示如下

$$r(t)=\sum_{k=-\infty}^{\infty}s_k h(t-kT)\mathrm{e}^{\mathrm{j}\theta}+n(t) \tag{16.6}$$

其中,s_k 是未知进制的 PSK 信号星座图 S 中的一个信息符号,$h(\cdot)$是离散信道冲激响应,T 是已知的符号间隔,θ 是相位失真,$n(\cdot)$是零均值、方差为 N 的加性高斯白噪声。假设该冲激响应 $h(\cdot)$为有限长度,即在 $t\geqslant JT,J\in N$ 时 $h(t)=0$。

在调制取证问题中,无法依靠训练序列识别信道系数 $h(\cdot)$和还原发送符号 s_k。因此,为了恢复 s_k 应采用盲估计算法来估计信道系数和相位失真。

16.3.1.1 无噪环境

为了能对算法设计进行深入的阐述,首先在无噪环境中(噪声方差 $N=0$)估计发送符号的相位失真,然后将估计方法推广到更具一般性的有噪环境中。

步骤 1:估计传输符号的相位失真。

根据参考文献[21]的子空间算法,对式(16.6)中的无噪接收信号 $r(t)$在 MT 时间内进行 J 倍波特率采样,即在 $nT+\delta_1,nT+\delta_2,\cdots,nT+\delta_J(0<\delta_1<\cdots<\delta_J<T)$时刻采样,其中 FIR 信道长度为 JT。因此,得到 JM 个方程

$$\begin{aligned}
y(j)&=\mathrm{e}^{\mathrm{j}\theta}s_{J-1}h_j+s_{J-2}h_{J+j}+\cdots+s_0h_{(J-1)J+j}\\
y(j+J)&=\mathrm{e}^{\mathrm{j}\theta}s_Jh_j+s_{J-1}h_{J+j}+\cdots+s_1h_{(J-1)J+j}\\
&\vdots\\
y(j+J(M-1))&=\mathrm{e}^{\mathrm{j}\theta}s_{M+J-2}h_j+s_{M+J-3}h_{J+j}+\cdots+s_{M-1}h_{(J-1)J+j}
\end{aligned} \tag{16.7}$$

其中

$$\begin{aligned}
y(Jn-J+j-1)&=r(nT+\delta_j)\\
h_{Jn+j-1}&=h(nT+\delta_j)\ \forall 1\leqslant j\leqslant J
\end{aligned} \tag{16.8}$$

令 $\boldsymbol{z}_j$ 和 $\boldsymbol{s}_j$ 分别为

$$\begin{aligned}
&\boldsymbol{z}_j=[y(j)\ y(J+j)\ y(2J+j)\cdots y((M-1)J+j)]^{\mathrm{T}}\\
&\boldsymbol{s}_j=[s_js_{j+1}s_{j+2}\cdots s_{M+j-1}]^{\mathrm{T}}\\
&0\leqslant j\leqslant J-1
\end{aligned} \tag{16.9}$$

由此可得

$$\boldsymbol{Z}=\mathrm{e}^{\theta}\boldsymbol{SH} \tag{16.10}$$

其中

$$\begin{aligned}
&\boldsymbol{Z}=[\boldsymbol{z}_0\boldsymbol{z}_1\cdots\boldsymbol{z}_{J-2}\boldsymbol{z}_{J-1}]\\
&\boldsymbol{S}=[\boldsymbol{s}_0\boldsymbol{s}_1\cdots\boldsymbol{s}_{J-2}\boldsymbol{s}_{J-1}]\\
&\boldsymbol{H}=[\boldsymbol{h}_0\boldsymbol{h}_1\cdots\boldsymbol{h}_{J-2}\boldsymbol{h}_{J-1}]\\
&\boldsymbol{h}_k=[h_{J(J-1)+k-1}h_{J(J-2)+k-1}\cdots h_{J+k-1}h_{k-1}]^{\mathrm{T}}\\
&1\leqslant k\leqslant J
\end{aligned} \tag{16.11}$$

式(16.11)说明在 $0\leqslant j\leqslant J-1$ 时

$$e^{j\theta}\boldsymbol{s}_j \in \operatorname{span}\{\boldsymbol{z}_0, \boldsymbol{z}_1, \cdots, \boldsymbol{z}_{J-1}\} \tag{16.12}$$

因此，对于 $0 \leqslant j \leqslant J-1$，可得

$$e^{j\theta}\boldsymbol{s}_j = \sum_{k=0}^{J-1} \lambda_k^{(j)} \boldsymbol{x}_k \tag{16.13}$$

其中 $\lambda_k^{(j)}$ 是矩阵 $\boldsymbol{H}^{-1}$ 的第 k 行第 j 列的元素。

注意，从式(16.9)中 $\boldsymbol{s}_j$ 的定义可知，$\boldsymbol{s}_j$ 的后 $M-1$ 个元素同 $\boldsymbol{s}_{j+1}$ 的前 $M-1$ 个元素相同。令 u_i 和 v_j 分别为 $\boldsymbol{z}_j$ 的后 $M-1$ 个元素和前 $M-1$ 个元素，我们得到

$$\Phi\lambda = \boldsymbol{0} \tag{16.14}$$

其中

$$\lambda = [\lambda_0^{(0)} \cdots \lambda_{J-1}^{(0)} \lambda_0^{(1)} \cdots \lambda_{J-1}^{(1)} \cdots \lambda_0^{(J-1)} \cdots \lambda_{J-1}^{(J-1)}]^{\mathrm{T}} \tag{16.15}$$

并且

$$\Phi_{(M-1)J \times J^2} = \begin{bmatrix} \boldsymbol{u} & \boldsymbol{v} & 0 & 0 & \cdots & 0 & 0 & 0 \\ 0 & \boldsymbol{u} & \boldsymbol{v} & 0 & \cdots & 0 & 0 & 0 \\ 0 & 0 & \boldsymbol{u} & \boldsymbol{v} & \cdots & 0 & 0 & 0 \\ \vdots & \vdots & \vdots & \vdots & \ddots & \vdots & \vdots & \vdots \\ \vdots & \vdots & \vdots & \vdots & \vdots & \ddots & \vdots & \vdots \\ 0 & 0 & 0 & 0 & 0 & 0 & \boldsymbol{u} & \boldsymbol{v} \end{bmatrix} \tag{16.16}$$

该矩阵具有 J 个矩阵块列，0 代表 $M-1$ 行 J 列的零矩阵，且

$$\begin{aligned} \boldsymbol{u} &= [u_0 u_1 \cdots u_{J-2} u_{J-1}] \\ \boldsymbol{v} &= [v_0 v_1 \cdots v_{J-2} v_{J-1}] \end{aligned} \tag{16.17}$$

从式(16.14)可知 λ 在 $(M-1)J$ 行 J^2 列矩阵 Φ 的零空间内。如果 Φ 具有一维零空间，则可准确计算出 λ，并完美重建带有相位失真的传输符号 $e^{j\theta}\{s_i\}_{i=0}^{J}$。参考文献[21]证明了在信道矩阵 $\boldsymbol{H}$ 可逆的情况下

$$P(\Phi\text{具有一维空间}) \geqslant 1 - \frac{1}{\text{符号组长度}^{M-2J}} \tag{16.18}$$

这意味着只要观察的长度足够长，带相位失真的符号序列就能够以概率 1 得到还原。

步骤 2：SISO 调制类型检测。

对于给定的相位失真符号序列 $\{s_i'\}_{i=0}^{J} e^{j\theta}\{s_i'\}_{i=0}^{J}$ 和大小为 N_{mod} 的调制方式备选集 $\eta = \eta_1, \eta_2, \cdots, \eta_{N_{\mathrm{mod}}}$，我们用最大似然假设检验来检测调制类型。对应于调制类型 η_i 的每一个假设检验量 H_i，其似然度为

$$f(\{s'_i\}_{i=0}^{J} \mid \text{调制类型} = \eta_i, \theta) \tag{16.19}$$

然后选择最大似然假设及其对应的相位。式(16.19)的似然度在无噪环境下很容易计算。

图 16.2 显示了在复平面上恢复发送符号的结果，其中假设在该复平面上的相位是均匀随机分布的，调制方式为 BPSK，$J=10$，$M=20$，信道冲激响应为

$$\boldsymbol{h} = [-0.02788, 0.009773, 0.04142, 0.0216, -0.06035, \tag{16.20}$$

$$0.08427, 0.3874, 0.5167, 0.152, -0.001258] \tag{16.21}$$

显然，BPSK、QPSK 和 8PSK 的似然比分别为 2^{-20}、2^{-40}、2^{-60}。

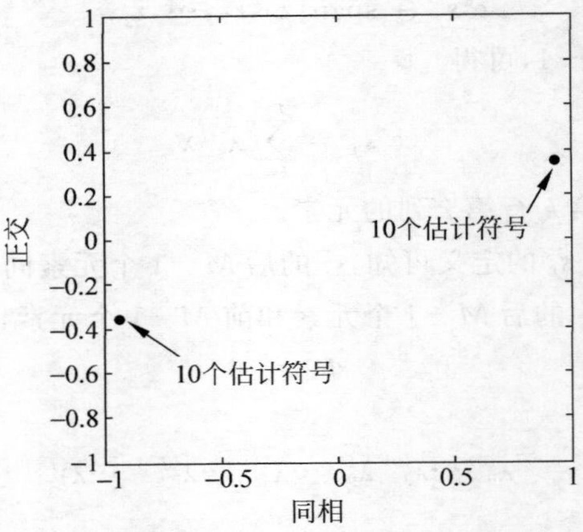

图 16.2　在星座图上恢复出带相位失真的发送符号。$J=10, M=20, H$ 可逆

16.3.1.2　有噪环境

本节将讨论如何在有噪频率选择性衰落信道中检测 SISO 系统调制方式的问题。与无噪情况不同，由于信道矩阵 $\boldsymbol{H}$ 很可能是病态的，因此子空间算法无法精确地估计传输符号的相位失真。由于传播误差的存在，如果将符号序列的估计值 $e^{j\theta}\{s_i\}_{i=0}^{J}=\{s_i'\}_{i=0}^{J}$ 用到似然检测器中，其性能将会大大下降，尤其是在低信噪比情况下。因此，在有噪环境下，利用估计得到的 $\{s_i'\}_{i=0}^{J}$ 来辨识衰落信道并均衡接收符号，而不是直接使用 $\{s_i'\}_{i=0}^{J}$，然后再将均衡后的接收符号代入到基于似然的调制检测器中。

步骤 1：SISO 盲均衡。

在有噪环境下，16.3.1.1 节中提到的算法一样可以应用，但需对 λ 进行少许修正。本章寻找对应于 Φ 的最小奇异值的奇异向量，而不是寻找 Φ 的零空间。因此，依然可以通过同样的算法（见参考文献[21]）估计出 $\{s_i'\}_{i=0}^{J}$。

假设接收信号以波特率采样，有以下矩阵方程

$$e^{j\theta}\boldsymbol{S}\boldsymbol{h}+\boldsymbol{n}=\boldsymbol{r} \tag{16.22}$$

其中

$$\boldsymbol{S}=\begin{bmatrix} s_1 & s_2 & \cdots & s_{J-1} & s_J \\ s_2 & s_3 & \cdots & s_J & s_{J+1} \\ s_3 & s_4 & \cdots & s_{J+1} & s_{J+2} \\ \vdots & \vdots & \cdots & \vdots & \vdots \\ s_{M-J+1} & s_{M-J+2} & \cdots & s_{M-1} & s_M \end{bmatrix}$$

$$\begin{aligned} \boldsymbol{h}&=[h_{J-1},h_{J-2},\cdots,h_1,h_0]^{\mathrm{T}}, & h_i&=h(iT) \\ \boldsymbol{n}&=[n_J,n_{J+1},\cdots,n_{M-1},n_M]^{\mathrm{T}}, & n_i&=n(iT) \\ \boldsymbol{r}&=[r_J,r_{J+1},\cdots,r_{M-1},r_M]^{\mathrm{T}}, & r_i&=z(iT) \end{aligned} \tag{16.23}$$

如果信道矩阵 $\boldsymbol{H}$ 是适定的，可以用估计出的 $\{s_i'\}_{i=0}^{J}$ 来代替 $e^{j\theta}\boldsymbol{S}$ 中的元素，以找到向量 $\boldsymbol{h}$ 的最小二乘解，使范数平方误差 $\|\boldsymbol{Sh}-\boldsymbol{r}\|^2$ 最小。

然而，现实中信道的脉冲响应都具有很长的拖尾和很小的幅值。越接近拖尾末端，响应的幅值就越小，所以通过冲激响应采样得到信道矩阵 $\boldsymbol{H}$ 的最后几列非常接近于零，导致信道矩阵 $\boldsymbol{H}$ 病态。

注意，冲激响应的拖尾对实际接收信号的贡献很小，所以可以忽略这部分对于估计发送符号的影响。若忽略拖尾，冲激响应的总长度会小很多，其有效长度将从原来的 JT 降到 $J'T$。因此以波特率的 J' 倍对接收信号采样，之后在响应长度为 $J'T$ 的假设下用基础子空间算法求解。由此可以得出发送序列的估计 s_k 和缩短的冲激响应估计 $\hat{h}_s$。然后使用缩短的冲激响应 $\hat{s}_k$，通过在所有矩阵 $\boldsymbol{H}$ 上最小化 $\|\boldsymbol{Sh}-\boldsymbol{r}\|^2$ 来求解矩阵最小二乘估计问题，便可获得一个很好的冲激响应估计(见参考文献[21])。

步骤 2：基于似然的 SISO 调制类型检测。

在对衰落信道进行信道系数估计后，可以对接收的基带信号 r 做均衡，以波特率采样后均衡器的输出可以表示为

$$\boldsymbol{r}' = \mathrm{e}^{\mathrm{j}\theta} s + \boldsymbol{n}' \tag{16.24}$$

其中，$\boldsymbol{n}'$ 是一均值为零、方差为 N 的高斯随机向量(假设均衡器是理想的)。

式(16.24)给出了均衡后的信号，基于似然方法的 SISO 调制取证侦测器可归结为一个复合假设检验问题(见参考文献[22])。H_i 表示发送者采用 i 进制调制的假设检验量，其中 $i=1,2,\cdots,N_{\text{mod}}$，似然函数可以通过估计未知参数 θ 来计算。假设均衡后的接收符号是统计独立的，对于假设检验 H_i，给出条件似然函数

$$\begin{aligned} f(\boldsymbol{r}' \mid \{s_k^{(i)}\}_{k=1}^K, \theta) &= \prod_{k=1}^{K} \frac{1}{\pi N'} \exp\left\{-\frac{1}{N'} \mid r'_k - \mathrm{e}^{\mathrm{j}\theta} s_k^{(i)} \mid^2\right\} \\ &= \frac{1}{(\pi N')^K} \exp\left\{-\frac{1}{N'} \| \boldsymbol{r}' - \mathrm{e}^{\mathrm{j}\theta} \boldsymbol{s}^{(i)} \|^2\right\} \end{aligned} \tag{16.25}$$

其中，似然函数是通过对未知信号星座点 $\{s_k^{(i)}\}_{k=1}^K$ 做平均并将未知的相位畸变替换为对应的估计值来计算的。这样，对于第 i 次假设检验的似然函数可写为

$$\mathrm{LF}^{(i)}(\boldsymbol{r}') = E_{\{s_k^{(i)}\}_{k=1}^K}[f(\boldsymbol{r}', \tilde{\theta} \mid \{s_k^{(i)}\}_{k=1}^K)] \tag{16.26}$$

其中，$E_{\{s_k^{(i)}\}_{k=1}^K}[\cdot]$ 是关于未知的发送符号星座点的期望，$\tilde{\theta}$ 是与在假设 H_i 下对未知相位失真的估计。

调制方案 $\tilde{i}$ 的最终确定是基于最大似然准则，即 $\tilde{i}$ 满足

$$\tilde{i} = \arg \max_{i=1,\cdots,N_{\text{mod}}} \mathrm{LF}^{(i)}(\boldsymbol{r}') \tag{16.27}$$

由于式(16.26)中的似然函数是用相位失真的最大似然估计得出的，所以 $\tilde{\theta}$ 应满足

$$\frac{\partial f(\boldsymbol{r}' \mid \{s_k^{(i)}\}_{k=1}^K, \theta)}{\partial \theta} \Big|_{\theta=\tilde{\theta}^{(i)}} = 0 \tag{16.28}$$

通过求解式(16.28)可证明

$$\tilde{\theta}^{(i)} = -\frac{\mathrm{j}}{2} \ln\left(\frac{\boldsymbol{s}^{(i)H} \boldsymbol{r}}{\boldsymbol{r}^H \boldsymbol{s}^{(i)}}\right) \tag{16.29}$$

16.3.2 空时编码识别

如果只有一根发射天线，16.3.1节中描述的SISO调制侦测器可用于检测调制类型。下一个需要回答的问题是如何辨识发射天线的数目，如果发送者使用多根发射天线，如何辨识空时编码方案。

16.3.2.1 发射天线数的估计

本节提出发射天线数目估计算法，该方法基于未知 q 的接收信号式(16.1)并利用了子空间的性质。

如果有多根发射天线，即式(16.1)中 $q>1$ 时，很容易证明16.3.1节中的子空间SISO均衡方法将失效。这意味着在无噪情况下式(16.16)中 Φ 的零空间并不是秩1的。此外，在有噪情况下，Φ 的最小奇异值相对较大。

子空间盲均衡技术可以推广到多天线的情况(见参考文献[23])。如果有 q 个发射天线，在MIMO的情况下矩阵 Φ 在无噪时将有 q 维的零空间。基于子空间算法的这种特性，调制侦测器可以通过设置矩阵 Φ 的奇异值阈值来估计发射天线数，方法如下：

(1) 假设有 q 个发射天线，利用子空间算法计算矩阵 Φ。

(2) 设置矩阵 Φ 的奇异值阈值为TH，该阈值是由侦测器定义的，且应随信噪比变化而变化。令 q' 为 $\boldsymbol{\Phi}$ 矩阵奇异值小于阈值的个数。

(3) 如果 $q'\approx q$，返回的发射天线数即为 q。否则，用同样的估计过程对 $q+1$ 根发射天线进行验证。

16.3.2.2 空时编码检测

在估计出发射天线数之后，MIMO调制侦测器下一步将会探测空时编码方案。本节将基于MIMO均衡的接收信号使用支持向量机对空时编码进行分类。

如果用一个接收天线对MIMO均衡过的接收信号以波特率采样，可得

$$\boldsymbol{r}' = \sum_{l=1}^{q} \boldsymbol{x}^{(l)} \mathrm{e}^{\mathrm{j}\theta_l} + \boldsymbol{n}' \tag{16.30}$$

其中，q 是发射天线数目，θ_l 是路径第 l 个发射天线到接收天线对应路径的相位失真。

(1) 时域码字长度估计：若已知发射天线数，分组码的码长是空时编码最重要的信息。这里提出了一个二阶矩检验来辨识正交块空时码和对角代数空时码的码字长度。

二阶矩检验定义为

$$M(d,k) = E[r_k'^2 r_{d+k}'^2] - E[r_k'^2]E[r_{d+k}'^2] \tag{16.31}$$

注意，对角码和正交码都是基于块的。这意味着在 $d\geqslant p$ 时 r_k 和 r_{d+k} 是独立的，其中，p 是时域码长。因此

$$E[r_k'^2 r_{d+k}'^2] = E[r_k'^2]E[r_{d+k}'^2]\ \forall\, d \geqslant p \tag{16.32}$$

因此，对于 $\forall\, d\geqslant p$，可得：$M(d,k)=0$。

若 r_k 和 r_{d+k} 在相同的块，且 r_k 和 r_{d+k} 线性相关，因为它们至少共享一个符号。这种线性相关性使得当 r_k 和 r_{d+k} 在同一块时 $M(k,d)\neq 0$。以 2×2 正交分组编码为例

$$\boldsymbol{C}_2 = \begin{bmatrix} s_1 & s_2 \\ -s_2^* & s_1^* \end{bmatrix} \tag{16.33}$$

其中，二阶矩检验 $M(1,1)$ 为

$$\begin{aligned} M(1,1) &= E[(s_1 e^{j\theta_1} + s_2 e^{j\theta_2})^2(-s_2^* e^{j\theta_2} + s_1^* e^{j\theta_1})^2] - \\ &\quad E[(s_1 e^{j\theta_1} + s_2 e^{j\theta_2})^2] - E[(-s_2^* e^{j\theta_2} + s_1^* e^{j\theta_1})^2] \\ &= \varepsilon^4(e^{4j\theta_1} + e^{4j\theta_2} - 4e^{2j(\theta_1+\theta_2)}) - (s_1^*)^2(e^{2j\theta_1} + e^{2j\theta_2})(s_1)^2(e^{2j\theta_1} + e^{2j\theta_2}) \\ &= -6\varepsilon^4 e^{2j(\theta_1+\theta_2)} \neq 0 \end{aligned} \tag{16.34}$$

其中，ε^2 是符号功率。

基于上述分析，提出时域码长估计算法如下：

① 迭代计算 $M(1,d)$，$d \geqslant 1$，从 $d=1$ 开始逐 1 增加直至 $M(1,d)=0$；

② 迭代计算 $M(k',d)$同上一步骤，k'是满足 $M(1,k)=0$ 的最小正整数；

③ 码长 p 是满足 $M(k,p)=0$ 的最小正整数。

(2) 支持向量机(SVM)分类器。现在已经估计出空时编码的码字长度 p 和发射天线数量 q。对于给定的 p 和 q，只有数量有限的空时码，并且每个码都有其独特的式 $\{M(k,d)\}_{k'=1,d=1}^{k'=p-2,d=p-1-k}$。这样可以构造一个支持向量机分类器，用 $\{M(k,d)\}_{k'=1,d=1}^{k'=p-2,d=p-1-k}$ 从接收信号 r'中计算出要决定的输入特征。

一旦空时编码方案已知，就可以将接收到的基带均衡信号译码为符号序列 $s^{(i)}$，并可使用与 16.3.1.2 节中 SISO 系统相同的似然方法辨识调制类型。

16.3.3　取证侦测器总体方案

频率选择性衰落信道下调制取证检测的总体方案如图 16.3 所示。在接收基带信号后，首先应用子空间算法确定发射天线的数目；如果只有一根发射天线，则采用 SISO 均衡后再似然检测的方案；如果发射天线有多根，则首先确定时域码长，然后利用 16.3.2 节中提出的支持向量机(SVM)检测器来识别空时编码，接下来利用空时译码过程恢复编码前的符号序列，再运用似然调制检测器。

取证侦测器的任务不仅要尽可能准确地估计调制方式，还要为每一个估计提供置信度。定义侦测器的置信度 C 如下

$$C = 1 - \frac{H(\mathbf{LF})}{\log_2 N_{\text{mod}}} \tag{16.35}$$

其中

$$\mathbf{LF} = \frac{\{\mathrm{LF}^{(1)}, \cdots, \mathrm{LF}^{(N_{\text{mod}})}\}}{\sum_{i=1}^{N_{\text{mod}}} \mathrm{LF}^{(i)}} \tag{16.36}$$

是所有假设检验的归一化似然向量。从以上分析可知，当 $\mathrm{LF}^{(\tilde{i})}$ 比其他 $\mathrm{LF}^{(i)}$ 大得多时，向量 **LF** 具有较小的熵 $H(\mathbf{LF})$，这意味着该调制方案比其他方式更合适，因此对检测结果能置信。**LF** 矢量熵 $H(\mathbf{LF})$越低，取证检测器的结果就更置信。正是基于这一思想，置信度 C 被定义为如式(16.35)所示的 $H(\mathbf{LF})$的归一化熵。

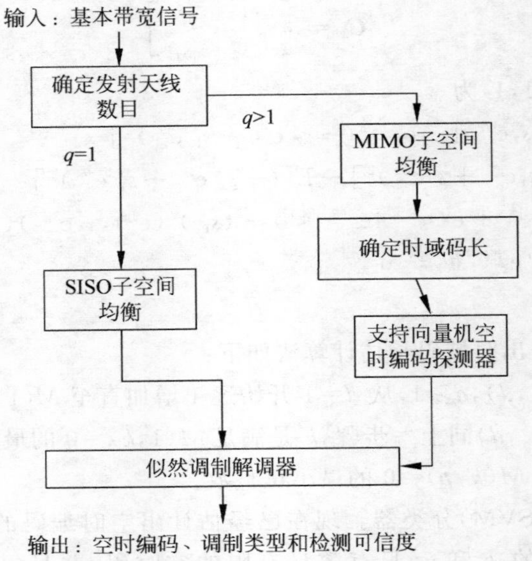

图 16.3　调制取证检测的总体方案

16.4 仿真结果

为了比较 SISO 调制取证侦测器在频率选择性衰落信道下的性能，对参考文献[4]中混合似然比检验（HLRT）的性能也进行了研究。考虑将常见的数字调制方式 BPSK、QPSK 和 8PSK 作为 SISO 系统的候选方式。不失一般性，仿真中生成归一化星座图，即 $E[|s_k^{(i)}|^2]=1$，因此信噪比仅随噪声功率变化。采用单位幅度、周期为 T 的矩形脉冲波形。周期 T 的单位是毫秒。调制取证侦测器的性能依据平均错误概率来评估，其定义为

$$P_{CC}=\frac{\sum_{i=1}^{N_{\text{mod}}}P_C^{(i|i)}}{N_{\text{mod}}} \tag{16.37}$$

其中，$P_C^{(i|i)}$ 是在发送者使用第 i 个调制时正好检测出第 i 个调制的条件概率。用于计算 $P_C^{(i|i)}$ 的符号数是 30，另外有 30 个符号用于盲均衡，其信道是频率选择性瑞利衰落，滤波器阶数为 10。

图 16.4 显示了在 SISO 系统下调制侦测器的性能。很明显，所提方案优于 HLRT 约 20%，并且在高信噪比下仅用 60 个符号就可达到超过 95% 的准确率。出现这种结果的原因是 HLRT 假设信道为 AWGN 信道，尽管 HLRT 在 AWGN 信道下可以达到非常高的准确率，但是在选择性衰落信道下性能会降低很多。

图 16.4 给出了 16.3.3 节中调制取证侦测器总体方案的性能评估，图 16.5 给出了系统置信度。本章测试了四种广泛使用的正交空时码：C_2、$C_{3,1/2}$、$C_{4,1/2}$、$C_{4,3/4}$，并保持相同的发射功率和满分集，采用的对角代数码大小分别为：2×2、4×4 和 8×8。由于空时编

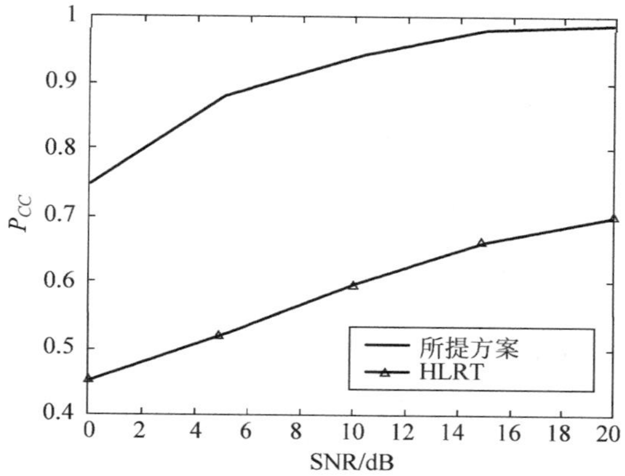

图 16.4　基于似然算法在频率选择性瑞利衰落信道下的性能比较（$K=60$，辨识 BPSK、QPSK、8PSK 调制）

码方案是由基于接收信号期望值决定的，在 MIMO 情况下需要稍多一些符号，所以这里给出在符号长度 $K=100$ 时的结果。

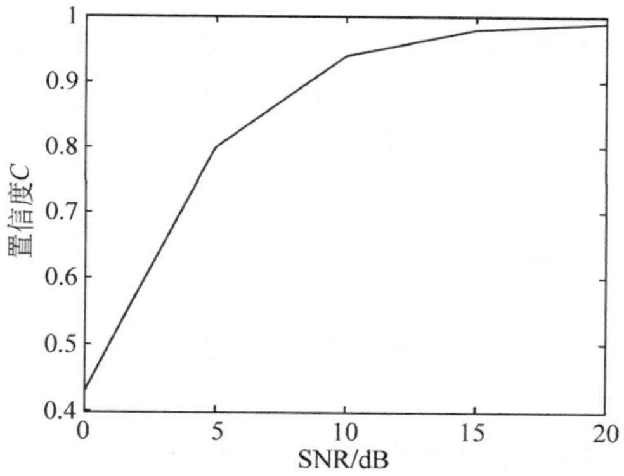

图 16.5　调制取证侦测器的输出置信度（对角代数码大小为 2×2、4×4 和 8×8，正交空时码为 C_2、$C_{3,1/2}$、$C_{4,1/2}$、$C_{4,3/4}$，$K=100$，辨识 BPSK、QPSK、8PSK 调制）

比较图 16.4 和图 16.6 可以发现，由 MIMO 系统辨识带来的性能下降只有 2%，这意味着所提的时空矩阵估计方法与最优的方法具有相似的性能。同时，MIMO 系统的检测性能并不随着信道信噪比降低而降低，因为本方法是基于发送符号的正交性，与信道信噪比无关。此外，在高信噪比下的性能趋于不变说明测试码元数目从 60 增加到 100 对检测性能提升作用不大，意味着基于似然比检验的方法在符号长度为 60 的情况下依然有效。这一特性对于取证检测非常重要，因为延迟越短，信息越多。

尽管调制取证侦测器在低信噪比下（信噪比小于 10 dB）会出现一些误差，但对应图 16.4 所示系统的置信度也会下降。这意味着，取证侦测器在出错时会给出结果不可信的指示。因此，调制取证侦测器在低信噪比下仍然有用。

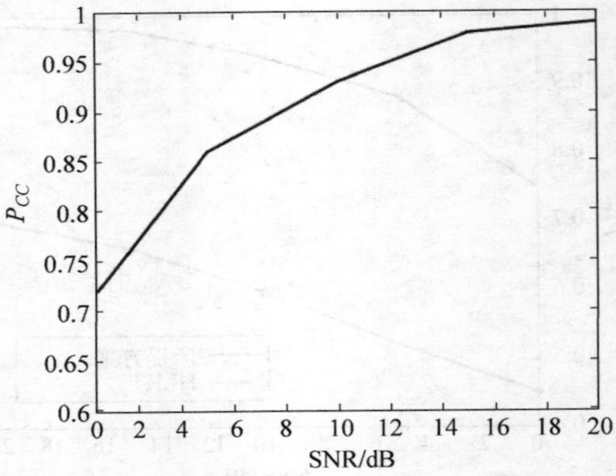

图 16.6 调制取证侦测器的整体性能(对角代数码大小为 2×2、4×4 和 8×8,正交空时码为 C_2、$C_{3,1/2}$、$C_{4,1/2}$、$C_{4,3/4}$,$K=100$ 个符号,辨识 BPSK、QPSK、8PSK 调制)

16.5 小 结

本章针对频率选择性衰落信道中的 MIMO/SISO 系统,在信道幅度矢量与相位失真未知的条件下,提出了融合似然比与二阶矩检验的复合数字线性调制取证检测方法。总体上,调制取证侦测器能够达到很高的侦测精度。在信噪比大于 15 dB 的衰落信道下只用 60 个符号就能达到接近 1 的成功检测概率。仿真结果表明,提出的基于二阶矩的非线性检验空时编码辨识方法性能接近完美。

参 考 文 献

[1] C. M. Spooner, "On the utility of sixth-order cyclic cumulants for rf signal classification," *in Proc. IEEE ASILOMAR*, pp. 890–897, 2001.

[2] A. Swami and B. M. Sadler, "Hierarchical digital modulation classification using cumulants," *IEEE Transaction on Communication*, vol. 48, pp. 416–429, 2000.

[3] W. Dai, Y. Wang, and J. Wang, "Joint power estimation and modulation classification using second- and higher statistics," *in Proc. IEEE WCNC*, pp. 155–158, 2002.

[4] W. Wei and J. M. Mendel, "Maximum-likelihood classification for digital amplitude-phase modulations," *IEEE Transaction on Communication*, vol. 48, pp. 189–193, 2000.

[5] A. Polydoros and K. Kim, "On the detection and classification of quadrature digital modulations in broad-band noise," *IEEE Transaction on Communication*, vol. 38, pp. 1199–1211, 1990.

[6] O. A. Dobre, J. Zarzoso, Y. Bar-Ness, and W. Su, "On the classification of linearly modulated signals in fading channels," *in Proc. Conference on Information Sciences and Systems (CISS)*, 2004.

[7] A. Abdi, O. A. Dobre, R. Chauchy, Y. Bar-Ness, and W. Su, "Modulation classification in fading channels using antenna arrays," *in Proc. IEEE MILCOM*, pp. 211–217, 2004.

[8] O. A. Dobre and F. Hameed, "Likelihood-based algorithms for linear digital modulation classification in fading channels," *in Proc. IEEE CCECE, Ottawa, Canada*, 2006.

[9] C. Y. Huang and A. Polydoros, "Likelihood methods for mpsk modulation classification," *IEEE Transaction on Communication*, vol. 43, pp. 1493–1504, 1995.

[10] R. van Nee and R. Prasad, *OFDM for Wireless Multimedia Communications*, Artech House, 2000.

[11] L. J. Cimini, "Analysis and simulation of a digital mobile channel using orthogonal frequency division multiplexing," *IEEE Transactions on Communications*, vol. 33, pp. 665–675, 1987.

[12] S. M. Alamouti, "A simple transmit diversity technique for wireless communications," *IEEE Journal on Selected Areas in Communications*, vol. 16, no. 8, pp. 1451–1458, 1998.

[13] D. Grimaldi, S. Rapuano, and G. Truglia, "An automatic digital modulation classifier for measurements on telecommunication networks," *in Proc. IEEE Instrumentation and Measurement Technology*, pp. 957–962, 2002.

[14] M. O. Damen, K. Abed-Meraim, and J.-C. Belfiore, "Diagonal algebraic space-time block codes," *IEEE Transactions on Information Theory*, vol. 48, no. 3, pp. 628–636, 2002.

[15] H. El Gamal and A. R. Jr. Hammons, "On the design of algebraic space-time codes for mimo block-fading channels," *IEEE Transactions on Information Theory*, vol. 49, no. 1, pp. 151–163, 2003.

[16] V. Tarokh, H. Jafarkhani, and A. R. Calderbank, "Space-time block codes from orthogonal designs," *IEEE Transactions on Information Theory*, vol. 45, no. 5, pp. 1456–1467, 1999.

[17] K. Boulle and J.-C. Belfiore, "Modulation schemes designed for the rayleigh fading channel," *in Proc. CISS92*, 1992.

[18] J. Boutros and E. Viterbo, "Signal space diversity: A power and bandwidth efficient diversity technique for the rayleigh fading channel," *IEEE Transactions on Information Theory*, vol. 44, pp. 1453–1467, July 1998.

[19] F. J. MacWilliams and N. J. A. Sloane, The Theory of Error-Correcting Codes, Amsterdam: North-Holand, 1977.

[20] W. Sabrina Lin and K. J. Ray Liu, "Modulation forensics for wireless digital communications," *in Proceeding of International Conference on Acoutsic, Speech, and Signal Processing*, 2008.

[21] B. Sampath, K. J. R. Liu, and Y. Goeffrey Li, "Error correcting least-squares subspace algorithm for blind identification and equalization," *Signal Processing*, vol. 8, no. 10, pp. 2069–2087, 2001.

[22] H. V. Poor, *An Introducton to Signal Detection and Estimation*, Springer-Verlag, 2nd edition, 1999.

[23] B. Sampath, K. J. Ray Liu, and Y. Goeffrey Li, "Deterministic blind subspace mimo equalization," *EURASIP Journal on Applied Signal Processing*, vol. 2, no. 5, pp. 538–551, 2002.